中等职业教育课程改革国家规划新教材

经全国中等职业教育教材审定委员会审定通过

JIXIE ZHITU YU JISUANJI HUITU

机械制图与计算机绘图

（通用）（第二版）

主编 耿健 杨利明

副主编 陈奋进

主审 刘哲 吕天玉

大连理工大学出版社

DALIAN UNIVERSITY OF TECHNOLOGY PRESS

图书在版编目(CIP)数据

机械制图与计算机绘图/耿健，杨利明主编．—2版．— 大连：大连理工大学出版社，2012.5(2023.1 重印)
中等职业教育课程改革国家规划新教材
ISBN 978-7-5611-5583-7

Ⅰ．①机… Ⅱ．①耿… ②杨… Ⅲ．①机械制图—中等专业学校—教材②自动绘图—中等专业学校—教材
Ⅳ．①TH126

中国版本图书馆 CIP 数据核字(2012)第 080893 号

大连理工大学出版社出版
地址：大连市软件园路 80 号　邮政编码：116023
发行：0411-84708842　邮购：0411-84708943　传真：0411-84701466
E-mail：dutp@dutp.cn　URL：https://www.dutp.cn
大连图腾彩色印刷有限公司印刷　　大连理工大学出版社发行

幅面尺寸：185mm×260mm　印张：17　字数：402 千字
附件：光盘 1 张
2010 年 6 月第 1 版　2012 年 5 月第 2 版
2023 年 1 月第 6 次印刷

责任编辑：赵晓艳　刘　芸　责任校对：梁　强
封面设计：张　莹

ISBN 978-7-5611-5583-7　定　价：47.80 元

第二版前言

《机械制图与计算机绘图(通用)》是根据教育部印发的《中等职业学校机械制图教学大纲》(教职成〔2009〕8号)编写而成的。本教材以中等职业教育的人才需求为出发点,以中等职业教育改革需求为编写思路,以提高学生科学文化素质,培养学生的创新精神、实践能力及职业素质为目标。

本教材按照模块化、任务驱动的思路进行编写,体现了行为导向的新理念。全书内容共分为三大模块,分别为基础模块、技能模块和计算机绘图模块。在基础模块和计算机绘图模块中以工作任务为主线,各模块中都设有若干个教学任务,每一个教学任务均设置了"实例分析"、"相关知识"、"实施步骤"和"知识拓展"环节,以便引导学生总结和强化所学知识。在技能模块中以减速器为载体,将本部分内容划分为七个独立工作项目,每一个项目选取减速器的主要零部件为实例,按照"实施步骤"、"相关知识"和"知识拓展"三个环节实施。

本次修订是在广泛征求意见的基础上进行的,修订后仍然保持了第一版教材的体系和特点,文字表述在准确的前提下力求简明易懂。为适应教学需求,本版教材主要进行了以下方面的修订:

1.将技能模块项目1、3中检测工具的插图更换为清晰的实拍图片。

2.对基础模块任务5中"第三角画法"的内容进行了扩充,以满足学生毕业后顺利地适应合资及外资企业工作的需要。

3.将计算机绘图模块中与AutoCAD 2010相关的内容全部更换为最新的AutoCAD 2012的相关内容。

4.更正了第一版教材文、图中的错误以及不够严谨之处。

本教材由大连市轻工业学校耿健、河南机电学校杨利明任主编,龙岩技师学院陈奋进任副主编,大连市轻工业学校赵明、吕保和、段峰、戴淑雯以及信息工程大学李国强、河南机电学校王香耿参与了部分内容的编写。具体编写分工如下:杨利明编写第一篇任务1～3;李国强编写第一篇任务4、5;王香耿编写第一篇任务6;耿健编写绪论以及第二篇项目1～5;戴淑雯编写第二篇项目6;段峰编写第二篇项目7;吕保和编写第三篇任务1;赵明编写第三篇任务2、3;陈奋进编写第三篇任务4。全书由耿健负责统稿并定稿。青岛职业技术学院刘哲教授和中国一重技师学院吕天玉老师担任本书的主审,对教材的编写思路和内容安排提出了大量的有建设性的意见和建议;另外,大连理工大学崔长德老师也审阅了全书并提出了许多宝贵的修改意见和建议，在此一并表示感谢！

尽管我们在探索教材特色的建设方面做出了许多努力，但由于编者水平有限，教材中仍可能存在一些错误和不足，恳请各教学单位和读者在使用本教材时多提宝贵意见，以便下次修订时改进。

编 者

2012 年 5 月

所有意见和建议请发往：dutpzz@163.com

欢迎访问职教数字化服务平台：https://www.dutp.cn/sve/

联系电话：0411-84708979 84707424

第一版前言

《机械制图与计算机绘图(通用)》是根据教育部印发的《中等职业学校机械制图教学大纲》(教职成〔2009〕8号)编写而成的。本教材以中等职业教育的人才需求为出发点,以中等职业教育改革需求为编写思路,以提高学生科学文化素质,培养学生的创新精神、实践能力及职业素质为目标。

本教材按照模块化、任务驱动的思路进行编写,体现了行为导向的新理念。全书内容共分为三大模块，分别为基础模块、技能模块和计算机绘图模块。在基础模块和计算机绘图模块中以工作任务为主线,各模块中都设有若干个教学任务,每一个教学任务均设置了“实例分析”、“相关知识”、“实施步骤”和“知识拓展”环节,以便引导学生总结和强化所学知识。在技能模块中以减速器为载体,将本部分内容划分为七个独立工作项目,每一个项目选取减速器的主要零部件为实例,按照“实施步骤”、“相关知识”和“知识拓展”三个环节实施。

本教材在编写的过程中力求突出以下特色:

1.紧密联系企业一线生产实际,突出应用性,体现时代特色。内容浅显易懂,图文并茂,重在思维过程、操作步骤的编写,并配有分解图示,有利于学生掌握作图、识图的方法。每一个教学案例都精选自工程实例,并给出详细的实施步骤,有较强的针对性和实用性。

2.每个工作任务或工作项目都从学习目标切入,学生可带着目标、疑问来学习,先有结论,后有行动,打破了传统的思维模式,激发了学生的求知欲。

3.在基础模块中,加强组合体的读图和绘图训练;在技能模块中,将零件图部分的重点放在表达方法、尺寸标注、技术要求的识读和理解上,而装配图的重点则放在装配图的规定画法、表达方法及装拆顺序的分析上;在计算机绘图模块中,重点培养学生能够使用计算机绘图软件 (AutoCAD)绘制符合质量要求的机械图样。

4.本教材采用最新的国家标准,充分体现了先进性。

5.本教材配有习题集、多媒体电子课件及习题答案等教学配套资料。

本教材由河南机电学校杨利明、大连市轻工业学校耿健任主编,龙岩技师学院陈春进任副主编,大连市轻工业学校戴淑雯、吕保和、段峰以及信息工程大学李国强、河南机电学校王香耿参与了部分内容的编写。具体编写分工如下:杨利明编写第一篇任务1～3;李国强编写第一篇任务4、5;王香耿编写第一篇任务6;耿健编写绪论以及第二篇项目1～5;戴淑雯编写第二篇项目6;段峰编写第二篇项目7;吕保和编写第三篇任务1～3;陈春进编写第三篇任务4。全书由耿健负责统稿并定稿。青岛职业技术学院刘哲教授和中国一重技师学院吕天玉老师担任本书的主审，对教材的编写思路和内容安排提出了大量的有建设性的意见和建议；另外，大连理工大学崔长德老师也审阅了全书并提出了许多宝贵的修改意见和建议，在此一并表示感谢！

尽管我们在探索教材特色的建设方面做出了许多努力，但由于编者水平有限，教材中仍可能存在一些错误和不足，恳请各教学单位和读者在使用本教材时多提宝贵意见，以便下次修订时改进。

编 者

2010年6月

所有意见和建议请发往：dutpzz@163.com

欢迎访问职教数字化服务平台：https://www.dutp.cn/sve/

联系电话：0411-84708979 84707424

目　录

绪　论

第一篇　基础模块

任务1　绘制平面图形 …… 7
任务2　识读和绘制三视图 …… 25
任务3　识读和绘制基本体三视图 …… 40
任务4　根据三视图绘制正等轴测图 …… 48
任务5　识读和绘制组合体三视图 …… 57
任务6　识读和绘制各种图样 …… 84

第二篇　技能模块

项目1　绘制轴零件图 …… 115
项目2　绘制轴承端盖零件图 …… 136
项目3　绘制标准直齿圆柱齿轮零件图 …… 148
项目4　识读减速器箱座零件图 …… 159
项目5　销连接和螺纹连接 …… 174
项目6　绘制从动轴系装配图 …… 194
项目7　识读一级标准直齿圆柱齿轮减速器装配图 …… 213

第三篇　计算机绘图模块

任务1　AutoCAD 2012 绘图环境设置 …… 225
任务2　绘制平面图形 …… 240
任务3　绘制三视图 …… 248
任务4　绘制零件图 …… 254
参考文献 …… 262

绪　论

一、本课程的研究对象

组成机器的各种零部件有其不同的结构、材质、加工方式以及各类技术指标等，这些都无法用普通的语言文字来描述清楚。如图 1 所示的轴，若用图样来表示(图 2)，就可以轻松地把设计内容都表达清楚。该图样是采用正投影原理绘制的，反映轴的结构形状、尺寸大小及技术说明等，机械工程上把这种图样称为机械图样，这就是本课程的研究对象。通过机械图样，设计者可以表达设计对象和设计意图，制造者可以对产品进行加工、装配、检测等操作，同时使用者还可以了解产品的结构、性能及使用和维护方法等。因此，机械图样是机械制造业用以表达和交流技术思想的重要工具，是技术部门设计、改进、制造产品的一项重要技术文件，是国际工程界通用的“工程语言”。

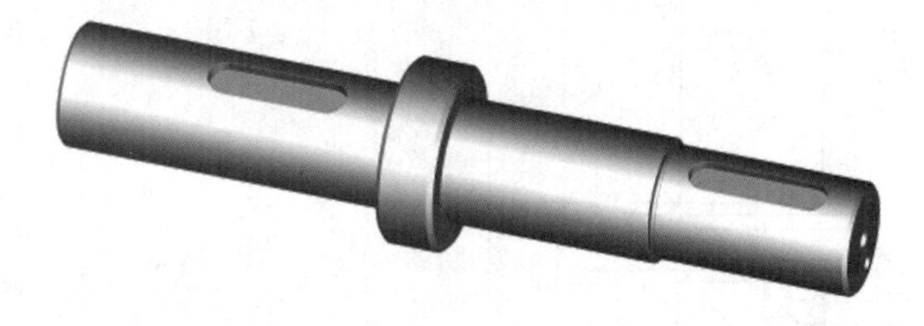

图 1　轴

二、本课程的性质和任务

机械制图是一门既有系统理论性又有较强实践性的重要技术基础课，是中等职业学校机械类和近机械类各专业必修的主干基础平台课之一。机械图样虽细节表达清楚、尺寸标注清晰、绘制方便，但没有立体感，我们要读懂它，必须经过专门的训练。

本课程要掌握的主要内容如下：

(1)正投影法的基本理论及其应用。

(2)国家标准《机械制图》与《技术制图》及其有关规定。

(3)零件图和装配图的绘制与识读。

(4)零件的测绘。

(5)用 AutoCAD 绘图软件绘制机械图样。

三、本课程的学习方法

绘图和识图是本课程学习的两个方面，其具体的学习方法如下：

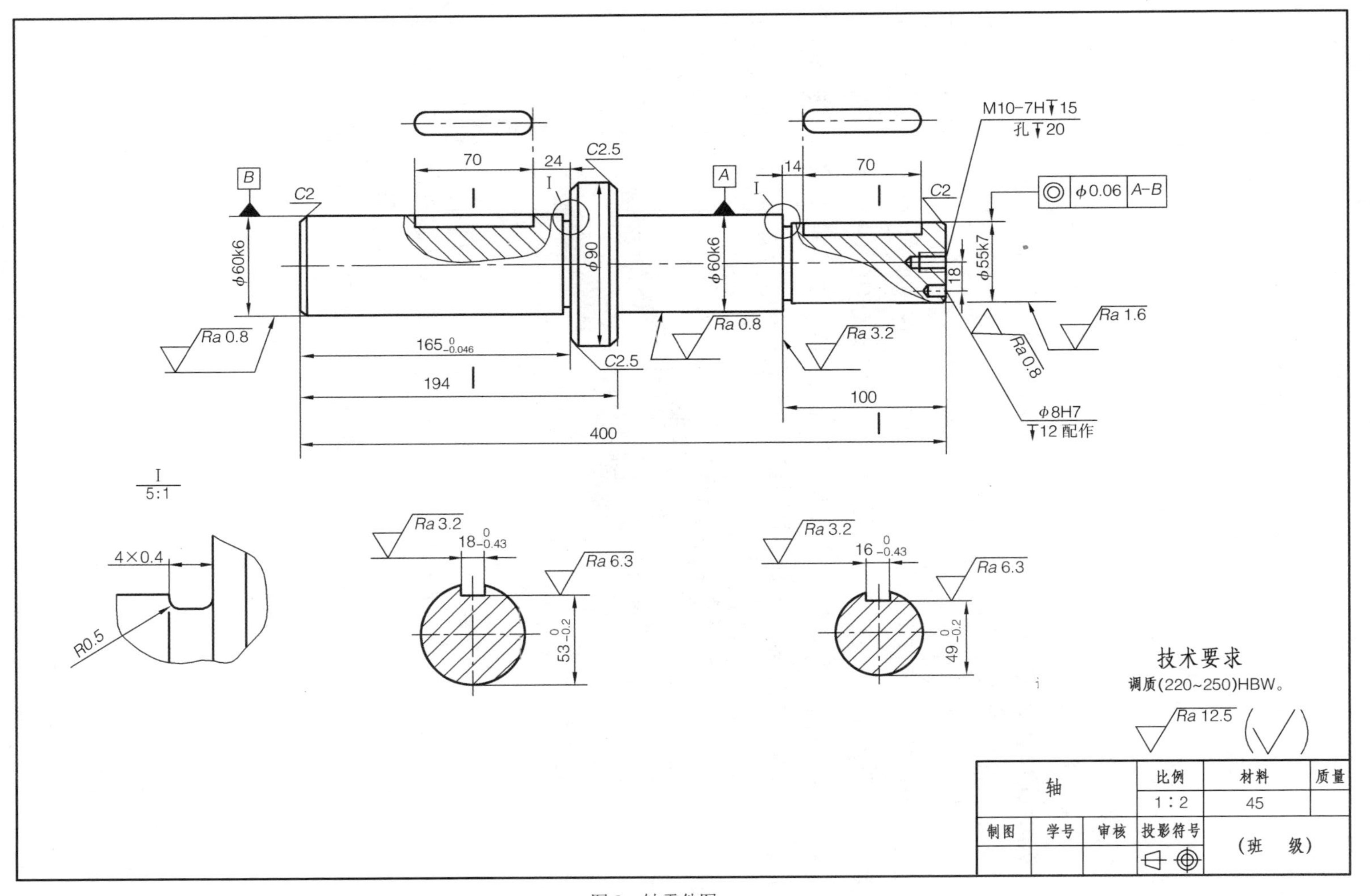
B
C2
ϕ60k6
Ra 0.8
70
24
C2.5
I
ϕ90
165 0 -0.046
C2.5
194
A
ϕ60k6
Ra 0.8
14
70
C2
M10-7H↧15
孔↧20
ϕ0.06 A-B
ϕ55k7
18
Ra 3.2
Ra 1.6
Ra 0.8
ϕ8H7
↧12 配作
100
400
I
5:1
4×0.4
R0.5
Ra 3.2
18 0 -0.43
Ra 6.3
53 0 -0.2
Ra 3.2
16 0 -0.43
Ra 6.3
49 0 -0.2
技术要求
调质(220~250)HBW。
Ra 12.5
轴
比例
材料
质量
1:2
45
制图
学号
审核
投影符号
(班 级)

图 2 轴零件图

1. 正确识图与绘图

本课程的基本理论和基本技能都反映在图上，但图样所表达的对象是物体，因此不断地“见形思物” 和“见物想形”才能掌握平面图形与空间物体间的转化规律，并逐步培养空间想象能力。

2. 学练结合

本课程虽然以识图为主，但是读图源于画图，所以要读画结合、以画促读。

3. 树立理论联系实际的学风

应综合运用基础理论来表达和测量工程实际中的零部件，用理论指导画图，通过画图加深对基础理论的理解，从而培养学生的工程意识和工程素质。

4. 处理好“机绘”与“手绘”的关系

计算机绘图已作为辅助绘图手段融入了本课程中，但在培养构思能力、图形表达能力及读图能力等方面，手工绘图仍起着计算机绘图不可替代的作用，因此，在学习过程中不可偏废“手绘”训练。

5. 严格遵守国家标准

国家标准《机械制图》与《技术制图》及其有关技术标准是评价机械图样合格与否的重要标志，因此，在识图与绘图学习中，应熟悉制图国家标准的有关规定，并学会查阅和使用有关的手册和国家标准。

第一篇　基础模块

基础模块的任务是传授识读和绘制机械图样所需的制图基本知识、投影基础知识和基本技能，使学生掌握正投影基本原理和绘制、分析形体视图的方法，建立严格执行机械制图国家标准的意识，逐步形成由图形想象物体、以图形表现物体的空间想象能力和思维能力，养成规范的制图习惯，为技能模块和计算机绘图模块的学习奠定良好的基础。

我们将本模块的内容整合为六项任务，全篇以任务为主线，用14个实例进行讲解。每一个实例均按照“实例分析”、“相关知识”、“任务实施”、“知识拓展”四个环节来完成。

“实例分析”：主要以各种生产中常用零件为实例，通过分析零件结构，确定要完成的任务，使学生明确在每个实例中要学习的主要内容。

“相关知识”：主要介绍完成任务涉及的重点内容。

“任务实施”：通过以上分析和学习，使学生在完成任务的同时实现其学习目标。

“知识拓展”：主要介绍学生应全面掌握的制图知识和技能。

任务1 绘制平面图形

学习目标

理解并掌握绘制平面图形所涉及的相关知识点、技能点和机械制图国家标准的基本规定；掌握简单平面图形的分析方法和作图步骤；会使用常用的尺规绘图工具，端正严肃认真的学习态度，具备绘制草图的基本能力。

实例　绘制手柄平面图形

实例分析

如图1-1-1、图1-1-2所示为车床上常见的手柄，可以看出该手柄的轮廓是由直线和圆弧组成的，本实例主要介绍平面图形的画法及尺寸注法。

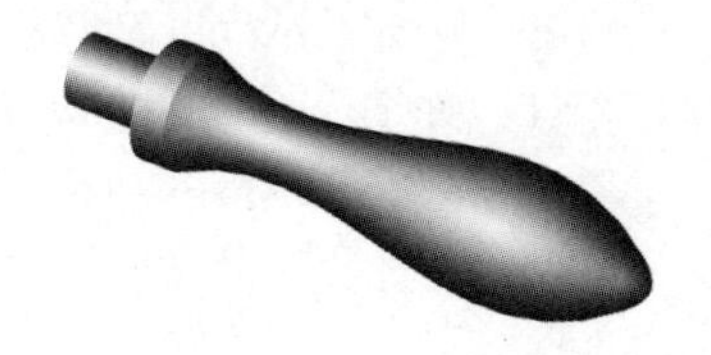

图1-1-1　手柄立体图

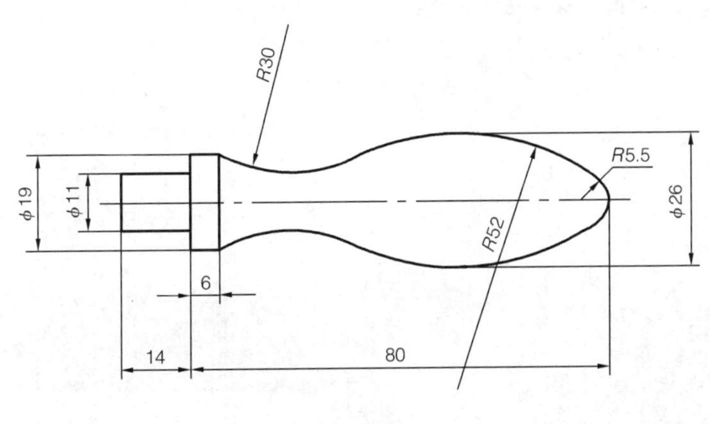

图1-1-2　手柄零件图

相关知识

一、手柄尺寸分析

绘制平面图形时，必须对平面图形尺寸进行分析。

平面图形中的尺寸，按其作用可分为两类：

1. 定形尺寸

用于确定平面图形的线段长度、圆弧的半径（或直径）和角度等的尺寸，称为定形尺寸，如图 1-1-2 中的 6、14、ϕ 11、ϕ 19、R5.5、R52、R30 等。

2. 定位尺寸

用于确定线段在平面图形中所处位置的尺寸，称为定位尺寸。如图 1-1-2 中的 80 确定了 R5.5 的圆心位置，ϕ 26 确定了 R52 圆心的一个值。

定位尺寸通常以图形的对称线、中心线或某一轮廓线作为标注尺寸的起点，这个起点叫做基准，如图 1-1-2 中尺寸 14 的右端面和轴线分别为轴向和径向基准。

二、线段分析

（一）手柄线段分析

要正确绘制平面图形，还需对平面图形进行线段分析，弄清线段与线段之间的连接关系。平面图形的线段（直线或圆弧）可分为已知线段、中间线段、连接线段三类（这里只介绍圆弧连接的作图问题）。

1. 已知线段

已知线段是指有定形尺寸，且在水平和竖直两个方向均已确定位置的线段，如图 1-1-2 中的 R5.5。

2. 中间线段

中间线段是指有定形尺寸，且只有一个定位尺寸，而另一个方向的定位尺寸需要分析与相邻线段间的连接关系才能确定的线段，如图 1-1-2 中的 R52。

3. 连接线段

连接线段是指只有定形尺寸，在水平和竖直两个方向都没有定位尺寸的线段，如图 1-1-2 中的 R30。

画图时，应先画已知线段，再画中间线段，最后画连接线段。

（二）圆弧连接

用一个圆弧光滑地连接相邻两线段（直线或圆弧）的作图方法称为圆弧连接。

圆弧连接的实质就是要使连接圆弧与相邻线段（直线或圆弧）相切，以达到光滑连接的目的。如图 1-1-3、图 1-1-4 所示为吊钩和扳手零件上的圆弧连接示例，读者可自行分析。

图 1-1-3　吊钩立体图

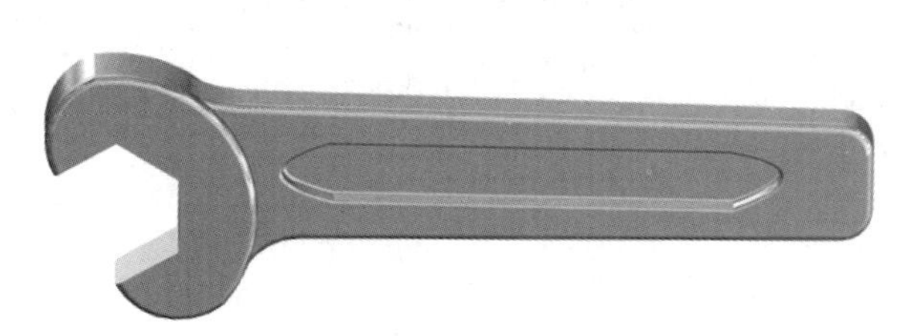

图 1-1-4　扳手立体图

1. 用圆弧连接两已知直线

如图 1-1-5 所示，作图方法如下：

(1)作已知直线的平行线，距离为 R，得交点 O(连接圆弧圆心)。

(2)作已知直线的垂线，垂足为 K_1 和 K_2(切点)。

(3)以 O 为圆心、R 为半径画弧。

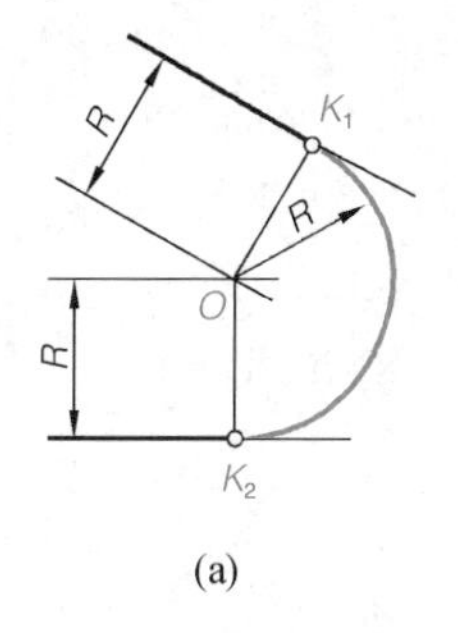

(a)

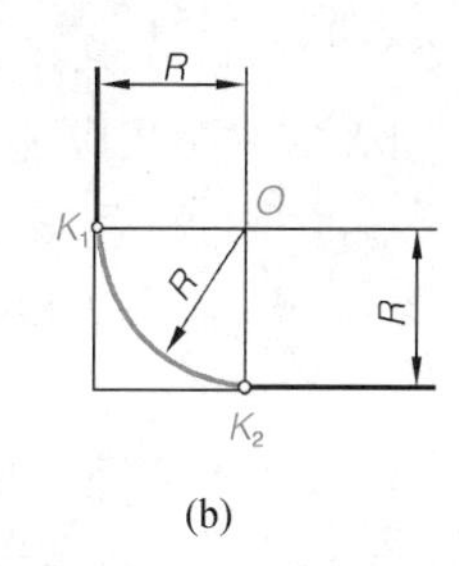

(b)

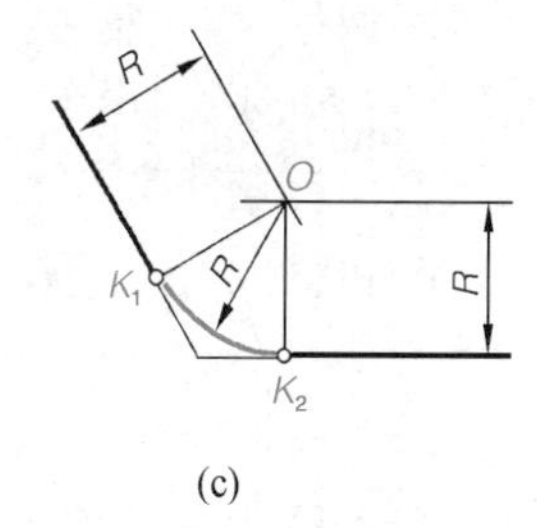

(c)

图 1-1-5　用圆弧连接两已知直线

2. 用圆弧连接两已知圆弧

(1)如图 1-1-6(a)所示为圆弧与圆弧外切连接，作图方法如下：

①分别以 O_1、O_2 为圆心、R_1+R 和 R_2+R 为半径画圆弧，得交点 O(连接圆弧圆心)。

②连接 OO_1、OO_2，交于 K_1、K_2(切点)。

③以 O 为圆心、R 为半径画圆弧，即为所求。

(2)如图 1-1-6(b)所示为圆弧与圆弧内切连接，作图方法如下：

①分别以 O_1O_2 为圆心、$R-R_1$ 和 $R-R_2$ 为半径画圆弧，得交点 O(连接圆弧圆心)。

②连接 OO_1、OO_2，交于 K_1、K_2(切点)。

③以 O 为圆心、R 为半径画圆弧，即为所求。

(3)如图 1-1-6(c)所示为圆弧与圆弧内、外切连接，作图方法如下：

①分别以 O_1、O_2 为圆心、R_1-R 和 R_2+R 为半径画圆弧，得交点 O(连接圆弧圆心)。

②连接 OO_1、OO_2，交于 K_1、K_2(切点)。

③以 O 为圆心、R 为半径画圆弧，即为所求。

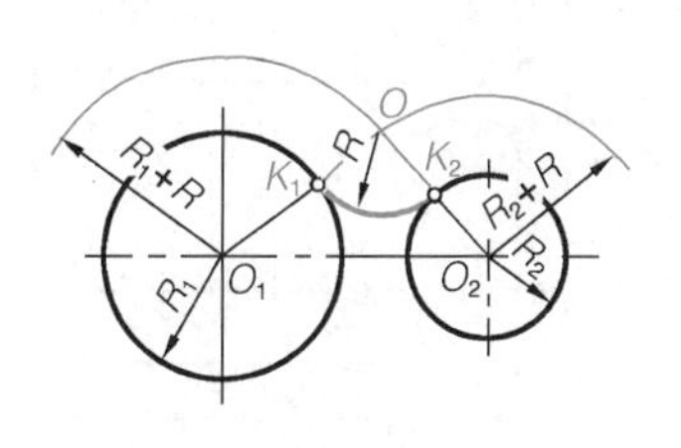

(a) 圆弧与圆弧外切连接

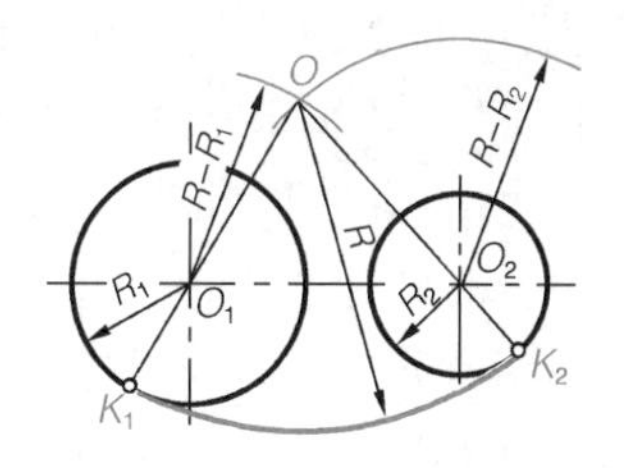

(b) 圆弧与圆弧内切连接

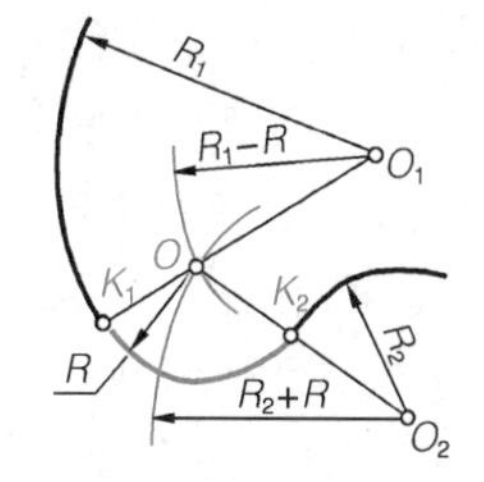

(c) 圆弧与圆弧内、外切连接

图 1-1-6　圆弧与圆弧连接

三、尺寸标注

在图样上，图形只能表达机件的形状结构，其大小需通过标注尺寸来确定。机械制图国家标准(GB/T 4458.4—2003)规定了图样中尺寸的注法，它是绘制、识读和使用图样的标准。因此，我们必须认真学习和严格执行国家标准，做到正确、齐全、清晰、合理。（**说明**：机械制图标准编号 GB/T 4458.4—2003 中，“GB”为我国国家标准代号（简称为国标），“T”表示推荐性标准，“4458.4”为该标准的编号，“2003”为该标准发布的年份）

1. 尺寸标注的基本规则

（1）机件的真实大小应以图样上所注的尺寸数值为依据，与图形大小及绘图准确度无关。

（2）图样中（包括技术要求和其他说明）的尺寸，以毫米（mm）为单位时，不需标注计量单位的符号（或名称）。若采用其他单位，则必须注明相应的计量单位的符号（或名称）。

（3）图样中所标注的尺寸，为该图样所示机件的最后完工尺寸，否则应另加说明。

（4）机件的每一个尺寸一般只标注一次，并应标注在表示该结构最清晰的图形上。

2. 标注尺寸要素

一个标注完整的尺寸由尺寸界线、尺寸线、尺寸数字三要素组成，尺寸数字表示尺寸的大小，尺寸线表示尺寸的方向，而尺寸界线则表示尺寸的范围，如图 1-1-7 所示。

（1）尺寸界线

尺寸界线用细实线绘制，并应由图形的轮廓线、轴线或对称中心线处引出，如图 1-1-7 所示。尺寸界线与尺寸线垂直，超出尺寸线 2～3 mm，如图 1-1-8 所示。也可利用轮廓线、轴线或对称中心线作为尺寸界线，如图 1-1-8 所示。

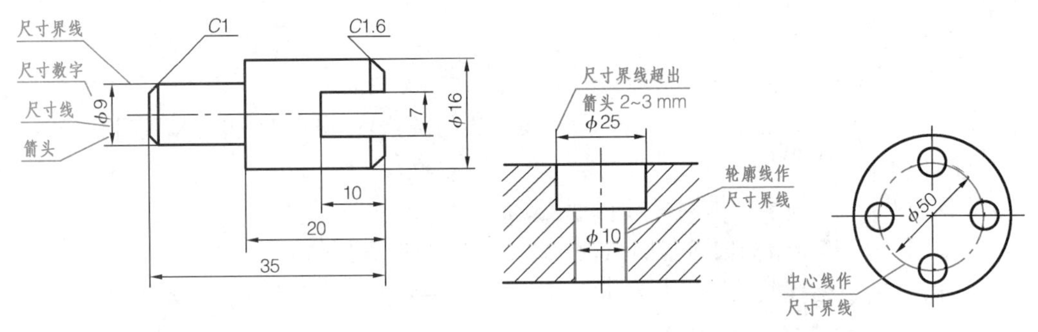

图 1-1-7 尺寸注法

图 1-1-8 尺寸界线的画法

（2）尺寸线

尺寸线用细实线绘制，轮廓线、中心线或它们的延长线均不可作为尺寸线。标注尺寸时，尺寸线必须与所标注的线段平行，如图 1-1-9 所示，尺寸线之间的距离一般约为 7 mm；尺寸线之间或与尺寸界线之间应避免交叉。

尺寸线终端可以有箭头、斜线两种形式（机械图样中一般采用箭头作为尺寸线的终端），如图 1-1-10 所示，箭头的形式适用于各种类型的图样。

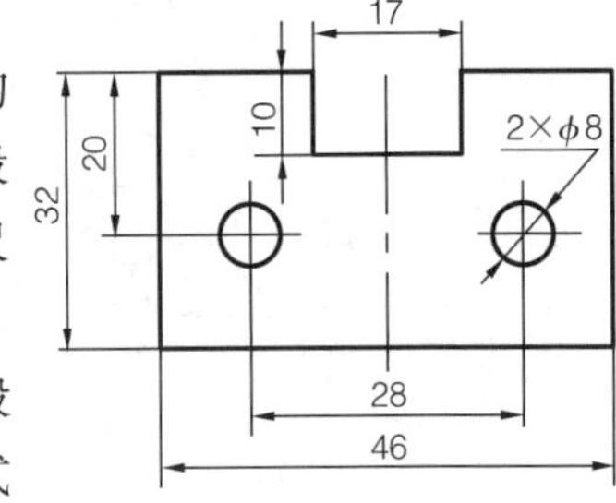

图 1-1-9 尺寸线的画法

（3）尺寸数字

尺寸数字一般应注写在尺寸线的上方或中断处，如图1-1-11（a）所示。当无法注写时应尽量引出标注，如图 1-1-11（b）所示。

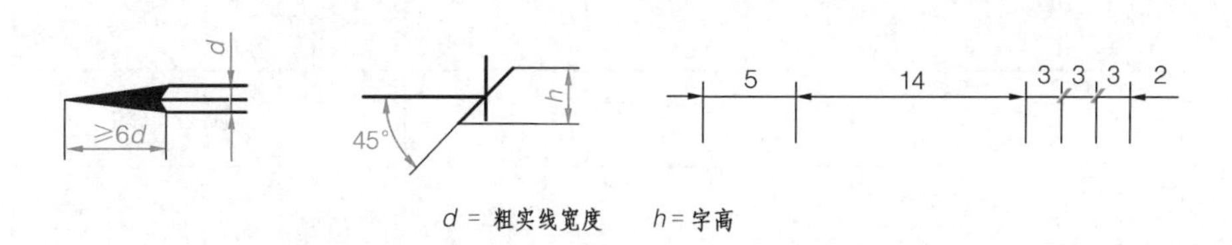

图 1-1-10　尺寸线的终端形式

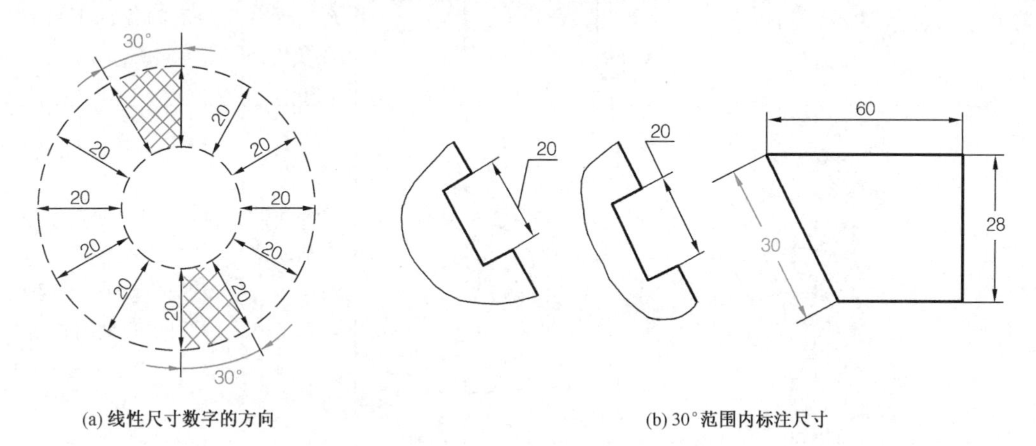

(a) 线性尺寸数字的方向　　(b) 30°范围内标注尺寸

图 1-1-11　尺寸数字的注写方向

3. 常用的尺寸标注方法(见表 1-1-1)

表 1-1-1　常用的尺寸标注方法

标注内容	图　例	说　明
直径尺寸	φ30　φ20　φ40　φ30	标注圆的直径时，应在尺寸数字前加注符号“φ”，尺寸线的终端应画成箭头，大于半圆的圆弧应标注直径
半径尺寸	R20　R30　R24　R16	标注圆弧的半径时，应在尺寸数字前加注符号“R”，尺寸线上单箭头指向圆弧
大圆弧半径	R80　(a)　R64　(b)	圆弧半径过大或在图纸范围内无法标出其圆心位置时，可将圆心移在近处示出，将半径的尺寸线画成折线，如图(a)所示；若不需要标出圆心位置，则如图(b)所示标注

（续表）

标注内容	图　　例	说　　明
球面的尺寸	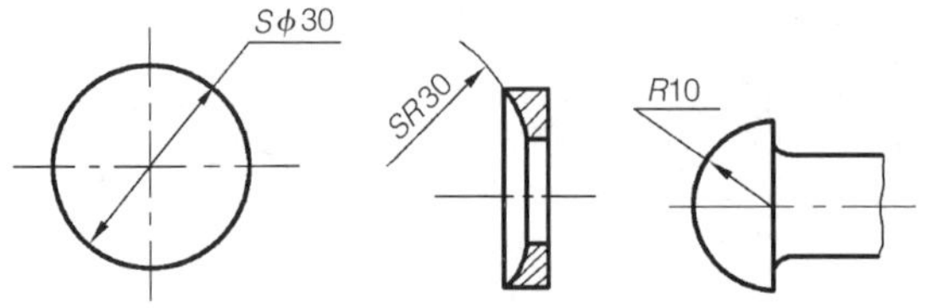	标注球面的直径或半径时，应在符号 ϕ 或 R 前加注符号“S”，在不至引起误解的情况下可省略符号“S”
弧长尺寸	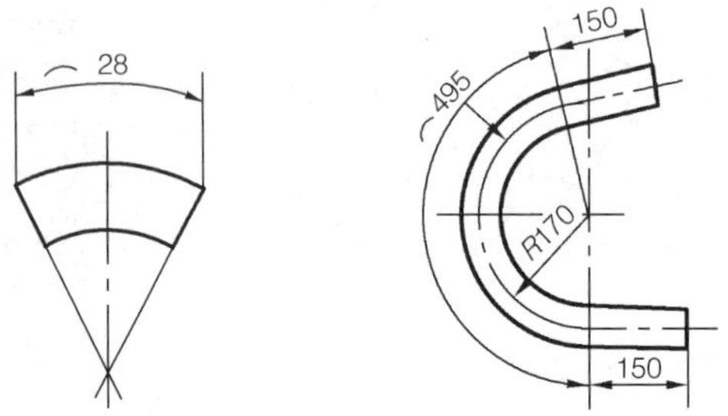	标注弧长时，应在尺寸数字左方加注符号“⌒”，弧长的尺寸界线应平行于该弦的垂直平分线。当弧度较大时，可沿径向引出
角度尺寸	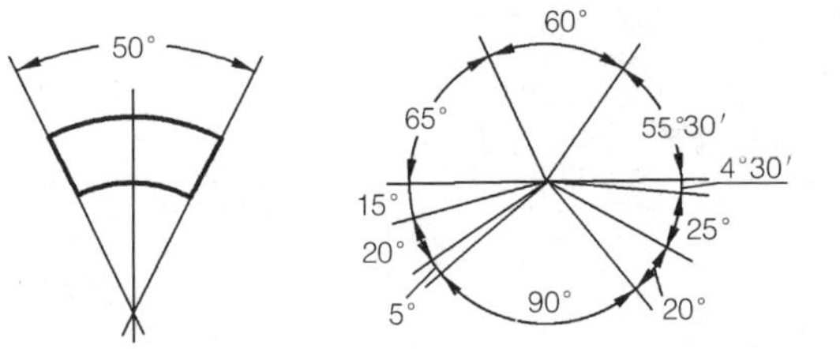 (a)　(b)	标注角度时，尺寸界线应沿径向引出，尺寸线应画成圆弧，圆心是该角的顶点，如图(a)所示，角度的数字一律写成水平方向，一般注写在尺寸线的中断处，必要时也可按图(b)的形式标注
小尺寸	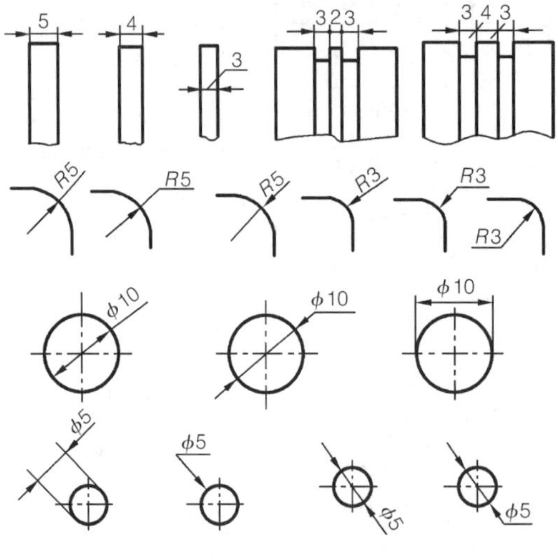	标注小尺寸时，如果没有足够的位置空间，画箭头或注写数字时箭头可画在外面，可用小圆点或斜线代替箭头；尺寸数字也可注写在图形外面或引出标注，圆和圆弧的小尺寸可按下面三排图例标注

（续表）

标注内容	图 例	说 明
正方形结构	□14　□14	标注断面为正方形结构的尺寸时，可在正方形边长尺寸数字前加注符号“□”
均布孔的尺寸	15° 6×ϕ5 EQS　8×ϕ5 (a)　(b)	均匀分布相同要素（如孔）的尺寸可按图（a）所示标注（EQS表示均匀分布）。当孔的定位和分布情况在图形中已明确时，可省略其定位尺寸和EQS，如图（b）所示
光滑过渡处尺寸	ϕ45 ϕ70　12 18	尺寸界线一般与尺寸线垂直，必要时才允许倾斜。在光滑过渡处标注尺寸时，必须用细实线将轮廓线延长，从它们的交点引出尺寸界线
对称图形尺寸	54 R3 40 ϕ15 4×ϕ6 26 76　ϕ10 120° ϕ32 ϕ20 M30	对称机件的图形只画出一半或略大于一半时，尺寸线应略超过对称中心线或断裂处的边界，此时仅在尺寸线的一端画出箭头即可

4. 尺寸标注正、误示例（如图1-1-12所示）

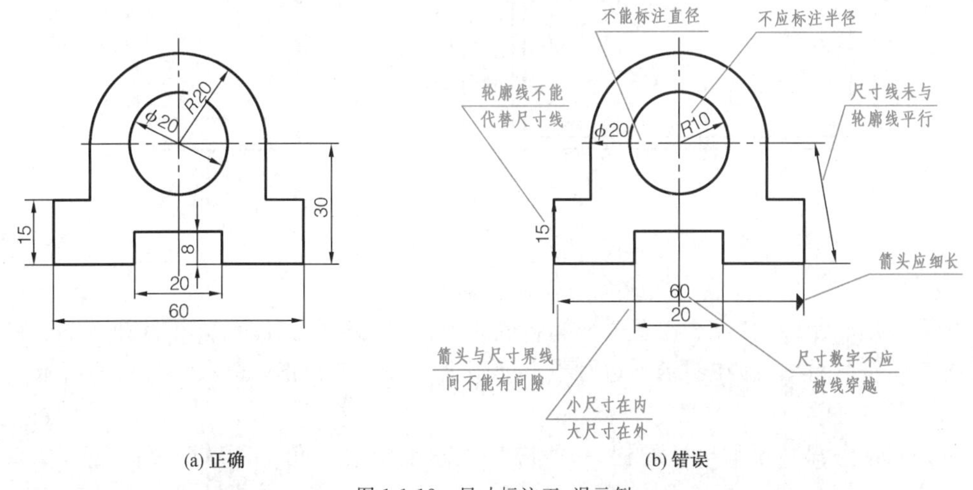

(a) 正确　　(b) 错误

图1-1-12 尺寸标注正、误示例

任务实施

绘制手柄平面图形时，要选择图纸幅面、绘制图框和标题栏，要掌握图线的线型和主要用途，并会运用。理解比例的含义，会运用比例的表达方法。

1. 图纸幅面(GB/T 14689—2008)

绘制技术图样时，图纸的基本幅面分为 A0、A1、A2、A3、A4 五种。如果不能满足要求，可按基本幅面的短边成倍数增加后得到更多种。表 1-1-2 列出了基本幅面尺寸，图纸的宽用 B 表示，长度用 L 表示，图框外的周边尺寸用 a、c 和 e 表示。图 1-1-13 所示为基本幅面的尺寸关系。

表 1-1-2 基本幅面尺寸 mm

幅面代号	幅面尺寸 $B\times L$	周边尺寸		
		a	c	e
A0	841×1189	25	10	20
A1	594×841			
A2	420×594			10
A3	297×420		5	
A4	210×297			

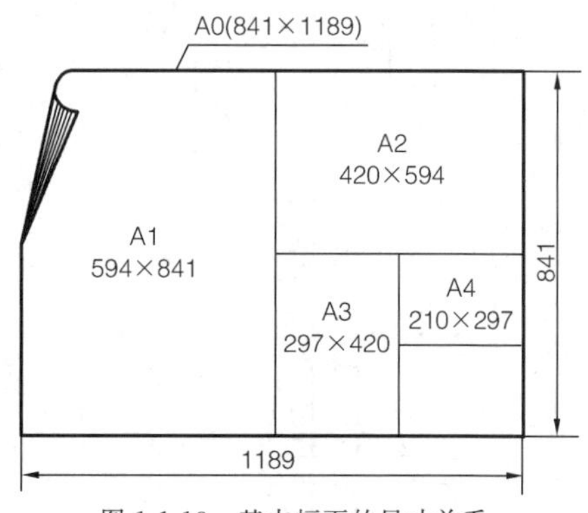

图 1-1-13 基本幅面的尺寸关系

2. 图框格式

在图纸上画图框时，要用粗实线绘制。图框格式分为两种：留装订边（如图 1-1-14 所示）和不留装订边（如图 1-1-15 所示）。同一产品中，所有图样均应采用同一种格式。一般情况下，A3 幅面的图纸横放绘图，A4 幅面的图纸竖放绘图。

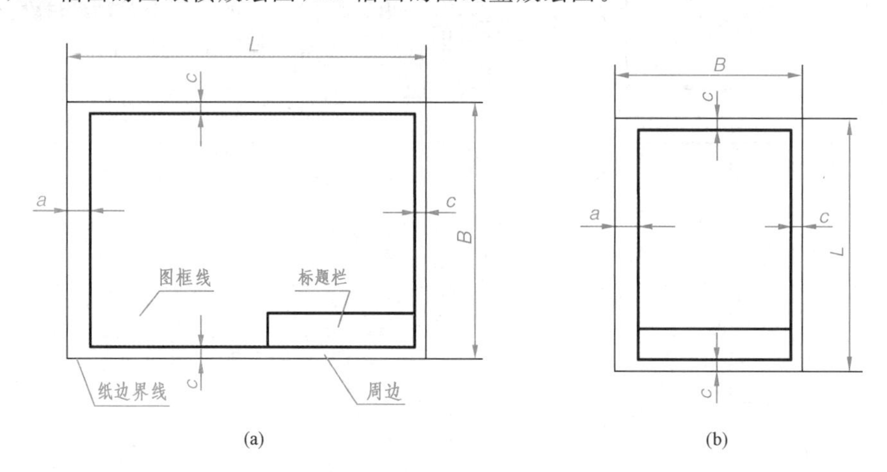

图 1-1-14 留装订边的图框格式

如果使用印制好的图纸，需要改变标题栏的方位时，必须将其旋转至图纸的右上角。这时要按方向符号看图，即在图纸下边对中点处画上一等边三角形，如图 1-1-15(b)所示。

3. 标题栏

每张图纸上都必须画出标题栏，一般应位于图纸的右下角。GB/T 10609.1—2008 中

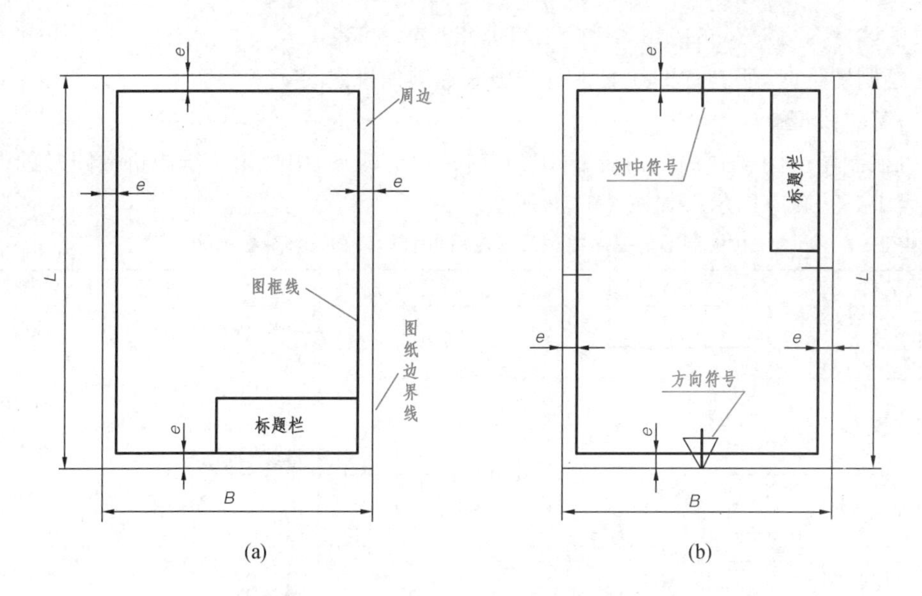

图 1-1-15　不留装订边的图框格式及对中、方向符号

规定了标题栏格式、内容及主要尺寸，如图 1-1-16 所示。

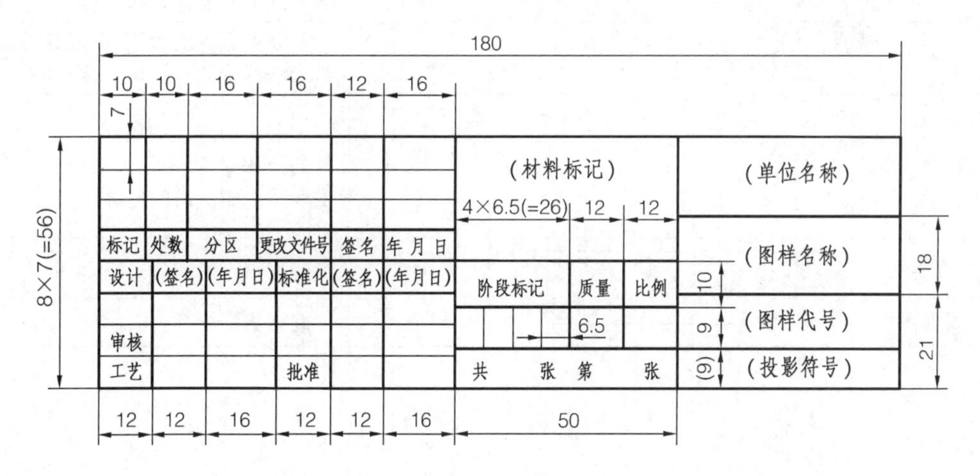

图 1-1-16　标题栏格式

在做作业时，建议学生采用简化标题栏格式，如图 1-1-17 所示。

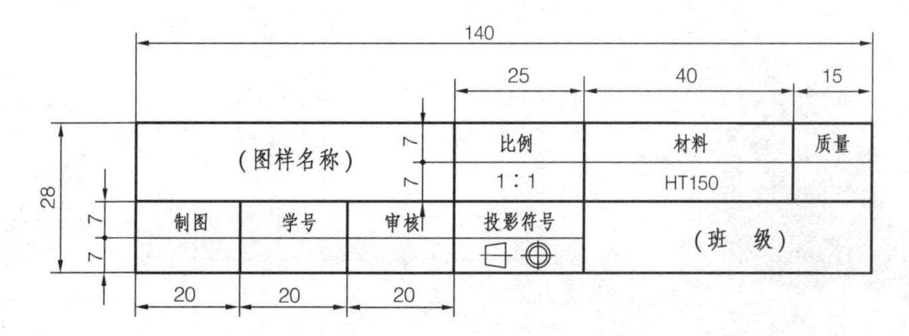

图 1-1-17　学生作业用标题栏格式

4. 图线(GB/T 17450—1998 和 GB/T 4457.4—2002)

在绘制图形时，所有的图线必须符合国家标准的规定。

(1)基本线型

《机械制图 图样画法 图线》(GB/T 4457.4—2002)中规定了绘制机械图样的九种线型，见表 1-1-3，其应用示例如图 1-1-18 所示。

表 1-1-3 机械制图的基本线型及其应用(摘自 GB/T 4457.4—2002)

图线名称	图线型式	图线宽度	一般应用
粗实线	d	$d\approx0.5、0.7$	可见轮廓线、相贯线、剖切符号用线
细实线		$d/2$	尺寸线、尺寸界线、剖面线、过渡线、重合断面的轮廓线、指引线、基准线、辅助线
细虚线	2~6 ≈1	$d/2$	不可见轮廓线
细点画线	≈30 ≈3	$d/2$	轴线、对称中心线、剖切线、分度圆(线)
波浪线		$d/2$	断裂处边界线、局部剖视图中剖与未剖部分的分界线
双折线		$d/2$	断裂处边界线、局部剖视图中剖与未剖部分的分界线
细双点画线	≈20 ≈5	$d/2$	相邻辅助零件的轮廓线、可动零件的极限位置的轮廓线、轨迹线、毛坯图中制成品的轮廓线
粗点画线	≈15 ≈3	d	限定范围表示线
粗虚线		d	允许表面处理的表示线

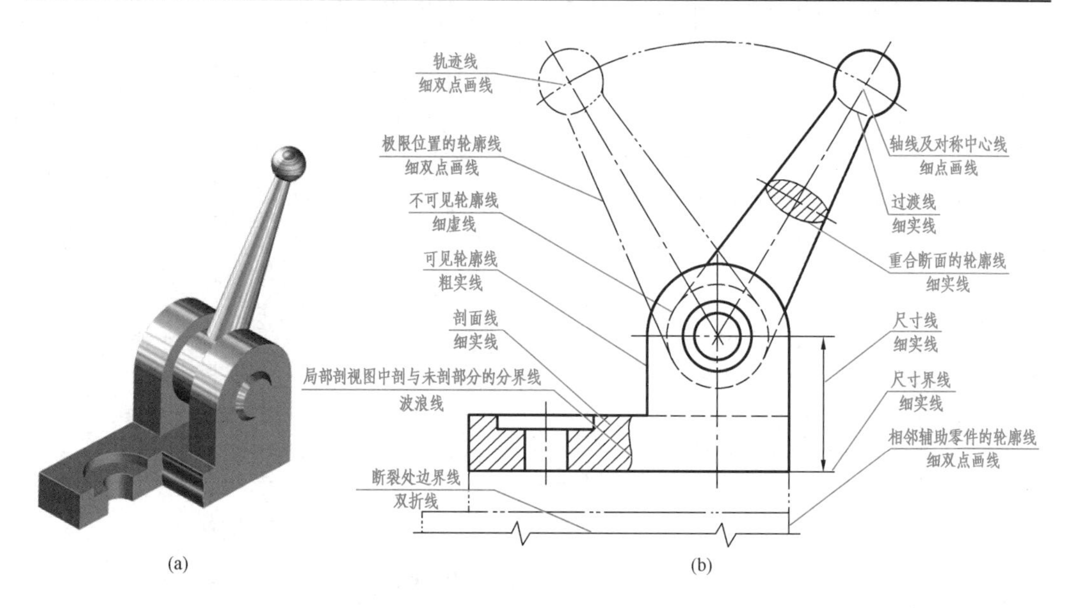

图 1-1-18 图线的部分应用示例

(2)图线画法

①各种线型相交时,都应以长画相交,而不应是点或间隔，如图 1-1-19 所示。

②细点画线的首、末两端应是长画,而不应是点，如图 1-1-19 所示。

③画圆的中心线时,圆心应是长画的交点,细点画线的两端应超出轮廓线 3～5 mm,如图 1-1-19 所示。

④细虚线为直线且与粗实线在延长线上相接时,细虚线应留出间隙;细虚线圆弧与粗实线相切时,细虚线圆弧应留出间隙，如图 1-1-19 所示。

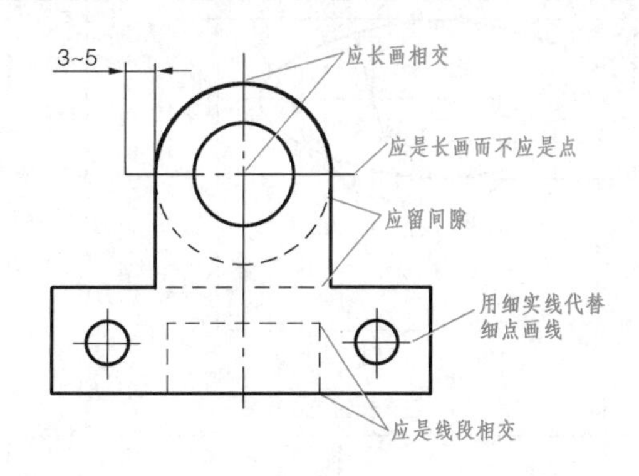

图 1-1-19　图线画法

5. 比例(GB/T 14690—1993)

比例是指图样中图形的线性尺寸和实物上相应的线性尺寸之比。

为了看图方便,应尽可能按机件的实际大小,即原值比例绘图。如图 1-1-20 所示为用不同比例绘制的图形。

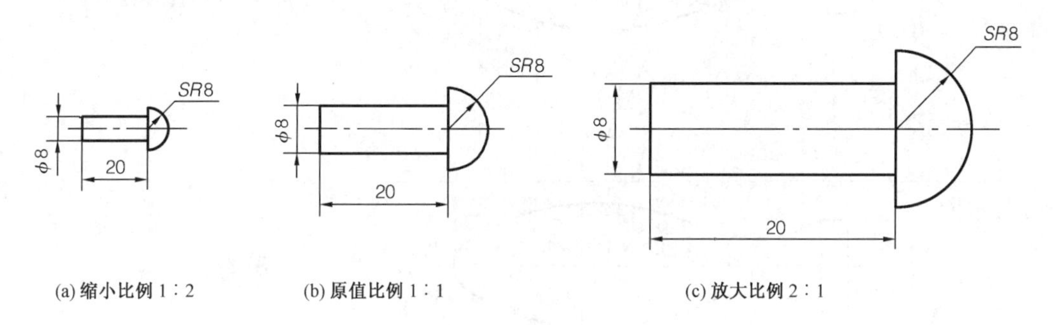

图 1-1-20　用不同比例绘制的图形

无论采用何种比例,图形中所标注的尺寸数值必须是实物的实际大小,与图形的比例无关。比例一般应标注在标题栏内。

6. 绘制手柄平面图形

绘制手柄平面图形的方法和步骤见表 1-1-4。

表 1-1-4　　绘制手柄平面图形的方法和步骤

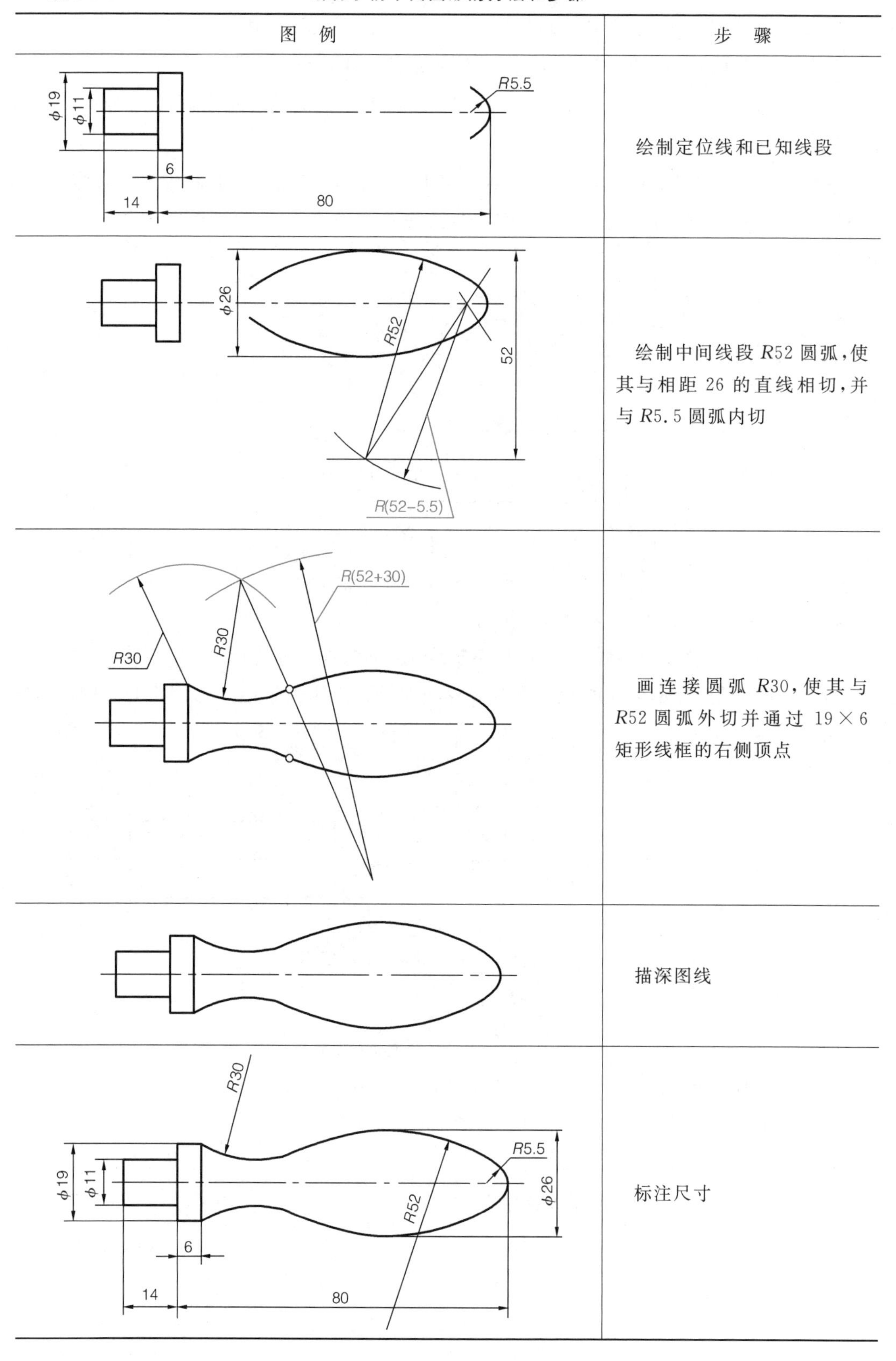

图　例	步　骤
	绘制定位线和已知线段
	绘制中间线段 $R52$ 圆弧，使其与相距 26 的直线相切，并与 $R5.5$ 圆弧内切
	画连接圆弧 $R30$，使其与 $R52$ 圆弧外切并通过 19×6 矩形线框的右侧顶点
	描深图线
	标注尺寸

知识拓展

一、字体(摘自 GB/T 14691—1993)

(一)汉字

(1)在图样中书写汉字、数字和字母时要尽量做到字体工整、笔画清楚、间隔均匀、排列整齐。

(2)字体高度(h)的公称尺寸系列为 1.8 mm、2.5 mm、3.5 mm、5 mm、7 mm、10 mm、14 mm、20 mm。字体高度代表字体的号数。

(3)汉字应写成长仿宋体,并应采用国家正式公布的《汉字简化方案》中规定的简化字。汉字高度 h 不应小于 3.5 mm,其字宽一般为 $h/1.4$。

①10 号字示例

字体工整笔画清楚间隔均匀排列整齐

②7 号字示例

横平竖直注意起落结构均匀填满方格

③5 号字示例

技术制图机械电子汽车航空船舶土木建筑矿山井坑港口纺织服装

(二)字母、数字和罗马数字

字母和数字可写成斜体或直体。斜体字字头向右倾斜,与水平基准线成 75°。拉丁字母、阿拉伯数字和罗马数字示例如图 1-1-21 所示。

ABCDEFGHIJKLMNOPQRSTUVWXYZ

(a)大写拉丁字母

abcdefghijklmnopqrstuvwxyz

(b)小写拉丁字母

0123456789

(c)阿拉伯数字斜体

0123456789

(d)阿拉伯数字直体

I II III IV V VI VII VIII IX X

(e)罗马数字斜体

I II III IV V VI VII VIII IX X

(f)罗马数字直体

图 1-1-21 拉丁字母、阿拉伯数字和罗马数字示例

二、使用绘图工具

为了正确地使用和维护绘图工具，现介绍几种常见的绘图工具及其用法。

1. 图板、丁字尺、三角板

(1)图板：用来铺贴和固定图纸，如图 1-1-22 所示。

(2)丁字尺：如图 1-1-22 所示，用丁字尺画水平线。

(3)三角板：与丁字尺配合可画出一系列不同位置的竖直线，如图 1-1-23 所示；还可画出与水平线成 30°、45°、60°、75°及 15°倍数角的各种斜线，如图 1-1-24 所示。

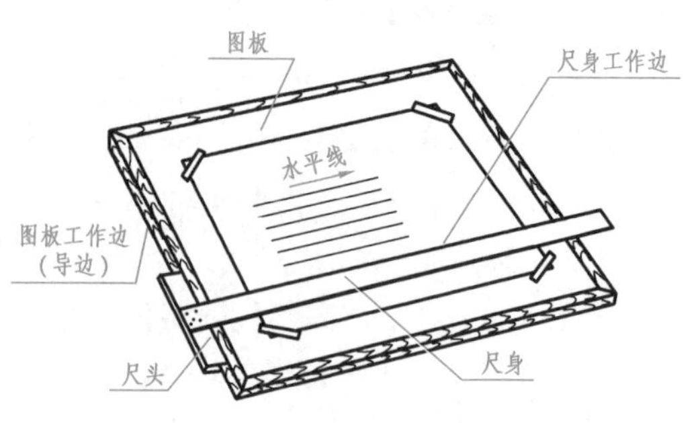

图 1-1-22 用图板和丁字尺画水平线

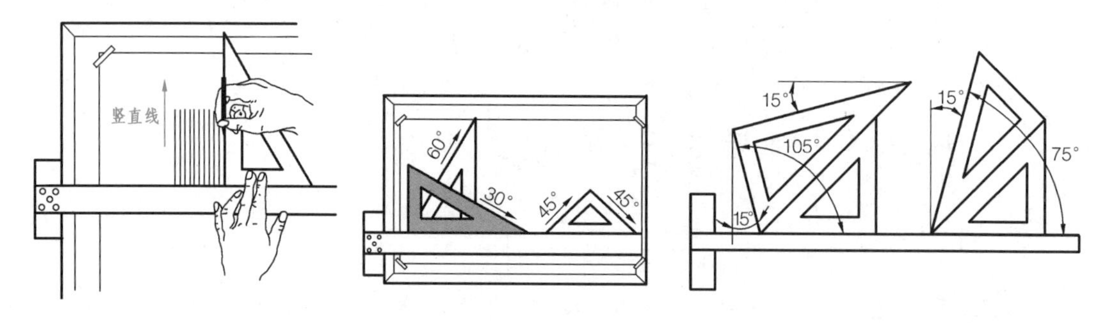

图 1-1-23 用丁字尺和三角板画竖直线

图 1-1-24 用丁字尺和三角板画斜线

2. 圆规和分规

(1)圆规：用来画圆和圆弧或安装钢针以代替分规，如图 1-1-25 所示。

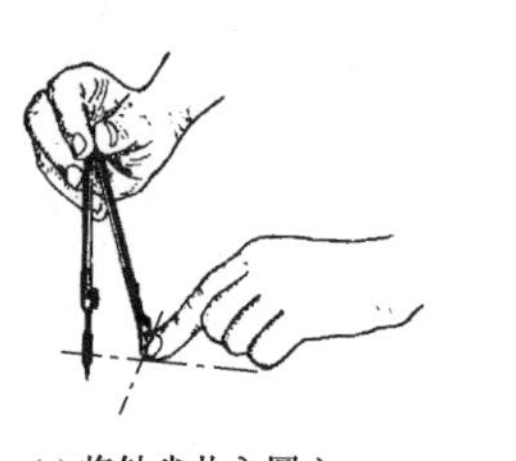

(a) 将针尖扎入圆心

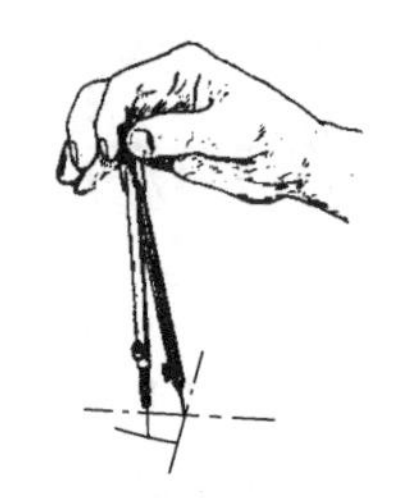

(b) 圆规向画线方向倾斜

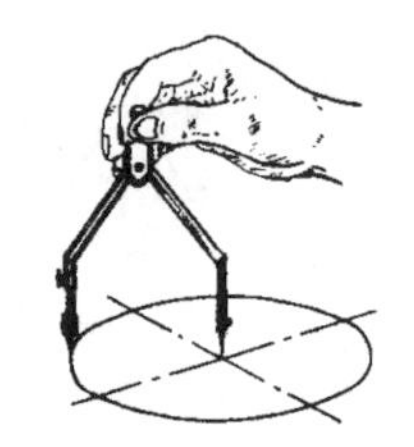

(c) 画大圆时圆规两脚垂直纸面

图 1-1-25 圆规的使用方法

(2)分规：用来截取尺寸以及等分线段和圆周的工具，如图1-1-26所示为分规的使用方法。

三、线段等分法

1. 平行线法

等分直线时，可以用平行线法将已知线段分成 n 等份(如五等份)，如图 1-1-27 所示。

平行线法的作图步骤如下：

(1)过点 A 作射线 AC，与线段 AB 成锐角。

(2)用分规在 AC 上以任意相等长度截得 1、2、3、4、5 各等分点。

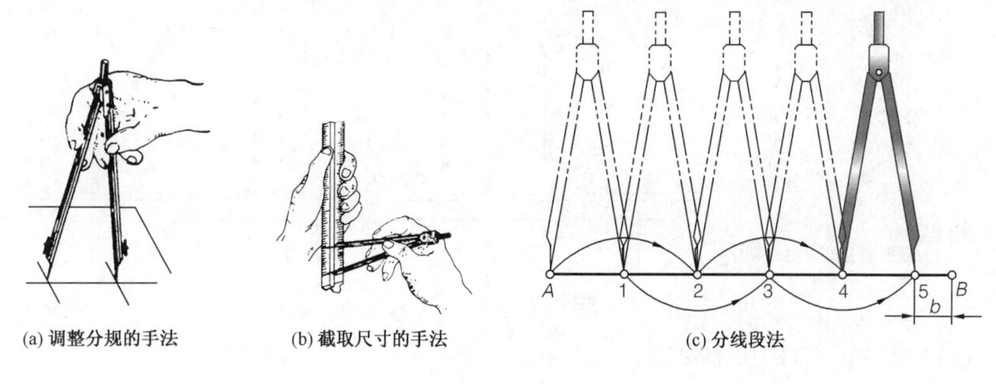

图 1-1-26　分规的使用方法

(3)连接 $5B$,并分别过 4、3、2、1 点作 $5B$ 的平行线,在 AB 上即得 $4'$、$3'$、$2'$、$1'$各等分点。

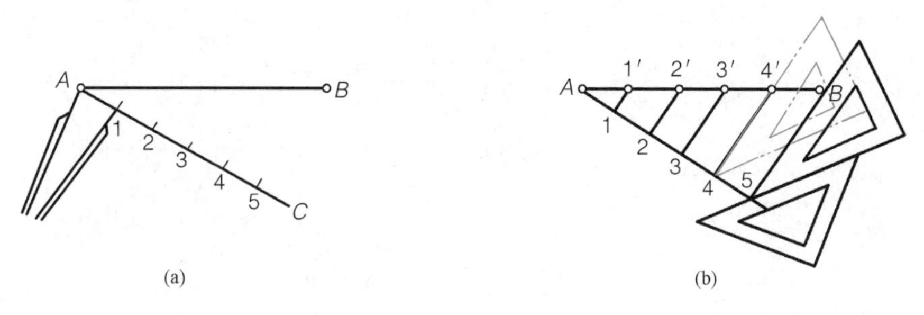

图 1-1-27　平行线法

2. 圆的三等分

用圆规作圆周三等分的方法如图 1-1-28(a)所示;用三角板与丁字尺作圆周三等分的方法如图 1-1-28(b)所示。

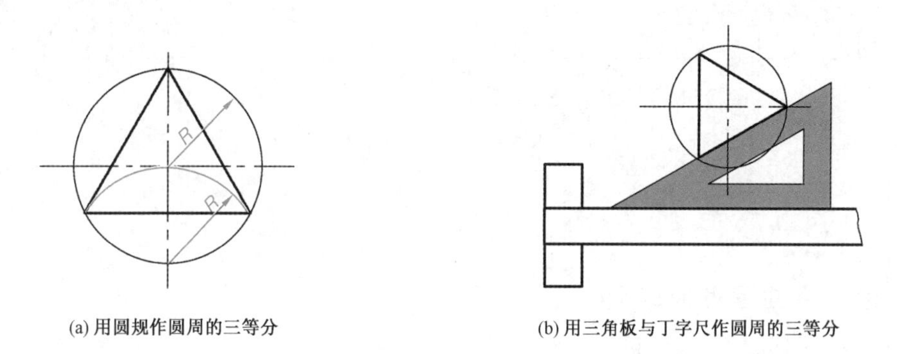

图 1-1-28　圆的三等分

3. 圆周的六等分

用圆规作圆周六等分的方法如图 1-1-29(a)所示;用三角板与丁字尺作圆周六等分的方法如图 1-1-29(b)所示。

4. 圆周的五等分

圆周五等分的作图步骤如下:

(1)如图 1-1-30(a)所示,画圆及其中心线,并作 OB 的垂直平分线交 OB 于点 M。

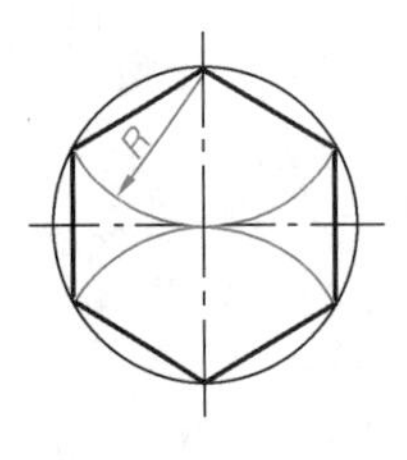

(a) 用圆规作圆周的六等分

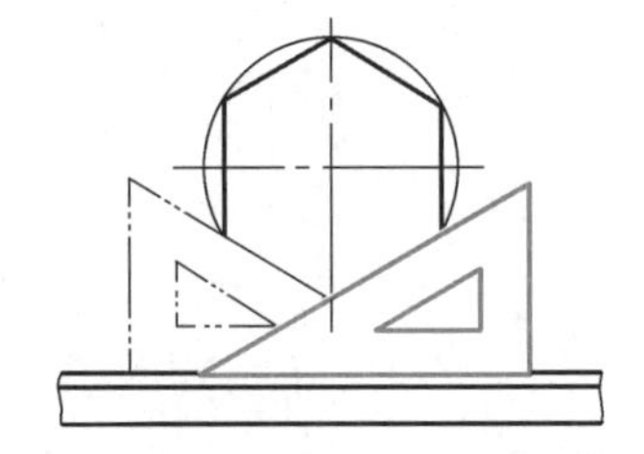

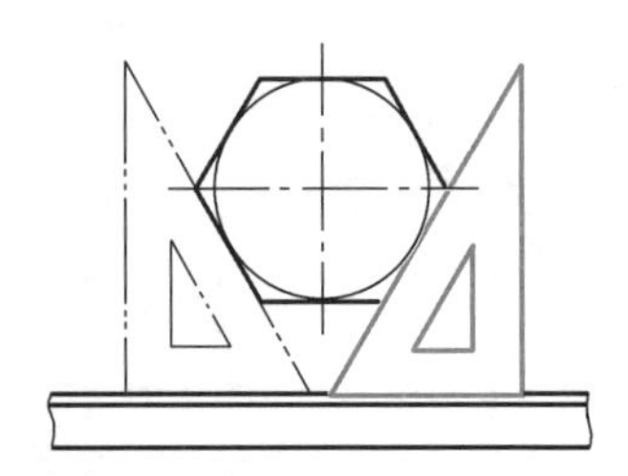

(b) 用三角板与丁字尺作圆周的六等分

图 1-1-29 圆周的六等分

(2)如图 1-1-30(b)所示,以 M 为圆心、MC 为半径画弧,交 AB 于点 N。

(3)如图 1-1-30(c)所示,CN 即正五边形的边长,连接圆周各等分点,即得正五边形。

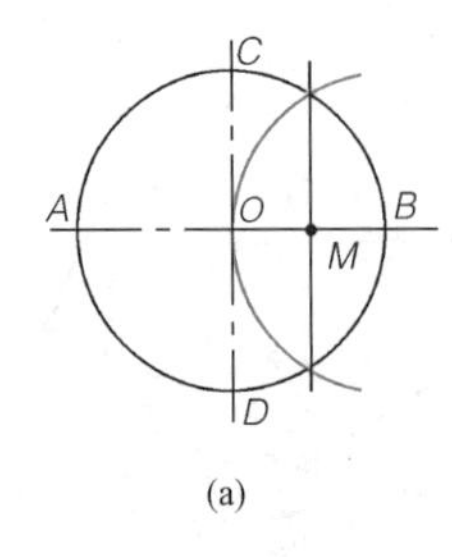

(a)

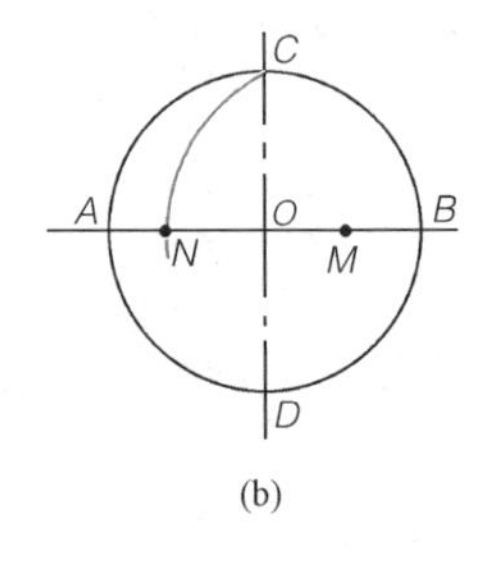

(b)

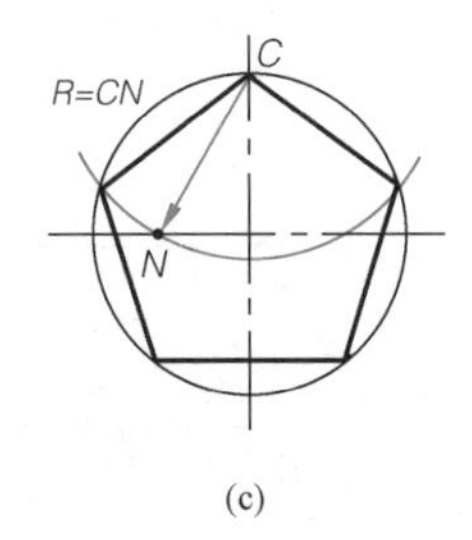

(c)

图 1-1-30 圆周五等分及作正五边形

5. 椭圆的画法

已知相互垂直且平分的长轴 AB 和短轴 CD,其椭圆的四心近似画法如图 1-1-31 所示。

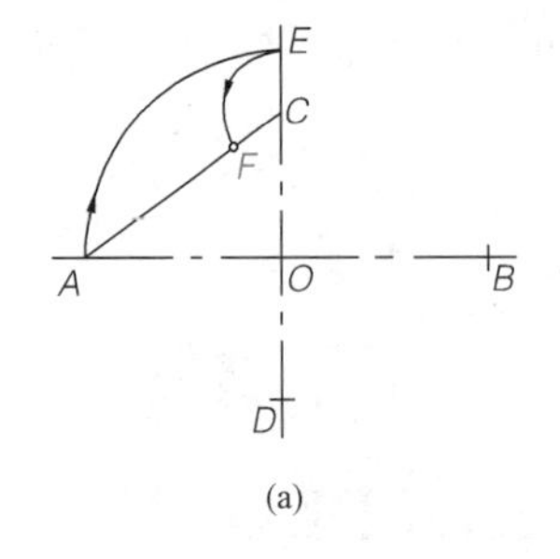

(a)

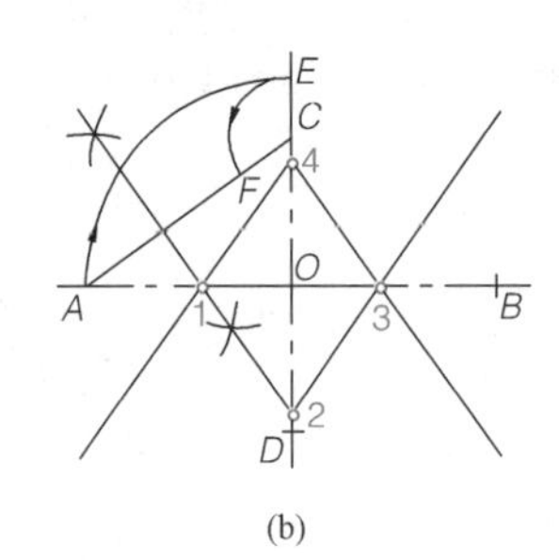

(b)

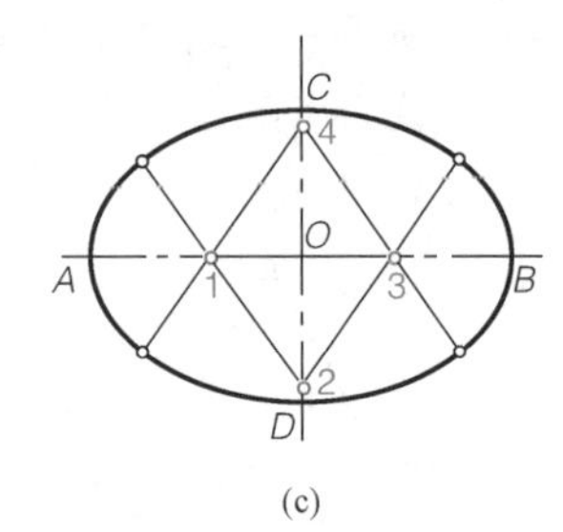

(c)

图 1-1-31 椭圆的四心近似画法

四、绘制平面图形的草图

不用绘图仪器和工具,以目测估计图形与实物的比例,按一定要求徒手绘制的图,称为草图。草图主要应用于设计、修理机器和计算机绘图等生产现场。

绘制草图的基本要领:目测尺寸要准,画线要稳,图线要清晰;各部分比例要匀称;绘图速度要快;标注尺寸要准确,字体要工整。

1. 绘制草图的方法

(1)直线的画法

画水平线时,图纸可倾斜放置,以便随时将图纸转动到画线最为顺手的位置。画垂直线时,应自上而下运笔,如图 1-1-32(a)所示。画斜线时的运笔方向如图 1-1-32(b)所示。

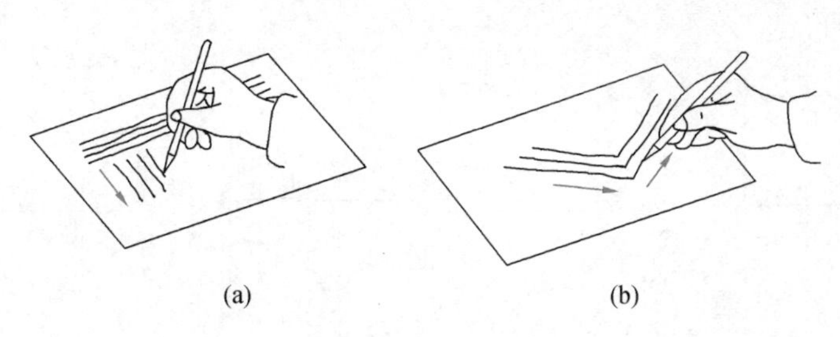

(a)　　(b)

图 1-1-32　徒手画直线

(2)常用角度的画法

画 30°、45°、60°等常用角度时,可根据两直角边的关系,先在两直角边上确定几个点,然后连线而成,如图 1-1-33 所示。

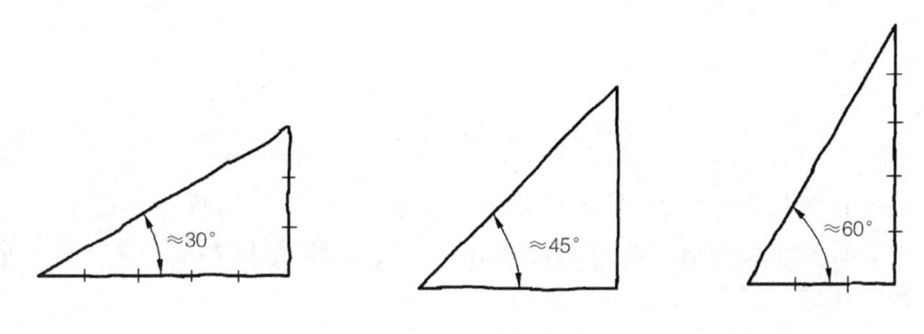

图 1-1-33　徒手画角度

(3)圆的画法

画圆时,可增加两条 45°斜线,在斜线上再根据半径大小确定四个点,然后过这八个点画圆,如图 1-1-34 所示。

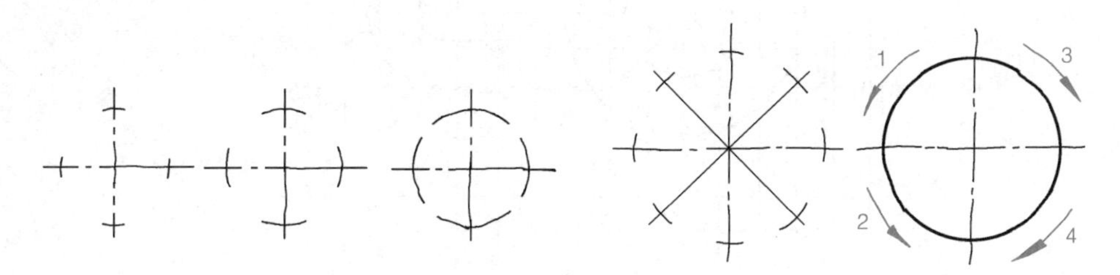

图 1-1-34　徒手画圆

(4)圆弧的画法

画圆弧时,先画角等分线,然后目测,在角等分线上确定圆心位置,过圆心向两边引垂线,以确定圆弧的起点和终点,然后画圆弧,如图 1-1-35(a)、图 1-1-35(b)所示。对于半圆和 1/4 圆弧,可先画辅助正方形,再画圆弧与其相切,如图 1-1-35(c)所示。

(5)椭圆的画法

先画椭圆的长轴和短轴,目测定出四个端点,过这四个端点画一个矩形,然后作四个圆弧与此矩形相切,如图 1-1-36(a)所示;或者利用椭圆与菱形相切的特点来画椭圆,如图 1-1-36(b)所示。

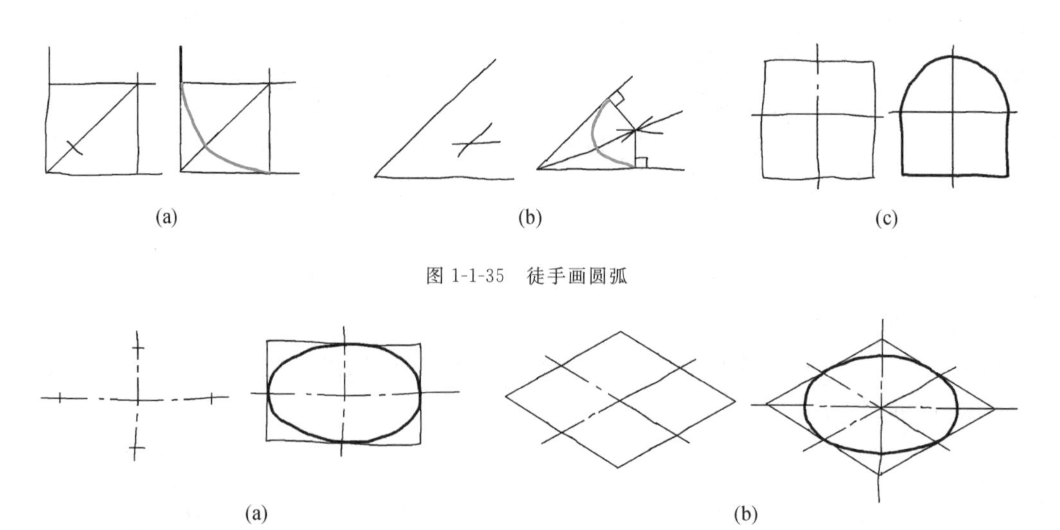

图 1-1-35 徒手画圆弧

图 1-1-36 徒手画椭圆

2. 绘制草图

草图是根据目测估计画出的，目测尺寸比例要准确。初学时，可在方格纸上绘制草图。在画大圆的中心线和主要轮廓时尽可能利用方格上的线条，图形各部分之间的比例可按方格纸上的格数来确定，如图 1-1-37 所示。

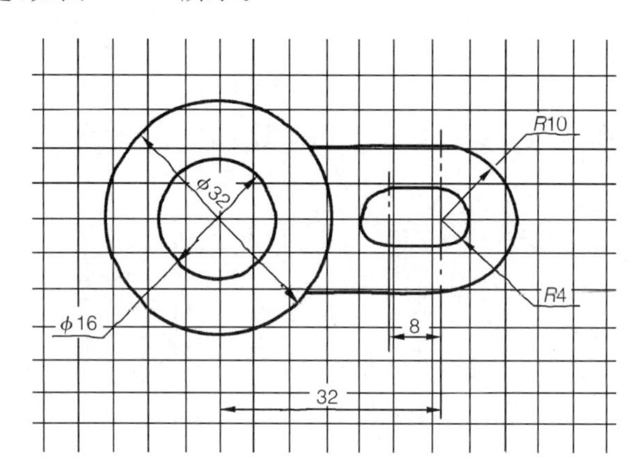

图 1-1-37 绘制草图示例

绘制草图时最重要的是确保草图保持一定的比例，如果比例严重失调，草图就会失真；当画中间范围的尺寸和细节时，要不断地将每个新确定的距离和已确定的距离进行比较，以使比例保持整体的基本统一。

任务2

识读和绘制三视图

学习目标

理解投影法的概念，熟悉正投影的特性；初步掌握三视图的形成、三视图之间的关系和投影规律；掌握简单形体三视图的作图方法，能对照模型或简单零件识读三视图；理解点、直线和平面的正投影特性，初步具备空间想象能力。

实例1　识读和绘制带槽长方体三视图

实例分析

如图1-2-1所示为锉配件立体图。这种图形具有一定的立体感，给人以直观的印象，但是在表达物体的某些结构时，其形状发生了变形。因此，立体图不能完全准确地表达零件的真实形状。而采用正投影法所绘制的三视图能够准确地表达零件的结构形状和大小，如图1-2-2所示。本实例主要介绍形体三视图的画法。

图1-2-1　锉配件立体图

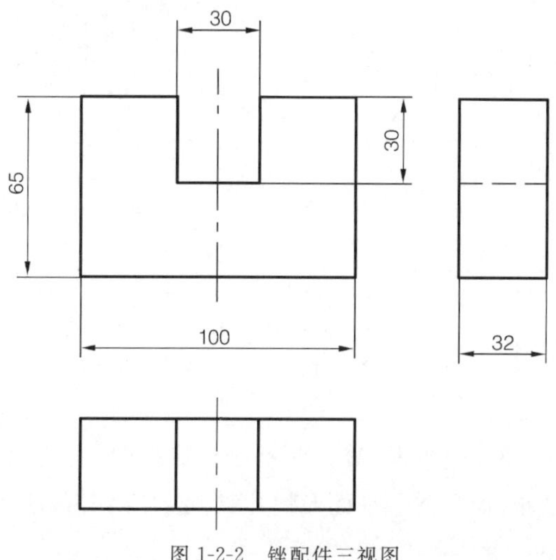

图1-2-2　锉配件三视图

相关知识

一、投影法

投影法是指用投射线通过物体，向选定的投影面进行投射，并在该面上得到图形的一种方法。

二、平行投影法

如图 1-2-3 所示，当投射线互相平行时，将锉配件的某一面在投影面上投影就能反映其真实形状。这种投射线相互平行的投影法称为平行投影法。

平行投影法可分为正投影法和斜投影法两种。

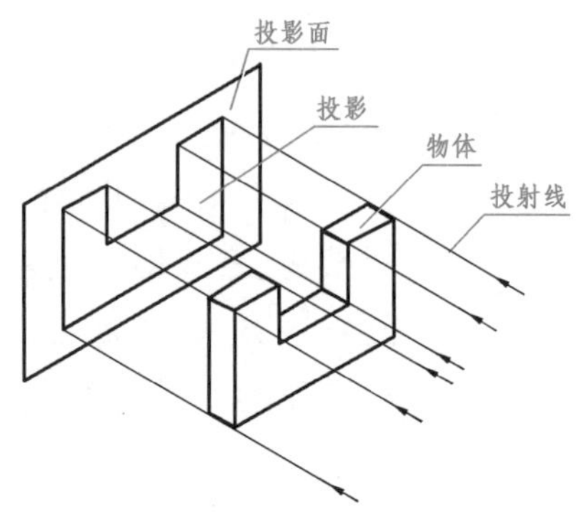

图 1-2-3 平行投影法

三、正投影法及其基本特性

正投影法是投射线与投影面垂直的平行投影法，如图 1-2-4 所示。

由于正投影法在投影中能真实地反映物体的形状和大小，且绘图和测量方便，所以在机械制图中应用广泛。

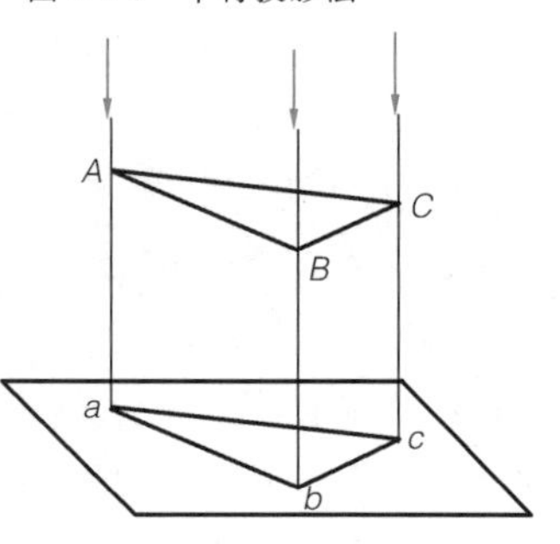

图 1-2-4 正投影法

1. 真实性

如图 1-2-5 所示，当空间直线 AB 或平面 ABC 平行于投影面时，投影 ab 反映 AB 的实长，投影 abc 反映平面 ABC 的实形，这种投影特性称为真实性。

2. 积聚性

如图 1-2-6 所示，当直线 AB 或平面 ABC 垂直于投影面时，直线 AB 的投影积聚在一点上，平面 ABC 的投影积聚成一条直线，这种投影特性称为积聚性。

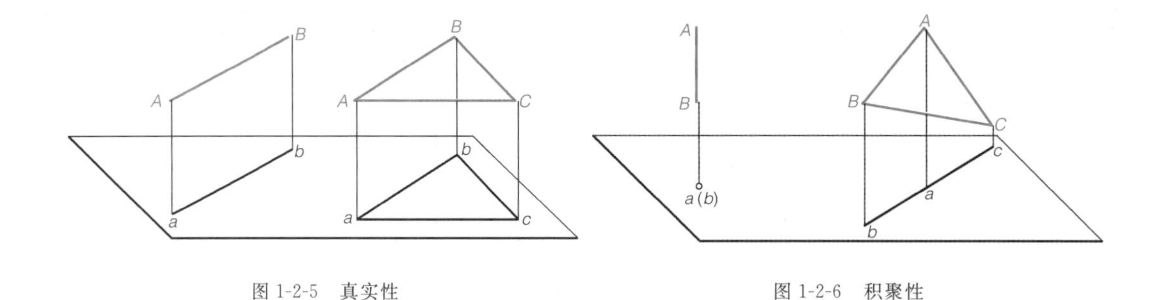

图 1-2-5 真实性　　图 1-2-6 积聚性

3. 类似性

如图 1-2-7 所示，当直线 AB 或平面 ABC 倾斜于投影面时，直线 AB 的投影为收缩的直线 ab，平面 ABC 的投影面积变小，形状与原平面形状类似，此投影称为平面的类似形，这种投影特性称为类似性。

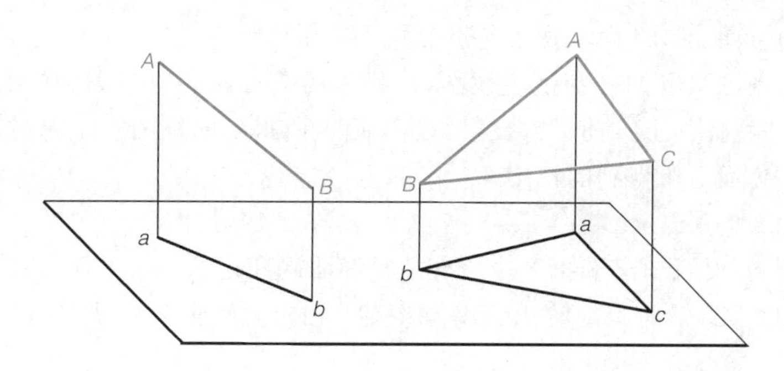

图 1-2-7 类似性

四、三视图的形成及投影规律

1. 三投影面体系的建立

如图 1-2-8 所示，用正投影法所绘制出的图形称为视图。一个视图一般不能唯一确定物体的空间形状。为了清楚地表达物体的形状和大小，工程上常选取互相垂直的三个投影面。

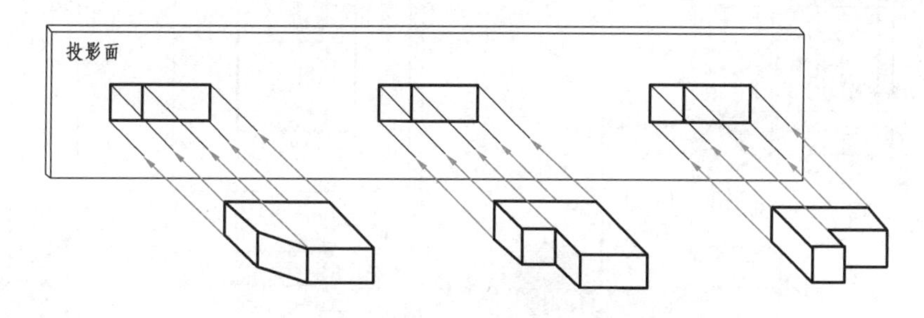

图 1-2-8 物体在单投影面上的投影

如图 1-2-9 所示，设立三个两两垂直相交的投影面，就形成了三个投影面体系。三个投影面分别是：正立投影面，简称正面，用 V 表示；水平投影面，简称水平面，用 H 表示；侧立投影面，简称侧面，用 W 表示。三个投影面之间形成的三根投影轴分别是：V 面与 H 面相交的交线称为 OX 轴，简称 X 轴；H 面与 W 面相交的交线称为 OY 轴，简称 Y 轴；V 面与 W 面相交的交线称为 OZ 轴，简称 Z 轴。X、Y、Z 三轴的交点称为原点，用字母 O 表示。

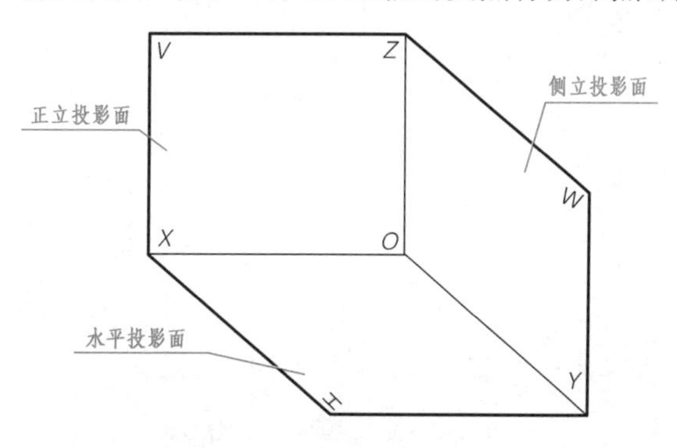

图 1-2-9 三个投影面与投影轴

2. 三视图的形成

如图 1-2-10(a)所示，将物体放在观察者与三投影面体系之间，分别向 V、H、W 面正投射，获得正投影(视图)，它们分别是主视图(从物体的前方向后方投射，在 V 面上所得到的视图)、俯视图(从物体的上方向下方投射，在 H 面上所得到的视图)、左视图(从物体的左方向右方投射，在 W 面上所得到的视图)。

3. 三个投影面的展开

为了便于读图和绘图，必须把三个相交的投影面展开在同一个平面内。展开的方法是：V 面不动，H 面绕 OX 轴向下旋转 90°，W 面绕 OZ 轴向右旋转 90°，使它们与 V 面处于同一平面内，如图 1-2-10(b)所示。

三个投影面展开后，空间的 Y 轴被分至两处，在 H 面上的用 Y_H 表示，在 W 面上的用 Y_W 表示，如图 1-2-10(c)所示。

在工程图中，通常不必画出投影轴和投影面的边框线，视图间的距离可根据图面安排决定，如图 1-2-10(d)所示，此时可不必标注视图的名称。

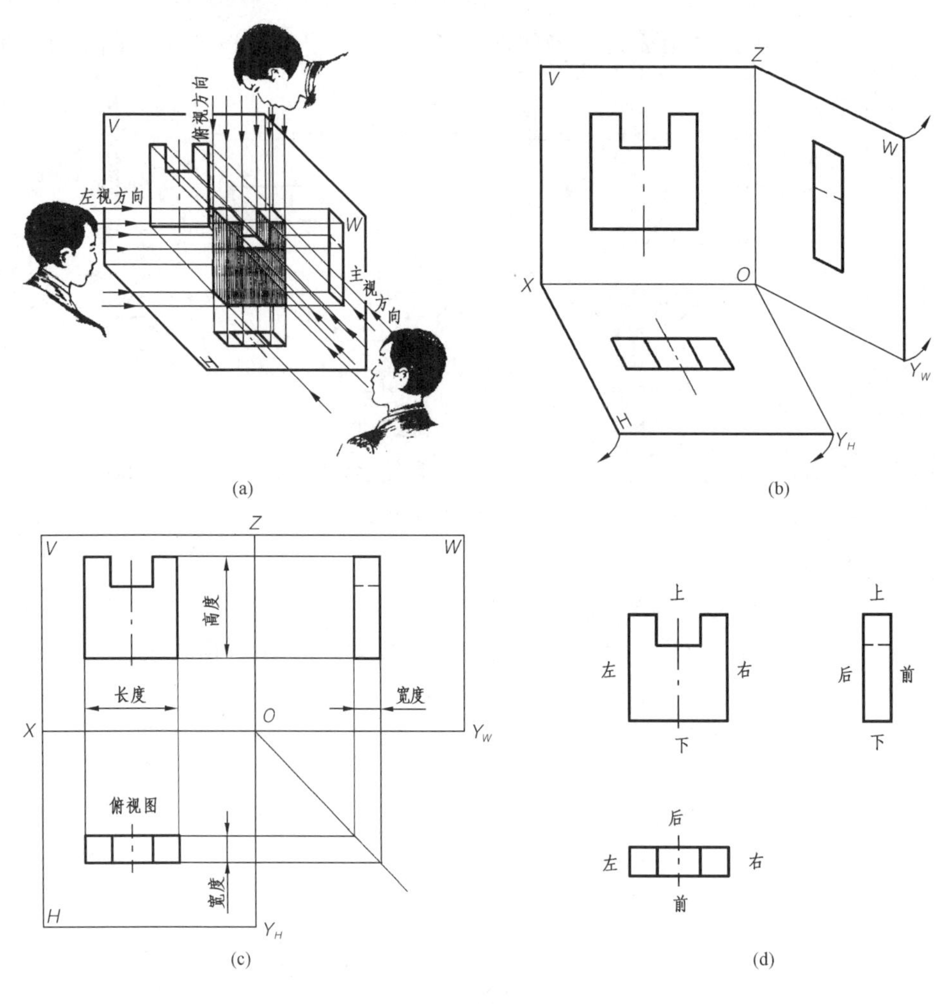

图 1-2-10 三视图的形成过程

4. 三视图的对应关系和投影规律

(1)位置关系

如图 1-2-10(c)所示，以主视图为准，俯视图在主视图的正下方，左视图在主视图的正右方。

(2)投影关系

如图 1-2-10(c)所示，在三视图中，主视图反映了物体长度和高度方向的尺寸；俯视图反映了物体长度和宽度方向的尺寸；左视图反映了物体高度和宽度方向的尺寸。因此，三视图之间的投影关系是：

主视图与俯视图——长对正；

主视图与左视图——高平齐；

俯视图与左视图——宽相等。

三视图之间"长对正、高平齐、宽相等"的"三等"关系，就是三视图的投影规律。不论是整体还是局部，这个投影关系都保持不变，它是我们读图、绘图的依据。

(3)方位关系

三视图反映物体的上下、左右、前后方位关系，如图 1-2-10(d)所示：

主视图反映物体的上下、左右方位；

俯视图反映物体的前后、左右方位；

左视图反映物体的上下、前后方位。

任务实施

根据三视图的对应关系和投影规律，识读和绘制锉配件三视图的方法和步骤如下：

1. 分析锉配件的结构形状

如图 1-2-1 所示，该锉配件外形为长方体，其上加工了一个长方体凹槽。

2. 选择图纸幅面和绘图比例

根据锉配件的结构形状和大小选择标准图纸幅面和绘图比例。

3. 选择主视图的投射方向

应将反映物体形状特征最明显的方向作为主视图的投射方向。此处将锉配件长方体凹形槽的方向作为主视图的投射方向。

4. 布置图形位置

绘制三视图时应从主视图入手，三个视图配合起来绘图，其顺序如图 1-2-11 所示。

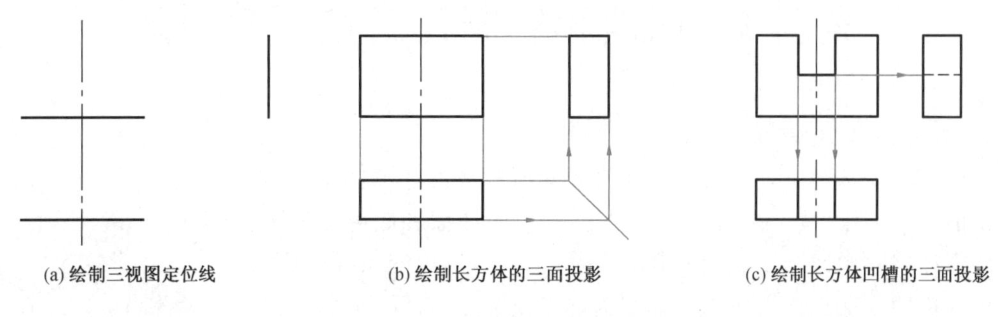

(a) 绘制三视图定位线　(b) 绘制长方体的三面投影　(c) 绘制长方体凹槽的三面投影

图 1-2-11　绘制锉配件三视图

5. 检查、修改底图

6. 按线型要求加深图线，完成三视图

知识拓展

(1)利用前面学过的知识，根据两面视图，参照轴测图补画所缺的第三视图，如图1-2-12(a)所示。

作图步骤：

①按“长对正、宽相等”的关系补画出大长方体的俯视图，如图 1-2-12(b)所示。

②用同样方法补画出小长方体的俯视图，如图 1-2-12(c)所示。

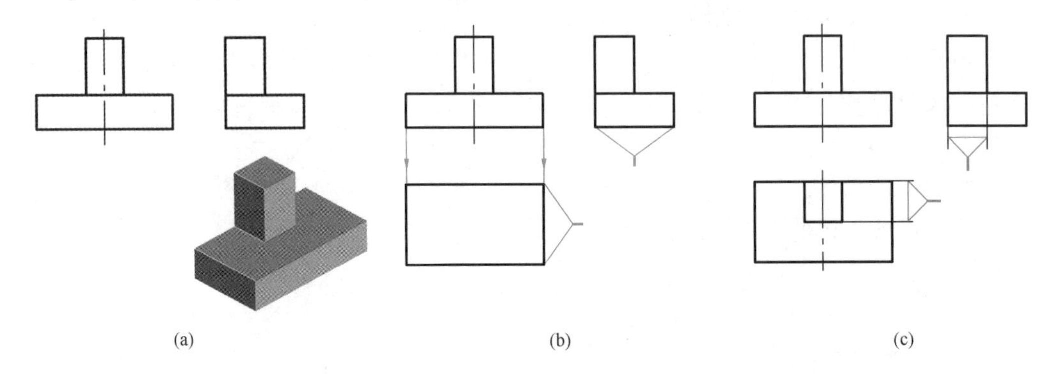

图 1-2-12 根据两面视图补画第三视图

(2)应用三视图的对应关系，可分析出如图 1-2-13 所示形体表面间的相对位置关系。

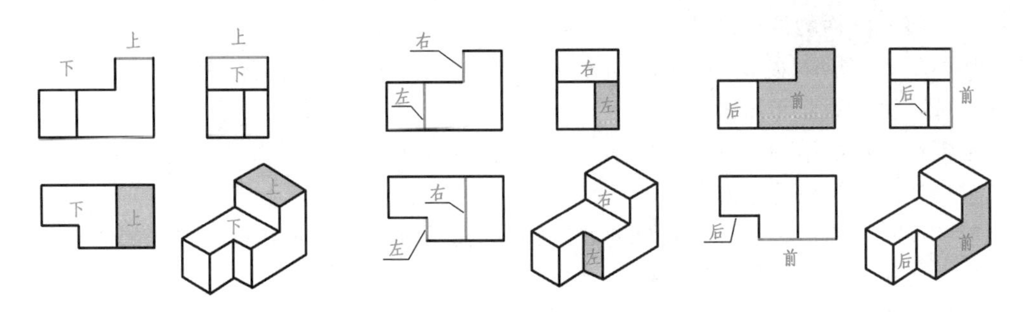

图 1-2-13 形体表面间的相对位置关系

实例 2 识读和绘制正三棱锥三视图

实例分析

任何物体都是由点、线、面等几何要素所构成的。如图 1-2-14 所示的正三棱锥(棱锥是指各棱线交于一点，各棱面和底面均为平面的立体)，它由四个三角形平面围成，每个三角形由三条线围成，每条线由两个端点连接而成。本实例重点介绍点、直线、平面的投影特性，使学生更加熟悉基本体的视图及其画法、尺寸注法和基本体表面取点的方法，进一步提高识读和绘制基本体视图的能力。

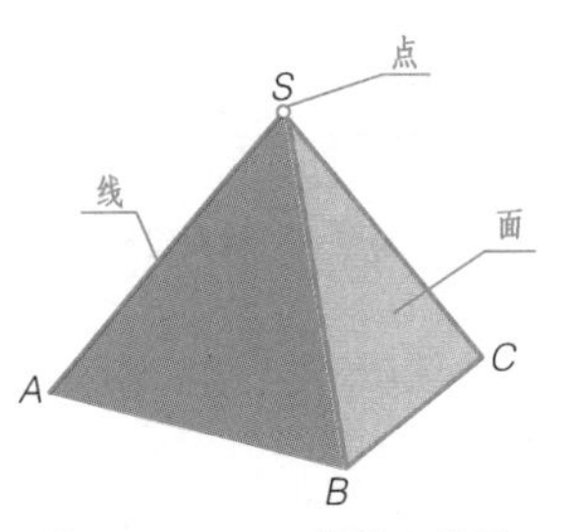

图 1-2-14 正三棱锥立体图

相关知识

一、点的三面投影分析

1. 点的三面投影的形成

点的投影仍为点。如图 1-2-15(a)所示，将点 S 置于三投影面体系中，分别得到点 S 的 H 面、V 面和 W 面投影。空间点用大写拉丁字母表示，如 S、A、B、C；投影点用小写拉丁字母表示，如 H 面上用 s 表示，V 面上用 s'表示，W 面上用 s''表示。

如图 1-2-15(b)所示，可得到点 S 的三面投影(s、s'、s'')，图中的 s_X、s_{Y_H}、s_{Y_W}、s_Z 分别为点的投影连线与投影轴 X、Y、Z 的交点。

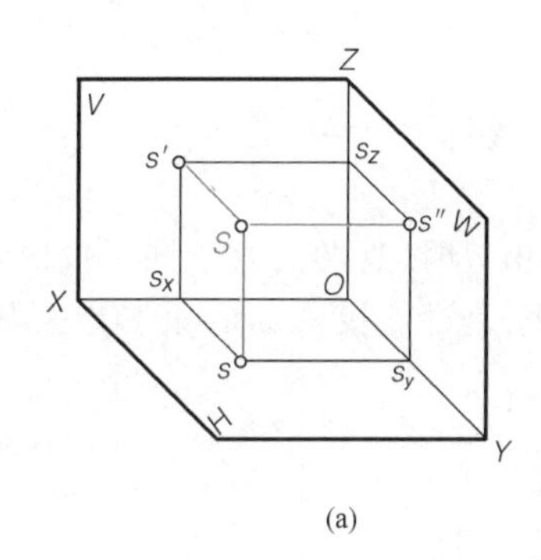

(a)

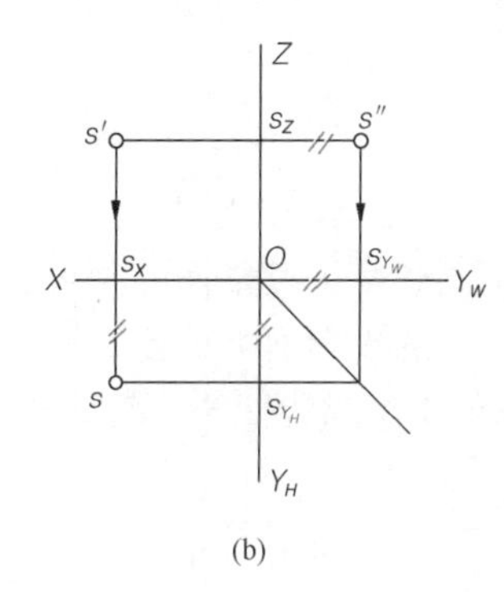

(b)

图 1-2-15 点的三面投影

2. 点的投影规律

如图 1-2-15 所示为点的投影的形成，从中可总结出点的投影规律：

(1)点的正面投影与水平投影的连线一定垂直于 OX 轴($ss' \perp OX$)。

(2)点的正面投影与侧面投影的连线一定垂直于 OZ 轴($s's'' \perp OZ$)。

(3)点的水平投影到 OX 轴的距离等于点的侧面投影到 OZ 轴的距离，即 $ss_X = s''s_Z$。

(4)点的投影规律与三视图的投影规律相同，同样反映了“长对正、高平齐、宽相等”的“三等”对应关系。

3. 点的投影与直角坐标系的关系

如图 1-2-16 所示，空间点到三个投影面的距离可以用直角坐标系的三个坐标值 X、Y、Z 表示：

点 S 到 W 面的距离为 X 坐标值，即 $Ss''=ss_Y=s's_Z=Os_X=X$；

点 S 到 V 面的距离为 Y 坐标值，即 $Ss'=ss_X=s''s_Z=Os_Y=Y$；

点 S 到 H 面的距离为 Z 坐标值，即 $Ss=s's_X=s''s_Y=Os_Z=Z$。

因此，点 S 的空间位置可以用坐标 X、Y、Z 来确定。例如，点的坐标的书写形式可为 $S(X,Y,Z)$、$S(25,15,20)$、$A(X_A、Y_A、Z_A)$、$B(X_B、Y_B、Z_B)$等。

4. 两点间的相对位置

两点间的相对位置是指两点在空间的上下、左右、前后的位置关系，如图 1-2-17 所示。在投影图中，是以它们的坐标值之差来确定的。两点在 V 面的投影反映上下、左右关系；在 H 面的投影反映左右、前后关系；在 W 面的投影反映上下、前后关系。

判断方法：X 坐标值大的在左，Y 坐标值大的在前，Z 坐标值大的在上。

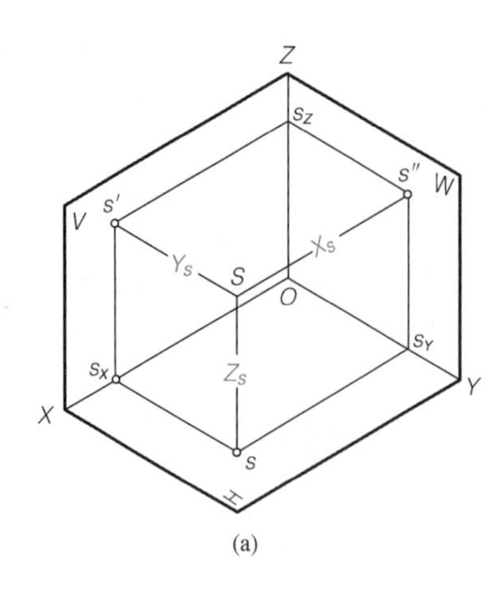

(a)

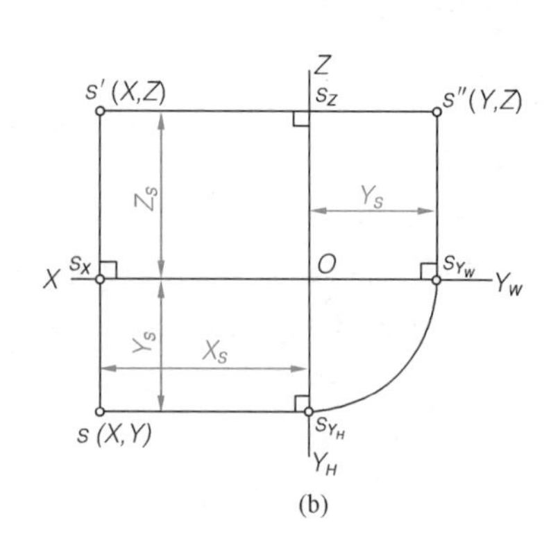

(b)

图 1-2-16 点的投影与直角坐标系的关系

5. 重影点

当空间两点到两个投影面的距离都分别对应相等时，这两点处于同一投射线上，它们在该投射线所垂直的投影面上的投影重合，这两点称为对该投影面的重影点。如图1-2-18所示，A、B 两点的水平投影 a、(b)重合为一点。

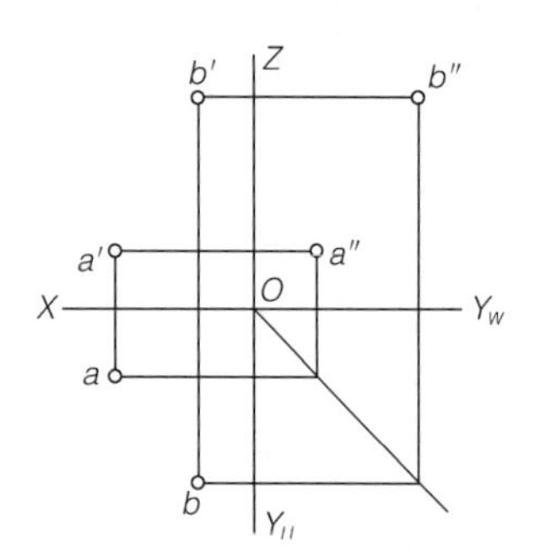

图 1-2-17 两点间的相对位置

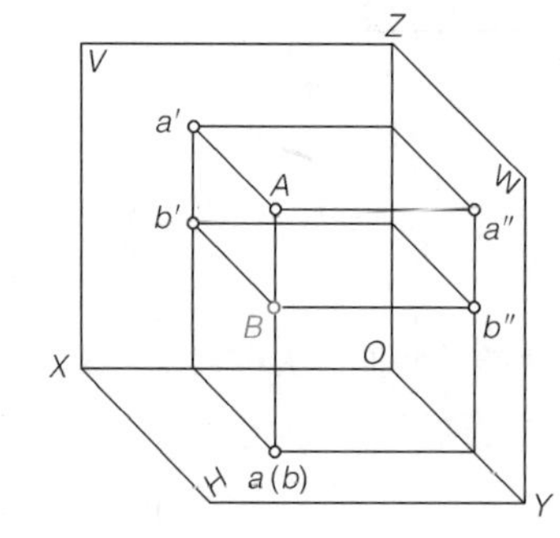

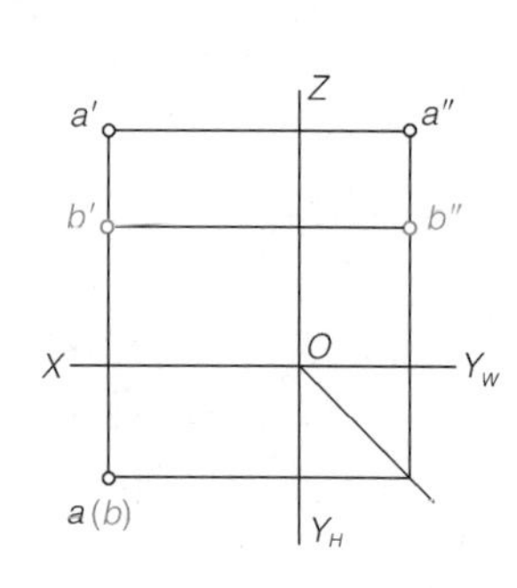

图 1-2-18 重影点的投影

重影点需要判断其可见性，应将不可见点的投影用括号括起来，以示区别。

二、直线的投影

1. 直线的三面投影

直线的投影一般仍为直线。如图 1-2-19(a)所示，直线上两点 A、S 的投影分别为 a、a'、a''及 s、s'、s''。将 a、s 相连，便得到直线 AS 的水平投影 as；同样可以得到 $a's'$和 $a''s''$，即直线 AS 的三面投影，如图 1-2-19(b)所示。

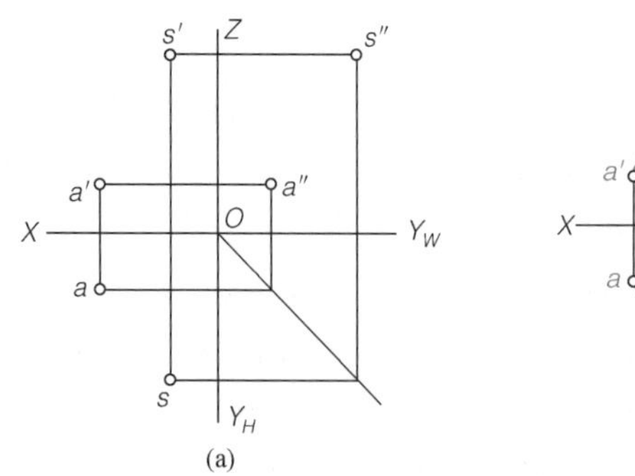

(a)

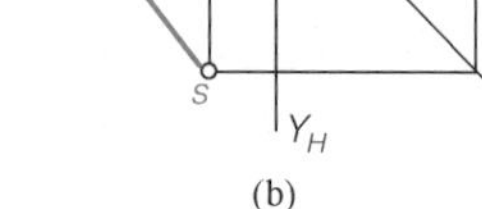

(b)

图 1-2-19 直线的三面投影

2. 直线的投影特性

直线与投影面的相对位置包括平行、垂直和倾斜三种，即投影面平行线、投影面垂直线和一般位置直线。投影面平行线和投影面垂直线统称为特殊位置直线。

(1)投影面平行线

平行于某一投影面的直线称为投影面平行线，其投影及投影特性见表 1-2-1。

表 1-2-1　　投影面平行线的投影及投影特性

名称及说明	立体图与投影图	投影特性
正平线 (平行于 V 面，且与 H、W 面倾斜的直线)	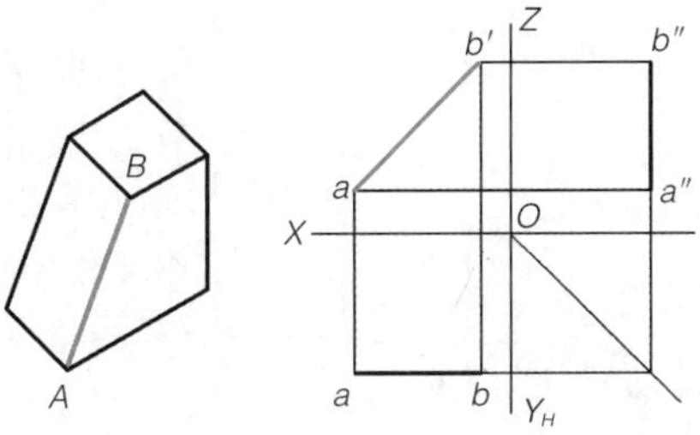	(1)因直线 AB 与 V 面平行，故 $a'b'$ 反映实长； (2)直线 AB 在 H、W 面的投影小于实长，但平行于相应投影轴
水平线 (平行于 H 面，且与 V、W 面倾斜的直线)	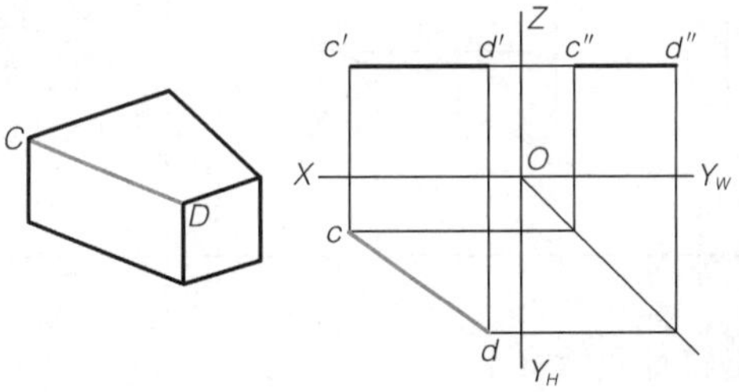	(1)因直线 CD 与 H 面平行，故 cd 反映实长； (2)直线 CD 在 V、W 面的投影小于实长，但平行于相应投影轴
侧平线 (平行于 W 面，且与 V、H 面倾斜的直线)	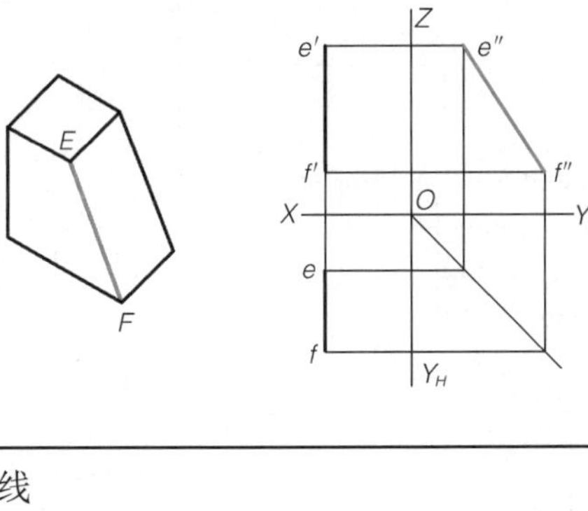	(1)因直线 EF 与 W 面平行，故 $e''f''$ 反映实长； (2)直线 EF 在 V、H 面的投影小于实长，但平行于相应投影轴

(2)投影面垂直线

垂直于某一投影面的直线称为投影面垂直线，其投影及投影特性见表 1-2-2。

表 1-2-2 投影面垂直线的投影及投影特性

名称及说明	立体图与投影图	投影特性
正垂线（垂直于 V 面，且与 H、W 面平行的直线）	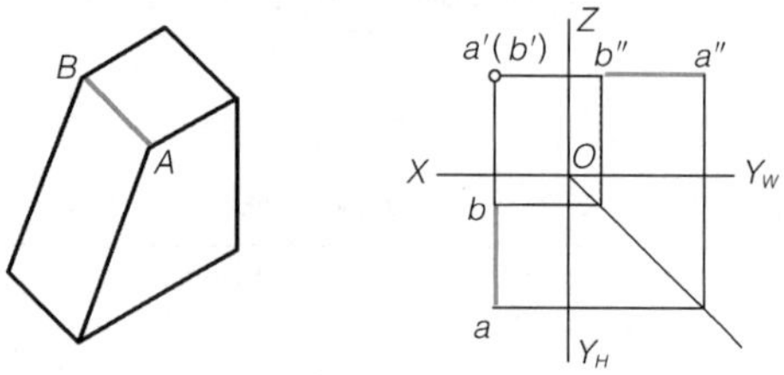	(1)因直线 AB 与 V 面垂直，故 a'、(b')积聚成一点；(2)直线 AB 在 H、W 面的投影反映实长，且垂直于相应投影轴
铅垂线（垂直于 H 面，且与 V、W 面平行的直线）	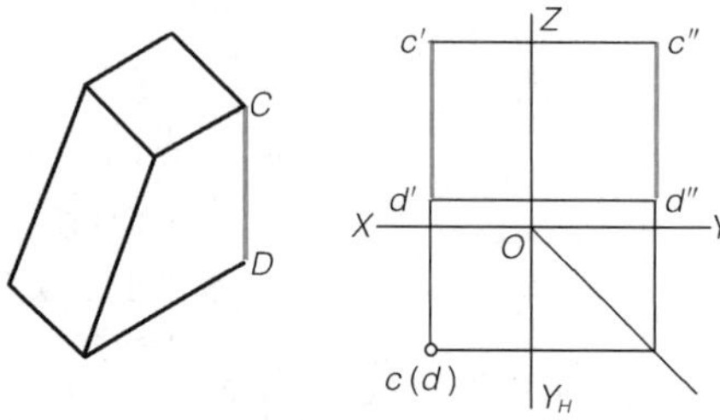	(1)因直线 CD 与 H 面垂直，故 c、(d)积聚成一点；(2)直线 CD 在 V、W 面的投影反映实长，且垂直于相应投影轴
侧垂线（垂直于 W 面，且与 V、H 面平行的直线）	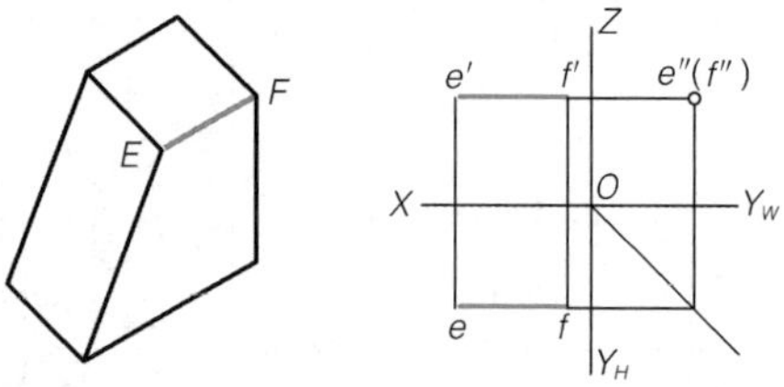	(1)因直线 EF 与 W 面垂直，故 e''、(f'')积聚成一点；(2)直线 EF 在 V、H 面的投影反映实长，且垂直于相应投影轴

3. 一般位置直线

一般位置直线的投影及投影特性见表 1-2-3。

表 1-2-3 一般位置直线的投影及投影特性

名称及说明	立体图与投影图	投影特性
一般位置线（对三个投影面都倾斜的直线）	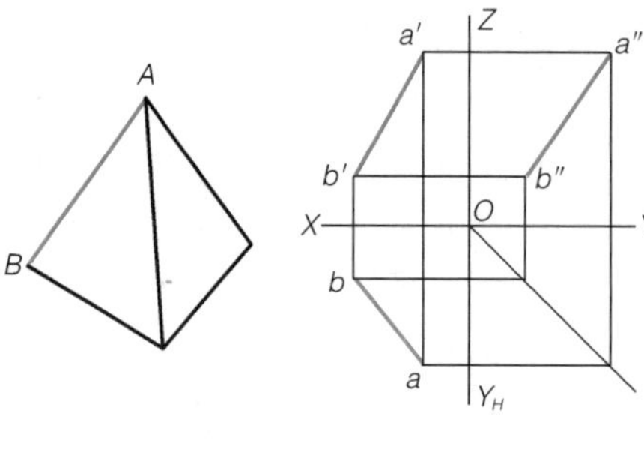	因直线 AB 与 V、H、W 面都倾斜，故在三个面上的投影均小于实长，且均为斜直线

三、平面的投影

1. 特殊位置平面

(1)投影面平行面

平行于某一投影面的平面称为投影面平行面，其投影及投影特性见表 1-2-4。

表 1-2-4　投影面平行面的投影及投影特性

名称及说明	立体图与投影图	投影特性
正平面 (平行于 V 面，且与 H、W 面垂直的平面)	P　p′　Z　X　O　Y_W　Y_H	(1)因平面 P 与 V 面平行，故 p' 反映实形； (2)平面 P 在 H、W 面的投影均积聚成一条直线，且平行于相应投影轴
水平面 (平行于 H 面，且与 V、W 面垂直的平面)	Q　Z　X　O　Y_W　q　Y_H	(1)因平面 Q 与 H 面平行，故 q 反映实形； (2)平面 Q 在 V、W 面的投影均积聚成一条直线，且平行于相应投影轴
侧平面 (平行于 W 面，且与 V、H 面垂直的平面)	R　Z　r″　X　O　Y_W　Y_H	(1)因平面与 W 面平行，故 r'' 反映实形； (2)平面 R 在 V、H 面的投影均积聚成一条直线，且平行于相应投影轴

(2)投影面垂直面

垂直于某一投影面的平面称为投影面垂直面，其投影及投影特性见表 1-2-5。

表 1-2-5　投影面垂直面的投影及投影特性

名称及说明	立体图与投影图	投影特性
正垂面 (垂直于 V 面，且与 H、W 面倾斜的平面)	P　p′　Z　p″　X　O　Y_W　p　Y_H	(1)因平面 P 与 V 面垂直，故 p' 积聚成一条斜直线； (2)平面 P 在 H、W 面的投影 p、p'' 均小于实形
铅垂面 (垂直于 H 面，且与 V、W 面倾斜的平面)	Q　q′　Z　q″　X　O　Y_W　q　Y_H	(1)因平面 Q 与 H 面垂直，故 q 积聚成一条斜直线； (2)平面 Q 在 V、W 面的投影 q'、q'' 均小于实形

（续表）

名称及说明	立体图与投影图	投影特性
侧垂面 （垂直于 W 面，且与 V、H 面倾斜的平面）	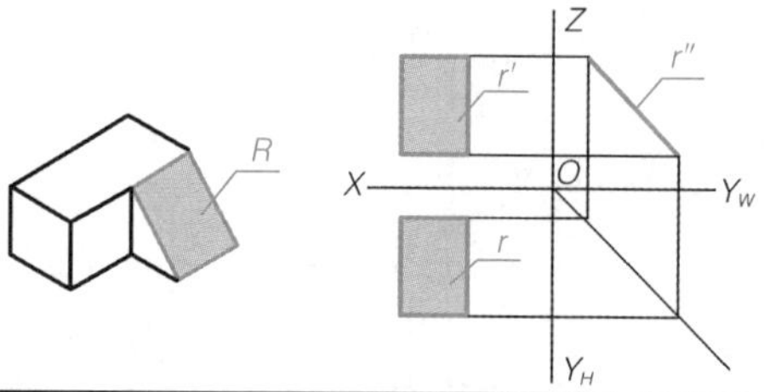 R　Z　r''　r'　X　O　Y_W　r　Y_H	（1）因平面 R 与 W 面垂直，故 r''积聚成一条斜直线； （2）平面 R 在 V、H 面的投影 r'、r 均小于实形

2. 一般位置平面

一般位置平面的投影及投影特性见表 1-2-6。

表 1-2-6　　一般位置平面的投影及投影特性

名称及说明	立体图与投影图	投影特性
一般位置平面 （对三个投影面都倾斜的平面）	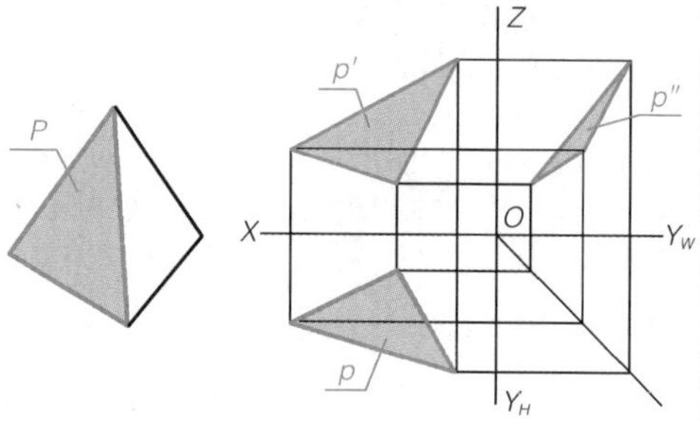 P　Z　p'　p''　X　O　Y_W　p　Y_H	因平面 P 与 V、H、W 面都倾斜，故三面投影均小于实形且为类似形

任务实施

一、识读正三棱锥三视图

1. 正三棱锥棱线和底边的识读

（1）如图 1-2-20(a)所示，棱线 SA 的三个投影 sa、$s'a'$、$s''a''$ 均倾斜于投影轴，即 SA 为一般位置直线，且三个投影都不反映实长。

（2）如图 1-2-20(b)所示，棱线 SB 的投影 sb 与 $s'b'$分别平行于 OY_H 和 OZ 轴，即 SB 为侧平线，其侧面投影反映实长。

（3）如图 1-2-20(c)所示，底边 AB 的投影 $a'b'$与 $a''b''$分别平行于 OX 和 OY_W 轴，即 AB 为水平线，其水平投影反映实长。

（4）如图 1-2-20(d)所示，底边 AC 的侧面投影 a''、(c'')为重影点，即 AC 为侧垂线，其侧面投影积聚为一点。

2. 正三棱锥各表面的识读

正三棱锥的底面为等边三角形，三个侧面为具有公共顶点的三角形。

如图 1-2-20 所示的正三棱锥，它由底面(△ABC)和三个棱面(△SAB、△SBC、△SAC)组成，三条棱线汇交于一点，即锥顶 S。

（1）如图 1-2-21(a)所示，正三棱锥在主视图上的投影是两个全等三角形，为一般位置平面，分别是左、右两个棱面△SAB 和△SBC 的投影，且为类似形，其重合投影△SAC 为侧垂

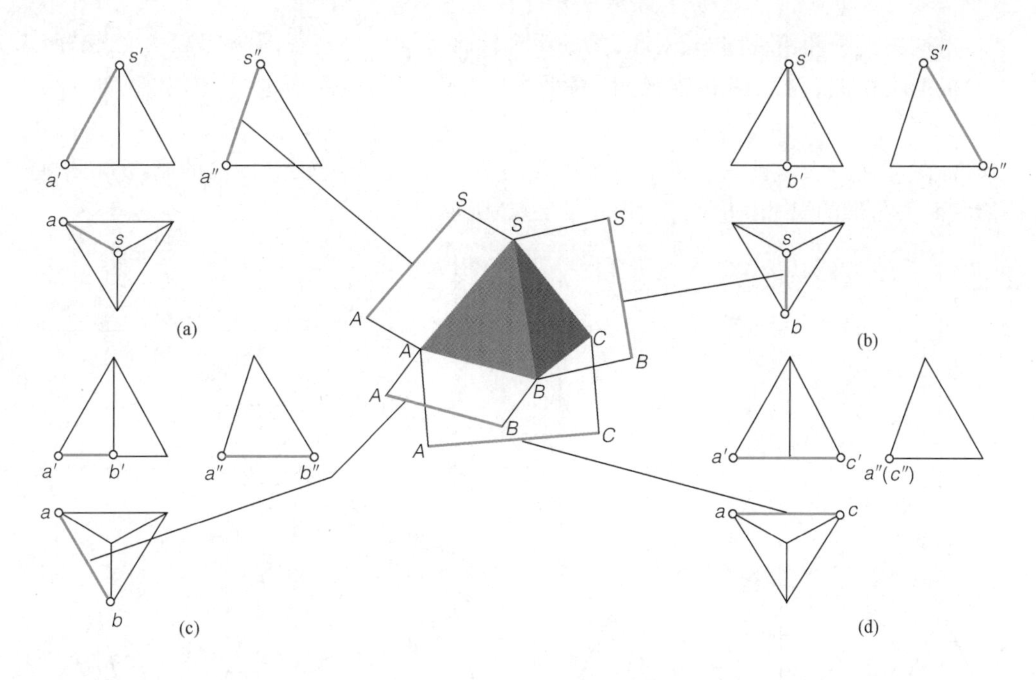

图 1-2-20　正三棱锥棱线和底边的投影分析

面，其侧面投影积聚成一条直线。

(2)如图 1-2-21(b)所示，正三棱锥在俯视图上的投影是三个三角形，均为类似形，其底面△*ABC* 的重合投影为水平面，其水平投影反映实形。

(3)如图 1-2-21(c)所示，正三棱锥在左视图上的投影是一个三角形，棱面△*SAB* 及△*SBC* 的重合投影为全等三角形。

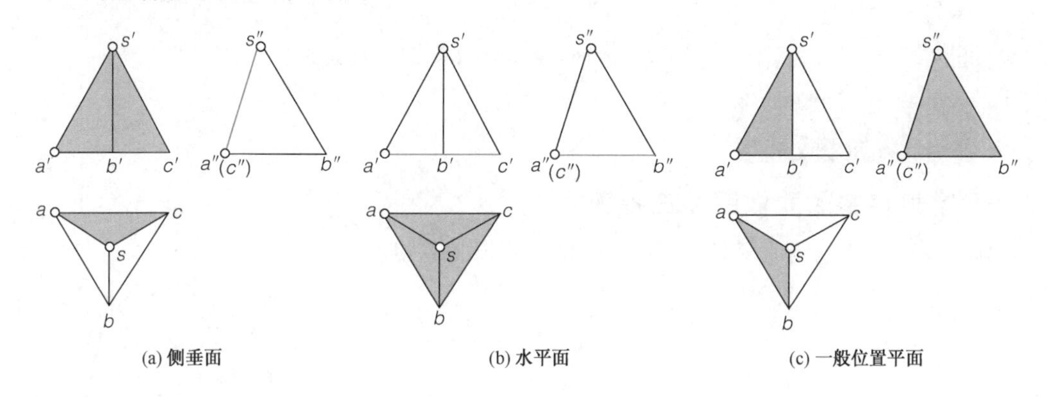

图 1-2-21　正三棱锥各表面的投影分析

二、画正三棱锥三视图并标注尺寸

如图 1-2-22 所示，画图时，一般先从反映形状特征的视图画起，然后按视图间的投影关系画出另两个视图。具体画图步骤如下：

(1)画出三个视图的对称定位线，如图 1-2-22(a)所示。

(2)在俯视图上画辅助圆，如图 1-2-22(b)所示。

(3)在俯视图的辅助圆上画正三角形且画主视图和左视图的投影，如图 1-2-22(c)所示。

(4)根据主视图和俯视图“长对正”的关系和棱锥的高度画主视图，如图 1-2-22(d)所示。

(5)根据主视图、左视图和俯视图“高平齐、宽相等”的关系画左视图，如图 1-2-22(e)所示。

(6)标注尺寸。表示正三棱锥的大小需要两个尺寸，一个是正三棱锥的高，另一个是正三棱锥底面三角形的尺寸(边长)，如图 1-2-22(f)所示。

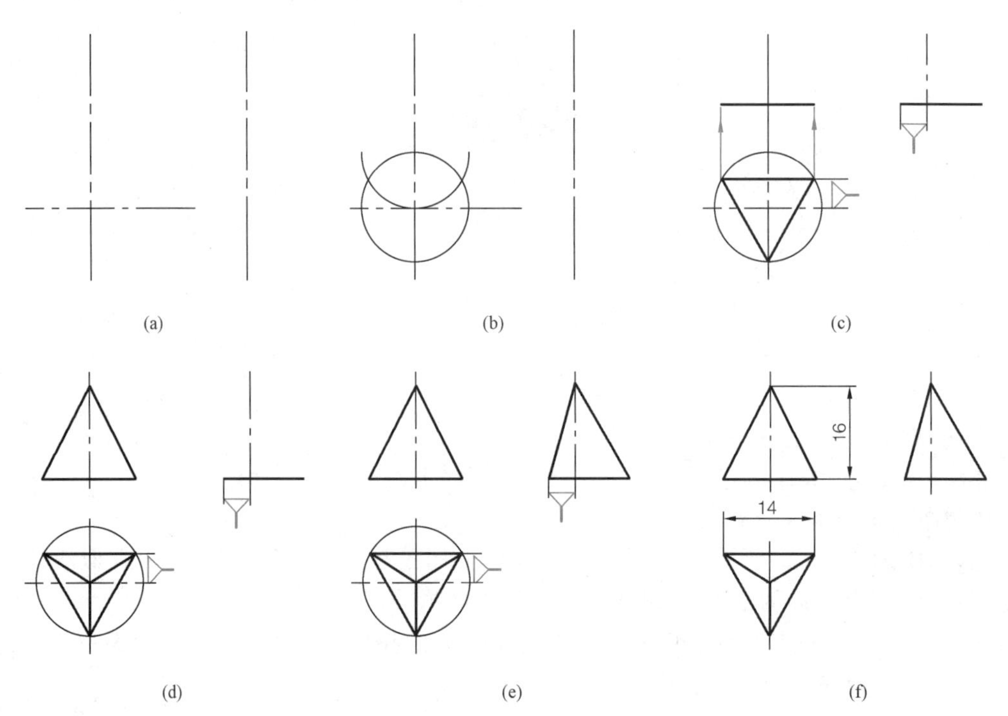

图 1-2-22 画正三棱锥三视图并标注尺寸

知识拓展

一、常见棱锥的立体图和三视图

如图 1-2-23 所示为常见棱锥，读者可自行分析其三视图。

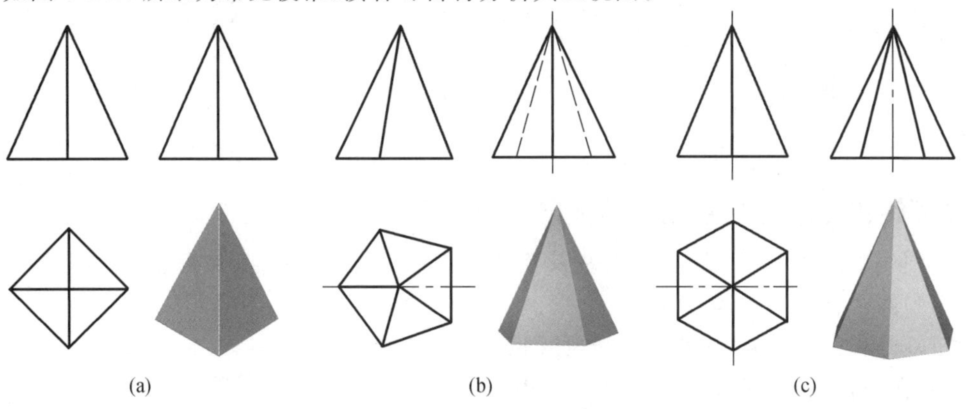

图 1-2-23 常见棱锥的立体图和三视图

二、棱台及其三视图

棱台可看成由平行于棱锥底面的平面截去棱锥的锥顶部分而形成的，其顶面和底面为互相平行的相似多边形，侧面为梯形。由正棱锥截得的称为正棱台，其侧面为等腰梯形。

如图 1-2-24 所示为正四棱台的三视图，其俯视图反映了正四棱台顶面和底面的实形，顶面和底面的各对应边相互平行。

正四棱台三视图的作图方法：一般先作正四棱台顶面与底面的投影，再连接各侧棱线完成三视图。也可先画正四棱锥的三视图，再作正四棱台顶面的投影，最后擦去多余图线，完成作图。

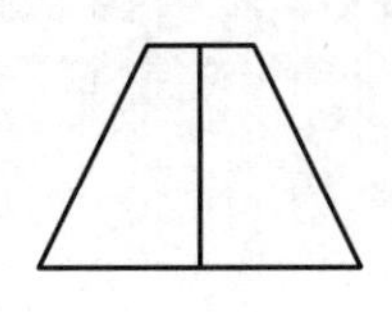
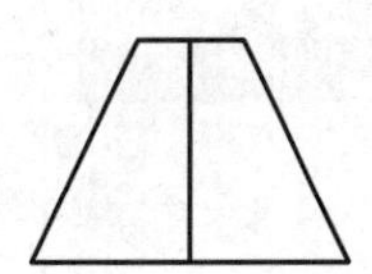
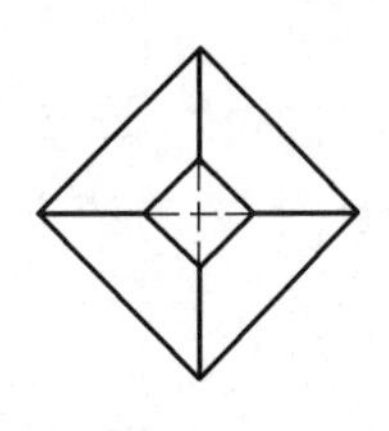

图 1-2-24　正四棱台的三视图

三、正三棱锥表面取点

如图 1-2-25 所示，已知正三棱锥左棱面△SAB 上点 K 的水平投影 k，求作其投影 k'、k''。具体作图方法如下：

(1)判断点 K 的空间位置。

(2)过锥顶点 S 及点 K 作一条辅助线 SI，点 K 的水平投影 k 必在 SI 的水平投影 $s1$ 上。

(3)根据主、俯视图“长对正”的关系，先求 $s'1'$，再求 k'。

(4)由 k 和 k' 可求出 k''。

(5)判断可见性。由于点 K 在左前部分的棱锥面上，所以 k' 和 k'' 均可见。

已知△SAC 上点 L 的投影(l')，试求其投影 l、l''，请读者自行分析。

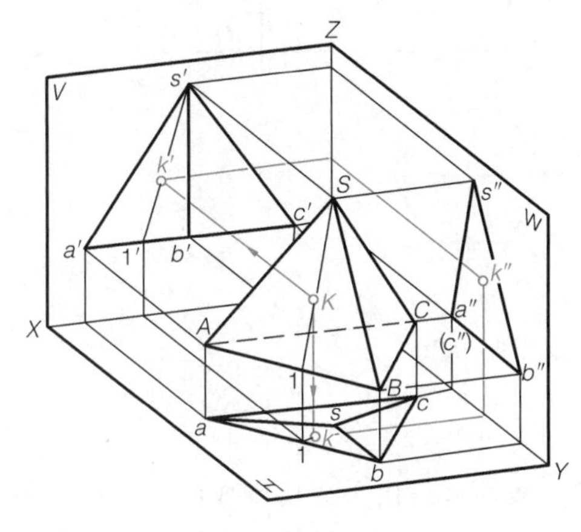

(a) 正三棱锥表面取点的直观图

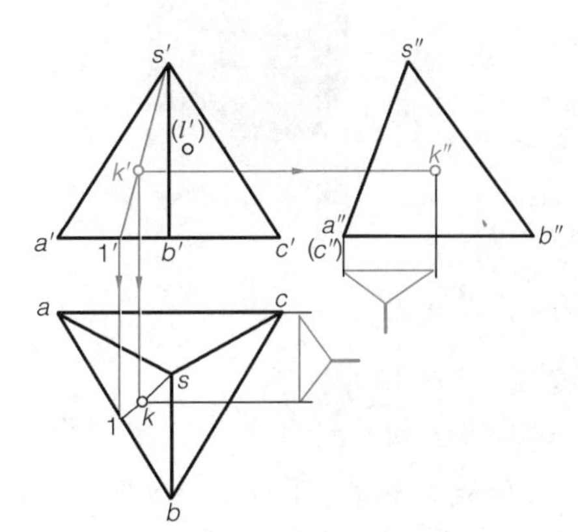

(b) 正三棱锥表面取点的三视图

图 1-2-25　正三棱锥的投影及表面取点

任务3 识读和绘制基本体三视图

学习目标

熟悉棱柱、圆柱、圆锥和圆球三视图的画法；熟悉基本体表面上求点的方法和尺寸注法。

实例1　绘制正六棱柱三视图并标注尺寸

实例分析

通常把棱线相互平行的几何体称为棱柱体，如图1-3-1(a)所示。从图中可以看出，正六棱柱由顶面、底面和六个矩形棱面组成，六个棱面与顶面和底面垂直，六条棱线相互平行。本实例主要介绍正六棱柱三视图的画法及尺寸注法。

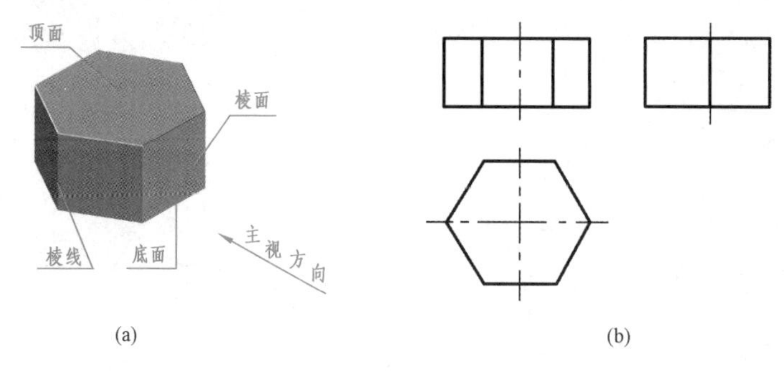

图1-3-1　正六棱柱的立体图和三视图

相关知识

通常基本体分为平面立体和曲面立体两大类。表面都是由平面所围成的立体称为平面立体，如棱柱(图1-3-2)、棱锥(在任务2的实例2中介绍过)等。表面都是由曲面和平面或者全部由曲面所围成的立体称为曲面立体，如圆柱、圆锥、圆球等。如图1-3-3所示的零件就是由各种常见的平面立体和曲面立体所组成的。

(a) 正三棱柱

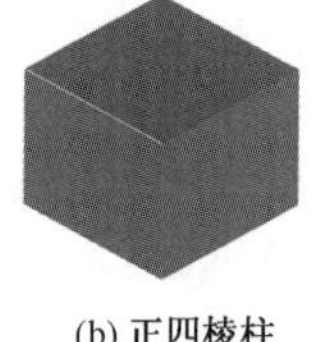

(b) 正四棱柱

(c) 正五棱柱

图1-3-2　其他棱柱

图 1-3-3　阀实物图

识读正六棱柱三视图

1. 主视图

如图 1-3-1(b)所示为正六棱柱的三视图。正六棱柱的主视图反映正六棱柱六个棱面的重合投影,左、右棱面为类似形,中间棱面反映实形;顶面和底面的投影积聚为两条平行直线,六条棱线为铅垂线。

2. 俯视图

正六棱柱的俯视图反映了顶面和底面实形的正六边形(特征图形)。六个棱面垂直于水平面,其投影都积聚在正六边形的六条边上。

3. 左视图

正六棱柱的左视图反映了六棱柱左、右棱面的重合投影,不反映实形。前、后棱面的投影积聚成一条直线,顶面和底面的投影积聚为两条平行直线。

任务实施

绘制正六棱柱三视图并标注尺寸

如图 1-3-4 所示,画图步骤如下:

(1)布图,画三个视图的图形定位线和俯视图的正六边形,如图 1-3-4(a)所示。

(2)由“长对正”和棱柱高度画主视图,如图 1-3-4(b)所示。

(3)根据“高平齐”画出左视图的高度线,再根据“宽相等”画全左视图,完成作图,如图1-3-4(c)所示。

(4)标注尺寸如图 1-3-4(d)所示。从理论上讲,底面的尺寸可以标注正六边形外接圆的直径,也可以标注对边尺寸。在实际尺寸标注时,一般两个尺寸都标注,并且将外接圆的直径尺寸数字加括号,机械制图中的这种尺寸称为参考尺寸。

知识拓展

正六棱柱表面上取点

如图 1-3-5 所示,已知正六棱柱左前方棱面上有一点 M 的正面投影 m',求作其水平投影 m 和侧面投影 m''。作图步骤如下:

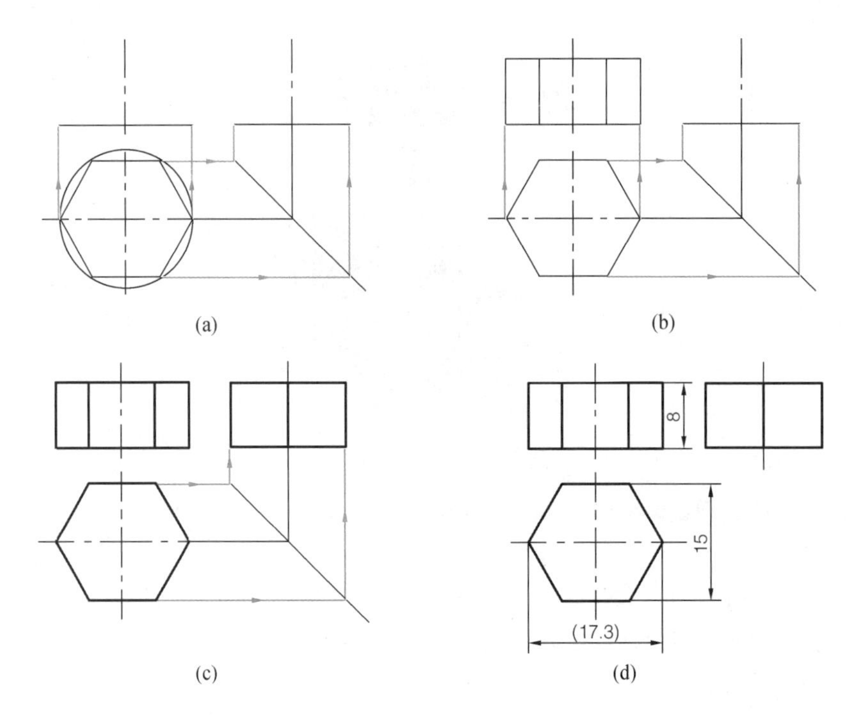

(a) (b)

(c) (d)

图 1-3-4 绘制正六棱柱三视图

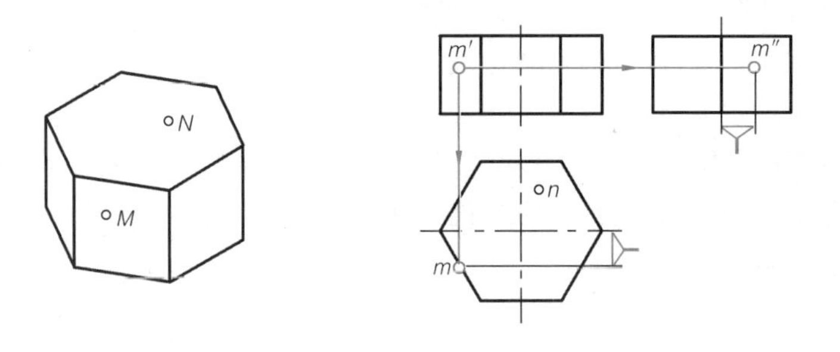

图 1-3-5 正六棱柱表面上取点

(1)求水平投影 m 。因左棱面的水平投影积聚成一条直线，故水平投影 m 一定在左棱面的水平投影上。

(2)求侧面投影 m''。由正面投影 m'和水平投影 m 就可求得 m''。

(3)判断 m''的可见性。点 M 在左棱面上，其在 W 面上的投影为可见，也即 m''为可见。

如图 1-3-5 所示，已知正六棱柱顶面上有一点 N 的水平投影 n，求作其正面投影 n'和侧面投影 n''，读者可自行分析。

实例 2 绘制圆柱三视图并标注尺寸

实例分析

如图 1-3-6 所示为车床顶尖中圆柱和圆锥的应用实例。圆柱属于曲面立体，如图 1-3-7(a)所示，它是由圆柱面、顶面和底面围成的。圆柱的轴线垂直于水平面，为铅垂线，顶面和底面为水平面，圆柱面为铅垂面。本实例主要介绍圆柱体三视图的画法和尺寸注法。

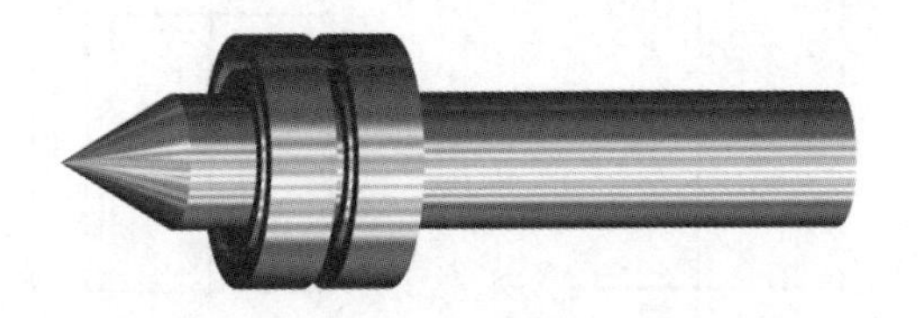

图 1-3-6　车床顶尖

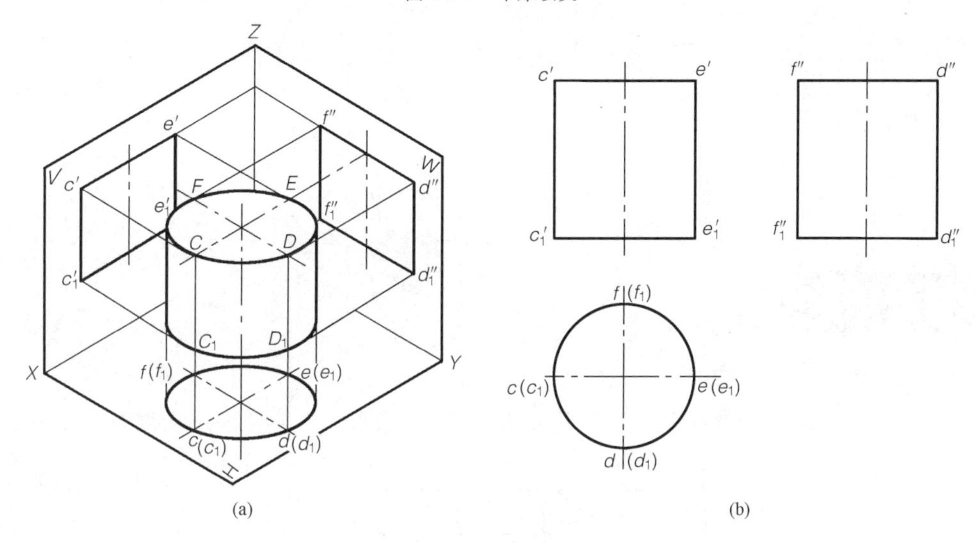

图 1-3-7　圆柱的投影和三视图

相关知识

识读圆柱三视图

如图 1-3-7(b)所示为圆柱的三视图。

(1)主视图是由顶面、底面和最左素线的投影 $c'c'_1$、最右素线的投影 $e'e'_1$组成的矩形。主视图所能看见的部分为前半圆柱面,看不见的部分为后半圆柱面。

(2)俯视图是顶面、底面的水平投影且反映实形,圆柱面的水平投影积聚成圆。

(3)左视图是由圆柱顶面、底面和最前素线的投影 $d''d''_1$、最后素线的投影 $f''f''_1$组成的矩形。左视图上看见的为左半圆柱面,看不见的为右半圆柱面。

任务实施

绘制圆柱三视图

作图步骤如下:

(1)画定位线及俯视图圆(反映圆柱形状特征),如图 1-3-8(a)所示。

(2)根据圆柱的高及投影关系画出主视图和左视图,在圆柱上需要标注两个尺寸,一个是圆柱的高,另一个是圆柱的直径,如图 1-3-8(b)所示。

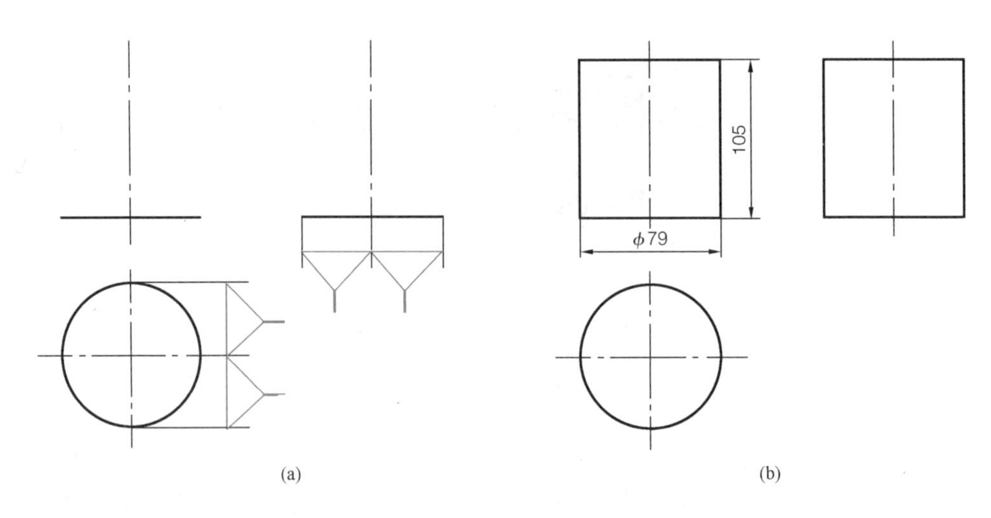

图 1-3-8 圆柱三视图的画法及尺寸注法

知识拓展

一、圆柱表面上取点

如图 1-3-9 所示，已知圆柱上一点 M 的正面投影 m'，求作其水平投影 m 和侧面投影 m''。

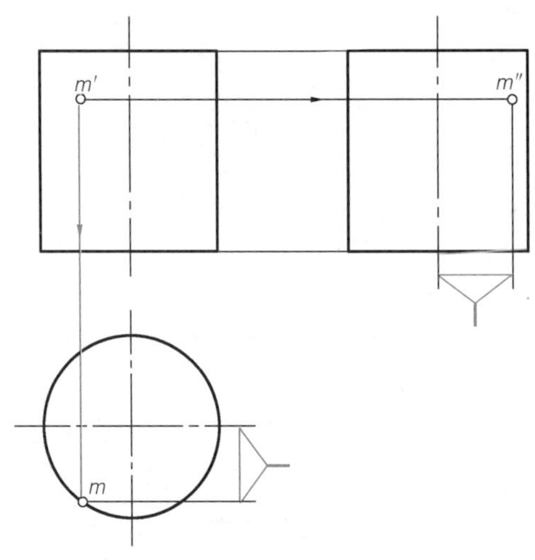

图 1-3-9 圆柱表面上取点

作图步骤如下：

(1)因圆柱的轴线垂直于水平面，故圆柱面的水平投影具有积聚性，其上的点可利用积聚性直接求出。由主视图可知，点 M 在圆柱前表面的左上方可见。

(2)根据"高平齐、宽相等"得 m''。

二、识读圆锥三视图

圆锥在实际生产中的典型应用为针型阀，如图 1-3-10 所示。针型阀的阀芯就是一个很尖的圆锥，好像针一样插入阀座，由此得名。

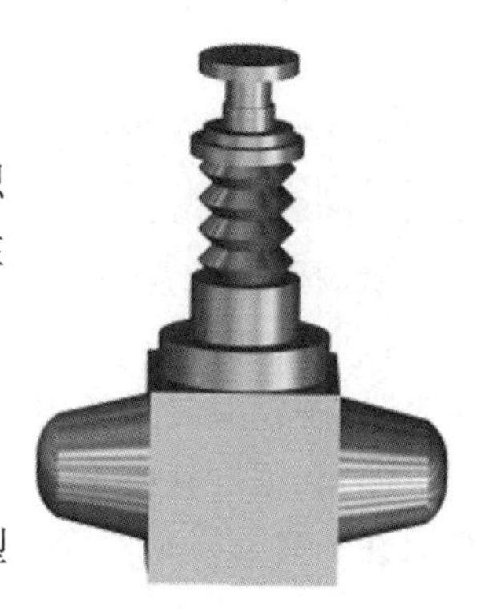

图 1-3-10 针型阀

圆锥的表面由圆锥面和圆形底面围成。圆锥轴线垂直于 H 面，底面平行于 H 面，如图 1-3-11(a)所示。

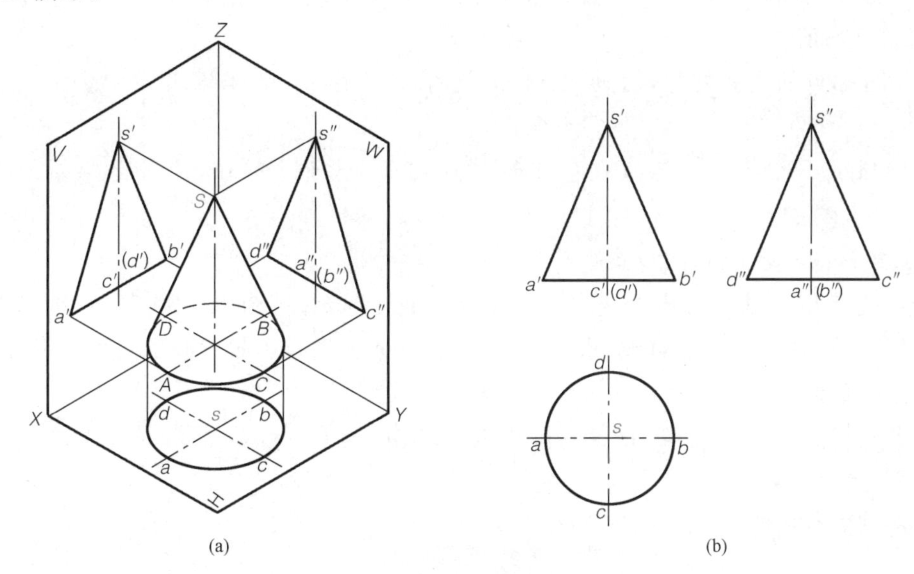

(a)　(b)

图 1-3-11　圆锥的投影和三视图

如图 1-3-11(b)所示为圆锥的三视图。

(1)主视图是一个等腰三角形，其底边为圆形底面的积聚性投影，$s'a'$ 和 $s'b'$ 是最左和最右素线的投影。

(2)俯视图是一个圆，为圆锥面与圆锥底面在 H 面的投影。

(3)左视图也是一个等腰三角形，其底边为圆形底面的积聚性投影，$s''c''$ 和 $s''d''$ 是最前和最后素线的投影。

三、圆锥表面上取点

如图 1-3-12(b)所示，已知圆锥面上点 M 的正面投影 m'，求作其水平投影 m 和侧面投影 m''。

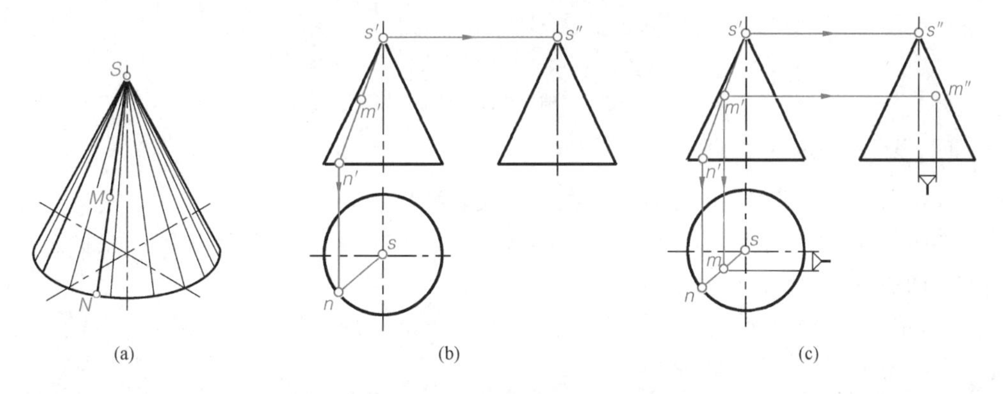

(a)　(b)　(c)

图 1-3-12　用辅助素线法求圆锥表面上的点

圆锥面没有积聚性，求圆锥表面上点的投影要运用辅助素线法和辅助纬圆法。

1. 辅助素线法

如图 1-3-12 所示，作图步骤如下：

(1)判断点 M 的空间位置。

(2)过正面投影 s' 和 m' 作一辅助线交底圆于 n'，再由 n' 作出其水平投影 n，连接 s、n，如图 1-3-12(b)所示。

(3)根据点的投影规律，由 m' 求出 sn 上的 m，再由 m' 和 m 求出 m''，如图 1-3-12(c)所示。

(4)判断可见性：由于点 M 在左前部分的圆锥面上，所以 m 和 m'' 均可见。

2. 辅助纬圆法

如图 1-3-13 所示，作图步骤如下：

(1)过点 M 作辅助纬圆，先求该纬圆的水平投影(该纬圆为水平圆，正面投影积聚为一条与圆锥底面投影平行的直线，水平投影反映实形，根据投影规律画出水平投影圆)，如图 1-3-13(b)所示。

(2)根据点的投影规律，在该圆圆周上求出 m，再由 m'、m 求出 m''，如图 1-3-13(b)所示。

(3)判断可见性：m 和 m'' 均可见。

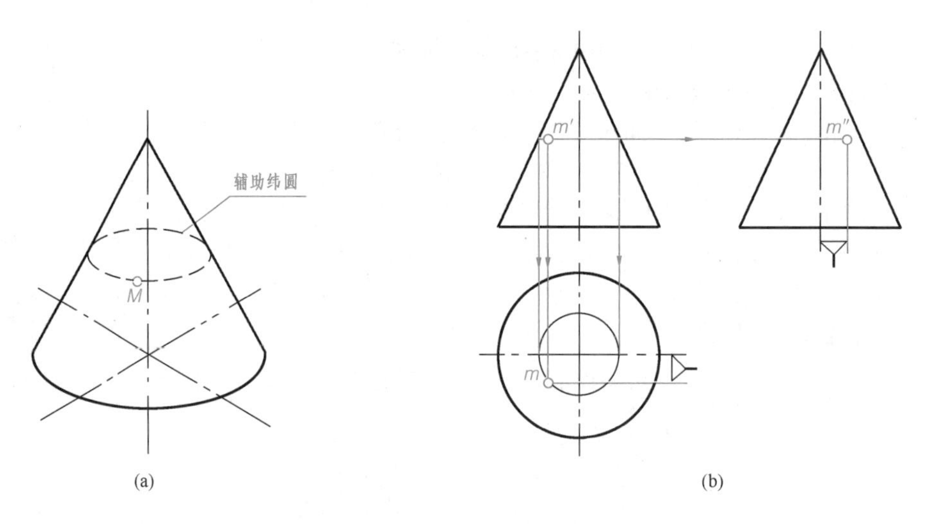

图 1-3-13 用辅助纬圆法求圆锥表面上的点

四、识读圆球三视图

圆球面可以看做是由一个圆绕它的直径旋转而成的。

如图 1-3-14(a)所示，圆球的三面投影都是直径相等的圆，这三个圆相互垂直，是三个不同方向球的轮廓素线圆的投影。

(1)主视图：轮廓素线圆 A 与 V 面平行，其投影是平行于 V 面的最大圆，且是前、后两半球面可见与不可见部分的分界线。

(2)俯视图：轮廓素线圆 B 与 H 面平行，其投影是平行于 H 面的最大圆，且是上、下两半球面可见与不可见部分的分界线。

(3)左视图：轮廓素线圆 C 与 W 面平行，其投影是平行于 W 面的最大圆，且是左、右两半球面可见与不可见部分的分界线。

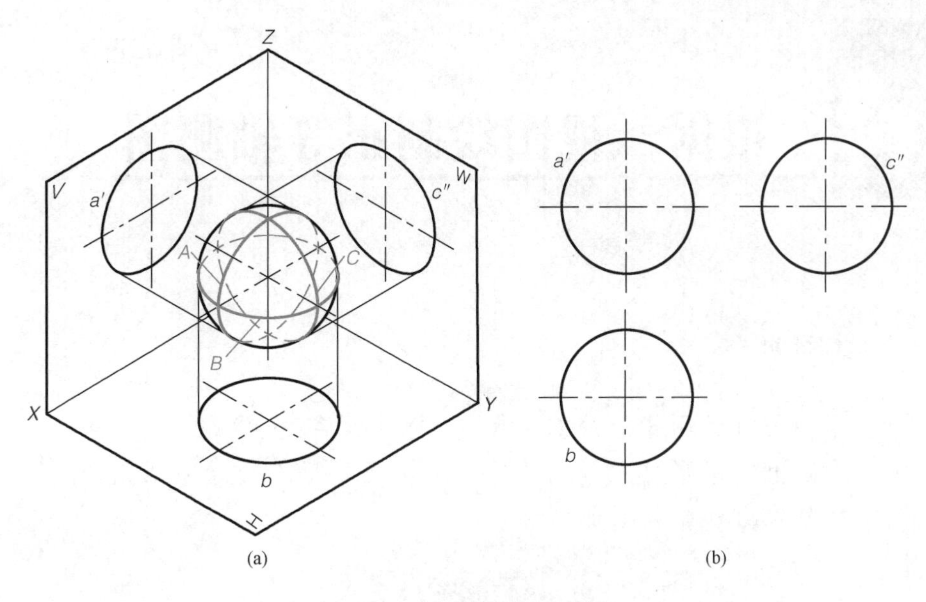

图 1-3-14　圆球的投影和三视图

任务4 根据三视图绘制正等轴测图

学习目标

了解轴测投影的基本概念、特性和常用轴测图的种类，能画出简单形体的正等轴测图，从而帮助初学者提高空间想象能力和空间思维能力。

实例　根据形体三视图绘制其正等轴测图

实例分析

如图1-4-1所示为用正投影法绘制的形体三视图，其度量性好，能准确地表达物体的形状和位置关系，但缺乏立体感。而轴测图直观性强，在工程上，轴测图常用于对产品拆装、使用和维修的说明。本实例主要介绍形体正等轴测图的绘制。

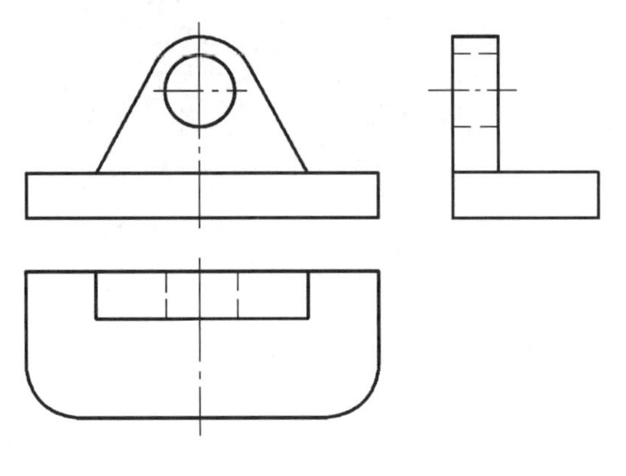

图1-4-1　形体三视图

相关知识

一、轴测投影图的基本知识

1. 轴测投影图的形成

轴测投影图(简称轴测图)通常被称为立体图，是生产中的一种辅助图样，它是将物体连同其直角坐标系，沿不平行于任一坐标面的方向，用平行投影法将其投射在单一投影面上所得到的图形，也称轴测投影，如图 1-4-2 所示。

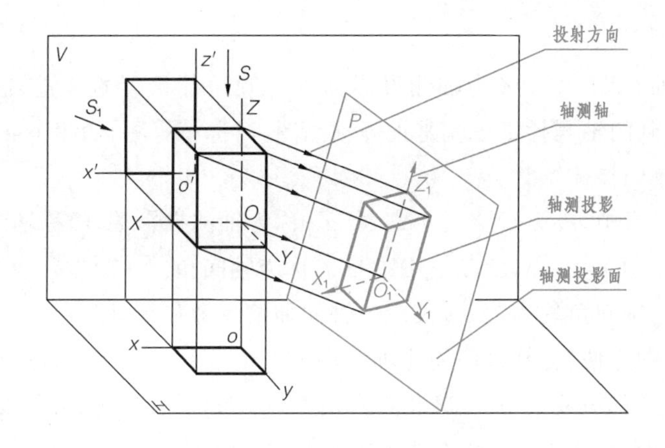

图 1-4-2　轴测投影图的形成

2. 轴测投影图的分类

轴测投影图分为正轴测投影和斜轴测投影两大类。用正投影法得到的轴测投影称为正轴测投影；用斜投影法得到的轴测投影称为斜轴测投影。常用的有正等轴测投影（正等轴测图）和斜二轴测投影（斜二轴测图）两种。

3. 轴测投影的特性与基本作图方法

（1）立体上平行于坐标轴的线段，在轴测投影图中也平行于相应的轴测轴，如图 1-4-3 所示。

（2）立体上互相平行的线段（如 $AD /\!/ BC$），在轴测投影图中仍然互相平行，如图 1-4-3 所示。

轴测投影的特性为轴测图提供了沿轴测量的基本作图方法。平行于坐标轴的线段，应沿对应的轴测轴方向画出，长度可按其尺寸乘以相应的伸缩系数沿轴向量取。不平行于坐标轴的线段不可直接量取，可先画出其两个端点，然后连线。如图 1-4-3(a)所示，线段 $a'b'$、$c'd'$ 在轴测图中不可直接量取，只能依据该线段两个端点的坐标，先确定点 A、B、C、D，再连线，其作图过程如图 1-4-3(b)、图 1-4-3(c)所示。

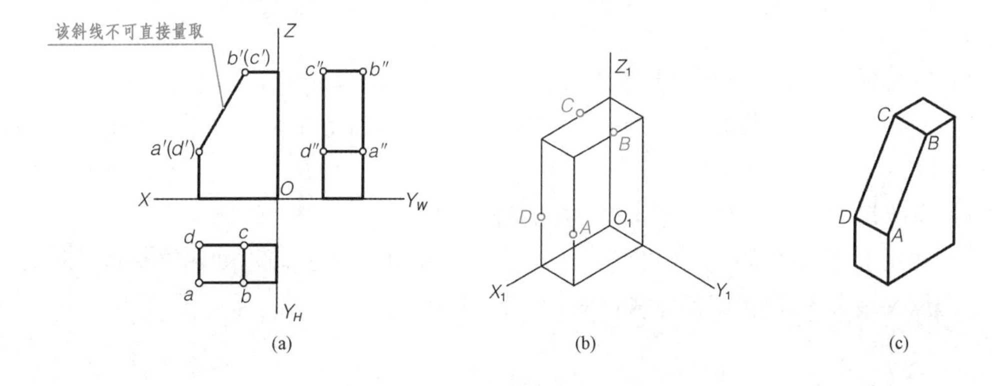

图 1-4-3　轴测投影的特性与基本作图方法

二、正等轴测图

1. 正等测

使三个坐标轴 OX、OY、OZ 与轴测投影面处于倾角都相等的位置，把物体向轴测投影面投射，这样所得到的轴测投影图就是正等轴测图，简称正等测，如图 1-4-4(a)所示。

2. 轴间角和轴向伸缩系数

在正等轴测投影中，投影 O_1X_1、O_1Y_1、O_1Z_1 称为轴测投影轴，简称轴测轴。每两根轴测轴之间的夹角$\angle X_1O_1Y_1$、$\angle X_1O_1Z_1$、$\angle Y_1O_1Z_1$ 称为轴间角。

正等轴测图的轴间角均为 120°，其三个轴向伸缩系数相等，即 $p_1=q_1=r_1=0.82$。在实际画图时，为了作图方便，各轴采用简化轴向伸缩系数 $p=q=r=1$，如图 1-4-4(b)所示。这样，沿各轴向的长度都被放大了 1.22 倍($1/0.82\approx1.22$)。因此，轴测图比实际物体大，但对形状没有影响。正等轴测轴的作图方法如图 1-4-4(c)所示。

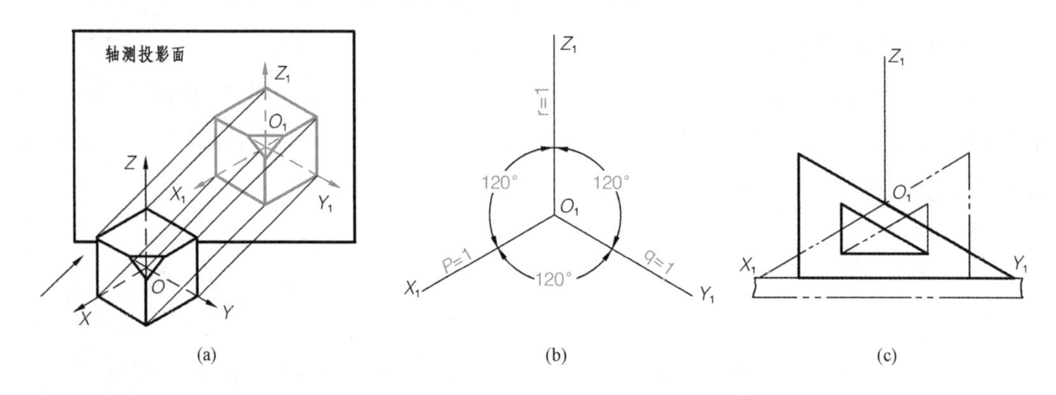

图 1-4-4 正等轴测图的轴间角和简化轴向伸缩系数

三、正等轴测图的画法

1. 方箱法

对于由长方体切割而成的平面立体，可先画出完整的辅助长方体正等轴测图，然后用切割方法画出切去部分的正等轴测图，这种方法称为方箱法。

如图 1-4-5(a)所示，根据物体三视图，用方箱法绘制其正等轴测图。其作图方法与步骤如下：

(1)定坐标原点。三视图坐标原点定在右后下角，如图 1-4-5(a)所示。

(2)画出正等轴测图的轴测轴，分别在 X_1、Y_1、Z_1 轴上量取 a、b、h，画长方体，如图 1-4-5(b)所示。

(3)量取尺寸 c、g、d，然后连线切去左上角一个梯形块，如图 1-4-5(c)所示。

(4)在左下方水平面上量取尺寸 e 和 f，然后连线切去长方体块，如图 1-4-5(d)所示。

(5)擦去多余图线，描深即完成作图，如图 1-4-5(e)所示。

2. 坐标法

使用坐标法时，应先在三视图上选定直角坐标系 $OXYZ$ 作为测量基准，然后根据物体上每一点的坐标，确定其轴测投影。

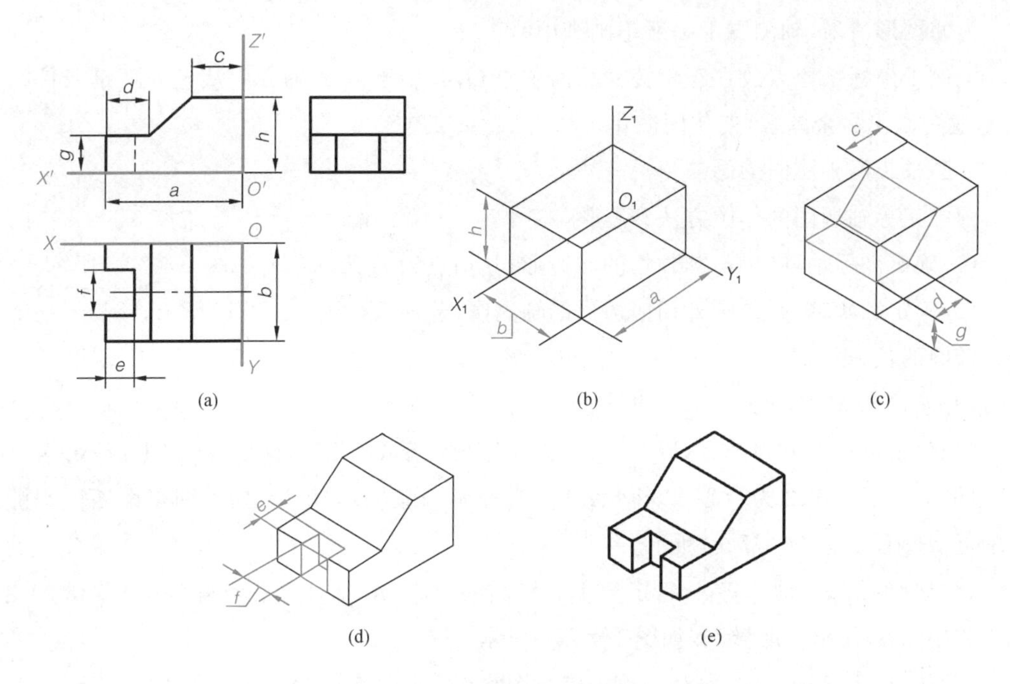

图 1-4-5　用方箱法画正等轴测图

如图 1-4-6 所示为用坐标法画正六棱柱的正等轴测图。其作图方法与步骤如下：

(1)选择顶面中心 O 为坐标原点并确定坐标轴，如图 1-4-6(a)所示。

(2)画正等轴测图的轴测轴，并在 O_1X_1 轴上取两点 1、4，使 $O_11=O_14=s/2$，如图 1-4-6(b)所示。

(3)按坐标 $b/2$、$c/2$ 作出顶面四点 2、3、5、6，如图 1-4-6(c)所示。

(4)再按 h 作出底面各可见点的轴测投影，如图 1-4-6(d)所示。

(5)连接各可见点，擦去多余图线，加深可见棱线，即得正六棱柱的正等轴测图，如图 1-4-6(e)所示。

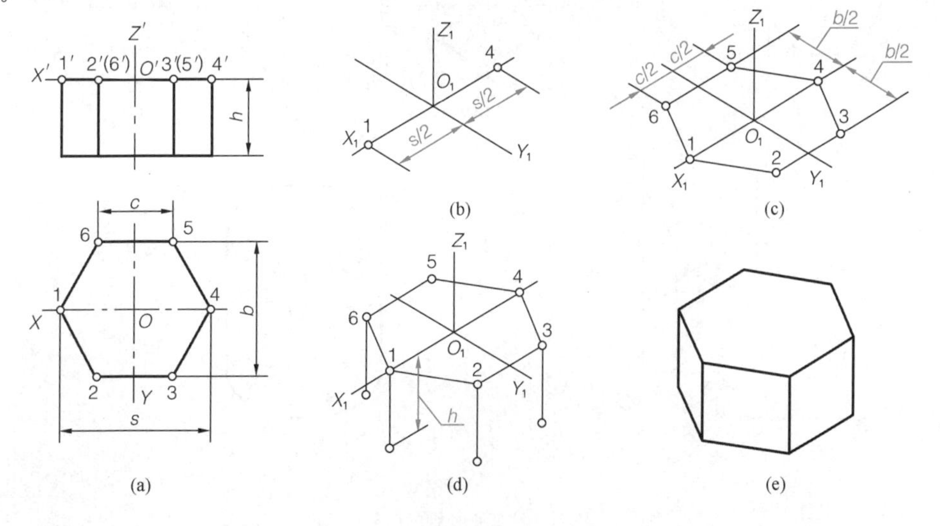

图 1-4-6　用坐标法画正六棱柱的正等轴测图

为使图形清晰，轴测图上一般不画细虚线。

上例中坐标系原点放在正六棱柱顶面中心 O，有利于沿 Z 轴方向从上向下量取棱柱高度 h，避免画出多余图线，使作图简化。

3. 圆柱正等轴测图的画法

圆柱正等轴测图的作图方法和步骤如下：

(1)确定坐标轴，画出与圆外切的四边形，其切点为 A、B、C、D，如图 1-4-7(a)所示。

(2)确定轴测轴，并作圆外切四边形的轴测图(菱形)，如图 1-4-7(b)所示，该菱形的对角线即椭圆的长、短轴。

(3)连接 $3A$、$3B$，分别与长轴相交于点 1、2，如图 1-4-7(c)所示。

(4)分别以点 3、4 为圆心，以 $3A$、$4D$ 为半径画圆弧$\overset{\frown}{AB}$、$\overset{\frown}{CD}$，如图 1-4-7(d)所示。

(5)分别以点 1、2 为圆心，以 $1A$、$2B$ 为半径画圆弧$\overset{\frown}{AD}$和$\overset{\frown}{BC}$。描深即得由四段圆弧组成的近似椭圆，如图 1-4-7(e)所示。

(6)把 O_1 沿 Z_1 轴下移高 h，定出下底椭圆的中心，将椭圆的三个圆心点 1、2、3 均沿 Z 轴下移距离 h，作出下底椭圆，如图 1-4-7(f)所示。

(7)作上、下底椭圆的公切线，擦去多余图线，描深即完成作图，如图 1-4-7(g)所示。

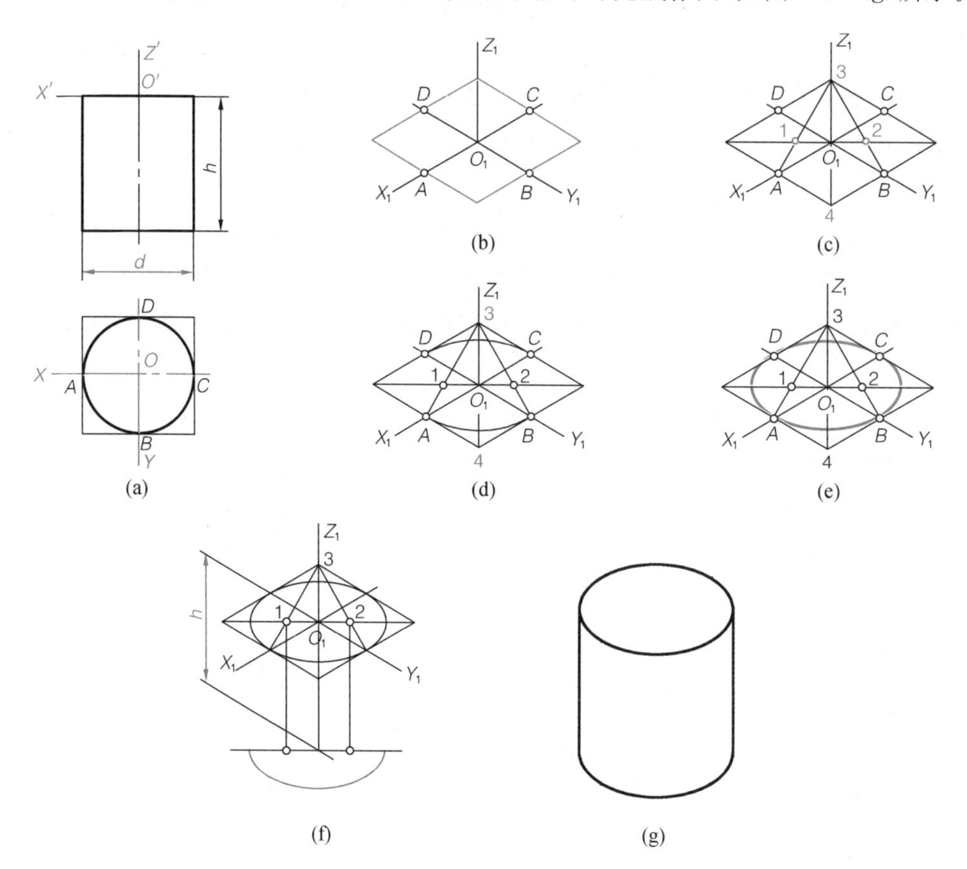

图 1-4-7　圆柱正等轴测图的画法

4. 带圆角平板的正等轴测图的画法

在实际生产中，经常遇到由四分之一圆柱面形成的圆角轮廓，画图时就需画出由四分之一圆周组成的圆弧。如图 1-4-8(a)所示为带圆角平板的两面视图，其正等轴测图的作图方法和步骤如下：

(1)在俯视图上定出圆弧切点 1、2、3、4 及圆弧半径 R，如图 1-4-8(a)所示。

(2)先画出平板的正等轴测图，在对应边上截取 R 得 1、2、3、4 各点，如图 1-4-8(b)所示。

(3)过 1、2、3、4 各点分别作该边垂线交于 O_1、O_2，如图 1-4-8(c)所示。

(4)分别以 O_1、O_2 为圆心，以 $O_1 1$、$O_2 3$ 为半径画弧 $\overset{\frown}{12}$、$\overset{\frown}{34}$，即得平板上底面圆角的正等轴测图，如图 1-4-8(d)所示。

(5)将圆心 O_1、O_2 下移平板的厚度 h，画出平板下底面圆角的正等轴测图，并画出右边上、下两圆角的公切线，如图 1-4-8(e)所示。

(6)擦去多余图线，描深即得带圆角平板的正等轴测图，如图 1-4-8(f)所示。

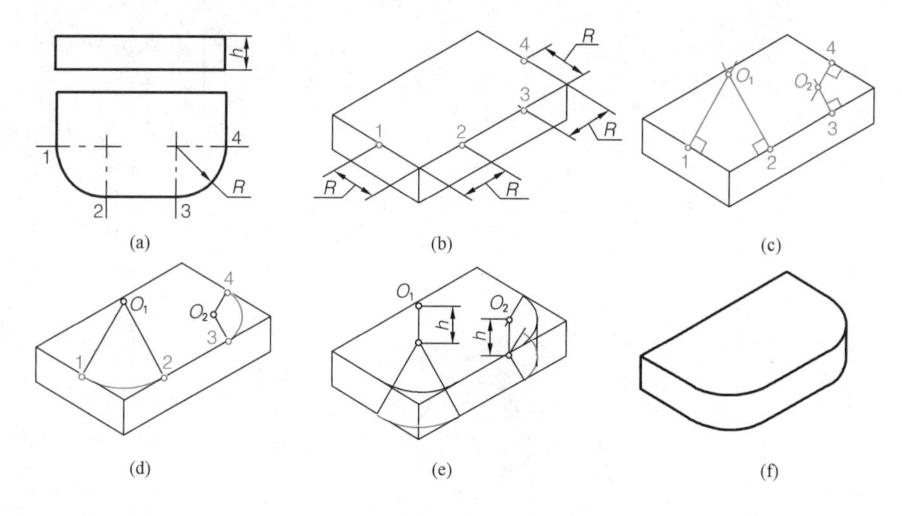

图 1-4-8　带圆角平板的正等轴测图的画法

任务实施

绘制物体的轴测图时，一般先要对物体进行形体分析，然后分别画出各基本形体的轴测图，并注意它们之间的相对位置。

绘制如图 1-4-1 所示形体正等轴测图的方法和步骤如下：

(1)在视图上定出坐标原点及坐标轴，如图 1-4-9(a)所示。

(2)画轴测图的轴测轴，分别画出底板、竖板和竖板圆柱面顶部的正等轴测图的近似椭圆，如图 1-4-9(b)所示。

(3)画出竖板半圆柱和圆柱孔的正等轴测图，如图 1-4-9(c)所示。

(4)画出底板圆角的正等轴测图，如图 1-4-9(d)所示。

(5)擦去多余图线，加深可见轮廓线，完成绘图，如图 1-4-9(e)所示。

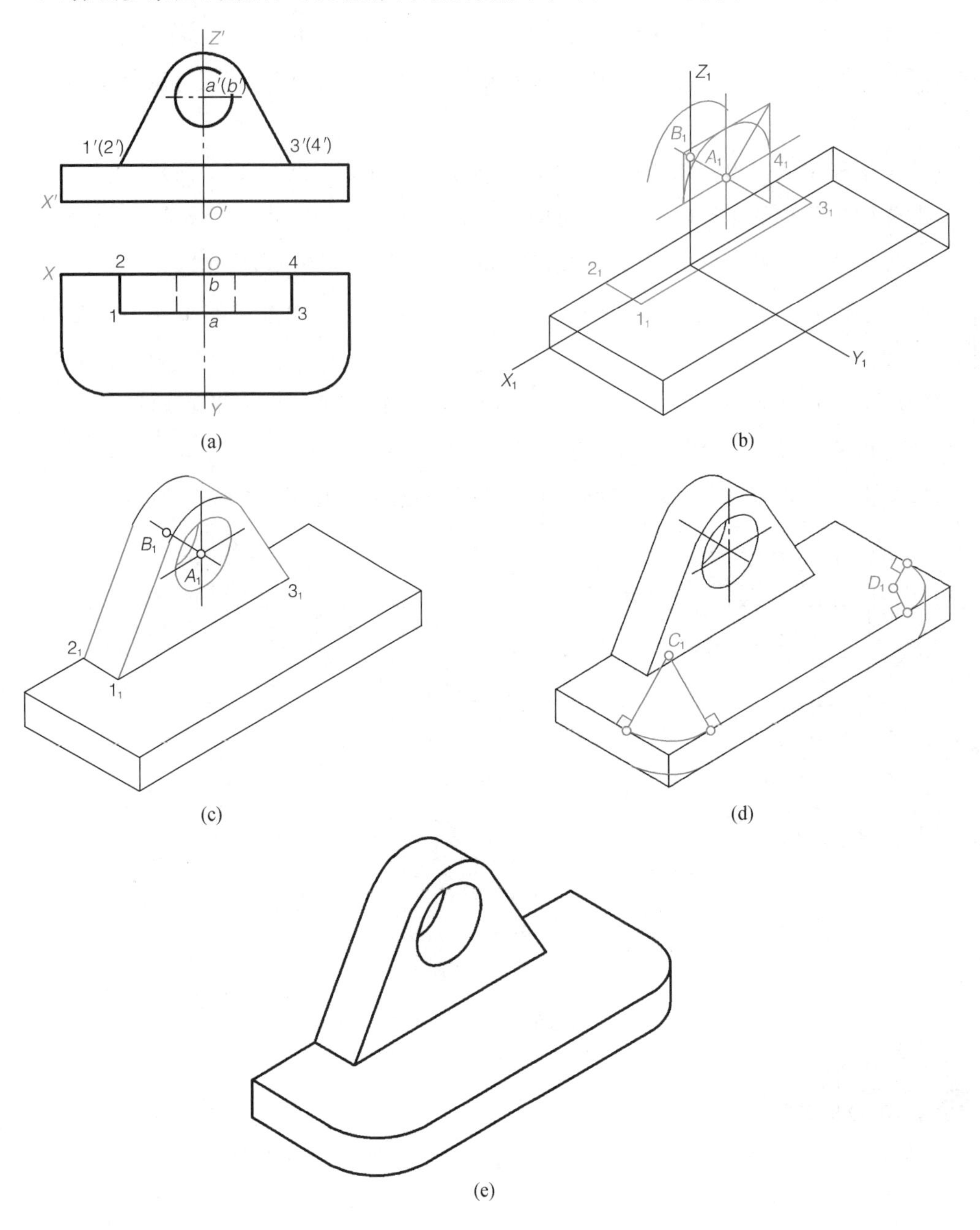

图 1-4-9　形体正等轴测图的画法

知识拓展

一、斜二轴测图的形成

斜二轴测图是将物体的 XOZ 坐标面放置成平行于轴测投影面，而投射方向与轴测投影面倾斜所得到的轴测图，简称斜二测，如图 1-4-10 所示。

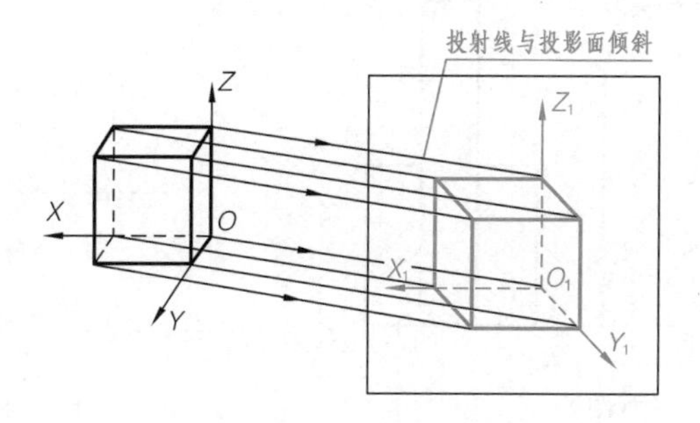

图 1-4-10　斜二轴测图的形成

二、轴间角和轴向伸缩系数

斜二轴测图的 X、Z 轴与轴测投影面平行，所以轴向伸缩系数 $p=r=1$，轴间角$\angle X_1O_1Z_1=90°$；Y 轴的轴向伸缩系数 $q=0.5$，轴间角$\angle X_1O_1Y_1=\angle Y_1O_1Z_1=135°$，如图 1-4-11(a)所示。画图时，平行于 X、Z 轴的直线取实长，平行于 Y 轴的直线取实长的一半，如图1-4-11(b)所示。

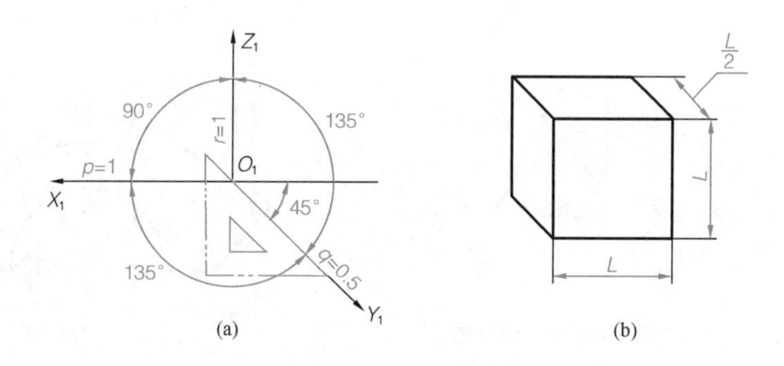

图 1-4-11　斜二轴测图的轴间角和轴向伸缩系数

三、斜二轴测图的画法

在斜二轴测图中，由于物体上平行于 $X_1O_1Z_1$ 坐标面的直线和平面图形均能反映实长和实形，所以当物体上具有较多平行于一个方向的圆时，画斜二轴测图比画正等轴测图简便。回转体的前、后端面都是圆，可将前、后端面放置在与 $X_1O_1Z_1$ 面平行的平面内。

根据图 1-4-12(a)所示两面视图画斜二轴测图，作图步骤如图 1-4-12(b)～图 1-4-12(f)所示。

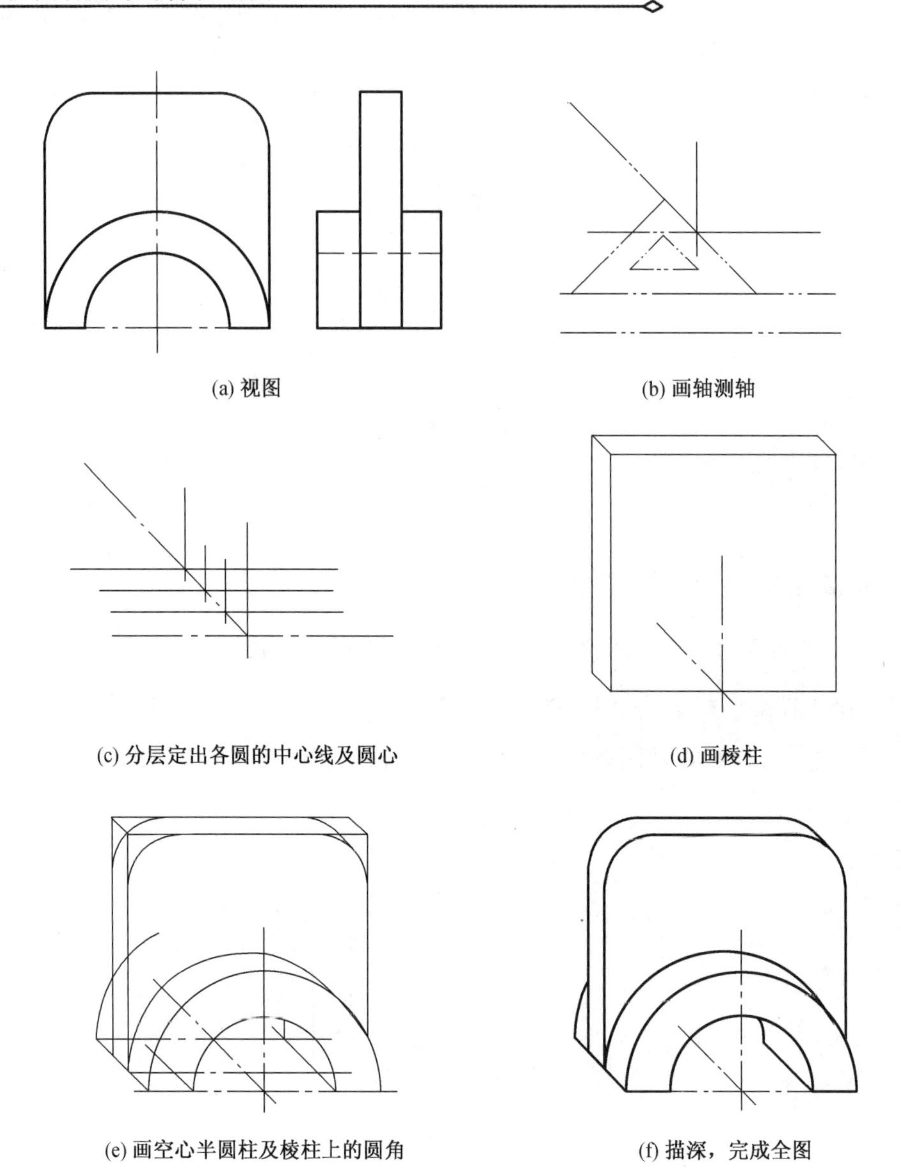

(a) 视图

(b) 画轴测轴

(c) 分层定出各圆的中心线及圆心

(d) 画棱柱

(e) 画空心半圆柱及棱柱上的圆角

(f) 描深，完成全图

图 1-4-12　形体斜二轴测图的画法

任务5 识读和绘制组合体三视图

学习目标

掌握组合体的形体分析法和组合体的组合形式；学会组合体的三视图画法和尺寸标注；掌握识读组合体三视图的方法和步骤；掌握特殊位置平面截切平面体和圆柱体的截交线和立体投影的画法；掌握两圆柱正贯和同轴回转体相贯的相贯线和立体投影的画法。

实例1 识读和绘制轴承座三视图

实例分析

如图1-5-1所示为轴承座立体图和三视图，它是由两个以上基本几何体组合而成的整体，即组合体。轴承座的识读和绘制能够将前面所学的知识有效地收拢并加以综合运用，同时将画图、识图、标注尺寸的方法加以总结、归纳，以便在以后学习绘制零件图时加以灵活运用。

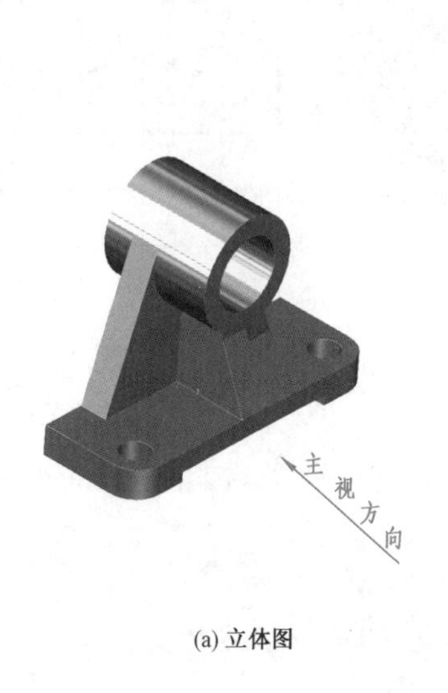

(a) 立体图

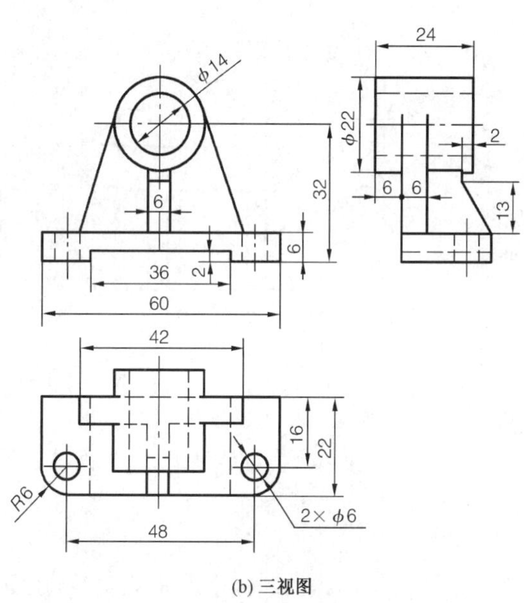

(b) 三视图

图1-5-1 轴承座立体图和三视图

相关知识

一、组合体的组合形式

1.叠加型

按照形体表面接合的方式不同,叠加型又可分为堆积、相切和相交等类型。

(1)堆积

两形体之间以平面相接触称为堆积,如图 1-5-2 所示。

这种形式的组合体分界线为直线或平面曲线。画这类组合形式的视图,实际上是画两个基本形体的投影,按其相对位置进行堆积。需要注意区分分界线的情况:当两个形体表面不平齐时,中间应该画分界线,如图 1-5-3 所示;当两个形体表面平齐时,中间不应该画分界线,如图 1-5-4 所示。

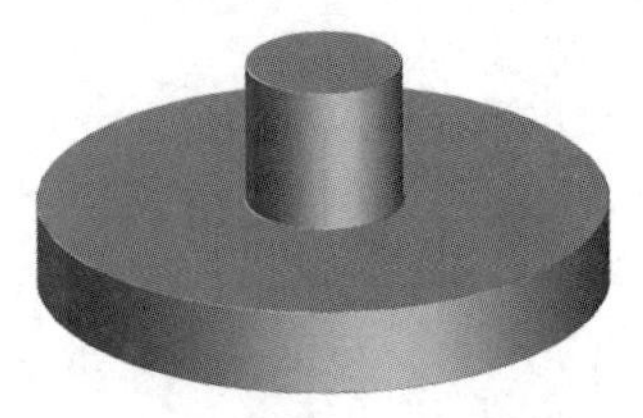

图 1-5-2 堆积

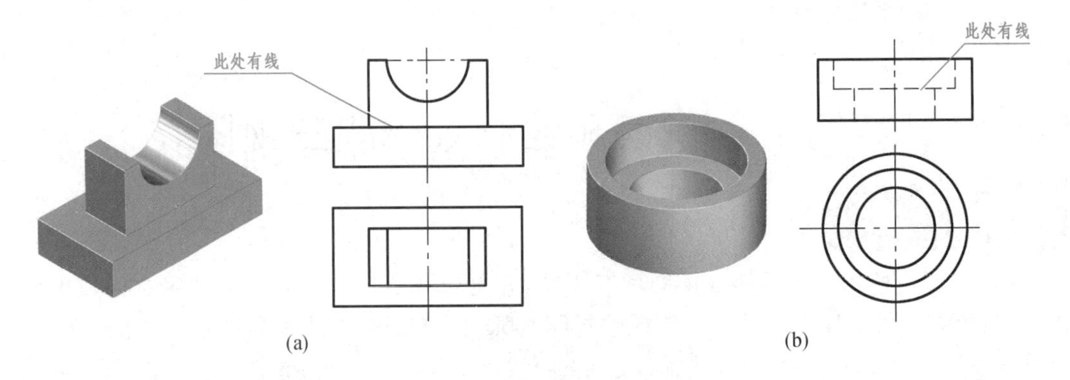

图 1-5-3 两形体表面不平齐

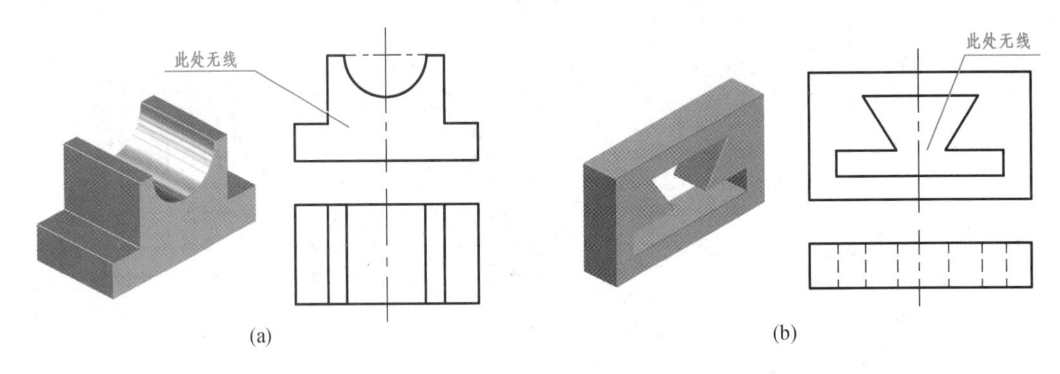

图 1-5-4 两形体表面平齐

(2)相切

相切是指两个形体的表面(平面与曲面或曲面与曲面)光滑连接。因相切处为光滑过渡,不存在轮廓线,故在投影图上不画线,如图 1-5-5 所示。

(3)相交

相交是指两个形体的表面非光滑连接,接触处产生了交线(截交线或相贯线,将在后文中介绍),投影图上画出交线,如图 1-5-6 所示。

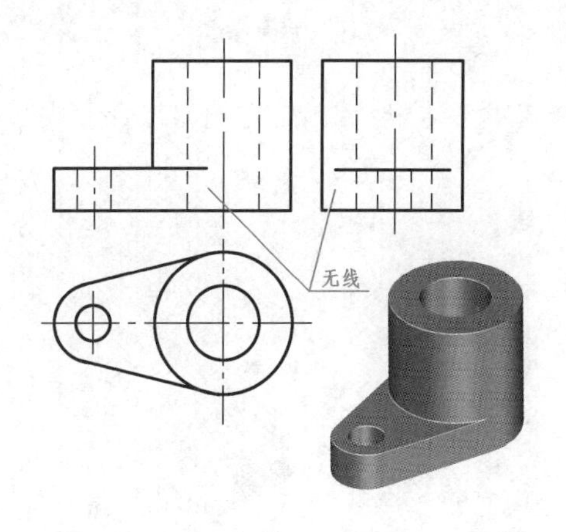

图 1-5-5　两形体表面相切

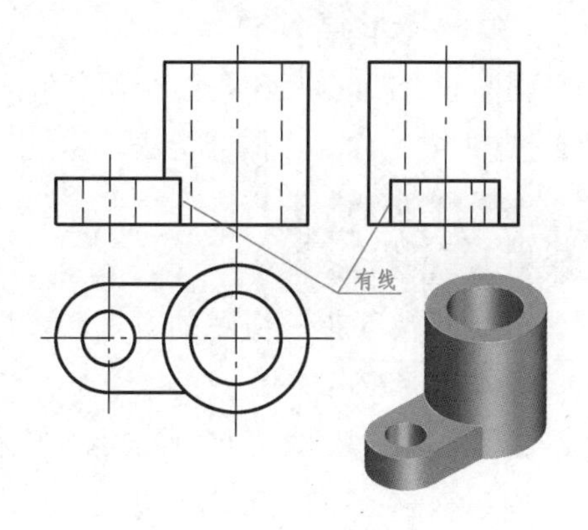

图 1-5-6　两形体表面相交

注意:当曲面与曲面相切时,由于相切处表面光滑,分界线是看不出来的,所以一般情况下不应在相切处画出两相切表面的分界线,如图 1-5-7 所示。

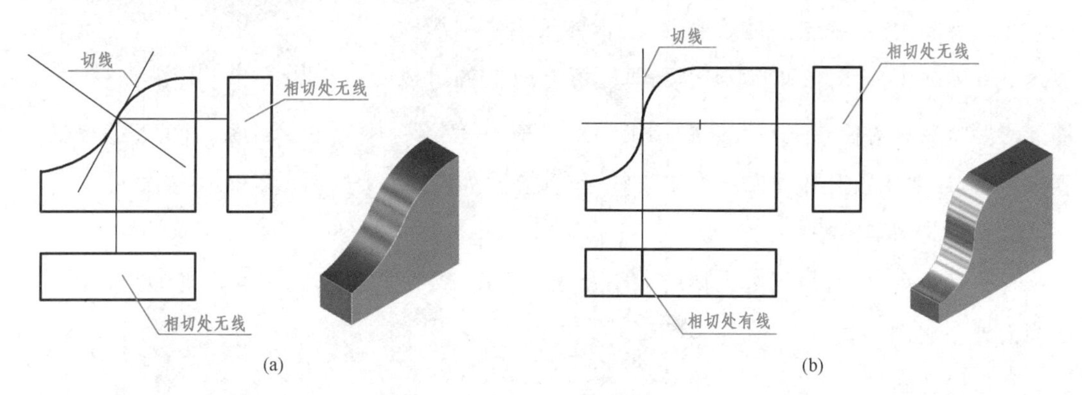

图 1-5-7　两形体曲面相切

2. 切割型

从基本形体上切割掉一些基本形体所得的物体称为切割体,如图 1-5-8(a)所示。

3. 综合型

由基本形体既有叠加又有切割或穿孔而形成的物体称为综合体,如图 1-5-8(b)所示。

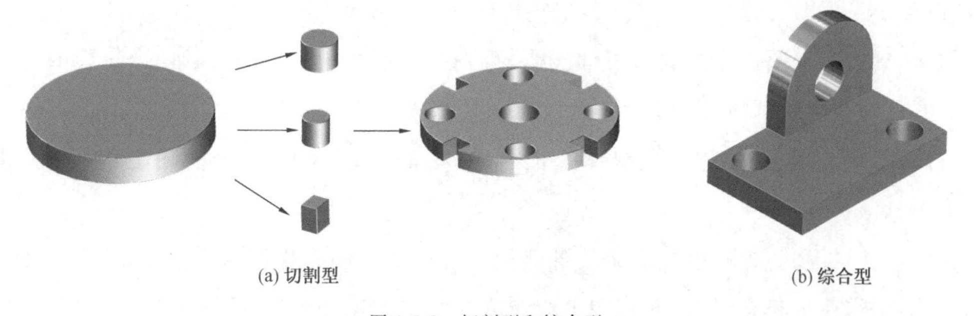

图 1-5-8　切割型和综合型

二、组合体形体分析法

在画图和看图时，假想把组合体分解成若干个基本形体，然后确定它们的组合形式和相对位置，这种方法称为形体分析法。

任务实施

(一)绘制轴承座三视图的方法和步骤

1. 形体分析

绘制轴承座三视图时，要对其结构作形体分析。该轴承座的组合形式为综合型；用形体分析法可以看出，轴承座由底板、支撑板、肋板和圆筒组成。支撑板与圆筒外表面相切，肋板与圆筒相贯，如图 1-5-9 所示。

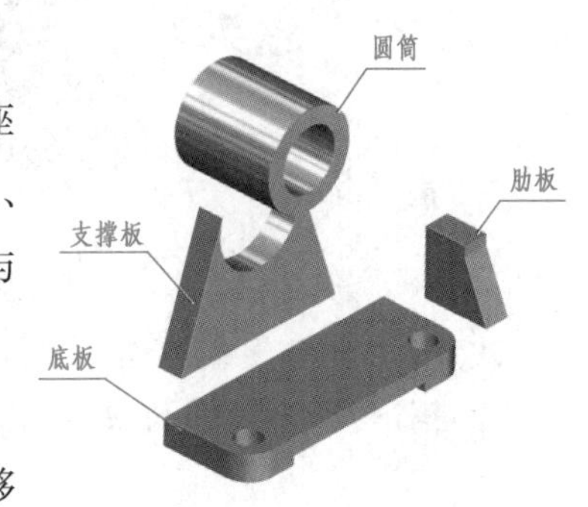

图 1-5-9 轴承座的形体分析

2. 选择视图

在三视图中，主视图是最重要的，通常要求主视图能够表达组合体的主要结构和形状特征，即尽可能地把各组成部分的形状及相对位置关系在主视图上显示出来，并使组合体的主要表面、轴线等平行或垂直投影面，还要使组合体视图中的细虚线越少越好，如图 1-5-1 所示。

3. 确定比例和图幅

视图确定后，便可根据组合体的大小及复杂程度，按照机械制图国家标准的规定，选择适当的画图比例和图幅。

4. 布置视图

布置视图时，确定各视图主要中心线或定位线，如组合体的底面、端面和对称中心线等，注意将视图均匀地布置在幅面上。

5. 绘制轴承座三视图

其绘图步骤如下：

(1)布置三视图位置并画出定位线，如图 1-5-10(a)所示。

(2)画底板三视图。先画底板三面投影，再画底板下的槽和底板上的两个小孔的三面投影。不可见的轮廓线画成细虚线，如图 1-5-10(b)所示。

(3)画圆筒三视图。先画主视图上的两个圆，再画左视图和俯视图上的投影，如图 1-5-10(b)所示。

(4)画支撑板和肋板三视图。圆筒外表面与支撑板的侧面相切，在俯、左视图上，相切处不画线；圆筒与肋板相交时，在左视图上绘制截交线。如图 1-5-10(c)所示。

(5)检查、描深(按照要求画粗实线、细虚线和细点画线)，完成全图，如图 1-5-10(d)所示。

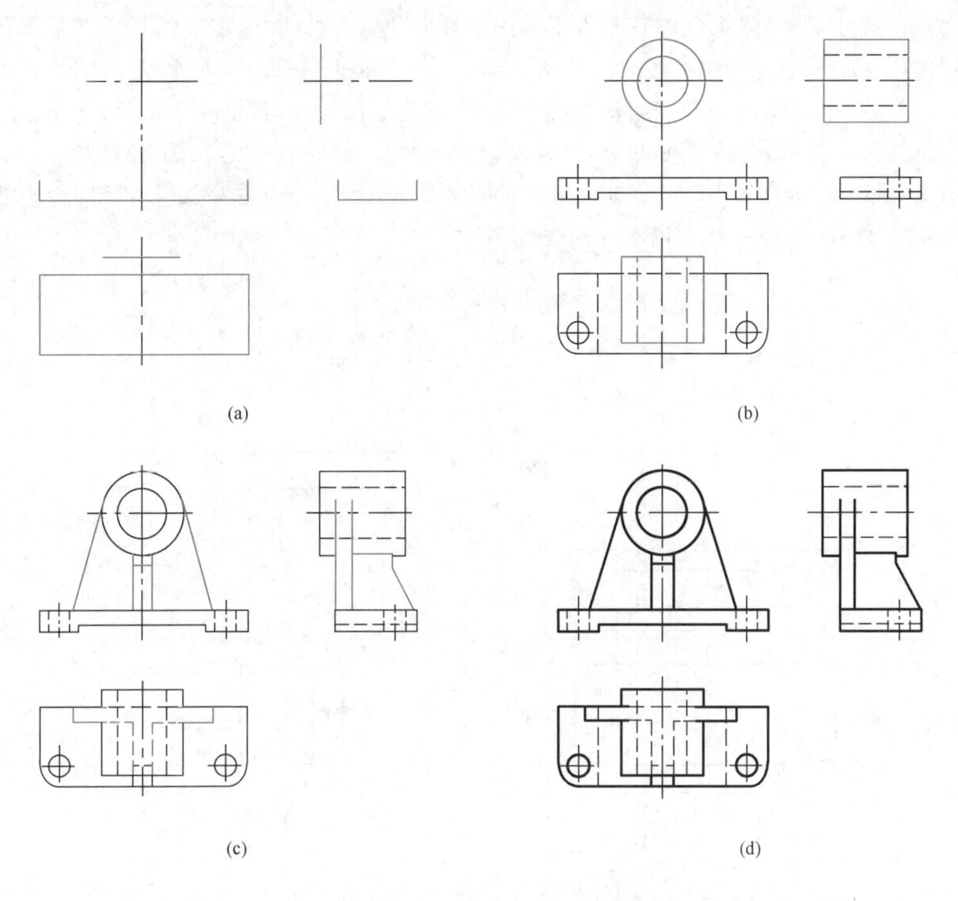

图 1-5-10 轴承座三视图画图步骤

(二)标注轴承座尺寸

轴承座三视图只能表达轴承座的形状,其大小由尺寸来确定。

1.选择轴承座尺寸基准

在标注组合体尺寸时,首先选定长、宽、高三个方向的尺寸基准,通常选择组合体的对称面、底面、重要端面、回转体轴线等作为尺寸基准。如图 1-5-11(b)所示,轴承座以左右对称面作为长度方向的尺寸基准;以底板的后面作为宽度方向的尺寸基准;以底板的底面作为高度方向的尺寸基准。

2.轴承座尺寸标注

标注尺寸必须正确、完整、清晰、合理。

(1)尺寸完整

在组合体上需要标注的尺寸有定形尺寸、定位尺寸和总体尺寸。要达到完整的要求,就需要分析物体的结构形状,明确各组成部分之间的相对位置,然后一部分一部分地注出定形尺寸和定位尺寸。

①定形尺寸,即确定组合体各基本形体大小(长、宽、高)的尺寸。圆筒应标注外径ϕ 22、孔径ϕ 14 和长度 24,即为圆筒的定形尺寸,其他定形尺寸,读者可自行分析,如图 1-5-11(a)所示。

②定位尺寸，即确定组合体各基本形体间的相对位置尺寸。主视图中，圆筒与底板的相对高度需标注轴线距底面的高度 32，如图 1-5-11(b)所示；俯视图中，底板上两圆柱孔的中心距 48 和两孔中心距其宽度方向基准的距离 16 均为定位尺寸，如图 1-5-11(b)所示。

③总体尺寸，即组合体外形的总长、总宽、总高尺寸。轴承座的总长为 60，即底板的长；总宽为 28，即由底板的宽 22 加上圆筒伸出支撑板的长度 6 确定；总高为 43，即圆筒轴线高 32 加上圆筒外径 22 的一半，如图 1-5-11(b)所示。

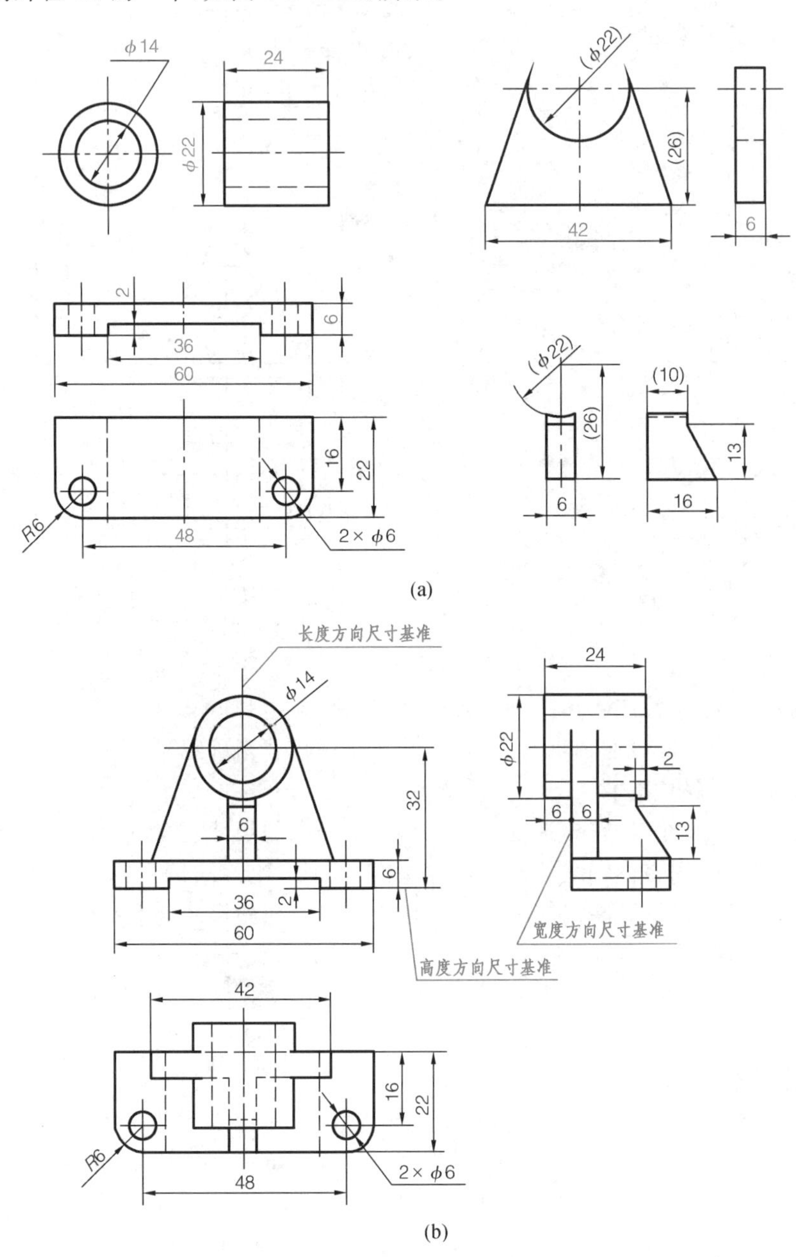

图 1-5-11　轴承座尺寸标注

(2)尺寸清晰

①各基本形体的定形、定位尺寸不要分散,尽量集中标注在一个或两个视图上。如图 1-5-11(a)中底板上两圆孔的定形尺寸ϕ6 和定位尺寸 48、16 集中标注在俯视图上,这样便于看图。

②尺寸应注在表达形体特征最明显的视图上,并尽量避免注在细虚线上。如图 1-5-11(b)所示,外径尺寸ϕ22注在左视图上是为了表达它的形体特征,而孔径尺寸ϕ14注在主视图上是为了避免在细虚线上标注尺寸。

(3)布局整齐

同心圆柱或圆孔的直径尺寸最好注在非圆的视图上,如图 1-5-11(a)所示。尽量将尺寸注在视图外面,以免尺寸线、数字和轮廓线相交。与两视图有关的尺寸最好注在两视图之间,以便于看图。

3. 轴承座尺寸标注的步骤

(1)形体分析:分析轴承座由哪些基本形体组成,初步考虑各基本形体的定形尺寸,如图 1-5-11(a)等。

(2)选择基准:选定组合体长、宽、高三个方向的主要尺寸基准,如图 1-5-11(b)所示。

(3)标注定形和定位尺寸:逐个标注基本形体的定形尺寸和定位尺寸,如图 1-5-11(b)所示。

(4)标注轴承座的总体尺寸,如图 1-5-11(b)所示。

(5)检查、调整尺寸,完成尺寸标注,如图 1-5-11(b)所示。

知识拓展

常见结构的尺寸注法见表 1-5-1。

表 1-5-1　　常见结构的尺寸注法

正确、合理的标注	错误、不清晰的标注

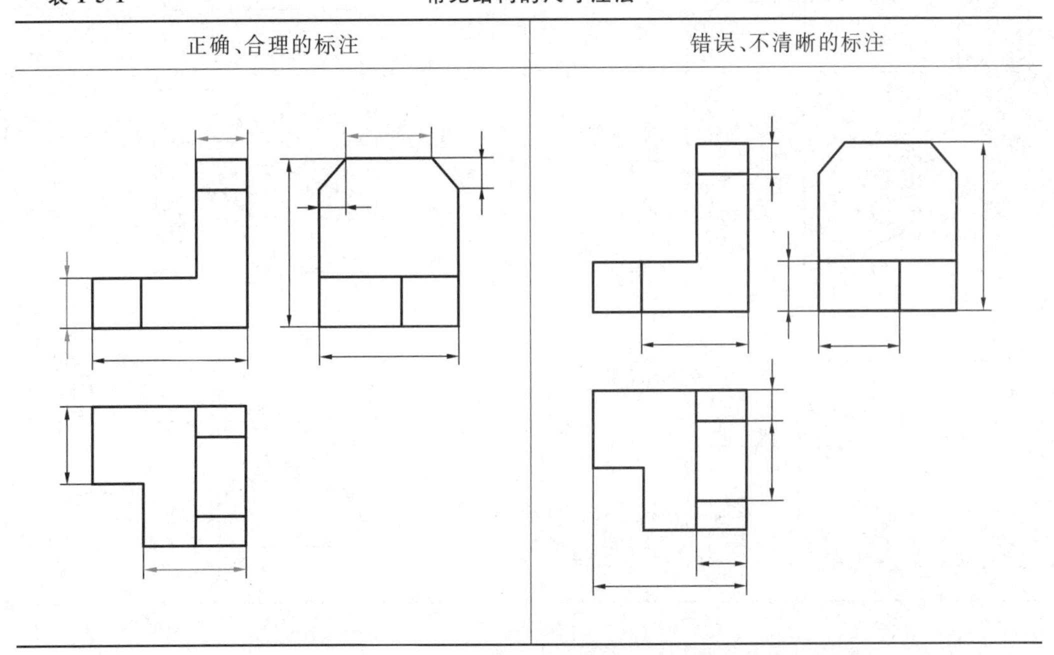

（续表）

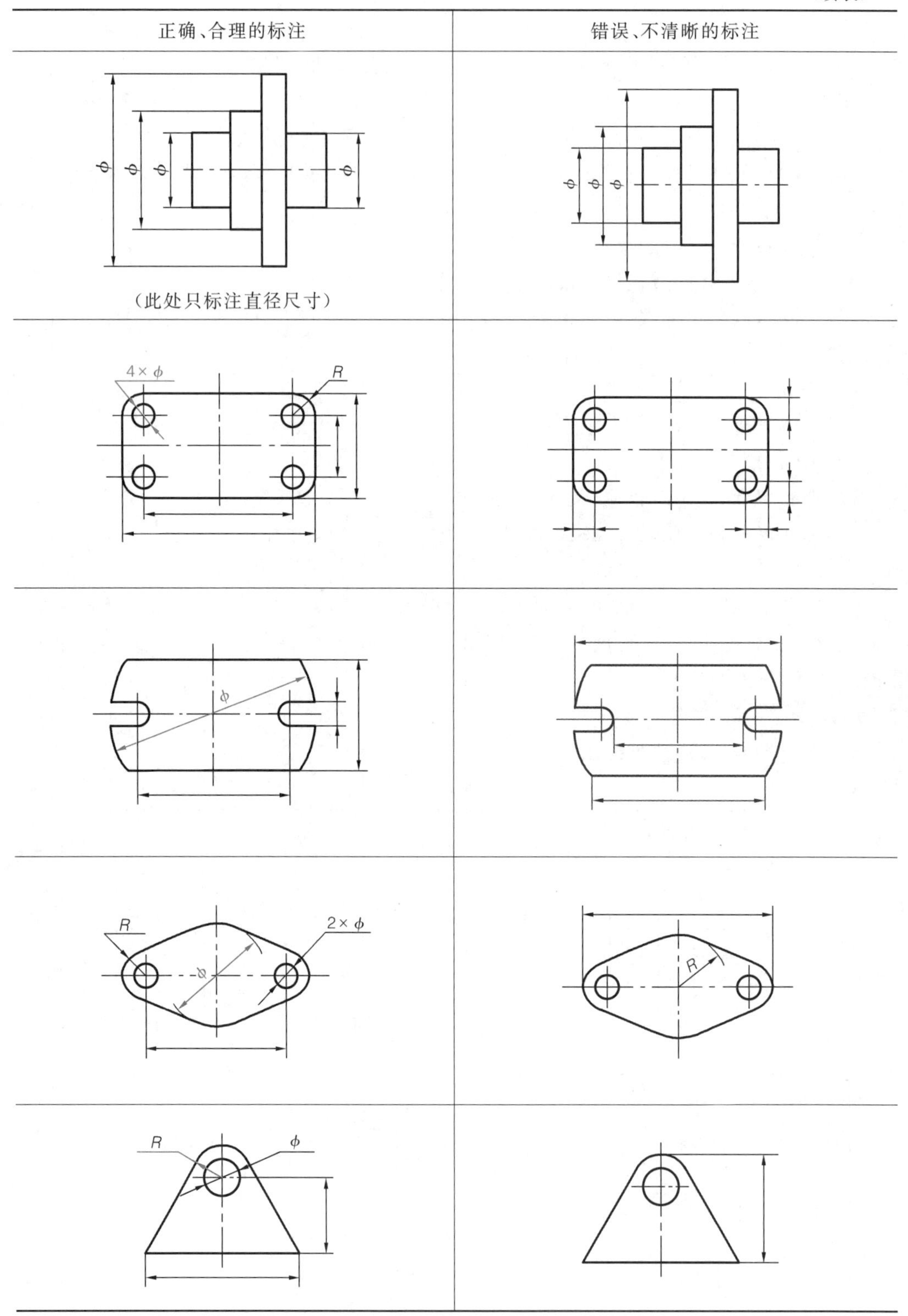

实例2　识读和绘制四棱锥被平面截切的三视图

实例分析

在零件上常有平面与立体相交的情况。如图1-5-12所示为四棱锥被平面截切后，截平面与截断面之间产生了交线，此交线称为截交线。本实例主要介绍四棱锥被截切后表面交线的画法。

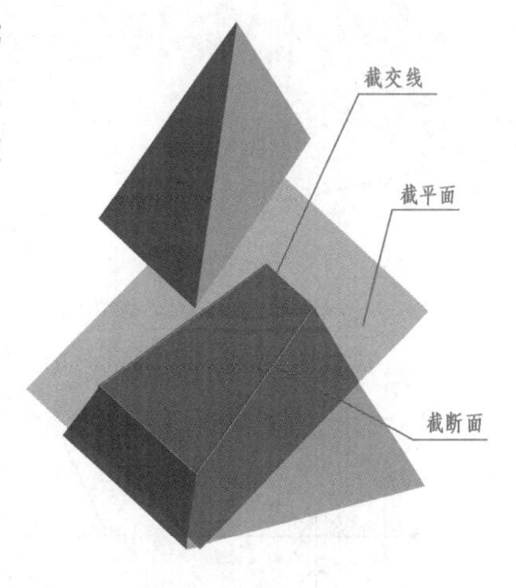

图 1-5-12　四棱锥的截交线

相关知识

1. 截交线的性质

封闭性：一般为封闭的平面图形。

共有性：截平面与立体表面的共有线。

2. 求截交线的实质

平面立体被截平面截切后所得的截交线，是由直线段组成的平面多边形。截交线既在立体表面上，又在截平面上，所以它是立体表面和截平面的共有线。因此，求截交线实际是求截平面与平面立体各棱线的交点，或求截平面与平面立体各表面的交线。

任务实施

一、识读四棱锥的截交线

由图 1-5-13(a)可知，因截平面 P 与四棱锥的四个侧面都相交，所以截交线为四边形。四边形的四个顶点为四棱锥四条棱线与截平面 P 的交点。由于截平面 P 是正垂面，故截交线的 V 面投影积聚为一斜线(用 P_V 表示)，由 V 面投影可求出其 H 面投影与 W 面投影。

二、绘制四棱锥截交线的方法和步骤

(1)先画出四棱锥的三面投影图，如图 1-5-13(b)所示。

(2)因 P 面为正垂面，故四棱锥的四条棱线与 P 面交点的 V 面投影 $1'$、$2'$、$3'$、$4'$可直接求出，如图 1-5-13(b)所示。

(3)根据直线上点的投影性质，在四棱锥各棱线的 H、W 面投影上，求出相应点的投影 1、2、3、4 和 $1''$、$2''$、$3''$、$4''$，如图 1-5-13(c)所示。

(4)将各点的同面投影依次连接起来，即得到截交线的投影，它们是两个类似的四边形。将轮廓线描深，擦去多余图线，即完成被截切的四棱锥的三面投影图，如图 1-5-13(d)所示。

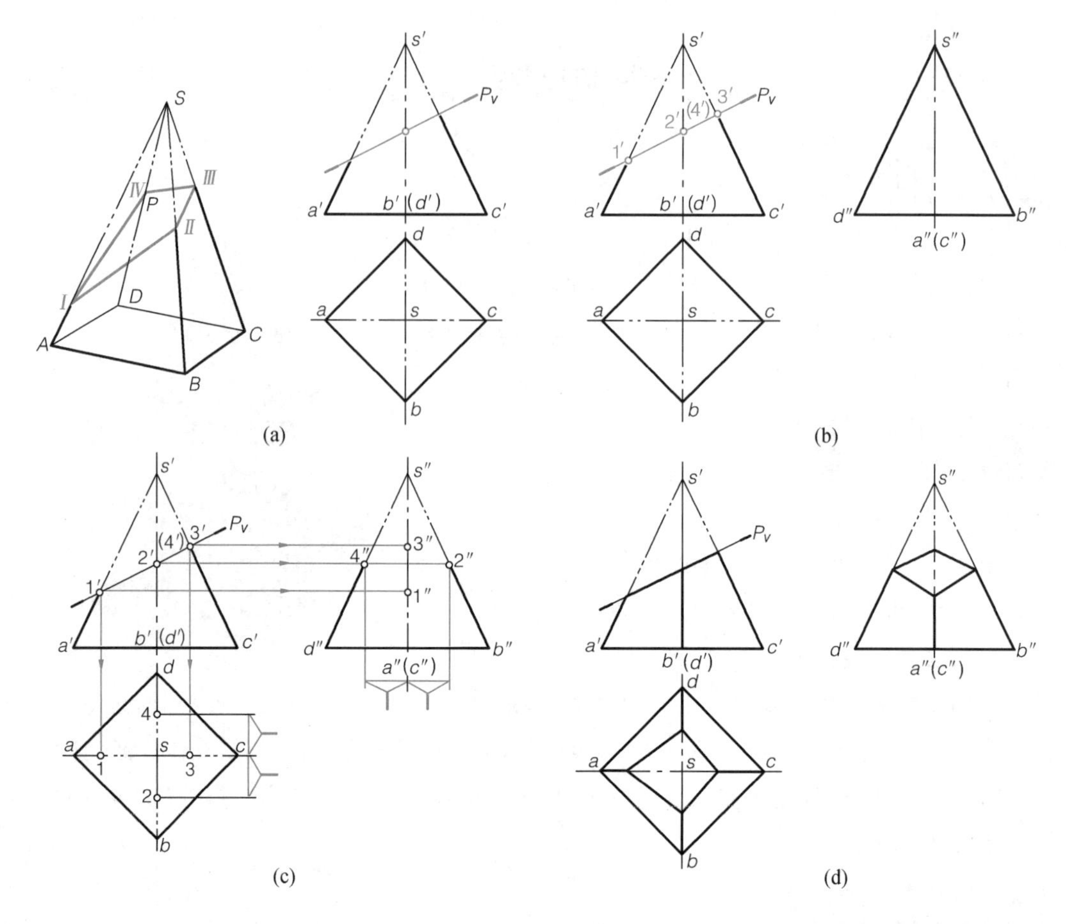

图 1-5-13 平面截切四棱锥

注意：在 W 面投影图上，表示棱线 SC 投影的一段细虚线不要漏画。

知识拓展

一、平面截切正六棱柱

1. 识读

如图 1-5-14(a)所示，正六棱柱上的通槽是由三个特殊位置平面切割正六棱柱而成。槽底是水平面，其水平投影反映实形，正面投影和侧面投影均积聚成直线；槽两侧是侧平面，正面投影和水平投影积聚成直线，侧面投影反映实形。

2. 作图步骤

(1)根据通槽主视图上的点 1′、(2′)、3′、(4′)，作出水平投影 1、2、(3)、(4)，连线得出通槽两侧面的水平投影，如图 1-5-14(b)所示。

(2)按“高平齐、宽相等”的投影关系作出通槽的侧面投影，如图 1-5-14(c)所示。

(3)擦去多余图线，描深轮廓，完成作图，如图 1-5-14(d)所示。

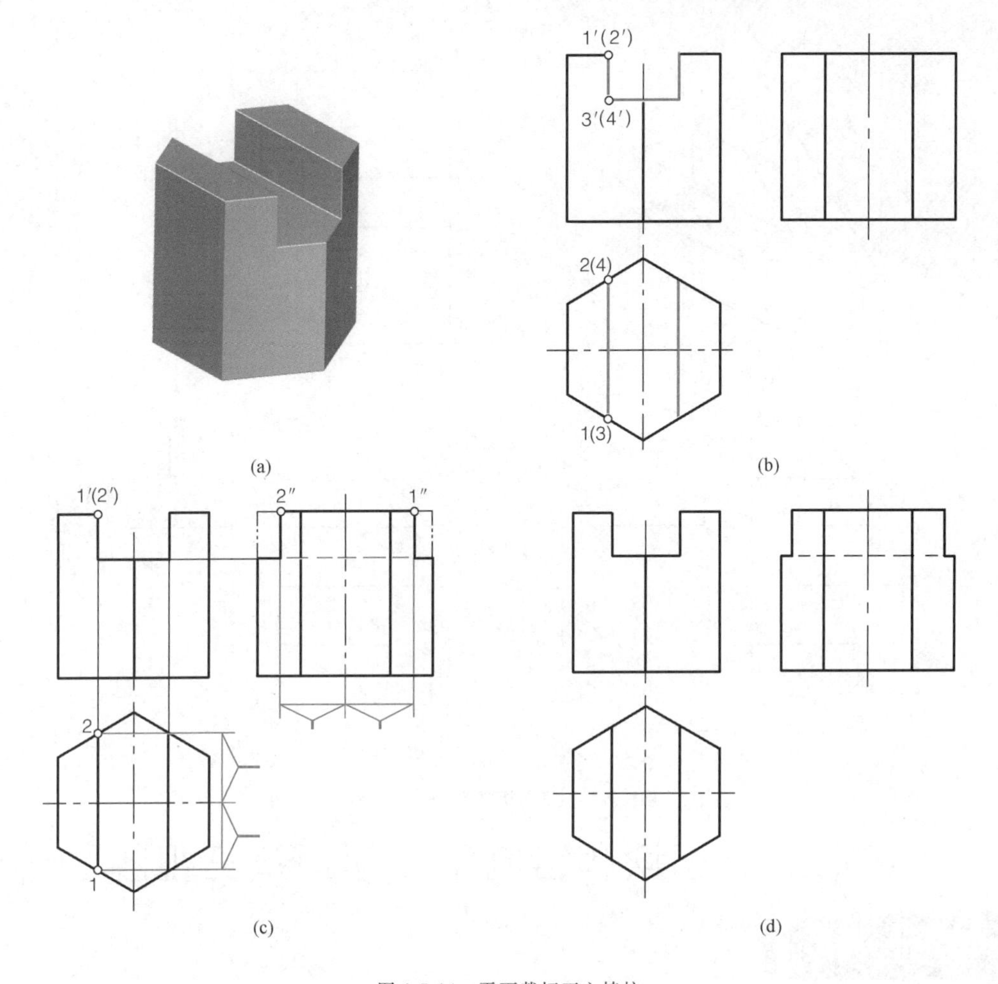

图 1-5-14　平面截切正六棱柱

注意:左视图中的细虚线不要漏画。

二、平面体被截切

1. 识读

如图 1-5-15(a)所示,该切割体由正垂面 P、正平面 R、水平面 Q 切割而成。正垂面 P 在正面上积聚为一条直线,水平投影与侧面投影为类似形。水平面 Q 的正面和侧面投影积聚成直线,水平投影反映实形。正平面 R 请读者自行分析。

2. 作图步骤

(1)作出长方体被正垂面 P 截切后的投影,如图 1-5-15(b)所示。

(2)作出正平面 R、水平面 Q 的投影,如图 1-5-15(c)所示。

(3)描深,完成作图,如图 1-5-15(d)所示。

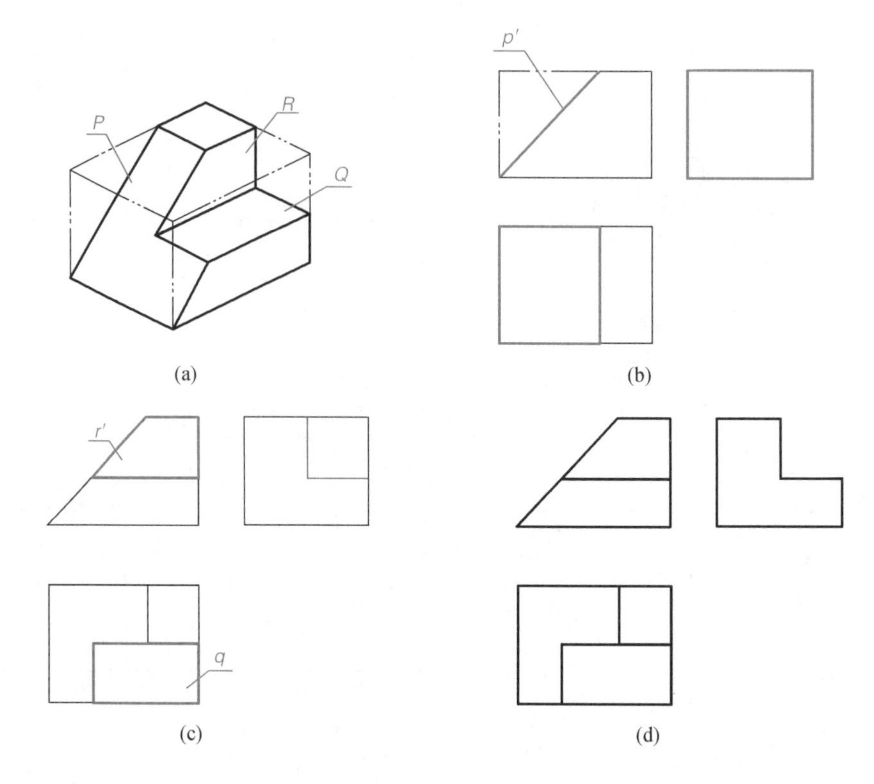

图 1-5-15 平面切割体的作图步骤

实例 3 识读和绘制千斤顶顶垫三视图

实例分析

如图 1-5-16 所示为千斤顶立体图，在它的上方有一个顶垫零件，其几何形状为被截切的圆柱体。圆柱体上表面形状为正方形，由两个正垂面和两个侧垂面斜切而成。如图 1-5-17 所示，平面 P 为其中的一个正垂面，圆柱被平面截切后产生了截交线。顶垫三视图及尺寸注法，如图1-5-18所示。本实例主要介绍识读顶垫三视图的方法及圆柱体被截切后其表面交线的画法。

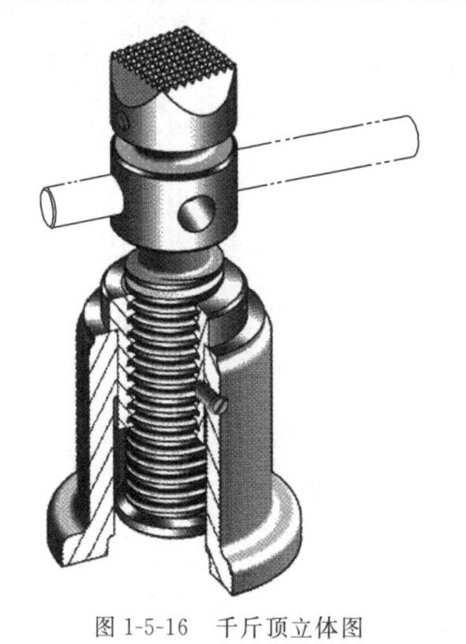

图 1-5-16 千斤顶立体图

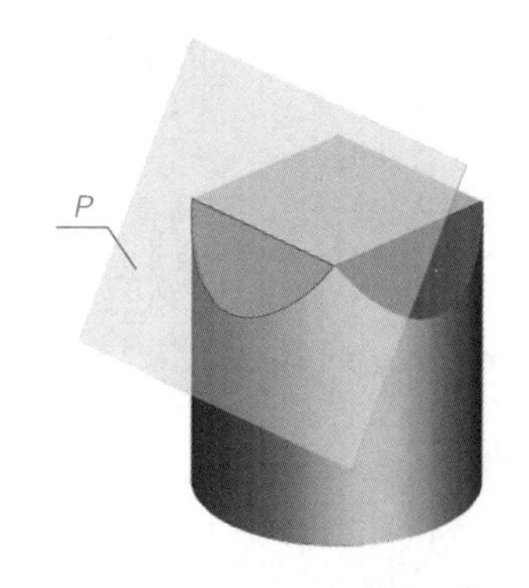

图 1-5-17 顶垫立体图

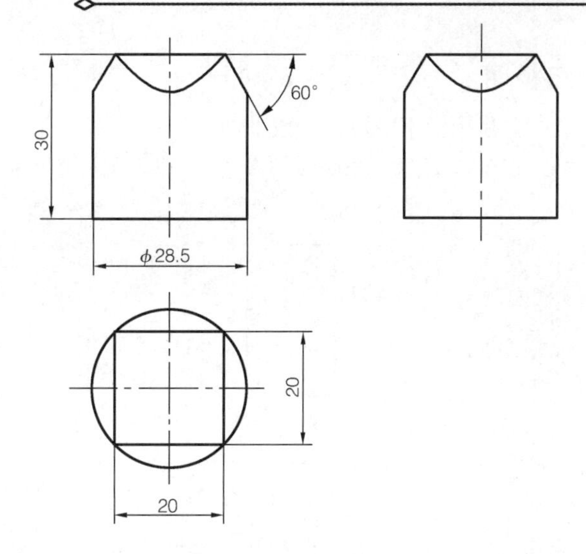

图 1-5-18　顶垫三视图及尺寸注法

相关知识

一、圆柱的截交线

圆柱的截交线分为三种,见表 1-5-2。

表 1-5-2　　**圆柱的截交线**

截平面的位置	与轴线平行	与轴线垂直	与轴线倾斜
轴测图	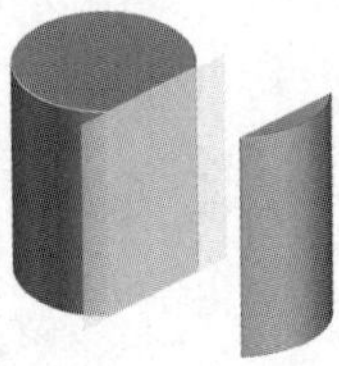	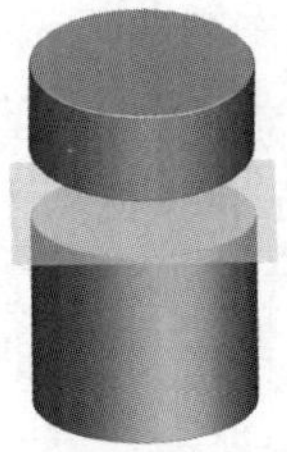	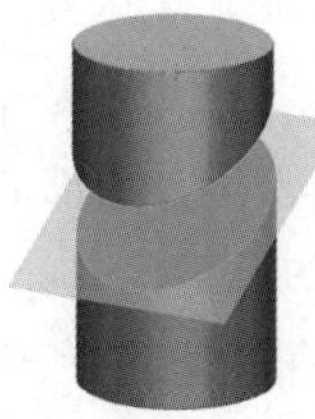
投影图	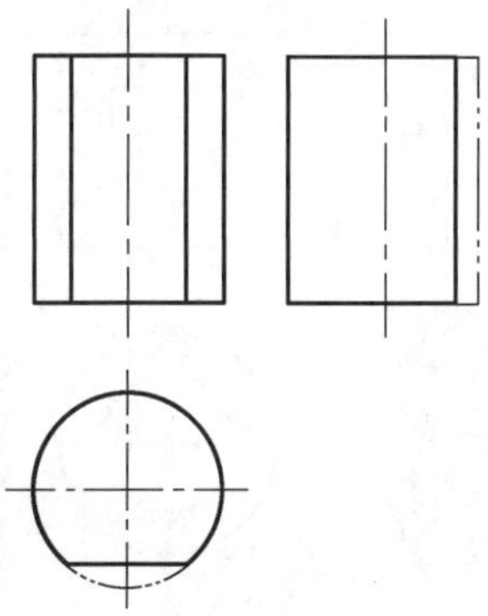	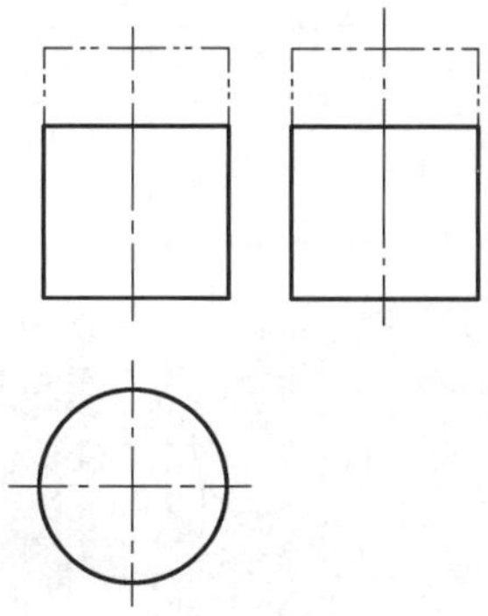	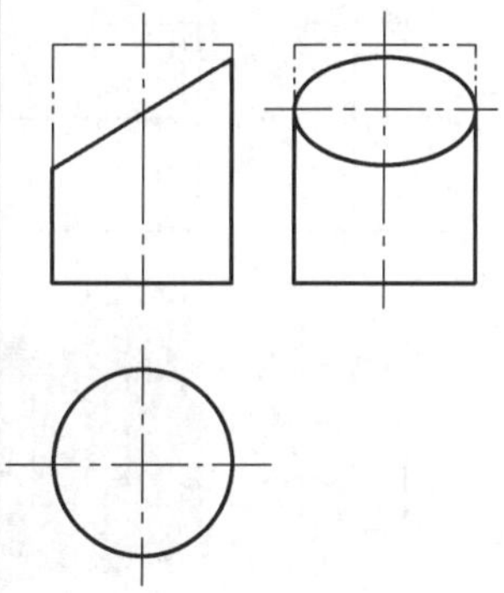
截交线的形状	矩　形	圆	椭　圆

二、圆柱切槽的三视图

如图 1-5-19(a)所示，直立圆柱的正中被三个截平面截切后形成了一个关于中心面对称的方槽，利用三个截平面的位置、点的投影及求截交线的方法，可作出圆柱切槽的截交线投影。

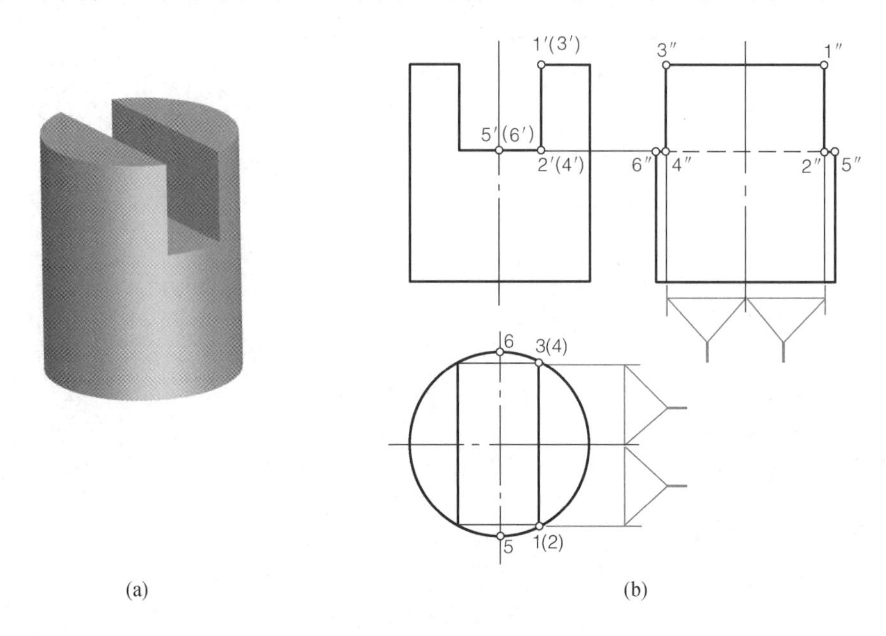

(a) (b)

图 1-5-19 圆柱切槽的画法

作图方法与步骤如下：

(1)先从反映方槽基本特征的主视图入手，在方槽的主视图上找出切槽平面上的四个点 1′、2′、(3′)、(4′)，求出俯视图上的点 1、(2)、3、(4)和左视图上的点 1″、2″、3″、4″。

(2)因槽口上部的前、后转向轮廓线被切去一段，故需先求出前、后轮廓线上特殊点在主视图上的投影 5′、(6′)，再由点 5′、(6′)和点 5、6 求出点 5″、6″。

(3)依次连接左视图上各点的投影。槽底左视图上的点 2″、4″的连线部分被方槽左侧部分遮挡，为不可见部分，应画成细虚线，最后完成全图。

常见的空心圆柱切槽和通孔的立体图及三视图如图 1-5-20 所示。

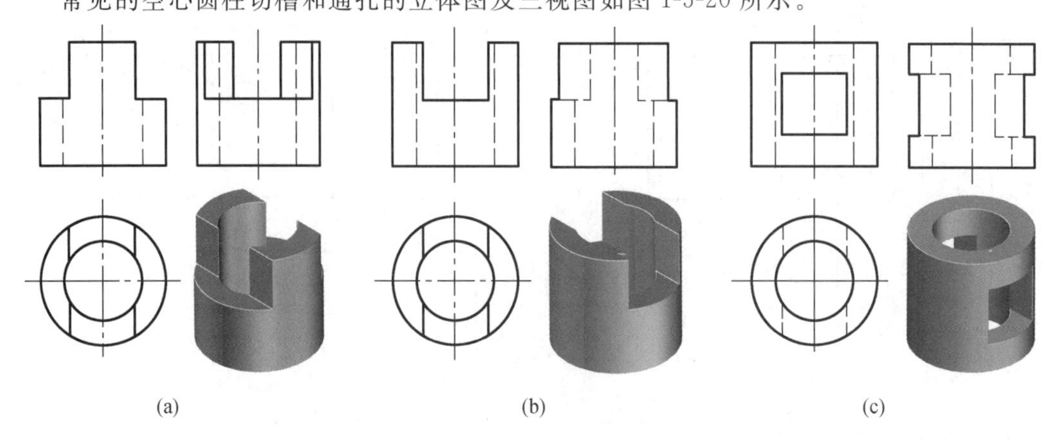

(a) (b) (c)

图 1-5-20 空心圆柱切槽和通孔的立体图及三视图

任务实施

一、识读顶垫的三视图

如图 1-5-21 所示为被平面斜截的顶垫三视图，为了分析方便，主视图和左视图上用细双点画线将被切掉的圆柱部分加长画出来，主视图上的细双点画线(倾斜线)是截平面(正垂面)；左视图上的部分椭圆是圆柱上的截交线，截交线一部分是细双点画线表示的假想的部分椭圆，另一部分是实线表示的顶垫上表面的直线，因此，顶垫的截交线只是椭圆的一部分。用两个正垂面和两个侧垂面截切圆柱，截交线为四个部分椭圆，在主视图上的曲线也是椭圆的一部分。

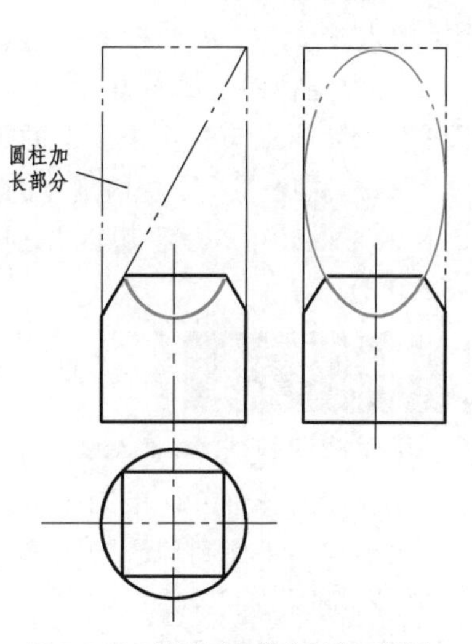

图 1-5-21　被平面斜截的顶垫三视图

二、绘制顶垫三视图并标注尺寸

(1)画中心线和圆柱，如图 1-5-22(a)所示。

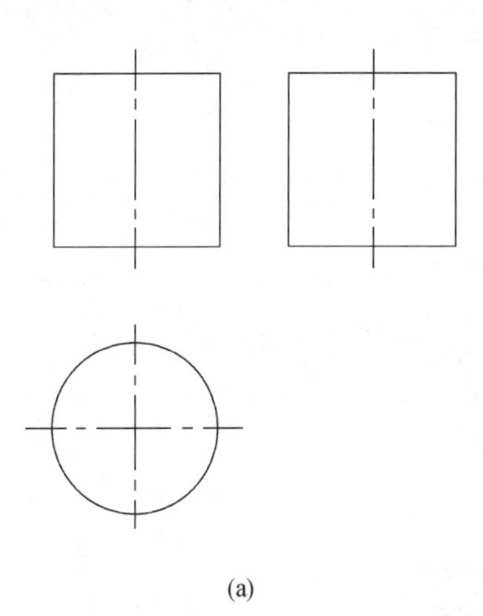

(a)

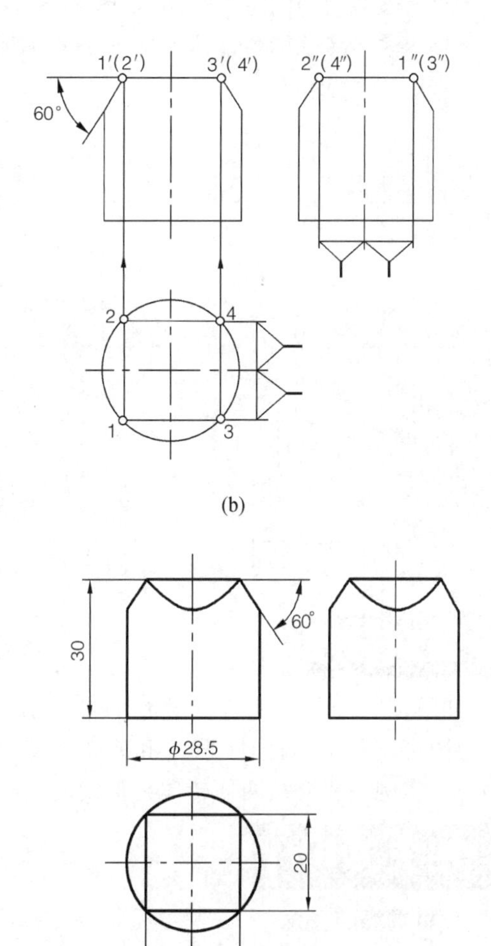

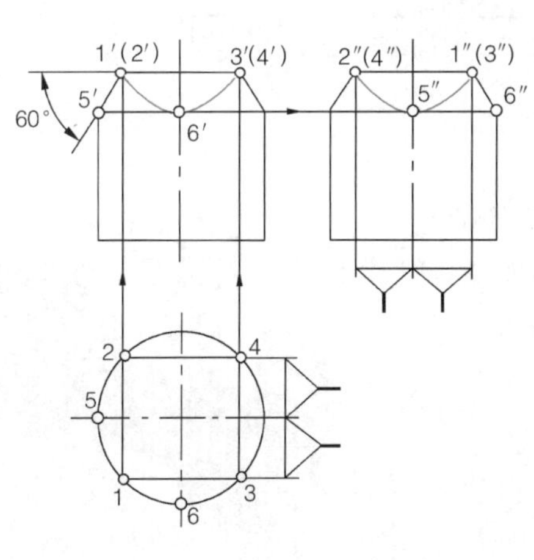

(c)

图 1-5-22　绘制顶垫三视图并标注尺寸

（2）根据投影规律，画出截交线上点的投影，由主视图上的点 1′、(2′)、3′、(4′)求出俯视图上的点 1、2、3、4 和左视图上的点 1″、2″、(3″)、(4″)，如图 1-5-22(b)所示。

（3）由主视图上的特殊点（最高点）1′、2′和最低点 5′以及左视图上的最低点 6′，求出左视图上的最低点 5″及主视图上的最低点 6′，依次连接各点，完成全图，如图 1-5-22(c)所示。

（4）标注尺寸。标注切割体的尺寸时，先标注基本几何体的尺寸，再标注截平面的位置尺寸。ϕ28.5 和 30 是基本几何体的直径和高，60°和 20 是截平面的位置尺寸，如图 1-5-22(d)所示。

知识拓展

平面截切圆球

在圆球的任意方向上用平面截切后，其截交线都是圆，该圆的直径大小与截平面到球心的距离有关，如图 1-5-23 所示。

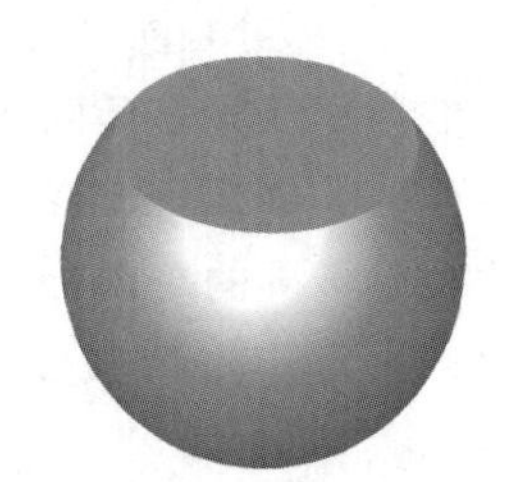

图 1-5-23 圆球被平面截切

作图步骤如下：

（1）画中心线及圆球的三面投影，如图 1-5-24(a)所示。

（2）画被截切的圆球三视图，如图 1-5-24(b)所示。

（3）标注尺寸。标注球体尺寸 $S\phi$60 和切平面的位置尺寸 40，如图 1-5-24(c)所示。

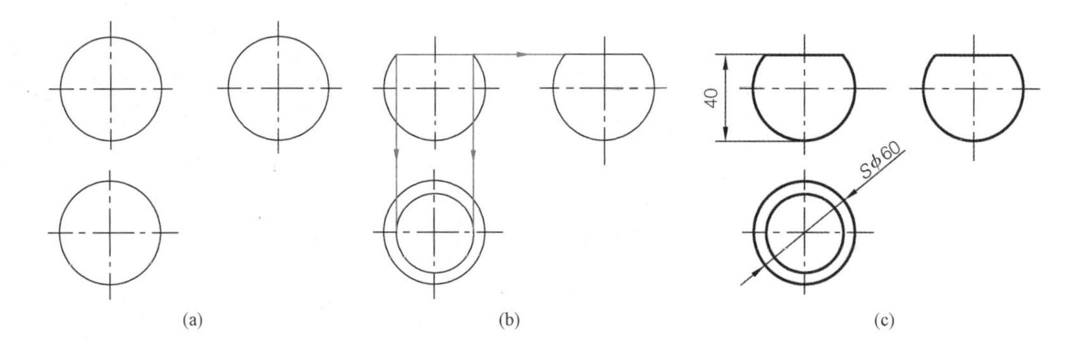

图 1-5-24 被截切圆球的三视图

实例 4 识读和绘制三通管三视图

实例分析

如图 1-5-25 所示为在生产中经常使用的三通管的立体图，由图可以看出，两圆柱垂直相交，其交线为空间曲线（相贯线）。本实例主要介绍两回转体相贯线的性质及画法。

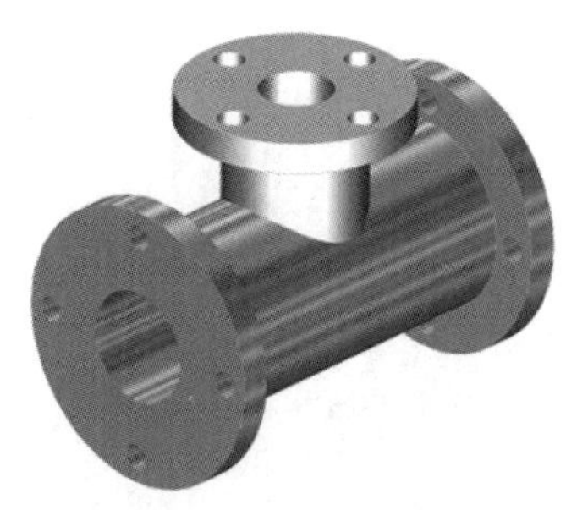

图 1-5-25 三通管立体图

相关知识

1. 相贯线的概念

两个立体相交，其表面的交线称为相贯线，如图 1-5-25 所示。

两个立体相交，它包括立体的外表面与外表面相交，外表面与内表面相交，内表面与内表面相交。机件上常见的相贯线多数是由两回转体相交而成的。

2. 相贯线的性质

(1)相贯线是两回转体表面的共有线，相贯线上的每一个点都是两回转体表面的共有点，这些共有线和共有点位于两回转体的轮廓分界线上。

(2)相贯线一般为封闭的空间曲线，特殊情况下是平面曲线或直线。

3. 相贯线的作图方法

为了更准确地分析相贯线的范围和变化趋势，应先求出立体轮廓线上的一些特殊点，然后根据需要再求出适当数量的一般点，从而能够清晰、准确地作出相贯线的投影，并注意判别可见性。

任务实施

绘制三通管三视图，如图 1-5-26 所示，其绘图步骤和方法如下：

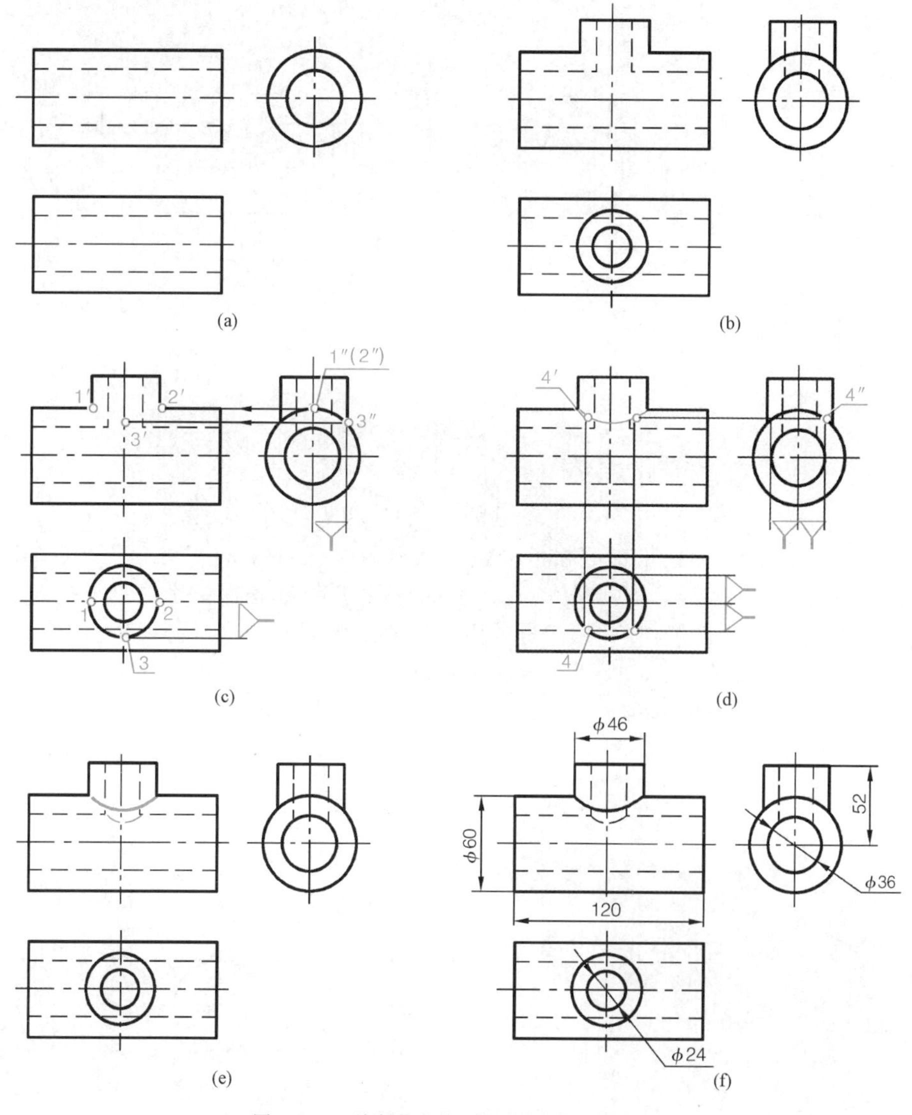

图 1-5-26　绘制三通管三视图并标注尺寸

(1)画三通管大圆筒三视图,如图 1-5-26(a)所示。

(2)在大圆筒上画小圆筒三视图,如图 1-5-26(b)所示。

(3)画相贯线上的特殊点Ⅰ(最左)、Ⅱ(最右)、Ⅲ(最前)的三面投影,如图 1-5-26(c)所示。

(4)画相贯线上的一般点Ⅳ的三面投影,并画出两圆柱的相贯线,如图 1-5-26(d)所示。

(5)用图 1-5-26(c)和图 1-5-26(d)所示的方法画出两内孔的相贯线,完成全图,如图 1-5-26(e)所示。

(6)标注尺寸。标注大圆筒的形状尺寸,外圆直径为ϕ60,内圆直径为ϕ36,长为 120;小圆筒外圆直径为ϕ46,内圆直径为ϕ24,高为 52。相贯线不注尺寸,如图1-5-26(f)所示。

知识拓展

一、相贯线的简化画法

大多数相贯线是在零件加工过程中自然形成的,所以一般情况下,其绘制精度意义不大,通常采用简化画法作图,如图 1-5-27 所示。

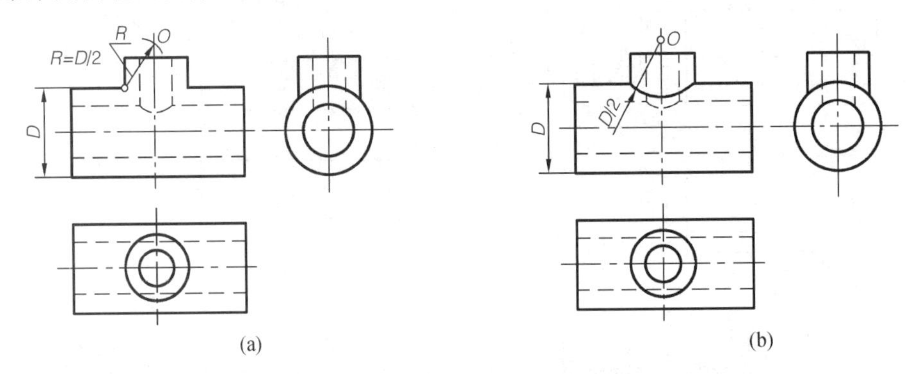

图 1-5-27 相贯线的简化画法

二、圆柱相贯线的变化趋势

轴线垂直相交的圆柱是零件中最常见的,它们的相贯线有三种基本形式。

如图 1-5-28 所示,圆柱正交的相贯线随着两圆柱直径大小的相对变化,其相贯线的形状、弯曲方向也随之改变。当两圆柱的直径不等时,相贯线在正面投影中总是朝向大圆柱的轴线弯曲;当两圆柱的直径相等时,相贯线则变成两个平面曲线(椭圆),从前往后看,其投影成两条相交直线。相贯线的水平投影则重影在圆周上。

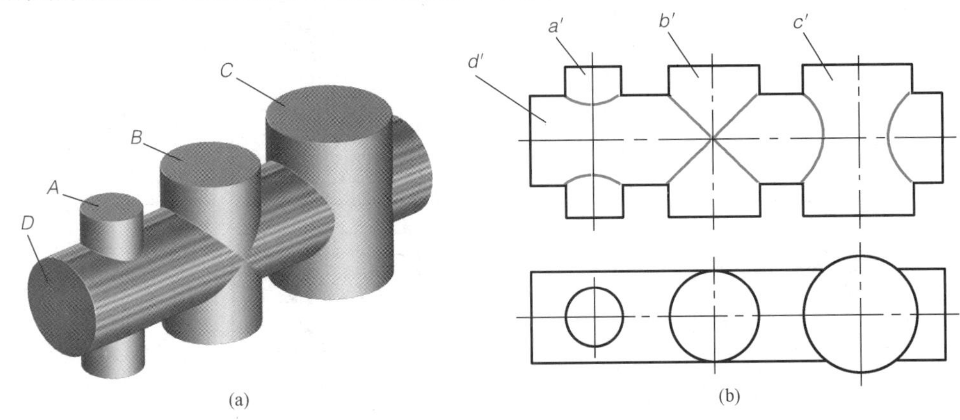

图 1-5-28 四圆柱正交相贯线的变化趋势

三、相贯线的特殊情况

如图 1-5-29 所示，其相贯线为圆；如图 1-5-30 所示，其相贯线是直线。

图 1-5-29　相贯线是圆的情况

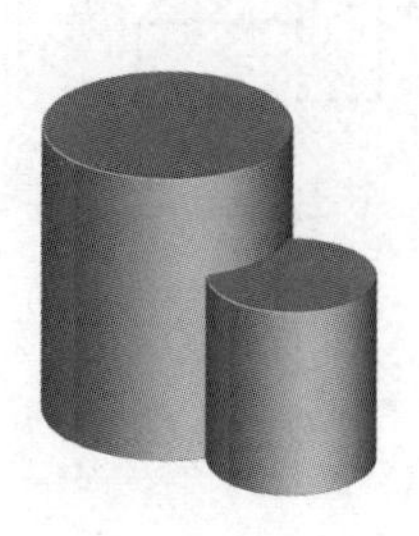

图 1-5-30　相贯线是直线的情况

实例5　用形体分析法识读支撑座三视图

实例分析

绘图是运用正投影法把空间物体表示在平面图形上，如图 1-5-31(a)所示为支撑座立体图，根据该立体图画出图 1-5-31(b)所示的三视图，即由物体到图形；而读图是根据平面图形想象出空间组合体的结构和形状，即由图形到物体，所以读图是绘图的逆过程。本实例主要介绍读图的基本要领和方法，不断培养学生的空间想象能力，以达到逐步提高其读图能力的目的。

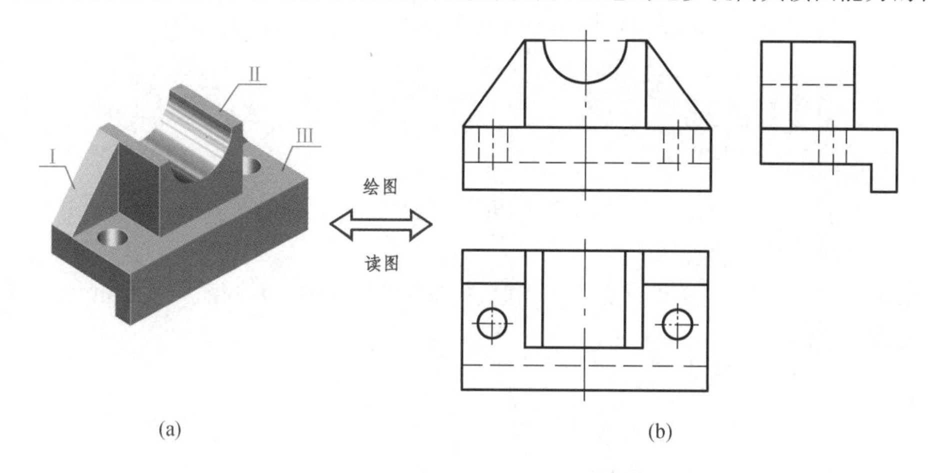

图 1-5-31　支撑座三视图和立体图

相关知识

(一)读图的基本要领

1. 把几个视图联系起来识读

在机械图样中，机件的形状一般是通过几个视图来表达的，每个视图只能反映机件某一方面的形状。因此，仅由一个或两个视图往往不能唯一地确定机件的形状。

(1)如图 1-5-32 所示为三个不同形状的物体，它们的主、俯视图相同，左视图能反映其形状特征。

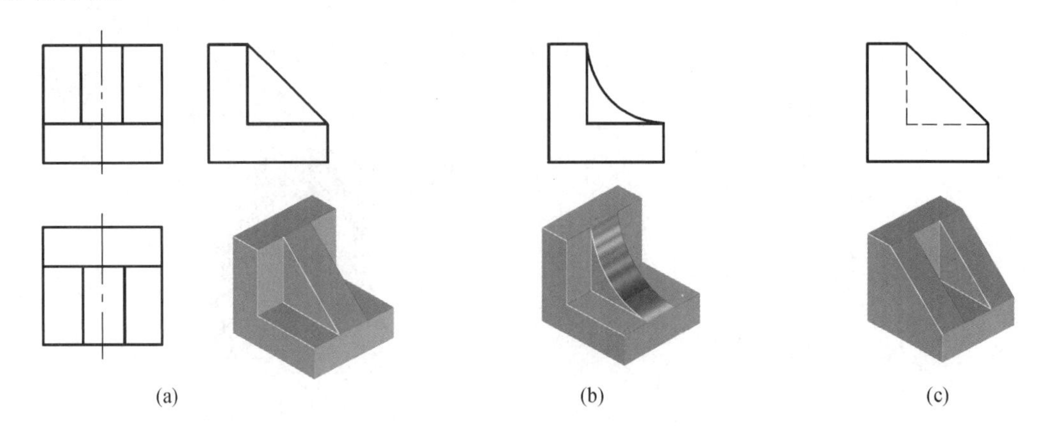

图 1-5-32　将几个视图联系起来识读

(2)图 1-5-33 给出了两个视图,不能唯一地确定其空间形状。所以识读视图时,要把所给的几个视图联系起来构思,善于抓住反映形体主要形状和各部分相对位置特征明显的视图,才能准确、迅速地想象出物体的真实形状。

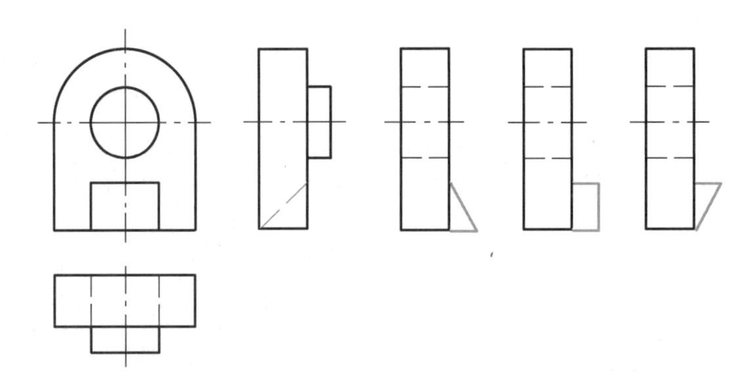

图 1-5-33　两个视图不能唯一地确定组合体的空间形状

2. 要抓住形状特征看视图

认识每一个基本形体的关键是抓住其形状特征,这是看图的捷径。例如,正六棱柱的特征视图为正六边形。

3. 明确视图中线框和图线的含义

如图 1-5-34、图 1-5-35 所示,视图上的一个线框可以代表一个形体,也可以代表物体上的一个连续表面。构成视图上线框的线条可以代表有积聚性的表面或线。

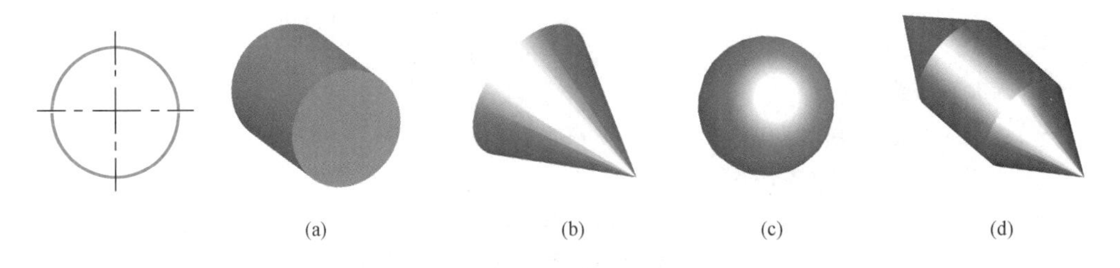

图 1-5-34　视图上圆形线框可能有的含义

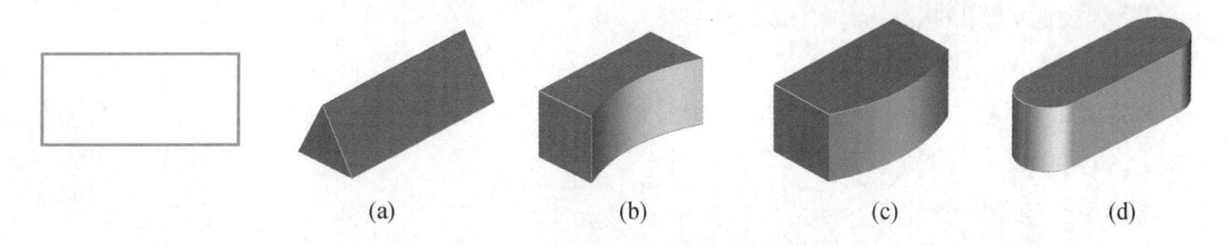

图 1-5-35　视图上方形线框可能有的含义

如图 1-5-36 所示，视图中图线和线框的含义如下：

(1)视图中的粗实线或细虚线可表示的情况

①具有积聚性的面(平面或柱面)的投影。

②两个面的交线的投影，如 $a'a'_1$。

③曲面的转向线的投影，如 $b'b'_1$。

(2)视图中的一个封闭线框可表示的情况

①平面的投影，如线框 1′。

②曲面的投影，如线框 2″。

③通孔的投影，如线框 3。

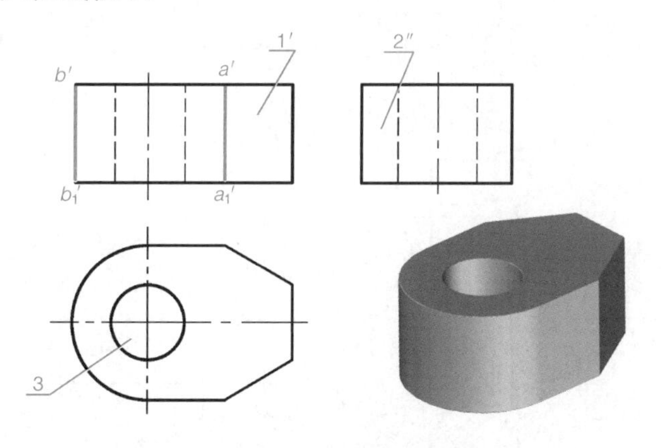

图 1-5-36　视图中图线和线框的含义

(二)形体分析法

形体分析法是读图的最基本方法，它是一种通过对图形进行分解与综合来想象物体形状的方法。

任务实施

识读支撑座三视图

读图步骤如下：

(1)划线框，分形体

通过分析图 1-5-31 可知，主视图较明显地反映出形体Ⅰ、Ⅱ的特征，而左视图则较明显地反映出形体Ⅲ的特征。据此，该支撑座可大体分为三部分，如图 1-5-37(a)所示。

(2)对投影,想形状

形体Ⅰ、Ⅱ从主视图出发,依据"三等"关系分别在其他视图上找出对应的投影,然后根据投影关系即可想象出各组成部分的形状,如图 1-5-37(b)、图 1-5-37(c)所示。形体Ⅲ从左视图出发,如图 1-5-37(d)所示。

(3)综合起来想整体

如图 1-5-37(e)所示,长方体Ⅰ在底板Ⅲ上面,两形体的对称面重合且后面靠齐;肋板Ⅱ在长方体Ⅰ的左、右两侧,且与其相接,后面靠齐,从而综合想象出物体的形状。

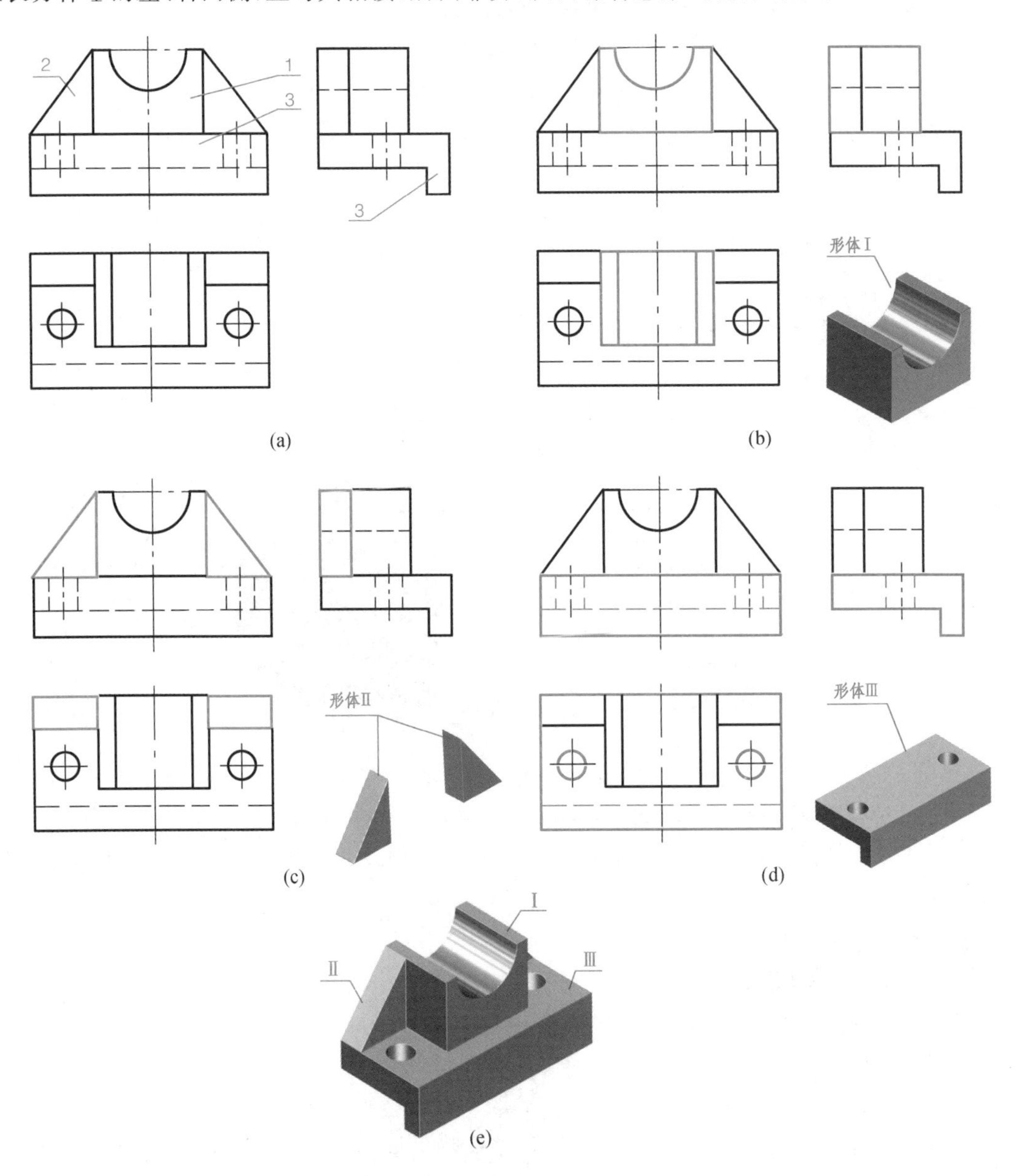

图 1-5-37 用形体分析法识读支撑座三视图

知识拓展

(一)用形体分析法读图

如图 1-5-38 所示形体的三视图，其读图步骤如下：

(1)划线框，分形体

先将反映特征明显的视图(一般为主视图)划分成几个封闭线框，然后运用投影规律，借助丁字尺、三角板和分规等绘图工具，逐一找出每一个线框对应的其他投影。如图 1-5-38(a)所示，线框 1′、2′、3′分别对应线框 1、2、3 和 1″、2″、3″。

(2)分析投影，想形状

分别从每一部分的特征视图出发，想象各部分的形状。如图 1-5-38(b)～图 1-5-38(d)所示，分别从反映形体 1、2、3 形状特征明显的俯、左、主视图出发，想象形体Ⅰ、Ⅱ、Ⅲ的形状。

(3)综合起来想整体

根据各部分的相对位置和组合形式，综合想象出该物体的整体形状。如图 1-5-38(e)所示，形体Ⅱ在形体Ⅰ的上面，前后对称，右面平齐；形体Ⅲ在形体Ⅰ的上面、形体Ⅱ的左面，前后对称。

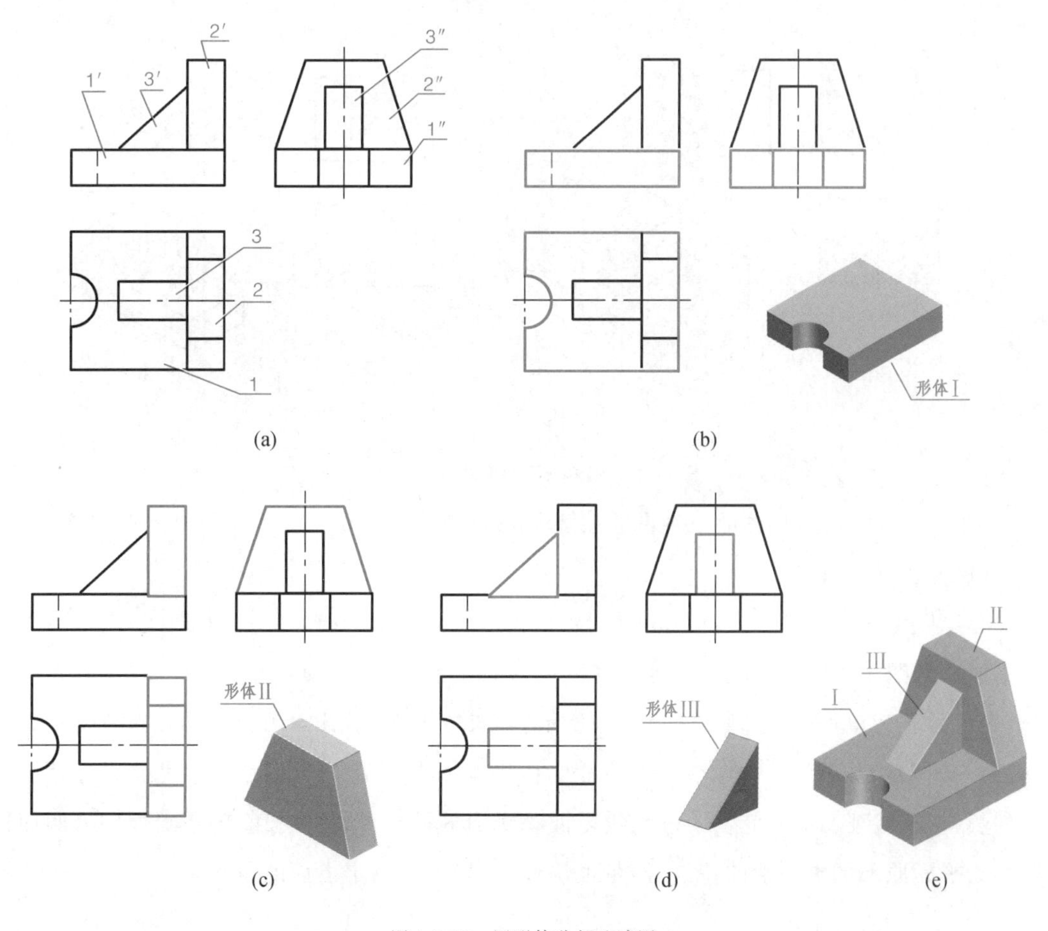

图 1-5-38　用形体分析法读图

(二)用线面分析法读图

在读图过程中,运用线、面的投影规律,对视图上的每一条线和每一个表面作进一步的分析,从而想象出组合体的形状,这种方法称为线面分析法。

在视图中分线框、定位置是为了识别面的形状和空间位置,通常利用平面的投影特性来读图。在图 1-5-39(a)～图 1-5-39(d)中,分别有一个"L"形的铅垂面、"工"字形的正垂面、"凹"字形的侧垂面和一般位置平面的平行四边形,在它们的三视图中除了在与截平面垂直的投影面上的投影积聚成一直线外,在与截平面倾斜的投影面上的投影都是类似形。

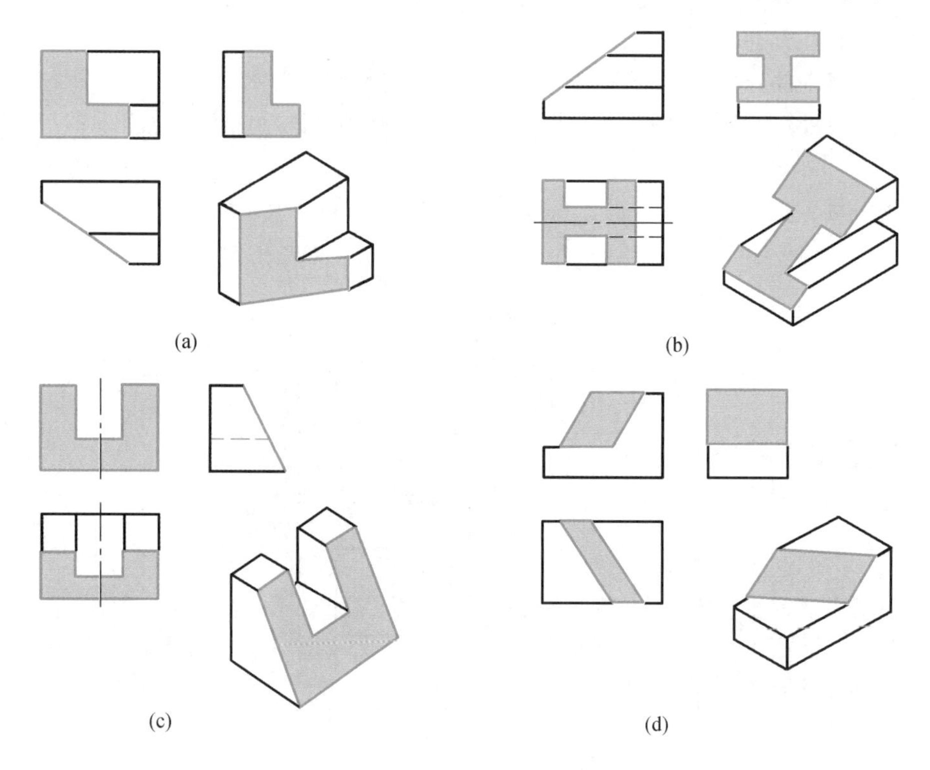

图 1-5-39　倾斜于投影面的截平面的投影

如图 1-5-40 所示形体的三视图,其读图步骤如下:

(1)分线框,定位置

分线框可从平面图形入手,如三角形 1′,找出对应投影 1 和 1″(一框对两线,表示面Ⅰ为正平面),如图 1-5-40(a)所示;也可从视图中较长的斜线入手,如 2′,找出2 和 2″(一线对两框,表示面Ⅱ为正垂面),如图 1-5-40(b)所示;如长方形 3″,找出 3 和 3′(表示侧平面),如图 1-5-40(c)所示;如斜线 4″,找出 4 和 4′(表示侧垂面),如图 1-5-40(d)所示。尤其应注意视图中的长斜线(特征明显),它们一般为投影面垂直面的投影,抓住其投影的积聚性和另两面投影均为平面原形的类似形的特点,便可很快地分出线框,判定出面的位置。

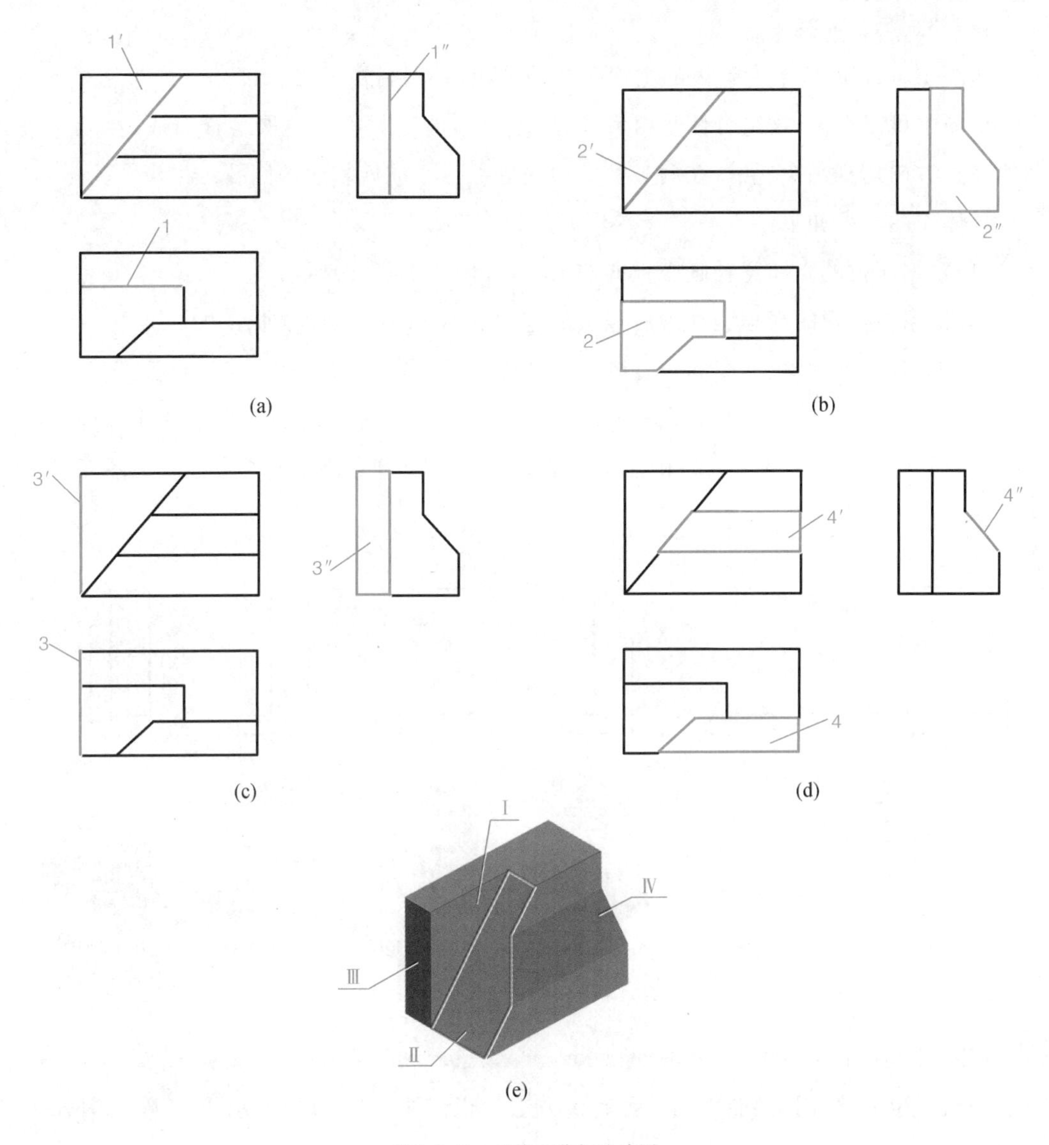

图 1-5-40　用线面分析法读图

(2)综合起来想整体

切割体往往是由基本形体经截切而成的,因此在想象整个物体的形状时,应以几何体的原形为基础,以视图为依据,再将各个表面按其相对位置综合起来,即可想象出整个物体的形状,如图 1-5-40(e)所示。

(三)补画视图

补画视图是培养和检验看图能力的一种有效方法,可以训练空间想象能力。

具体步骤如下:

(1)读懂已知视图。

(2)想象形体的形状。

(3)补画第三面视图。

如图 1-5-41(a)所示为形体的主视图和俯视图,补画其左视图。

从图中可以看出,该组合体是由底板、后竖板和前半圆竖板叠加组合而成,在后竖板后面的竖直方向切割一个通槽,在两竖板的中间处钻一个前后相通的圆孔。

具体作图步骤如下:

(1)根据底板的高和宽补画底板的左视图,如图 1-5-41(b)所示。

(2)根据后竖板的高和宽补画后竖板的左视图,如图 1-5-41(c)所示。

(3)根据前半圆竖板的高和宽补画前半圆竖板的左视图,如图 1-5-41(d)所示。

(4)根据后竖板通槽的高和宽补画后竖板通槽的左视图(细虚线),如图 1-5-41(e)所示。

(5)根据前、后竖板圆孔的高和宽补画圆孔的左视图(细点画线和细虚线),如图 1-5-41(f)所示。

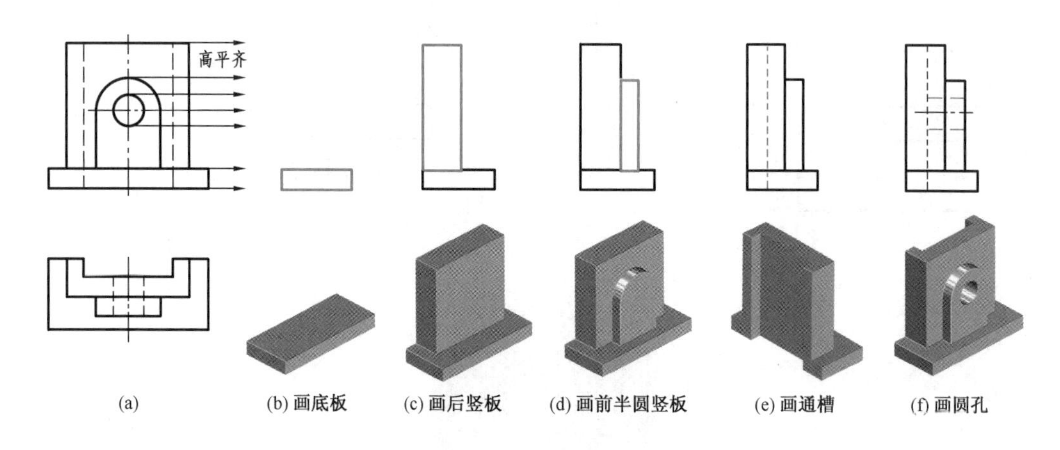

图 1-5-41　用形体分析法补画左视图

(四)补画视图中所缺的图线

补缺线也是培养识图能力的一种有效方法。识读图 1-5-42(a)所示的三视图,补画所缺的图线。

通过分析图 1-5-42(e)可知,该物体是在一个圆柱形底板Ⅰ上方叠加一个圆柱Ⅱ后切割而成的组合体。在圆柱形底板Ⅰ的前后中间开槽,在圆柱Ⅱ的上方前后切口,并在两圆柱中间钻一个孔。作图步骤如下:

(1)在主、左视图中补画圆柱形底板Ⅰ前后中间开槽的投影(主视图为粗实线,左视图为细虚线),如图 1-5-42(b)所示。

(2)在主视图中补画圆柱Ⅱ前后切口的投影(为矩形线框),如图 1-5-42(c)所示。

(3)在左视图中补画两圆柱中间钻孔的投影(为细虚线),如图 1-5-42(d)所示。

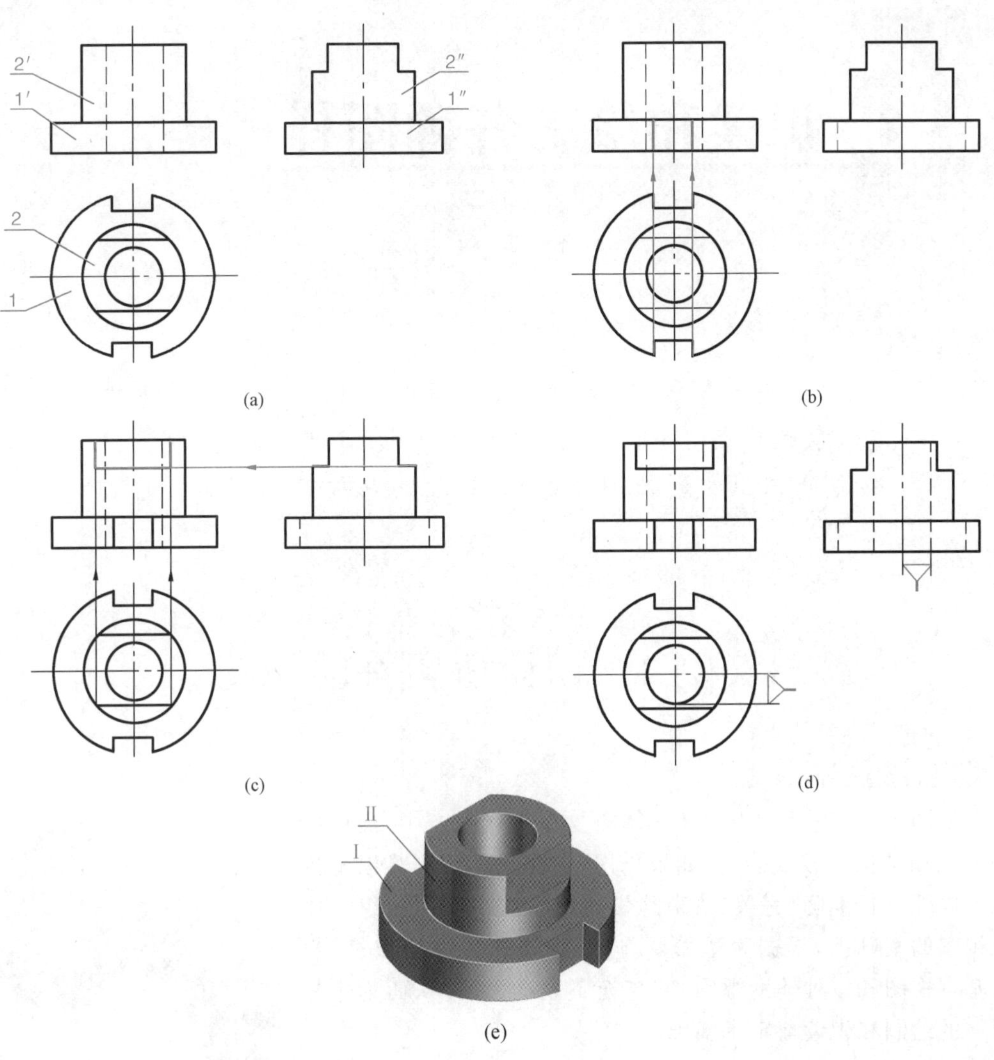

图 1-5-42　补画视图中所缺的图线

任务6 识读和绘制各种图样

学习目标

正确理解视图、剖视图、断面图及其他表达方法的概念，掌握其应用条件、画法和标注方法；掌握视图、剖视图的绘制方法以及断面图等的识读方法，从而提高识读图样的能力。

实例1 识读压紧杆的视图

实例分析

如图1-6-1所示为压紧杆立体图。在实际生产中，当机件的形状和结构比较复杂时，如果仍用三视图表达，则难以把机件的内外形状准确、完整、清晰地表达出来。本实例在组合体三视图的基础上，根据表达需要，进一步增加了视图数量（六个基本视图和三种辅助视图）并扩充了表达手段，从而为机械图样的绘制和识读奠定了基础。

图1-6-1 压紧杆立体图

相关知识

视图主要用来表达机件的外部结构和形状。视图分为基本视图、向视图、局部视图和斜视图四种。

一、基本视图

机件向六个基本投影面投射所得到的视图称为基本视图。

1. 基本投影面

如图1-6-2所示，空间的六个基本投影面可设想围成了一个正六面体。正六面体的六个面称为六个基本投影面。将机件放在正六面体内，从机件的上、下、前、后、左、右六个方向分别向基本投影面投射，就得到了六个基本视图。

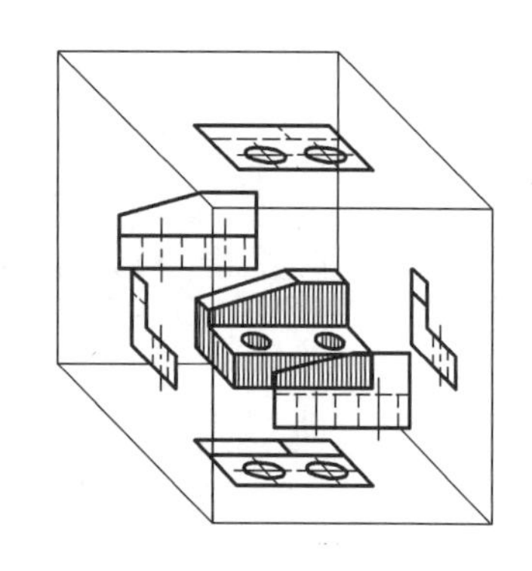

图1-6-2 六个基本投影面和六个基本视图

在基本视图中，除主、俯、左视图外，还有从右向左投射得到的右视图、从下向上投射得到的仰视图以及从后向前投射得到的后视图。

2. 基本投影面的展开与基本视图的配置

保持 V 面不动，其他各投影面按图 1-6-3 中箭头所指的方向展开到与 V 面在同一个平面上，展开后各视图的位置如图 1-6-4 所示。在同一张图样内，按此位置配置的基本视图一律不标注视图名称。

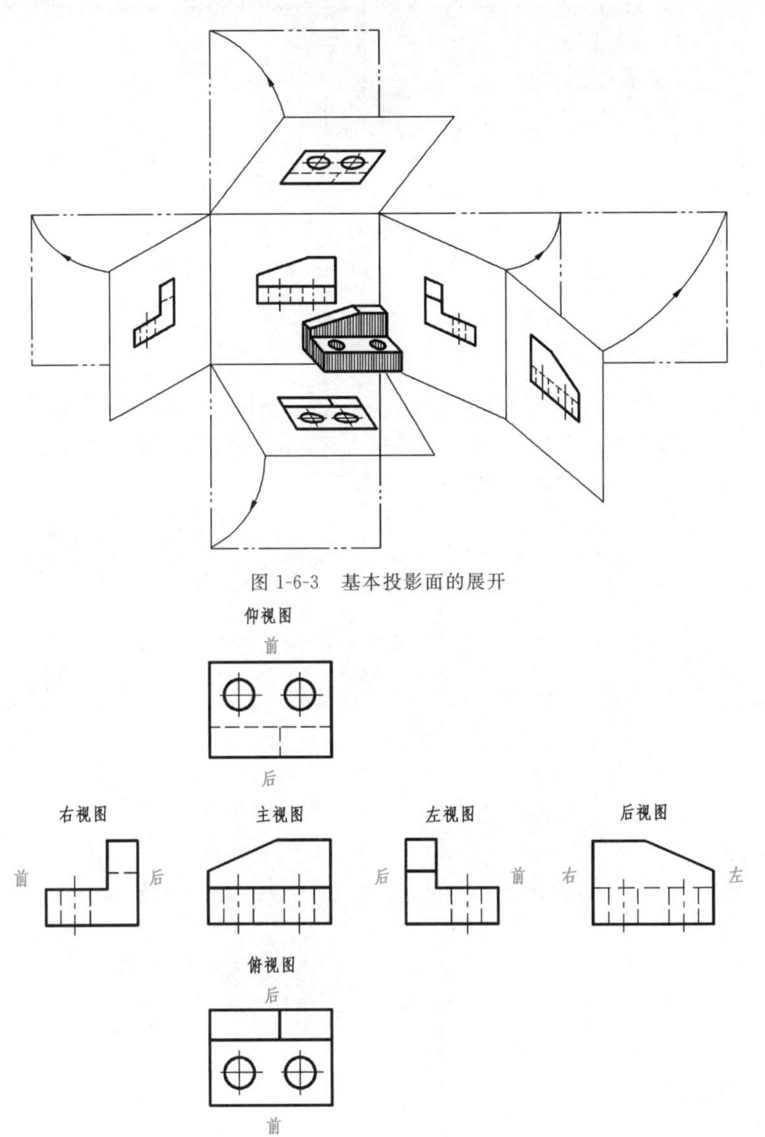

图 1-6-3　基本投影面的展开

图 1-6-4　基本视图的配置

3. 基本视图间的投影关系

六个基本视图之间仍符合“长对正、高平齐、宽相等”的投影规律，如图 1-6-5 所示。

以主视图为准，其周围的四个视图(除后视图外)中，靠近主视图的一边均表示机件的后面，远离主视图的一边均表示机件的前面，如图 1-6-4 所示。理解这一规律对画图和看图都很有帮助。

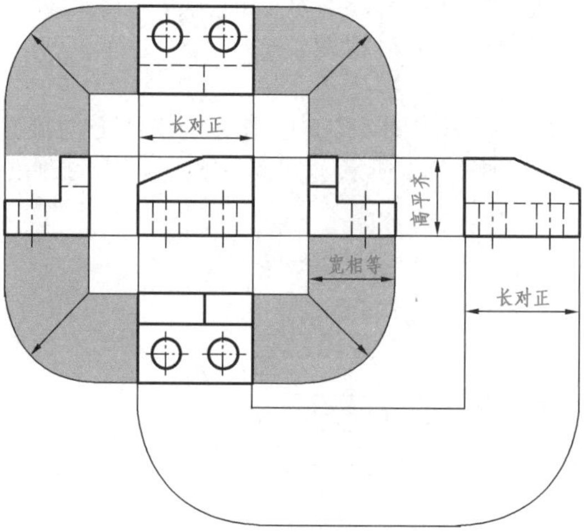

图 1-6-5 基本视图间的投影关系

4. 基本视图的应用

在画图时，可根据机件的形状和结构特点选用几个可以清晰地表达机件形状的基本视图。图 1-6-6 所示为仅选用了主、左、右三个视图来表达机件的主体和左、右凸缘的形状，左、右两个视图中省略了不必要的细虚线。

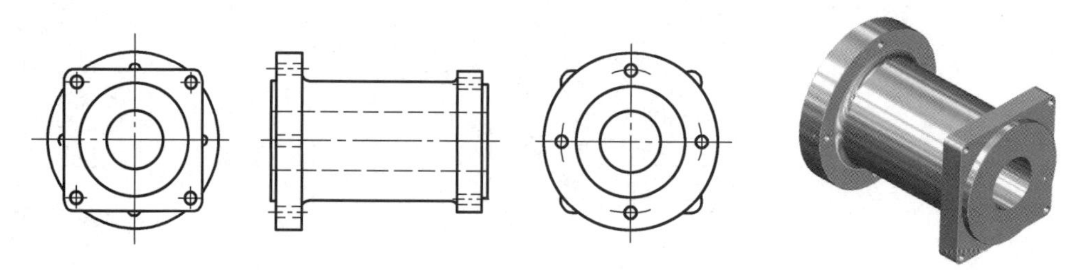

图 1-6-6 基本视图的应用

二、向视图

在实际绘图中，为了合理利用图纸，国家标准规定了一种可以自由配置的视图——向视图，如图 1-6-7 所示。

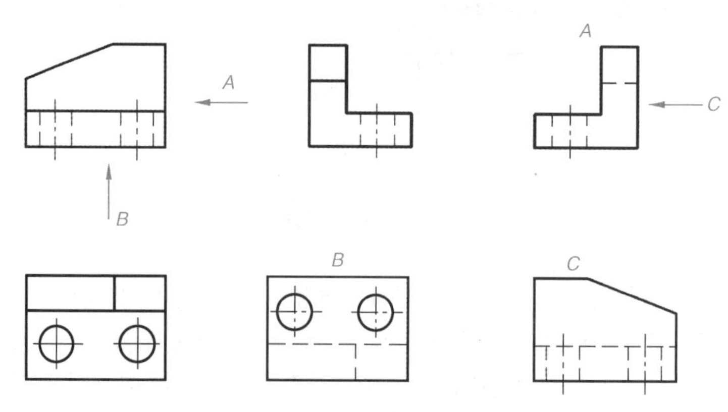

图 1-6-7 向视图的配置及标注

画向视图时要注意以下几点：

(1)向视图的名称“×”为大写拉丁字母，无论是箭头旁的字母还是视图上方的字母的标注，均应与正常的读图方向一致，以便于识别。

(2)表示投射方向的箭头尽可能配置在主视图上，以使所得到的视图与基本视图一致。表示后视图投射方向的箭头最好配置在左视图或右视图上，如图 1-6-7 中的“C”。

三、局部视图

只将机件的某一部分结构形状向基本投影面投射所得到的视图称为局部视图。

如图 1-6-8 所示，用两个基本视图(主、俯视图)已能将机件的大部分形状表达清楚，只有两侧的凸台和其中一侧的肋板厚度未表达清楚。如果再画一个完整的左视图和右视图则显得有些重复，没有必要，因此只需画出表达该部分的局部左视图和局部右视图(图中 A、B 视图)，而省去其余部分。

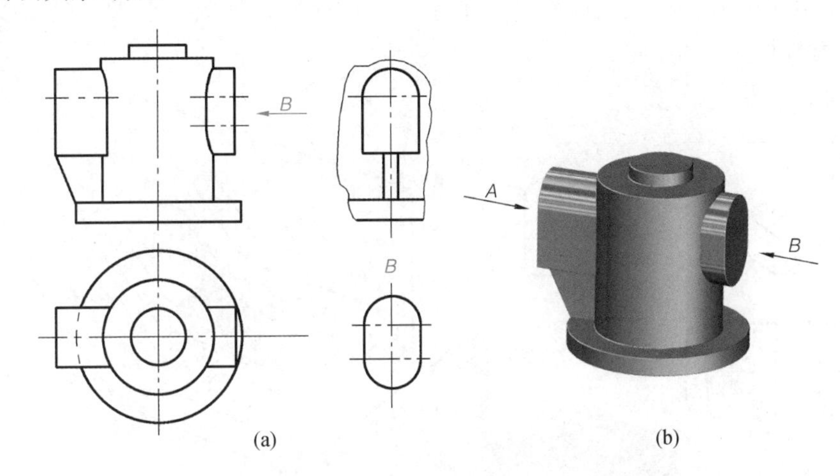

图 1-6-8　机座的局部视图

1. 局部视图的画法

局部视图的断裂边界用波浪线表示，如图 1-6-8(a)所示。当所表达的局部结构是完整的且该结构轮廓线又呈封闭形状时，波浪线可省略不画，如图 1-6-8(a)中的 B 向局部视图。

2. 局部视图的标注

当局部视图按向视图配置时，要在上方用大写字母标出视图的名称“×”，在相应的视图附近用箭头指明投射方向，并注上同样的字母，如图 1-6-8(a)中的“B”；当局部视图按投影关系配置而中间又没有其他视图隔开时，可以省略标注，如图 1-6-8(a)中的局部左视图所示。

3. 局部视图的应用

(1)零件上对称结构的局部视图可按图 1-6-9 所示的方法绘制。

(2)为了节省绘图时间和图幅，对称机件的视图可只画一半或四分之一，并在对称中心线的两端画出两条与其垂直的平行细实线，如图 1-6-9 所示。

四、斜视图

把机件向不平行于任何基本投影面的平面投射所得到的视图称为斜视图。

当机体的表面与基本投影面成倾斜位置时，在基本投影面的投影不可能表达实形，也不

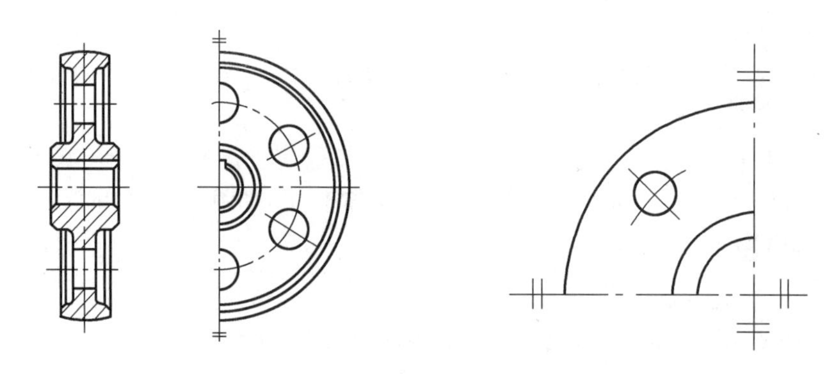

图 1-6-9　对称机件的局部视图

便于标注真实尺寸，如图 1-6-10 所示。为得到它的实形，可增设一个与倾斜部分平行且垂直于一个基本投影面的辅助投影面，将该倾斜面向辅助投影面投射，然后将此投影面按投射方向旋转到与其垂直的基本投影面上，如图 1-6-11 所示。

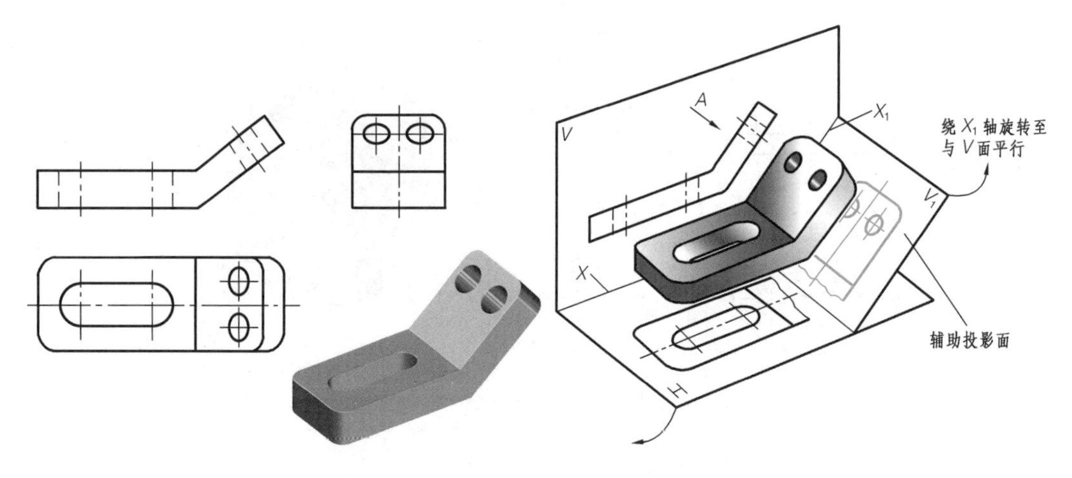

图 1-6-10　弯板的三视图　　　　图 1-6-11　斜视图的形成

斜视图只反映机件上倾斜结构表面的实形，其余不反映实形的部分通常省略不画，用波浪线或双折线断开。

斜视图的标注方法如下：

(1)斜视图通常按向视图的配置形式配置并标注，用带大写拉丁字母的箭头指明表达部位和投射方向，在斜视图上方注明斜视图的名称"×"，如图 1-6-12(a)所示。

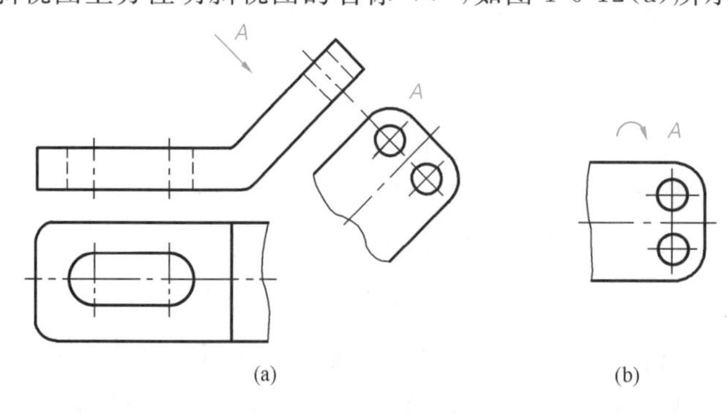

图 1-6-12　斜视图的配置与标注

(2)必要时还可将图形旋转,使图形的主要轮廓线(或中心线)成水平或竖直位置,但应加注旋转符号,旋转符号为半径等于字高的半圆弧,且字母应靠近旋转符号的箭头端,如图1-6-12(b)所示。必要时允许将旋转角度注在字母之后。

任务实施

识读压紧杆的视图表达方案

对于压紧杆,由于其左端耳板是倾斜的,所以其三视图中的俯视图和左视图都不反映实形,如图 1-6-13 所示,这种视图表达方案画图比较困难,表达不清晰。

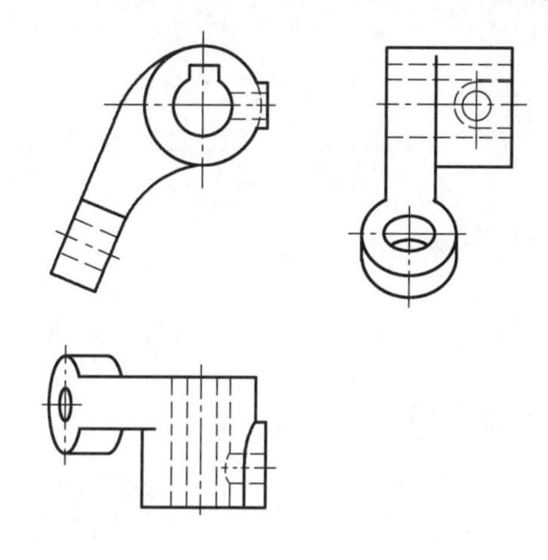

图 1-6-13　压紧杆的视图表达方案(1)

压紧杆还有另两种视图表达方案:图 1-6-14(a)中采用了一个基本视图(主视图)、一个斜视图 A、一个局部视图(其中位于右视图位置上的不必标注)和一个配置在俯视图位置上的局部视图来表达;或采用一个基本视图、一个配置在俯视图位置上的局部视图、一个旋转配置的斜视图 A 和一个局部视图来表达。为了使图面更加紧凑又便于画图,可将右视图的局部视图画在主视图的右边(此时要用细点画线将两图连接起来,即采用第三角视图配置

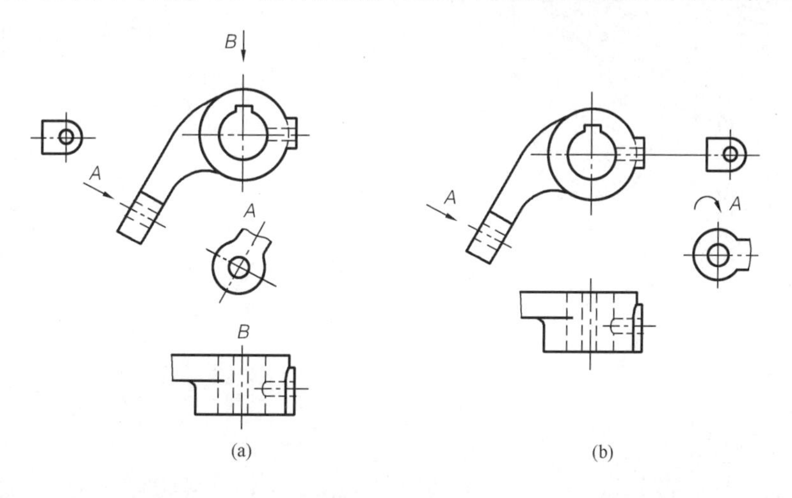

图 1-6-14　压紧杆的视图表达方案(2)

法)，如图 1-6-14(b)所示。这种表达方案能使视图的布置更加紧凑，且能清晰地看出压紧杆的内外结构。

实例 2 绘制和识读机件的各种剖视图

实例分析

如图 1-6-15 所示为四通管立体图。当用视图表达机件时，其内部孔的结构都用细虚线来表示，内部结构形状越复杂，视图中就会出现越多的细虚线，这样会影响图面的清晰度，不便于看图和标注尺寸。因此，为了减少视图中的细虚线，使图面清晰，在制图中通常采用剖视的方法来表达机件的内部结构形状。本实例主要介绍各种剖视图的绘制和识读方法。

图 1-6-15 四通管立体图

相关知识

一、剖视图的形成、画法及标注

1. 剖视图

假想用剖切平面剖开机件，然后移去观察者和剖切平面之间的部分，将余下的部分向投影面投射，所得到的图形称为剖视图(简称剖视)。剖视图主要用来表达机件的内部结构形状，如图 1-6-16(a)所示。

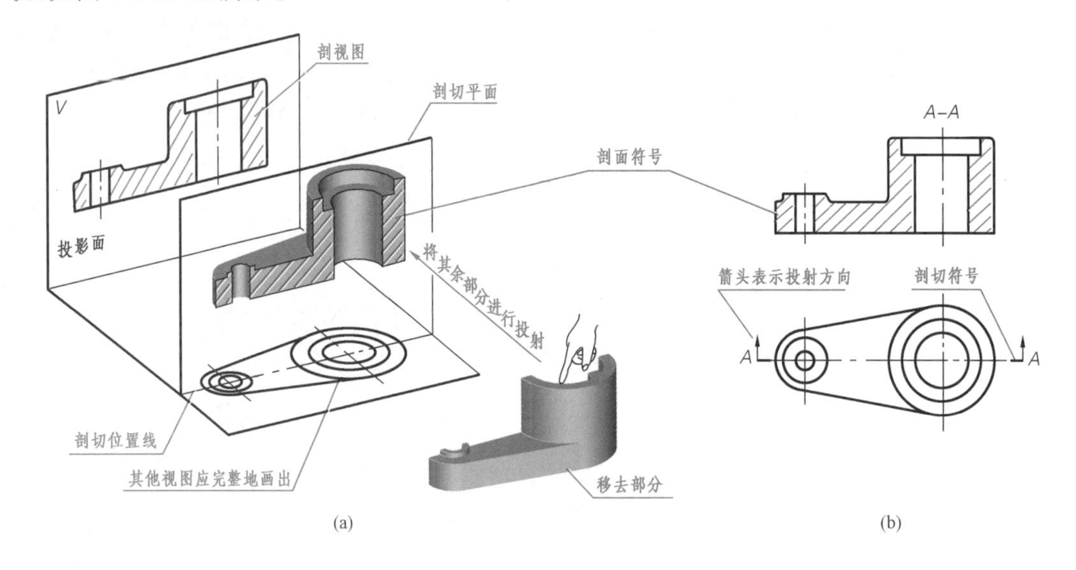

图 1-6-16 剖视图的形成

2. 剖视图的形成

(1)剖：确定剖切平面的位置，假想剖开机件，剖切平面应通过剖切结构的对称平面或轴线，如图 1-6-16(a)所示。

(2)移:将处在观察者和剖切平面之间的部分移去,将其余部分全部向投影面投射。因剖切是假想的,所以其他视图仍应完整地画出。如图 1-6-16(a)中俯视图仍应完整地画出。

(3)画:在投影面上画出机件其余部分的投影,剖视图中的细虚线一般可省略。机件被剖切时,剖切平面与机件接触的部分称为剖面,国标(GB/T 4458.6—2002)规定,在剖视图上要画出剖面符号,如图 1-6-16 所示。不同的材料采用不同的剖面符号,各种材料的剖面符号详见国家标准。

在机械设计中,规定金属材料的剖面符号用与水平方向成 45°且间隔均匀的细实线画出,称为剖面线。同一机件的剖视图中,所有剖面线的倾斜方向和间隔必须一致。

金属材料的剖面符号(已有规定剖面符号者除外)为　,非金属材料的剖面符号(已有规定剖面符号者除外)为　。

当剖面线与主要轮廓线平行时,可将剖面线画成与水平成 30°或 60°。

(4)标:在剖视图的上方用大写拉丁字母标注其名称"×—×",在相应的视图附近用剖切符号(由粗短画和箭头组成)表示剖切位置(用粗短画表示)和投射方向(用箭头表示),并标注相同的字母,剖切符号之间的剖切线可省略不画,如图 1-6-16(b)所示。

①当剖视图按投影关系配置,中间又没有其他图形隔开时,可省略箭头。

②当单一剖切平面通过机件的对称平面或基本对称平面,且剖视图按投影关系配置,中间又没有其他图形隔开时,可完全省略标注,如图 1-6-16(b)中俯视图的剖切符号、字母都可省略。

在剖切平面后面的可见轮廓线应全部画出,不要漏画,也不要多画,如图 1-6-17 所示。

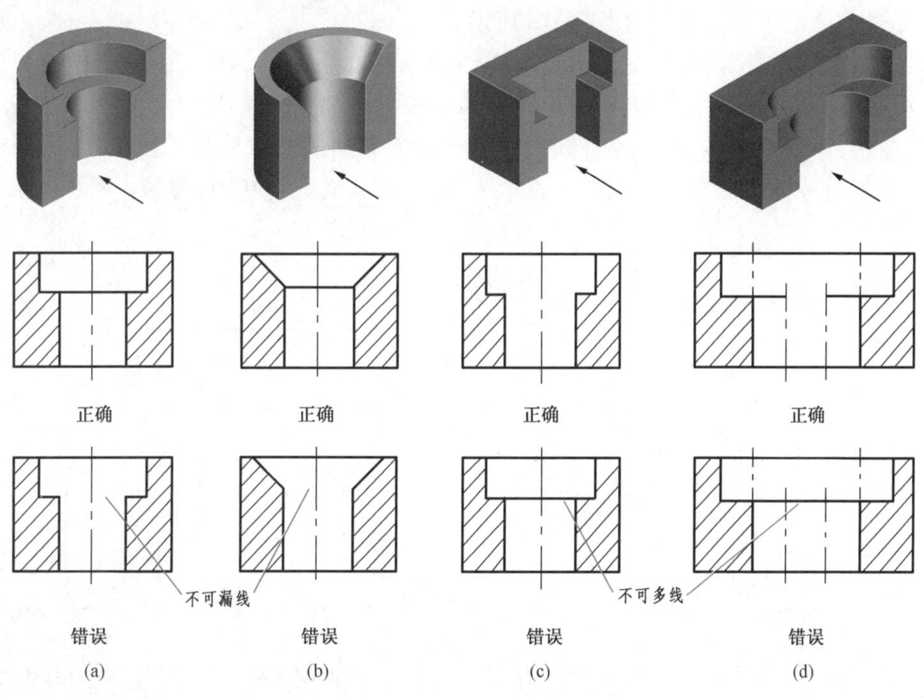

图 1-6-17　剖视图中容易漏画、多画的线

二、剖视图的分类

1. 全剖视图

用剖切平面(一个或几个)完全剖开机件所得到的剖视图称为全剖视图,它适用于机件外形比较简单,而内部结构比较复杂,图形又不对称时,如图 1-6-16(b)所示。

2. 半剖视图

当机件具有对称平面时,以对称平面为界,用剖切平面剖开机件的一半所得到的剖视图称为半剖视图,简称半剖,如图 1-6-18 所示。

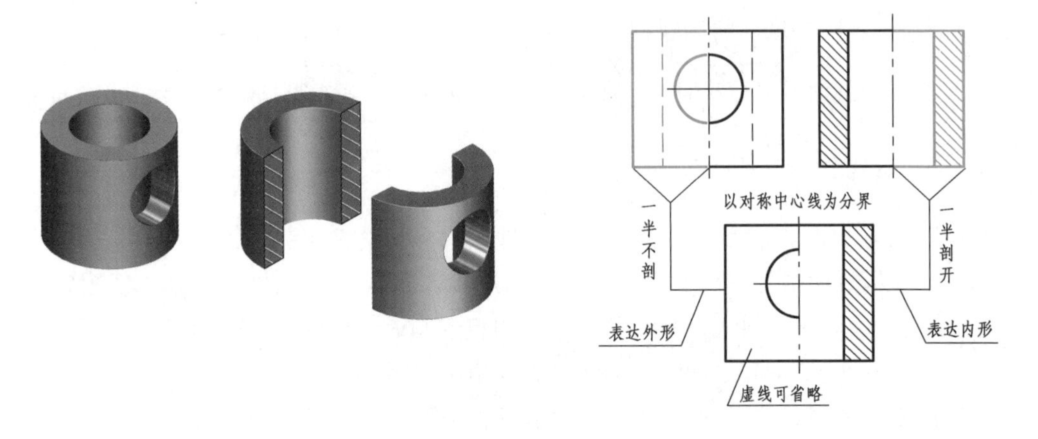

图 1-6-18　套筒的半剖视图

(1)画法:半剖视图由一半不剖、一半剖开的视图组成,其分界线必须画成细点画线。由于图形是对称的,内部结构已在剖开一半的视图中表达清楚,所以在画未剖部分的视图时,表示内部形状的细虚线不画,如图 1-6-18 所示。

(2)标注:半剖视图的标注方法与全剖视图的标注方法相同。要标注剖切平面的位置、投射方向的箭头、剖视图的名称,有时可省略标注或省略部分标注。

(3)应用:半剖视图多应用于机件内、外形状均需表达的对称机件。如机件的形状接近于对称,且不对称部分已在其他视图中表达清楚,也可画成半剖视图,如图 1-6-19、图 1-6-20 所示。

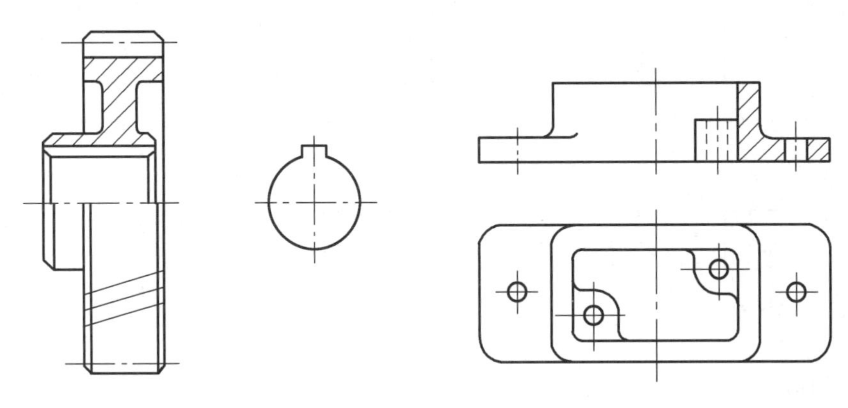

图 1-6-19　齿轮的半剖视图(基本对称机件)　　图 1-6-20　座体的半剖视图(基本对称机件)

3. 局部剖视图

如图 1-6-21(a)所示的轴类零件，采用一般视图画法时，其左视图虚线较多，难以清晰地表达出零件局部的内部结构。此时，如用剖切平面局部地剖开机件，所得到的剖视图就称为局部剖视图，简称局部剖。如图 1-6-21(b)所示，主视图采用局部剖视图后，可看出该机件左端的圆孔和右端的长圆槽，并省略了左视图。

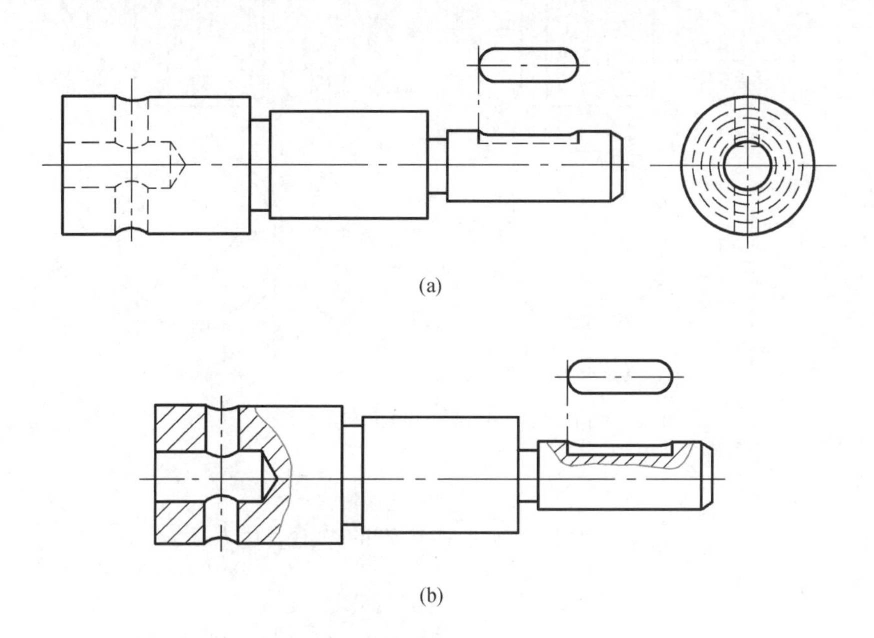

图 1-6-21　机件视图和局部剖视图

局部剖视图能同时表达机件的内、外结构，而且不受机件结构是否对称的限制，是一种比较灵活的表达方法，其剖切位置、剖切范围可根据需要而定。局部剖视图常用于内、外形状均需表达的不对称机件。

(1)标注：局部剖视图一般不标注。

(2)画局部剖视图应注意：

①局部剖视图中，剖与未剖部分用波浪线分界，波浪线就相当于剖切部分表面断裂线的投影，如图 1-6-21(b)所示。

②波浪线是断裂边界的投影，要画在机件有断裂的实体部分，如遇孔、槽等，波浪线不能穿空而过，也不能超出视图的轮廓线，如图 1-6-22 所示。

③波浪线不可与图形轮廓线重合，如图 1-6-23 所示，也不要画在其他图线的延长线上。

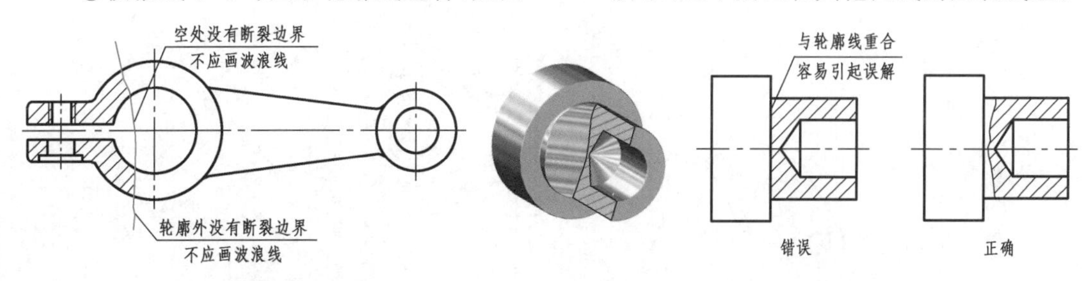

图 1-6-22　波浪线不应超出轮廓　　图 1-6-23　波浪线不要与轮廓线重合

④当对称机件的轮廓线与对称中心线重合，不宜采用半剖视图时，可采用局部剖视图，如图1-6-24 所示。

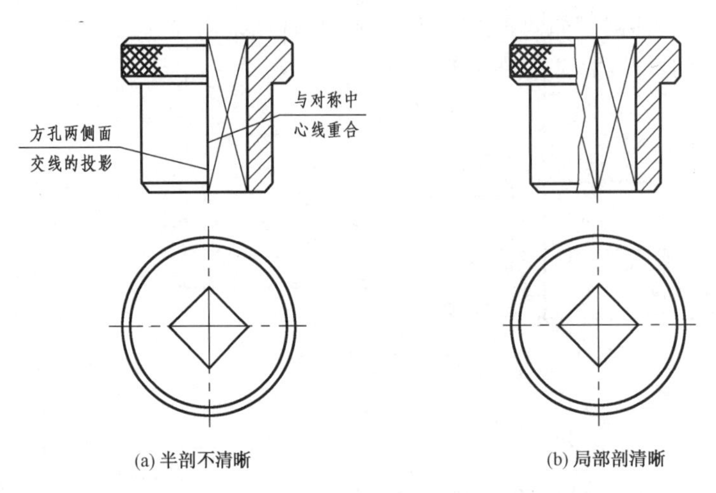

(a) 半剖不清晰　　(b) 局部剖清晰

图 1-6-24　用局部剖视图代替半剖视图

任务实施

根据以上所学知识，识读图 1-6-25 所示四通管的视图表达方案。

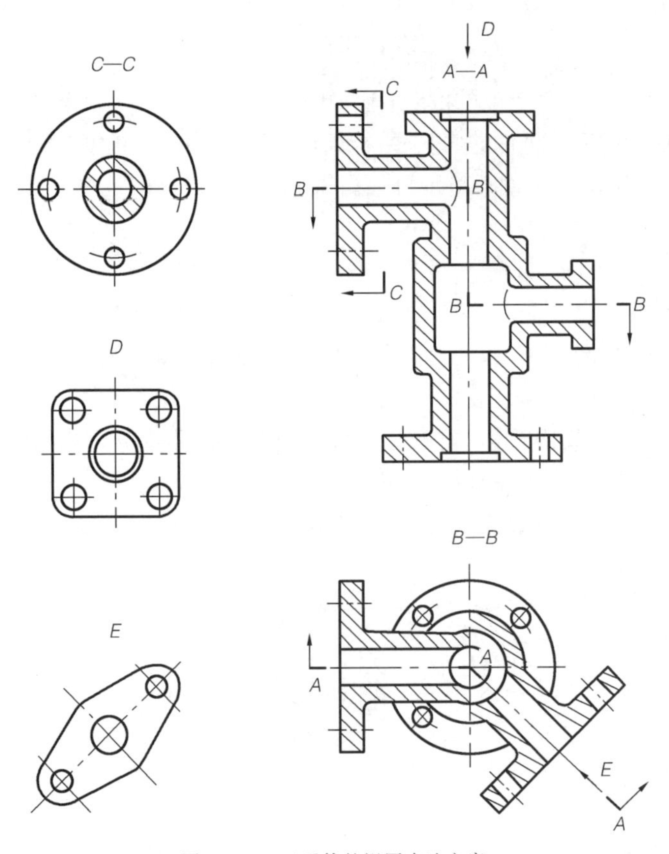

图 1-6-25　四通管的视图表达方案

视图表达方案分析：四通管的形状结构较为复杂，主要采用了五个图形来表达，分别是主视图、俯视图、C—C 剖视图、D 向局部视图和 E 向斜视图。

主视图采用了几个相交平面剖切的全剖视图 A—A，主要表达四通管的内部连通情况。俯视图采用了几个平行平面剖切的全剖视图 B—B(以上两种全剖视图将在本实例的“知识拓展”中介绍)，主要表达上、下两水平支管的相对位置，同时还反映出总管道下端法兰的形状。C—C 全剖视图表达了上水平支管左端法兰的形状和四个圆孔的分布情况，D 向局部视图表达了总管道顶部法兰的形状，E 向斜视图表达了下水平支管端部法兰的形状。

知识拓展

剖切平面的种类

1. 单一剖切平面

单一剖切平面可以是平行于基本投影面的剖切平面，如前所述的三种剖视图所采用的剖切平面；也可以是不平行于基本投影面的斜剖切平面，以往称斜剖。

如图 1-6-26 所示的机件是一个管座，它的上部具有倾斜结构，为了清晰地表达上面螺孔的深度及开槽部分的结构，可选择单一斜剖切平面进行剖切。

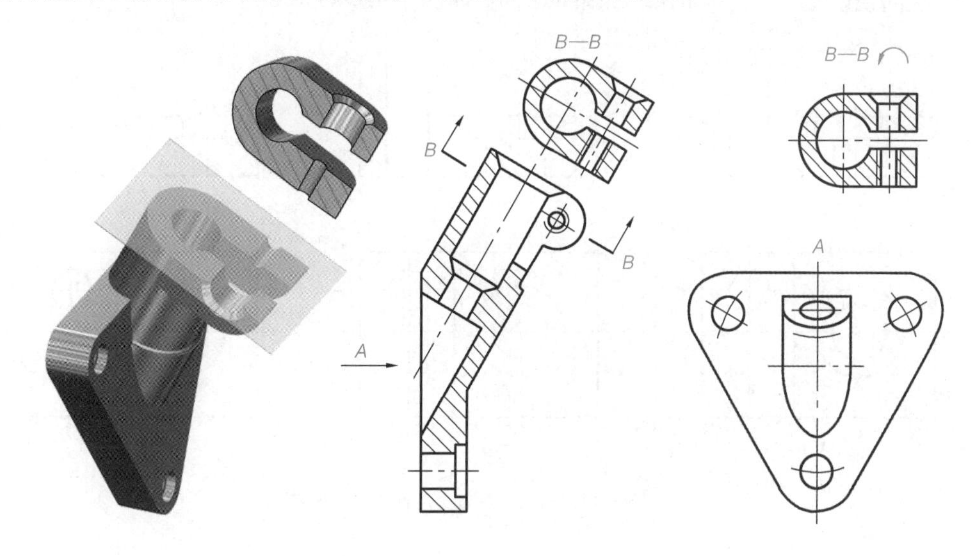

图 1-6-26 用单一斜剖切平面剖得的视图

其图形一般应按投影关系配置在与剖切符号相对应的位置上，必要时也可将它配置在其他位置。在不致引起误解的情况下允许将图形旋转，此时必须进行标注。

2. 几个相互平行的剖切平面

用几个相互平行的剖切平面剖开机件，以往称阶梯剖，如图 1-6-27 所示的 A—A 剖视图。当机件的内部结构较多，又不处于同一平面内，并且要表达的结构无明显的回转中心时，可用这种方式剖切。

(1)标注：在用几个相互平行的剖切平面剖切机件而形成的剖视图中，必须在相应的视图上用剖切符号表示剖切位置，在剖切面的起讫和衔接处标注相同的字母，如图 1-6-27 所示。

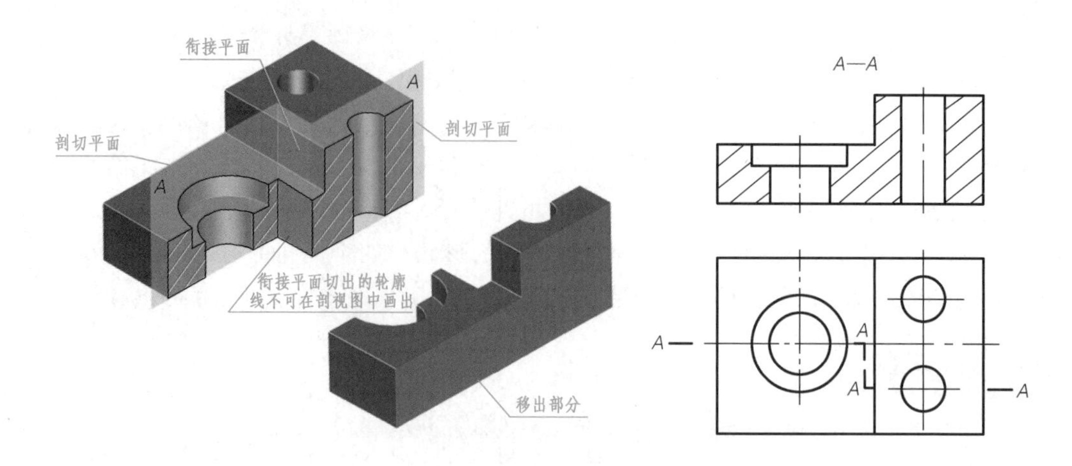

图 1-6-27 用两个平行的剖切平面剖得的视图

(2)注意:

①剖切位置线的衔接处不应与图上的轮廓线重合,如图 1-6-28(a)所示。

②在剖视图上,不应剖切出不完整的结构,如图 1-6-28(b)、图 1-6-28(c)所示。

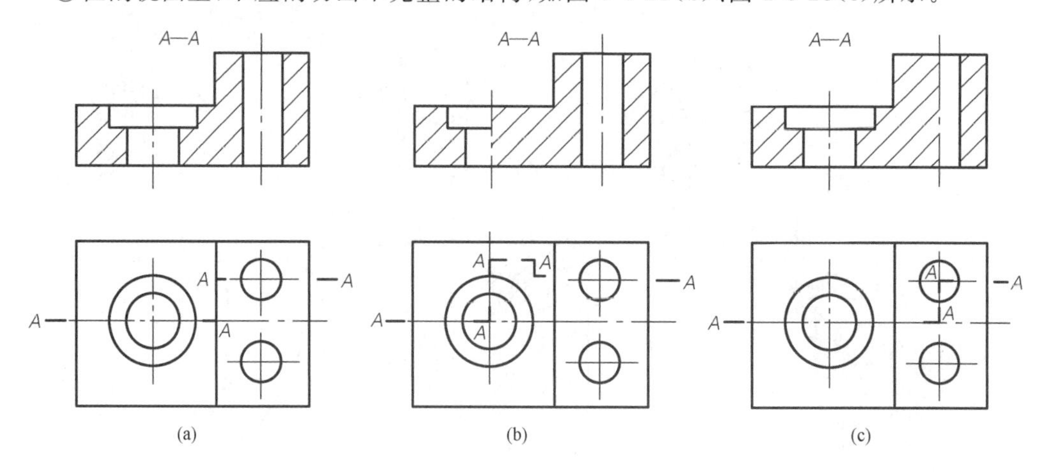

图 1-6-28 剖切平面衔接位置选择不当

3. 几个相交的剖切平面

用几个相交的剖切平面剖切机件,以往称旋转剖,如图 1-6-29 所示。

(1)画法:首先按剖切位置剖开机件,再把由倾斜平面剖开的结构及其有关部分旋转到与选定的基本投影面平行的位置,然后再进行投射,使剖视图既反映实形又便于画图。绘制时需要注意,应先剖切,再旋转,最后投射画图。

(2)标注:需在剖切平面的起讫、相交处画出剖切符号和标注大写拉丁字母,并在剖视图上注明"×—×",不能省略标注。

应注意,倾斜的剖切平面转平后,剖切平面后的结构一般仍按原来位置投射,如图 1-6-30中间的小孔。

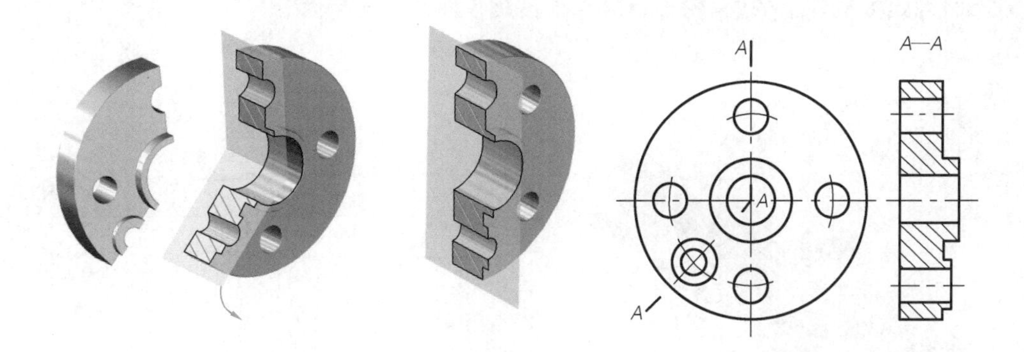

图 1-6-29 用两个相交的剖切平面剖得的视图

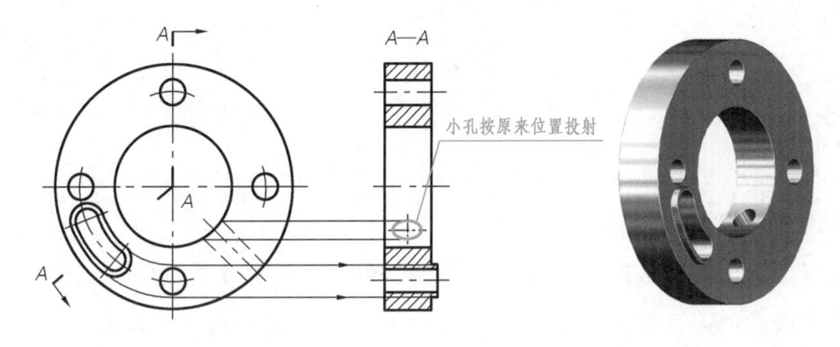

图 1-6-30 剖切平面后的结构仍按原来位置投射

实例 3 识读转动轴零件图

实例分析

如图 1-6-31 所示为转动轴的立体图，如仅采用前面所讲的视图和剖视图来表达该轴的结构，显然不合适。本实例主要介绍断面图、局部放大图、规定画法以及常用图形简化画法的有关知识。

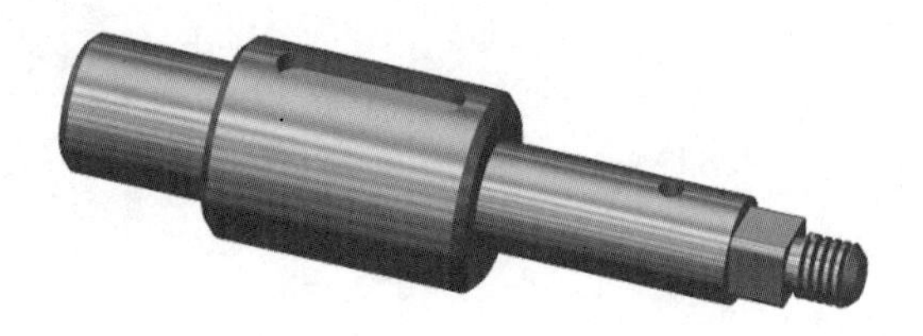

图 1-6-31 转动轴的立体图

相关知识

一、断面图

假想用剖切平面将机件某处断开，仅画出该剖切平面与机件接触部分（截断面）的图形，这种图形称为断面图，简称断面。如图 1-6-32 所示，断面图常用于表达机件上某一局部的截断面形状，如机件上的肋、轮辐、键槽、小孔及各种型材的断面等。

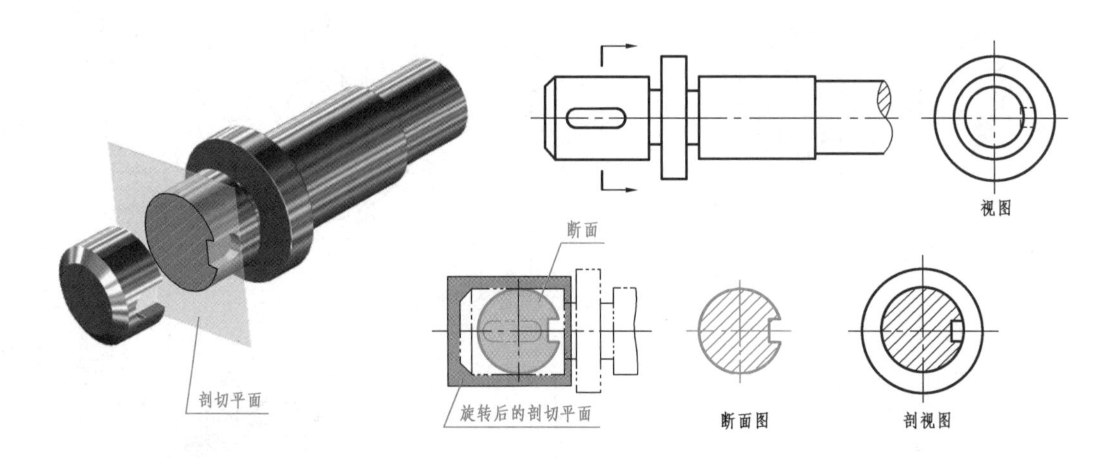

图 1-6-32　断面图的形成及其与视图、剖视图的比较

1. 断面图与剖视图的区别

断面图只需画出机件被切处的截断面形状。剖视图除了要画出物体截断面形状之外，还应画出截断面后的可见部分的投影(即剖切以后的所有部分的投影)，如图 1-6-32 所示。

2. 断面图的分类

(1)移出断面图

移出断面图是画在视图外的断面图，其轮廓线用粗实线绘制，如图 1-6-33 所示。

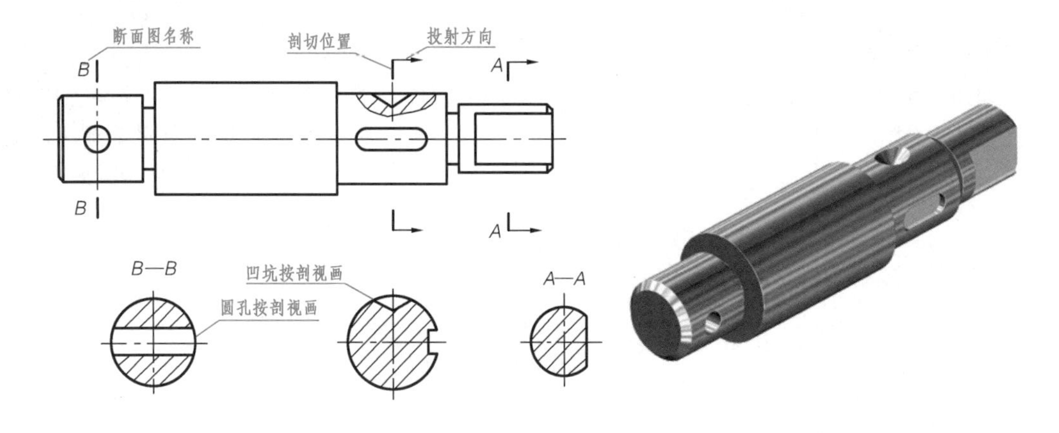

图 1-6-33　移出断面图

①移出断面图的标记：粗短画表示剖切位置，箭头表示投射方向，拉丁字母表示断面图名称，断面图的剖面线应与表示同一机件的剖视图上的剖面线方向、间隔相一致。

当剖切平面通过回转面形成的孔、凹坑的轴线时，这些结构应按剖视绘制，如图 1-6-33 所示。

当剖切平面通过非圆孔，会导致出现完全分离的两个断面时，这些结构应按剖视绘制，如图 1-6-34、图 1-6-35 所示。

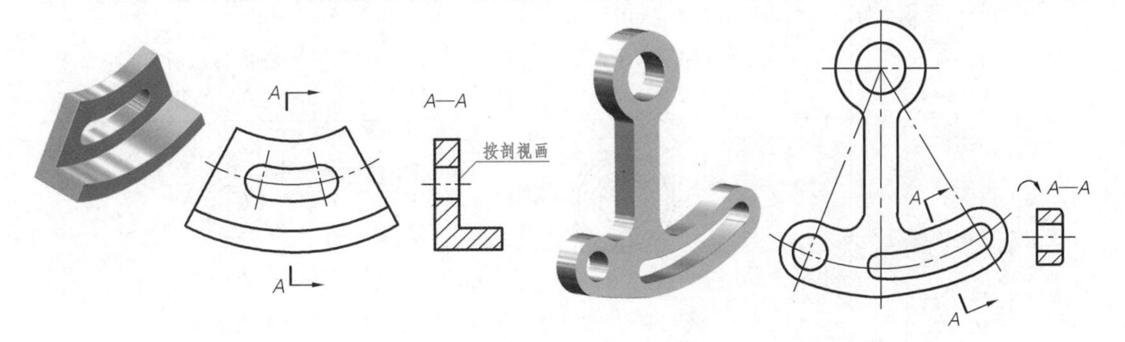

图 1-6-34　孔处用剖视代替断面　　图 1-6-35　断面图的旋转配置

②移出断面图的配置与标注见表 1-6-1。

表 1-6-1　　**移出断面图的配置与标注**

断面形状 断面图 配置	对称的移出断面	不对称的移出断面
配置在剖切线或剖切符号的延长线上	剖切线（细点画线） 不必标注字母和剖切符号	不必标注字母
按投影关系配置	A　A—A　A 不必标注箭头	A　A—A　A 不必标注箭头
配置在其他位置	A　A　A—A 不必标注箭头	A　A　A—A 应标注剖切符号（含箭头）和字母

（续表）

断面形状 断面图 配置	对称的移出断面	不对称的移出断面
配置在视图中断处	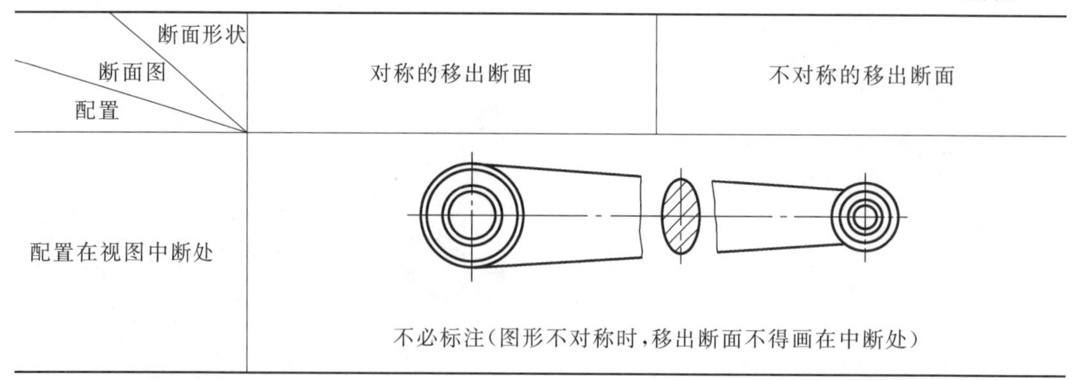 不必标注(图形不对称时,移出断面不得画在中断处)	

注:根据 GB/T 1.1—2000 的规定,表中的助动词“不必”可等效表述为“不需要”,并非是“不是必要”的意思。

(2)重合断面图

剖切后将断面图画在视图上,所得到的断面图叫重合断面图,如图 1-6-36 所示。

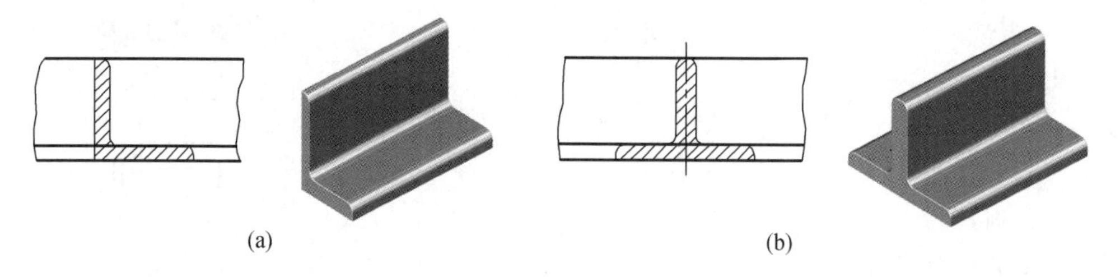

图 1-6-36 重合断面图

重合断面图的轮廓线要用细实线绘制,而且当断面图的轮廓线和视图的轮廓线重合时,视图的轮廓线应连续画出,不应间断。当重合断面图不对称时,要标注投射方向和断面位置标记。

配置在剖切符号上的不对称重合断面图可省略标注,如图 1-6-36 所示。

对称的重合断面图可不标注,如图 1-6-37 所示。

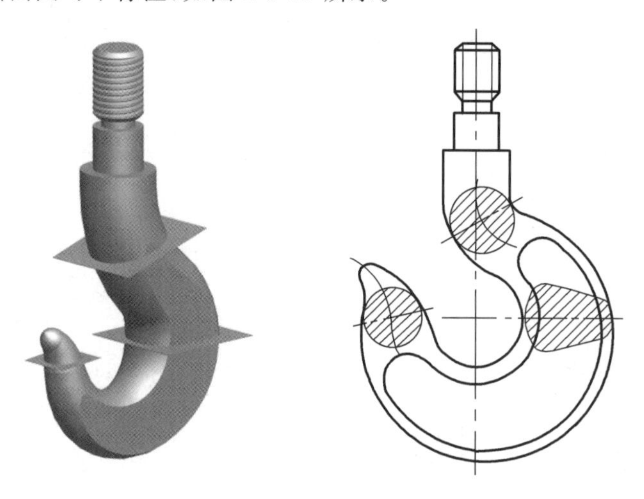

图 1-6-37 吊钩的重合断面图

任务实施

识读图 1-6-38 所示转动轴的视图表达方案。

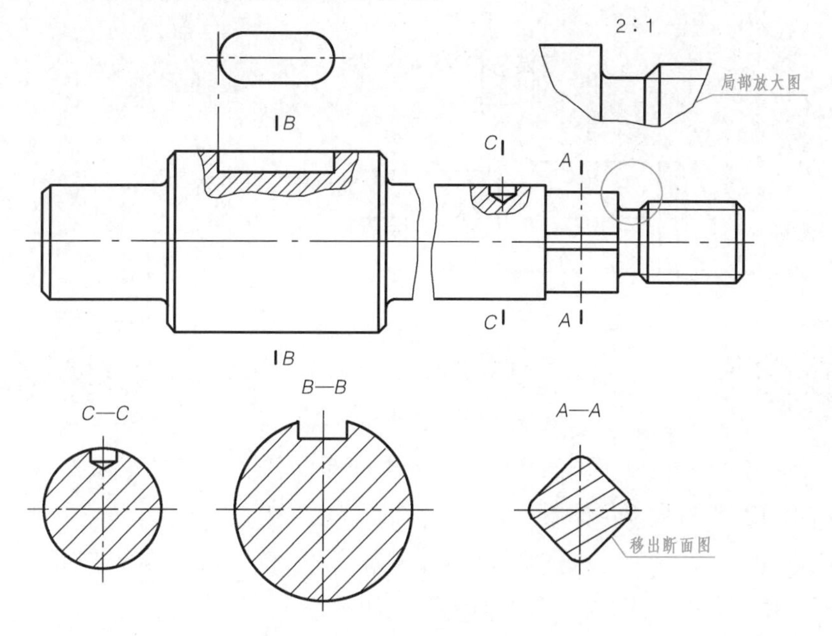

图 1-6-38　转动轴的视图表达方案

(1)采用局部视图来表达键槽的形状(第三角画法,将在本实例的“知识拓展”中介绍)。

(2)采用局部剖视图来表达主视图上键槽的内部结构及小回转孔的内部结构。

(3)采用局部放大图来表达螺纹退刀槽处的细部结构,即可局部放大螺纹退刀槽处的结构,只画放大的局部,断裂处有波浪线,表达方法与主视图相同,都是用视图表达外形。

(4)采用简化画法(将在本实例的“知识拓展”中介绍)来表达轴的断裂。

(5)采用移出断面图来表达键槽处、小回转孔处、有平面处的轴的断面形状。

①断面图 *C—C* 的剖切平面过小孔的轴线,所以按规定此结构按剖视图绘制;它属于自由配置,但图形对称,所以不必标注箭头。

②断面图 *B—B* 与断面图 *C—C* 相似,不同的是剖到的部分不是回转结构,故只画截断面形状。

③根据断面图 *A—A* 的形状可想象此处是方轴,结构对称,配置在剖切线的延长线上,故不必标注。

知识拓展

一、规定画法

1. 局部放大图

当机件上某些局部的细小结构在视图上表达不够清楚或不便于标注尺寸时,可将该部分结构采用大于原图的比例画出，并用波浪线表示断开部分的边界，这种图形称为局部放大图，如图 1-6-39 所示。

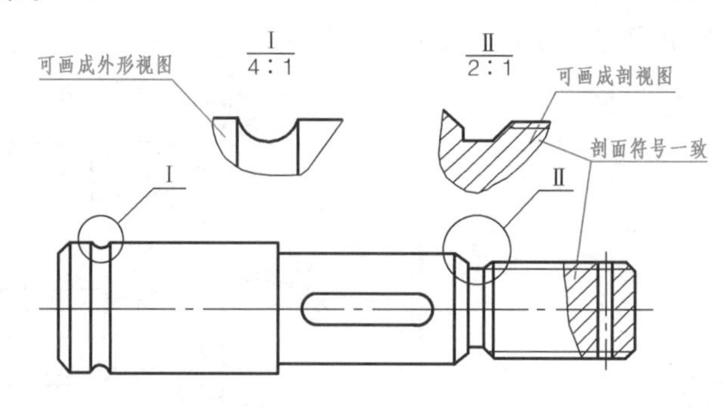

图 1-6-39 局部放大图

(1)局部放大图可画成视图、剖视图或断面图，它与被放大部分的表达方式无关，如图 1-6-39所示。

(2)画局部放大图时，应用细实线圈出被放大的部位(螺纹牙型和齿轮齿型除外)，并将局部放大图配置在被放大部位的附近。

当同一机件上有几个被放大的部位时，应用大写罗马数字编号，并在局部放大图上方注出相应的罗马数字和所采用的比例，如图 1-6-39 所示。

2. 肋、轮辐、薄壁及相同结构的规定画法

(1)对于机件上的肋(起支承和加固作用的薄板)、轮辐及薄壁等结构，当剖切平面纵向剖切时，这些结构的断面都不画剖面符号。如图 1-6-40 中的左视图以及图 1-6-41 中的主视图所示，剖切后均没有画剖面符号。但当剖切平面按横向剖切时，其断面内必须画剖面符号，如图1-6-40中的俯视图和左视图中间的肋板，以及图 1-6 41 中左视图上的重合断面图所示。

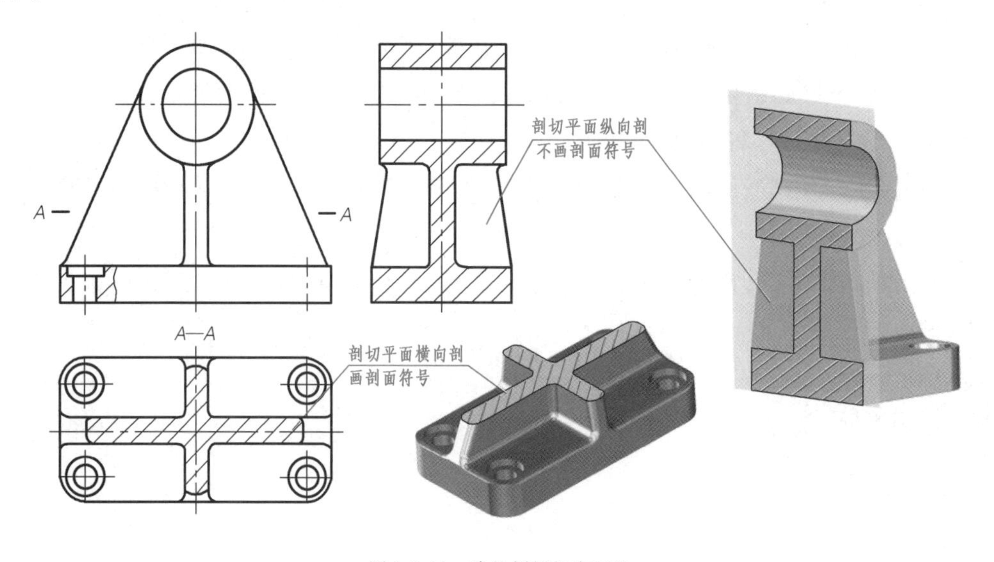

图 1-6-40 肋的剖切规定画法

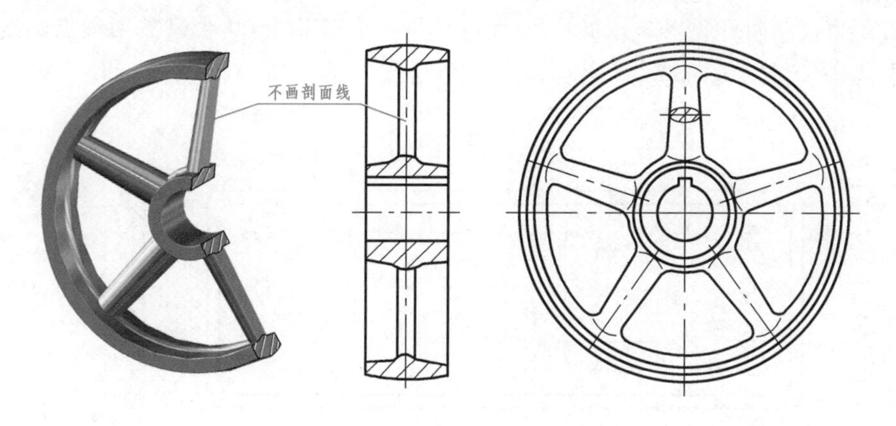

图 1-6-41　轮辐的剖切规定画法

(2)当回转体上均匀分布的肋、轮辐、孔等结构不处于剖切平面上时,应将这些结构旋转到剖切平面上来表达(先旋转后剖切),如图 1-6-42 所示。

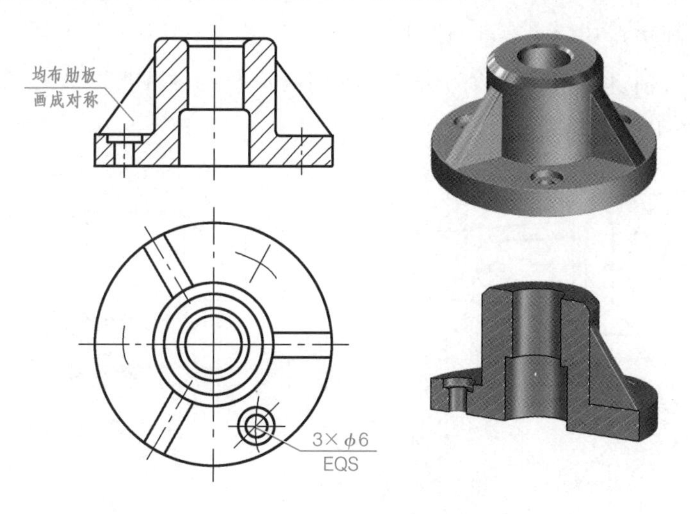

图 1-6-42　回转体机件上均布结构的规定画法

(3)相同结构的规定画法

①当机件具有若干相同结构(如齿、槽)且成规律分布时,可以只画出几个完整结构,其余用细实线连起来,并注明该结构的总数,如图 1-6-43 所示。

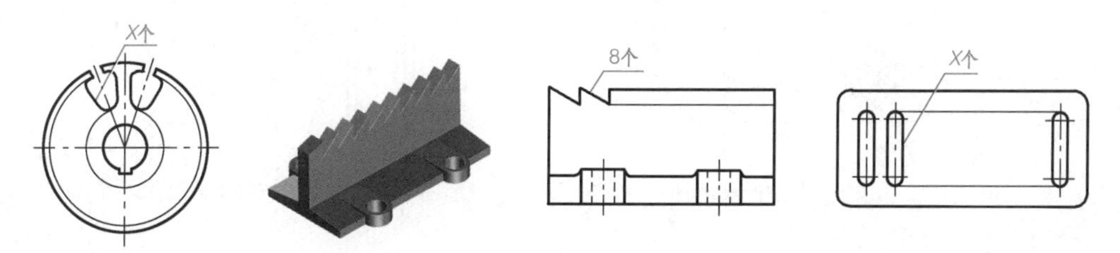

图 1-6-43　重复结构的规定画法

②若干直径相同且成规律分布的孔，允许只画一个或几个，其余只需用细点画线（太小时用细实线）表示其中心位置，并注明孔的总数，如图 1-6-44 所示。

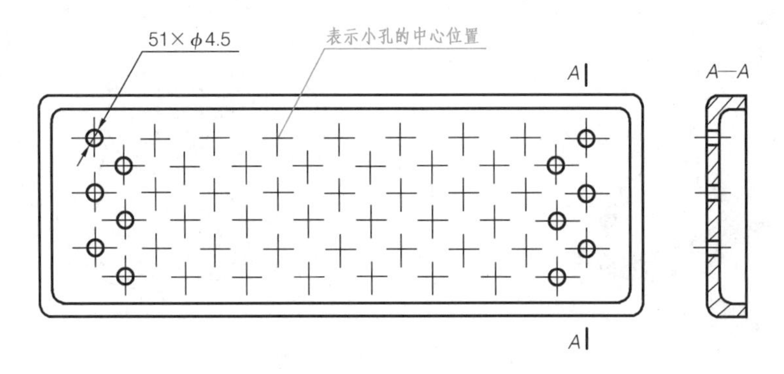

图 1-6-44 成规律分布的孔的规定画法

3. 其他规定画法

对其他规定画法及其标注要注意掌握，现举几例如下：

(1)较长机件（轴、杆、型材、连杆）沿长度方向的形状一致或按一定规律变化时，可断开后缩短绘制，如图 1-6-45 所示。

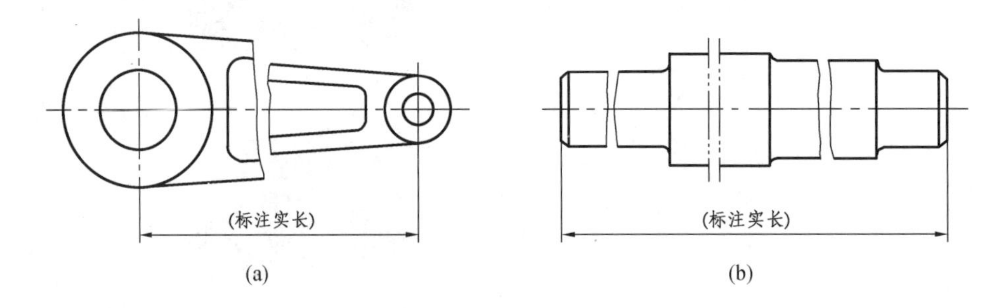

图 1-6-45 较长机件的断裂画法

(2)机件上的网状物或滚花部分，可在轮廓线附近用粗实线局部示意画出，并在图形上或技术要求中注明这些结构的具体要求，如图 1-6-46、图 1-6-47 所示。

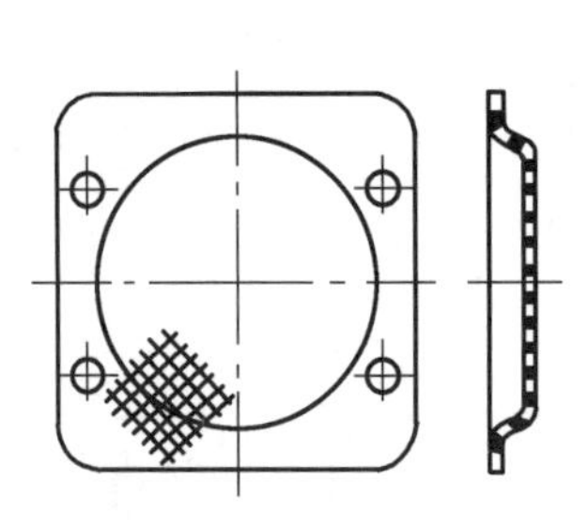

图 1-6-46 网状物的规定画法

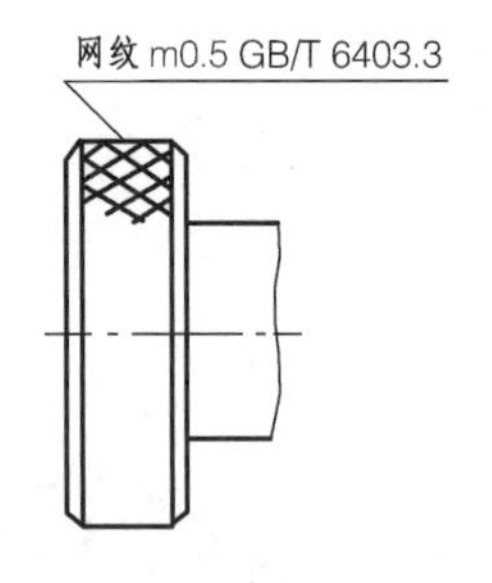

图 1-6-47 滚花的规定画法

二、简化画法

(1)机件上较小的结构及斜度等,如在一个图形中已表示清楚,则其他视图中该部分的投影应当简化或省略。

如图 1-6-48(a)所示,方头交线用轮廓线代替。此外,当图形不能充分表达平面时,可用平面符号表示,如图 1-6-48(b)中的相交两细实线所示。

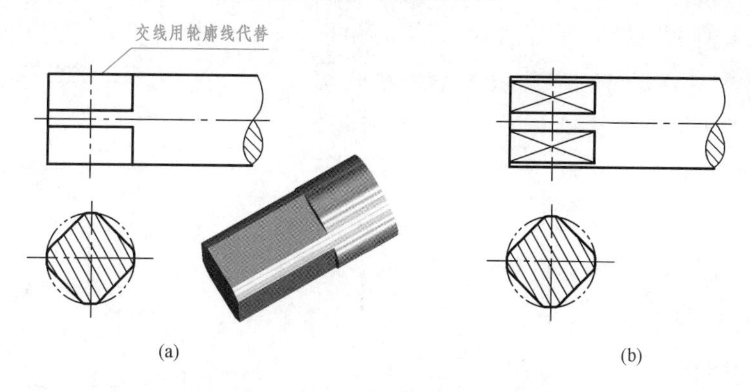

图 1-6-48　方头交线的简化及平面的表示

(2)对于小斜度机件,其主视图按小端画出,如图 1-6-49 所示。在不至引起误解时,零件图中的小圆角、锐边的小圆角或 45°小倒角允许省略不画,但必须标注尺寸或在技术要求中加以说明,如图 1-6-50 所示。

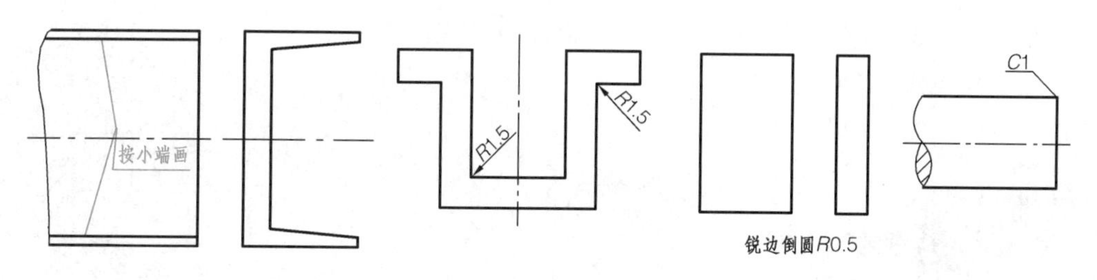

图 1-6-49　小斜度的简化画法　　图 1-6-50　小圆角、小倒角的简化画法

(3)圆柱、圆锥面上因钻小孔、铣键槽等出现的交线允许简化,但必须有一个视图已清楚地表示了孔、槽的形状,如图 1-6-51 所示。

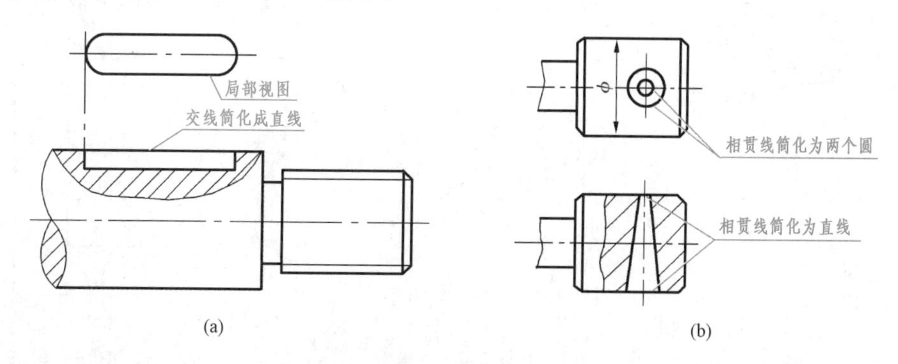

图 1-6-51　圆柱面上交线的简化画法

(4)其他简化画法

圆柱形法兰及其类似零件上均匀分布的孔,可按图1-6-52所示的方法表达(由机件外向该法兰的端面方向投射)。

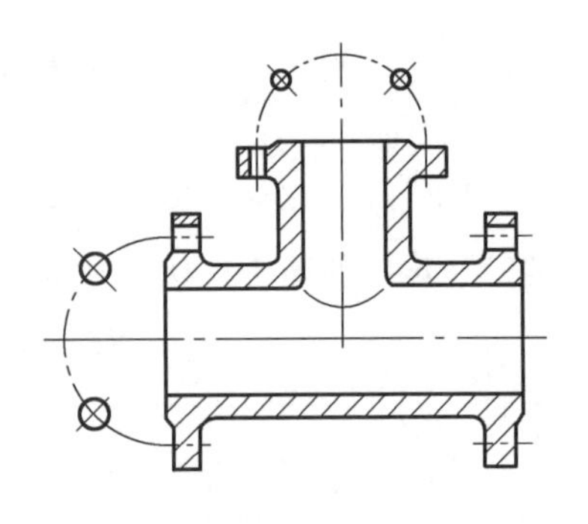

图 1-6-52　圆柱形法兰均布孔的简化画法

三、第三角画法

目前,国际上使用的投影制有两种,即第一角投影(又称第一角画法)和第三角投影(又称第三角画法)。中国、英国、德国和俄罗斯等国家采用第一角投影,美国、日本、新加坡等国家及港资、台资企业采用第三角投影。

ISO 国际标准规定,在表达机件结构时,第一角投影和第三角投影同等有效。

1. 第三角画法概述

如图 1-6-53 所示,用三个互相垂直相交的平面将空间分为八个分角(八个部分),分别为Ⅰ、Ⅱ、Ⅲ、Ⅳ、……、Ⅶ、Ⅷ分角。在三投影面体系中,若将物体放在第三分角内,采用正投影法,但使投影面处于观察者和物体之间,则这样得到的投影称为第三角投影,其画法称为第三角画法,由此法形成的视图称为第三角视图,如图 1-6-54 所示。

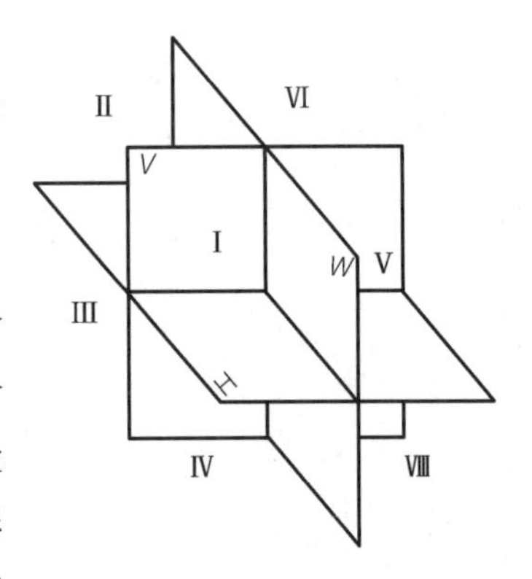

图 1-6-53　空间分成八个部分

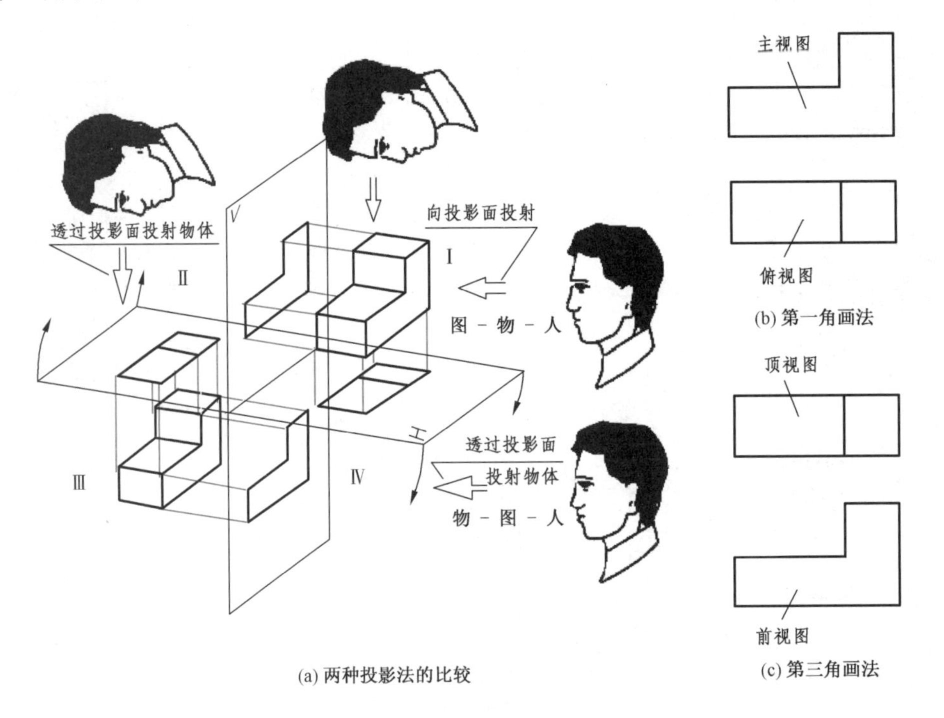

(a) 两种投影法的比较

图 1-6-54　第一角画法和第三角画法的比较

第三角投影可以假想将物体放在透明的玻璃盒中，投射时好像隔着玻璃看物体，将物体的轮廓形状印在玻璃(即投影面)上，如图 1-6-55(a)所示。

(1)三视图的形成(图 1-6-55(a))

前(主)视图：从前向后投射，在正平面(V 面)上所得到的视图。

顶(俯)视图：从上向下投射，在水平面(H 面)上所得的视图。

右视图：从右向左投射，在侧平面(W 面)上所得到的视图。

(2)三视图的"三等"度量关系和方位对应关系

展开后三视图之间的"三等"度量关系与第一角画法是相同的，仍然保持"长对正、高平齐、宽相等"的关系，如图 1-6-55(b)所示。三视图的方位关系如图 1-6-56 所示。

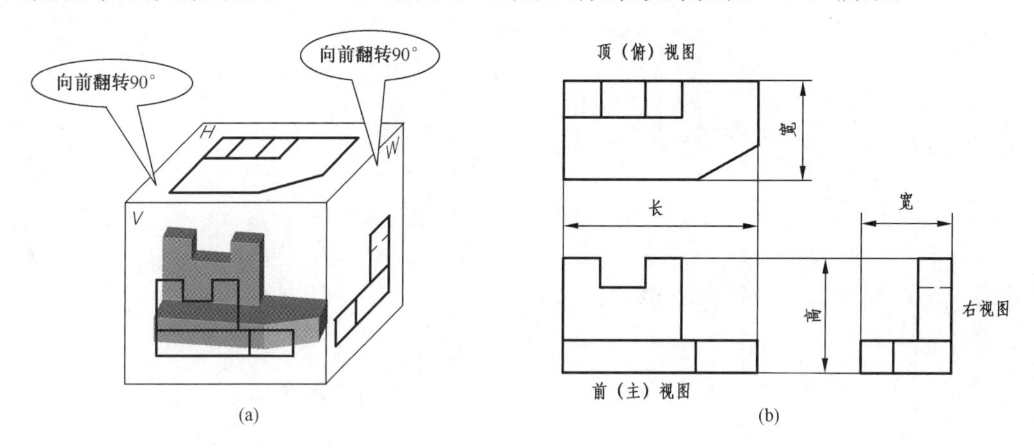

图 1-6-55 第三角投影三视图的形成及"三等"度量关系

由于第三角画法的展开方向和视图配置与第一角画法不同，因此在第三角画法中，靠近前(主)视图的一侧表示物体的前面，远离前(主)视图的一侧表示物体的后面，正好与第一角画法相反，如图 1-6-56 所示。

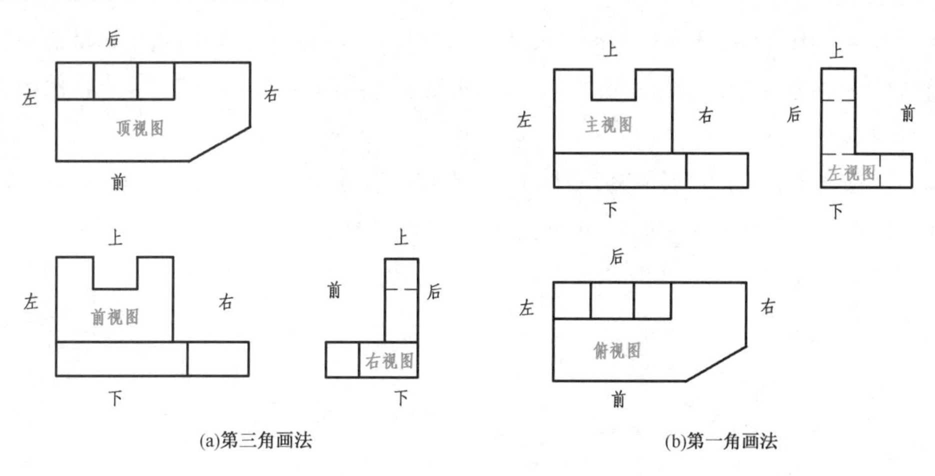

图 1-6-56 第三角画法和第一角画法的视图配置及方位比较

(3)第三角画法中六个基本视图的配置及尺寸对应关系(图 1-6-57)

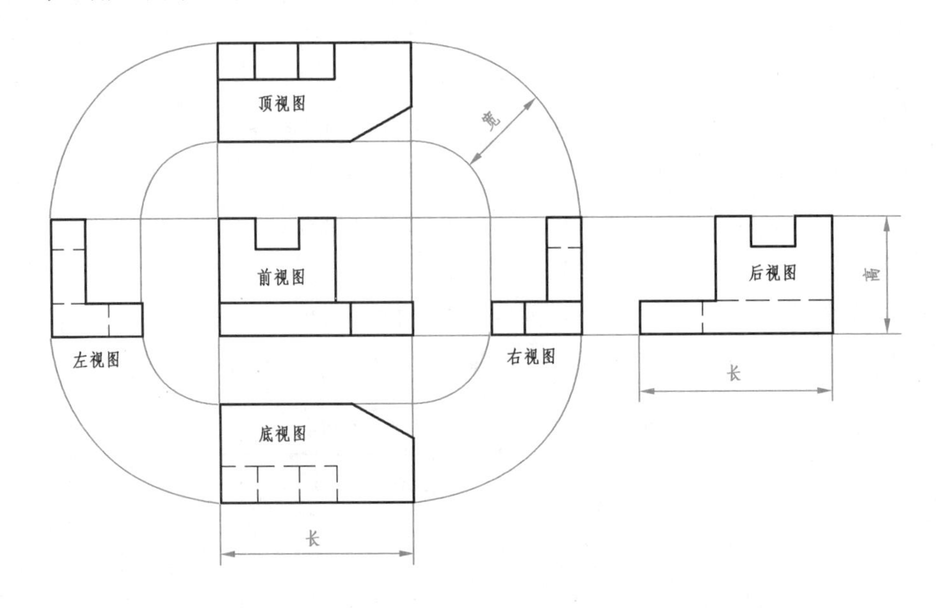

图 1-6-57　第三角画法中六个基本视图的配置及尺寸对应关系

第三角视图和第一角视图之间的转换如下：

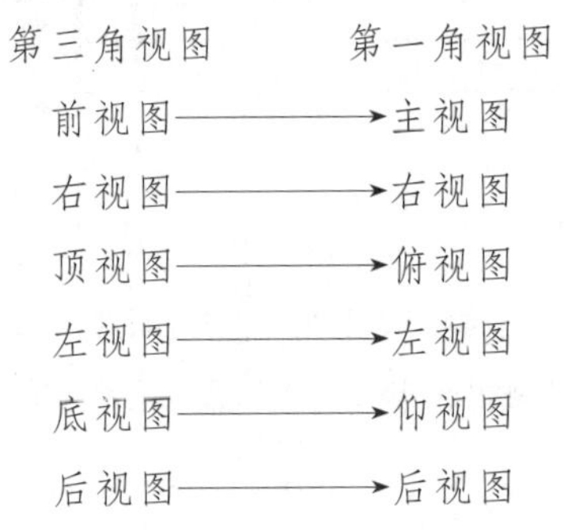

第三角画法中六个基本视图的配置规律：以前视图为中心，右视图在前视图的右侧，左视图在前视图的左侧，顶视图在前视图的上面，底视图在前视图的下面，后视图在右视图的右侧。

(4)特征标记符号

在工程图样上，为了区别两种画法，ISO 国际标准规定了二者的特征标记符号，如图 1-6-58和图 1-6-59 所示。采用第三角画法时，必须在标题栏的规定处画出符号。第一角画法的特征标记符号只有在必要时才画出。

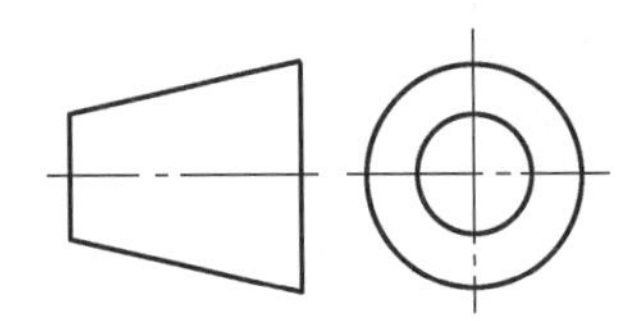

图 1-6-58　第一角画法的特征标记符号

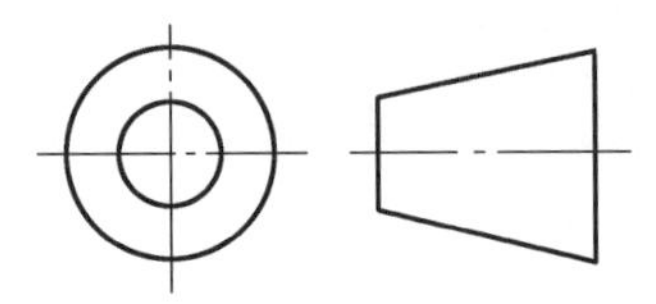

图 1-6-59　第三角画法的特征标记符号

2. 识读第三角视图的基本方法

(1)识别视图名称及投射方向

初读第三角视图时,由于视图配置与第一角画法不同,故往往分不清视图之间的对应关系及投射方向,所以读图时应先确定前视图,再找出其他视图和投射方向。如图 1-6-60(b)、图 1-6-60(c)所示,确定前视图后,再按箭头所指的投射方向找到相应视图名称。

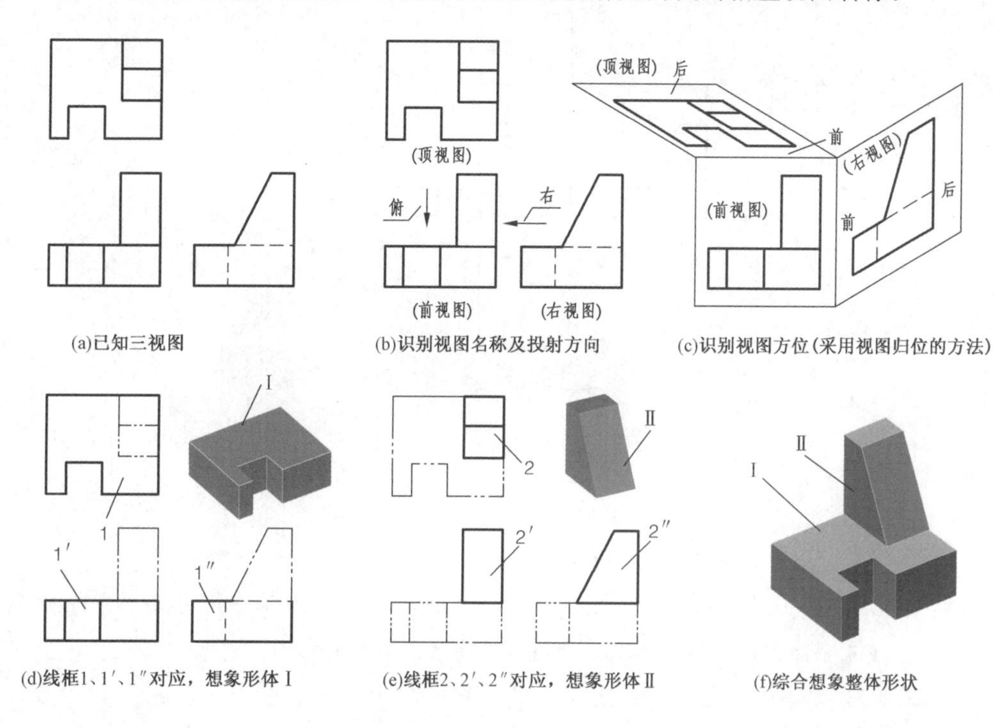

(a)已知三视图 (b)识别视图名称及投射方向 (c)识别视图方位(采用视图归位的方法)

(d)线框1、1′、1″对应,想象形体Ⅰ (e)线框2、2′、2″对应,想象形体Ⅱ (f)综合想象整体形状

图 1-6-60 第三角画法三视图分析

(2)明确各视图表示的方位

读图时,判断视图间的左右、上下方位关系较容易,但是判断前后方位关系就比较困难了。这是因为第一角视图和第三角视图的展开方向不同,所以判断俯、仰、左、右视图表示的方位关系成为初学者读图的关键。下面介绍两种简洁又形象的思维方法。

①视图归位法

如图 1-6-60(b)、图 1-6-60(c)所示,前视图不动,将顶(俯)视图绕水平线朝后下方位转 90°,右视图绕竖直线朝后右方位转 90°,恢复到第三角投影面展开前的位置来想象顶(俯)、右视图表示的前后方位。

②手掌翻转法

如图 1-6-61 所示,右手背模拟右、顶视图,左手背模拟左、仰视图,且拇指指向前视图,然后把手掌翻转 90°,使手心朝向前视图,这时大拇指表示的是前方位,小拇指表示的是后方位,以此来识别和想象右、顶、左、仰视图所表示的前后方位。

(3)形体分析法

读图时仍然按划分线框、找出对应关系来想象物体每部分的形状和方位。如图 1-6-60(d)、

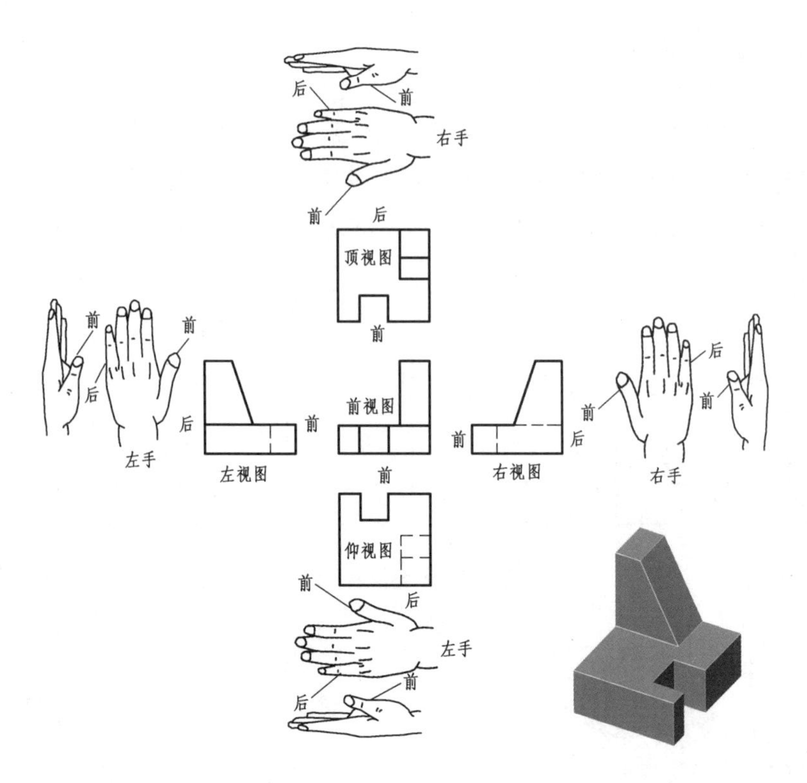

图 1-6-61　手掌翻转法

图 1-6-60(e)所示，从线框 1、1′、1″想象形体Ⅰ，从线框 2、2′、2″想象形体Ⅱ。然后再按各视图所表示的方位综合起来想象出物体的形状，如图 1-6-60(f)所示。

3. 识读第三角视图(图 1-6-62)

(1)按方位想象整体形状

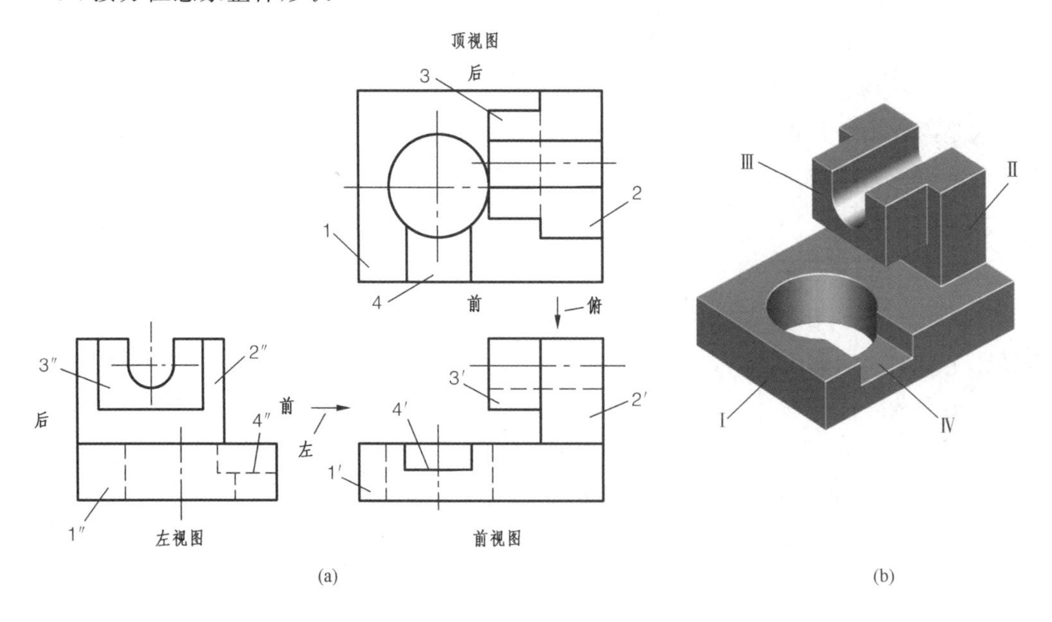

图 1-6-62　识读第三角视图

通过分析将形体划分为四部分，用视图归位法或手掌翻转法确定这四部分的上下、左右和前后相对位置，再综合想象出立体形状，如图 1-6-62(b)所示。

(2)识别各视图名称及投射方向

由三视图的配置位置确定前、顶、左视图，并在前视图上确定顶、左视图的投射方向。

(3)划线框、对投影、想形体，综合起来想整体

先看前视图，按“三等”关系确定线框 1′、1、1″和线框 4′、4、4″的对应关系，以线框 1′、4′为主，想象底板Ⅰ上所切的方槽Ⅳ；根据线框 2′、2、2″和线框 3′、3、3″的对应关系，以线框 2″、3″为主，想象出竖板Ⅱ和凸缘Ⅲ的形状，从而综合想象出整体形状。

4.识读企业中的第三角视图(图 1-6-63)

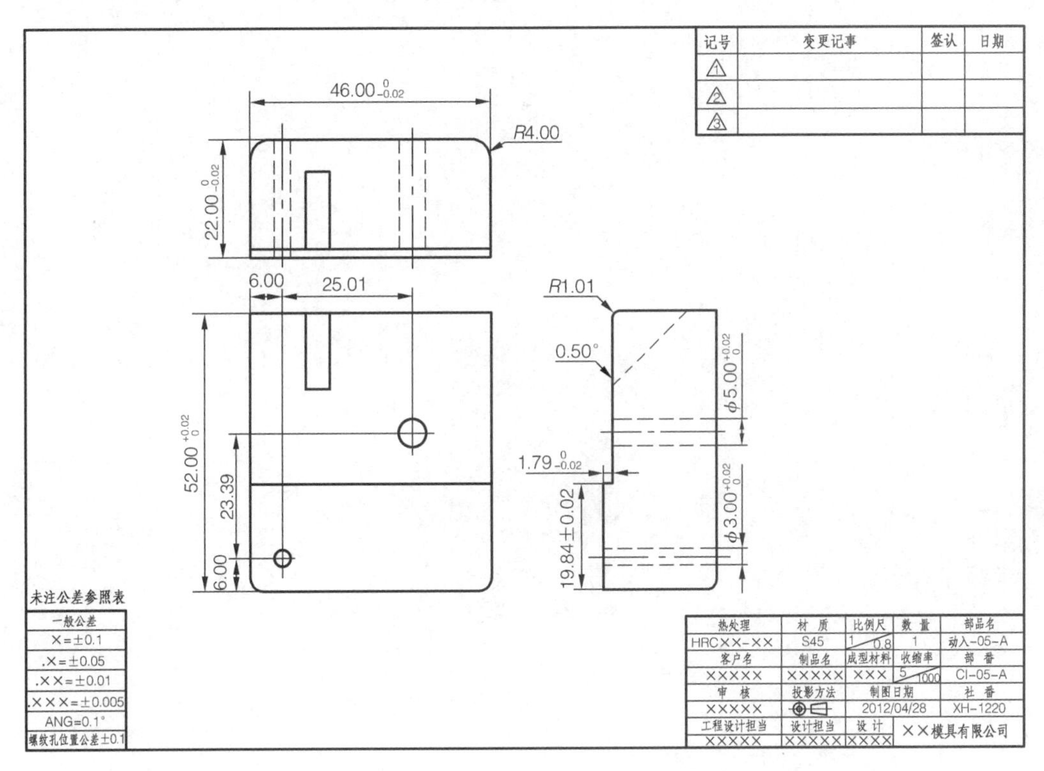

图 1-6-63 企业中的第三角视图

第二篇　技能模块

前面已经完成了制图基本知识和投影原理的学习，下面我们将学习如何识读和绘制机械图样。机械图样是机电行业中进行生产和交流的指导性文件，包括零件图和装配图两种。

本模块包含七个独立项目，全篇以减速器为载体，选取其主要零部件为研究对象，每个项目均按照“实施步骤”、“相关知识”、“知识扩展”三个环节来进行，在完成项目的同时学习如何识读和绘制机械图样。

减速器由齿轮、轴、轴承、箱体四种主要零件和一系列附件（如观察孔、通气器、油标尺、放油塞、起盖螺钉、定位销等）组成，如下图所示。减速器是机电设备中常用的典型部件，它常作为减速传动装置，用在原动机与工作机之间。由于其结构紧凑、效率高、使用维护方便，因而得到了广泛的应用。

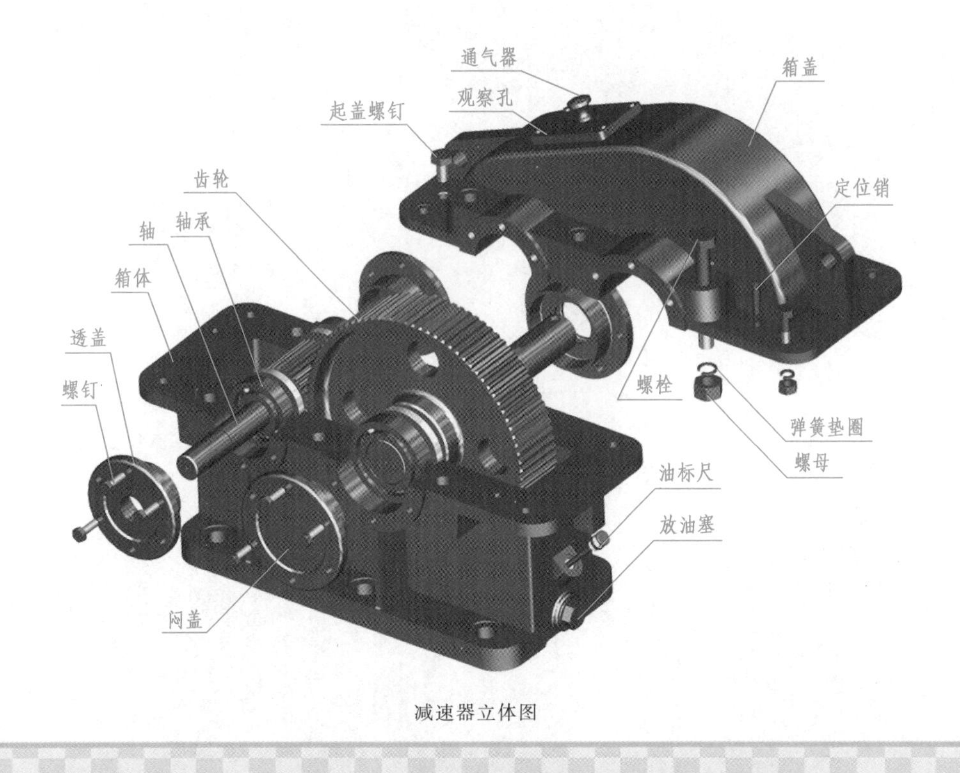

减速器立体图

项目1 绘制轴零件图

学习目标

了解表面粗糙度的基本概念，掌握其符号、代号及其标注和识读；了解极限、标准公差与基本偏差；掌握尺寸公差在图样上的标注与识读；会使用游标卡尺等量具测绘轴套类零件；了解绘制轴套类零件图的方法和步骤；掌握识读轴套类零件图的方法和步骤。

轴是减速器以及所有机电设备中的重要零件，它主要用于支承旋转零件(齿轮、带轮等)。本项目以减速器从动轴(如图2-1-1所示)为例，学习轴套类零件的测绘及零件图的识读。

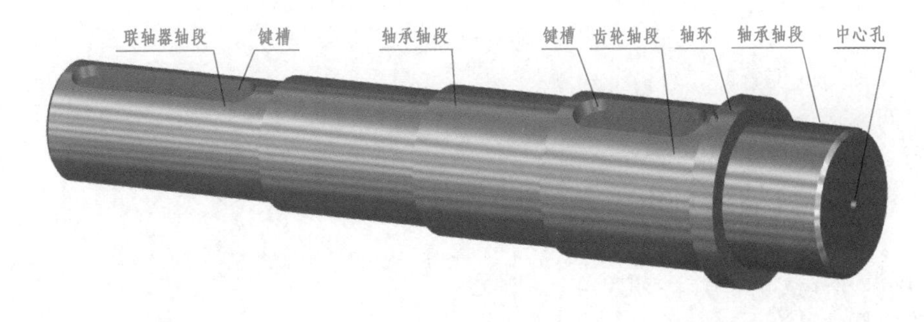

图2-1-1　减速器从动轴

实施步骤

(一)绘制草图

实际工作中，为了方便常徒手绘制轴的草图。需要注意的是，在绘制草图时必须标注尺寸。

1. 绘制视图

(1)结构分析

该轴由六个轴段组成。轴上有两个键槽，两端有中心孔。

(2)视图表达方案分析

轴的摆放应按照其加工位置，将轴线水平放置，使轴的键槽朝着正前方。主视图表达主体结构及键槽的类型特征，两个移出断面图表达两处键槽的截面形状(宽度和深度尺寸)。

(3)画视图(如图 2-1-2 所示)

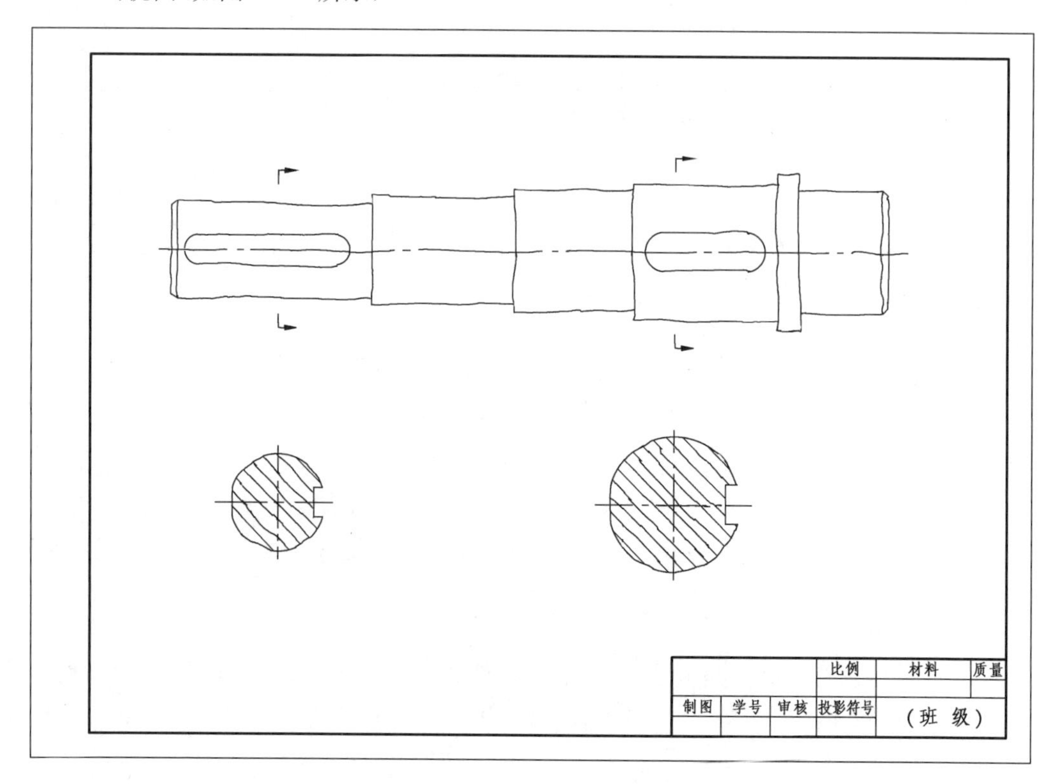

图 2-1-2 绘制轴的零件草图(1)

①确定视图的位置

在中间偏上位置画主视图的轴线(细点画线)。

②画一组视图

画主视图和两个移出断面图。

2. 尺寸标注与测量

(1)画尺寸界线和尺寸线,如图 2-1-3 所示。

①确定尺寸基准

尺寸基准在第一篇任务 1 中已学习过,在这里将结合零件的有关知识作进一步讨论。多数零件都有长、宽、高三个方向的尺寸,每个方向至少要选择一个尺寸基准。对于轴来说,因为它是回转体,所以仅有轴向和径向两个方向的尺寸基准。

尺寸基准可分为:

●设计基准

设计基准是确定零件在部件中工作位置的基准面或线。现根据轴在减速器中的位置和作用来选定设计基准。如图 2-1-3 所示,因轴环靠键槽一侧的轴肩(台阶端面)为安装齿轮的轴向定位面,所以选择该轴肩为轴向尺寸的设计基准。因考虑轴与孔的配合关系等因素,所以选取轴线为径向尺寸的设计基准。

●工艺基准

工艺基准是零件在加工、测量时的基准面或线。因轴套类零件主要在车床上加工,车刀车削的顺序是由右向左,并以右端面为起点进行测量,所以确定轴向工艺基准为轴的右端面。

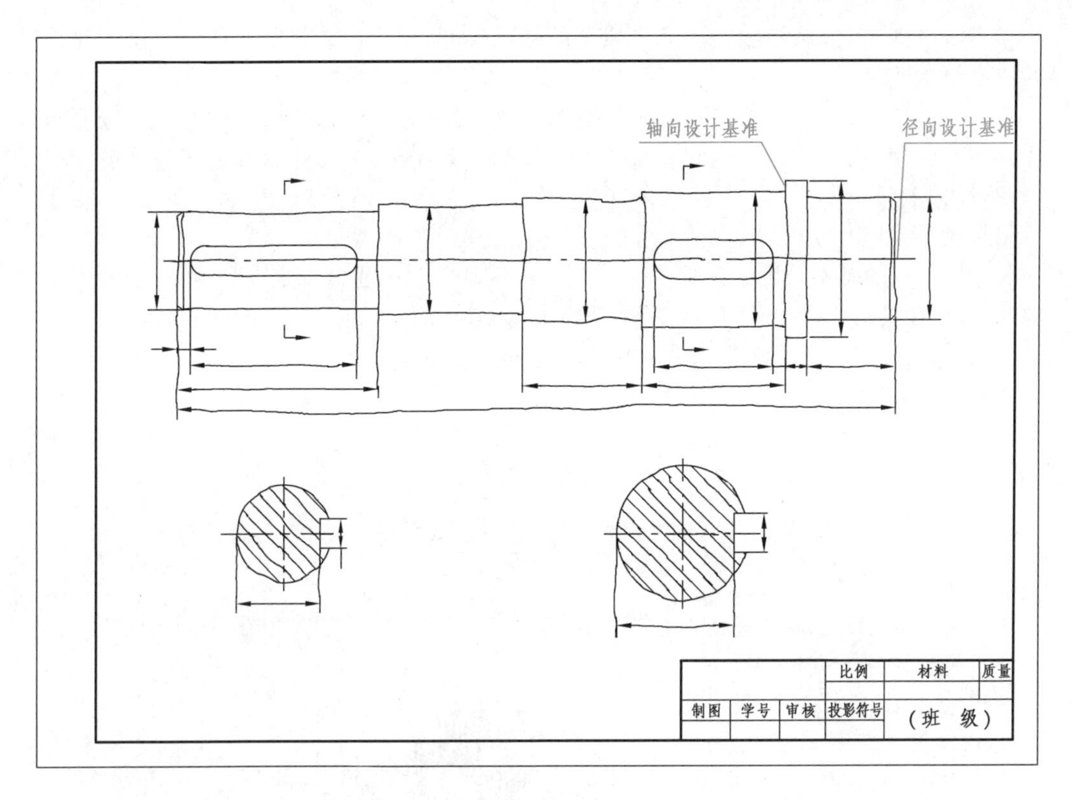

图 2-1-3　绘制轴的零件草图(2)

②尺寸标注原则

●重要尺寸直接标注

该轴的轴向和径向重要尺寸为齿轮轴段尺寸、轴承轴段尺寸和联轴器轴段尺寸，如图 2-1-3 所示。

●按加工顺序标注

绝大部分轴向尺寸都是按加工顺序由右向左标注的，由此画出的尺寸如图 2-1-3 所示。

●按测量要求标注

与按加工顺序标注相同。

●避免出现封闭尺寸链

封闭尺寸链是指尺寸线首尾相接、绕成整圈的一组尺寸，如图 2-1-4(a)所示的尺寸 a、b、c。由于 $a=b+c$，所以若尺寸 a 的误差一定，则 b、c 两尺寸的误差就应很小。加工同一表面时，因受同一尺寸链中两个尺寸的约束，容易造成加工困难，因此应在三个组成尺寸中去掉一个不重要的尺寸，其标注如图 2-1-4(b)和图 2-1-4(c)所示。

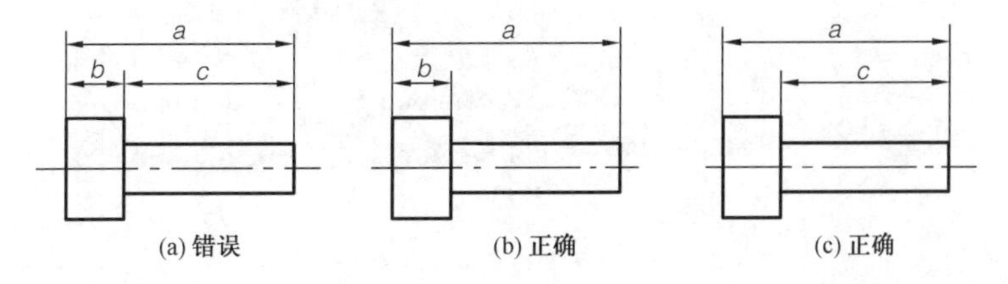

图 2-1-4　避免出现封闭尺寸链

在图 2-1-3 中，如果标注左边第二段轴的轴向尺寸，就会出现封闭尺寸链。由于对该轴段的精度要求较低，所以对其不予标注，以避免出现封闭尺寸链。

总之，画尺寸线时要注意：齿轮、轴承及联轴器轴段的尺寸直接标注，键槽尺寸按照国标标注（详细内容将在项目 7 中介绍），其余尺寸按加工顺序标注，避免出现封闭尺寸链。

（2）尺寸测量

①长度单位

国际单位制的基本长度单位是米（m），而在机械制造业中通常规定以毫米（mm）作为计量长度的单位，在技术测量中有时也使用微米（μm）。m、mm、μm 三者之间的换算关系如下：

$$1\ \text{m}=1000\ \text{mm},1\ \text{mm}=1000\ \mu\text{m}$$

在实际工作中，有时还会遇到英制尺寸，英制尺寸常以英寸（in）为单位。

为了工作方便，可将英制尺寸换算成米制尺寸：

$$1\ \text{in}=25.4\ \text{mm}$$

例如：$\frac{5}{16}$ in 换算成米制尺寸为 $25.4\times\frac{5}{16}\approx7.938$ mm。

②测量轴的尺寸

轴的尺寸常使用普通游标卡尺（详细内容将在本项目“相关知识”中介绍）和钢板尺来测量。

●测量轴的各段直径

使用游标卡尺依次测量轴的各段直径，其方法如图 2-1-5 所示，测得的结果为 $\phi50$、$\phi64$、$\phi55$、$\phi50$、$\phi45$、$\phi40$。

图 2-1-5　测量轴的各段直径

●测量轴的各段长度

使用钢板尺测量轴的各段长度如图2-1-6(a)所示。常用方法是先测出轴的总长度为 300 mm，再从左向右依次测量轴的各段长度分别为 84 mm、50 mm、60 mm、9 mm、37 mm。在实际生产中，轴的各段长度由车床刀具的进给量直接保证。还可以采用游标卡尺的测量条来测量轴的各段长度，如图 2-1-6(b)所示。

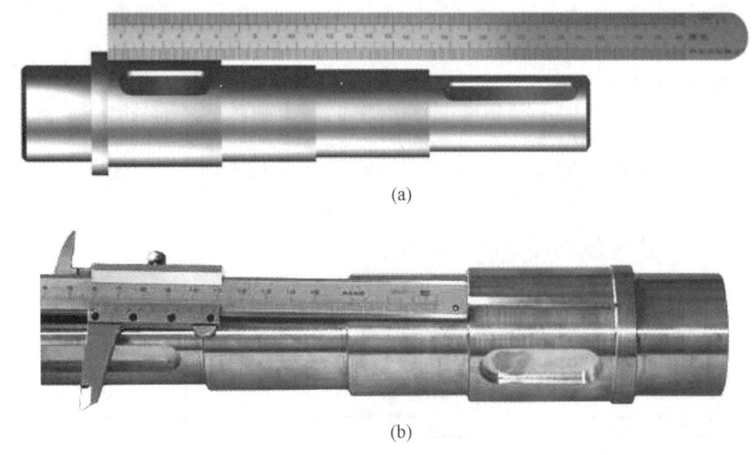

(a)

(b)

图 2-1-6　测量轴的各段长度

●测量键槽尺寸

使用游标卡尺的上量爪测量键槽的长度和宽度，用测量条测量键槽的深度，如图 2-1-7

所示。$\phi55$轴段的键槽长度为 50 mm、宽度为 16 mm、深度为 6 mm，$\phi40$轴段的键槽长度为 70 mm、宽度为 12 mm、深度为 5 mm。在实际生产中，键槽的尺寸精度一般由铣床刀具的进给量直接保证。

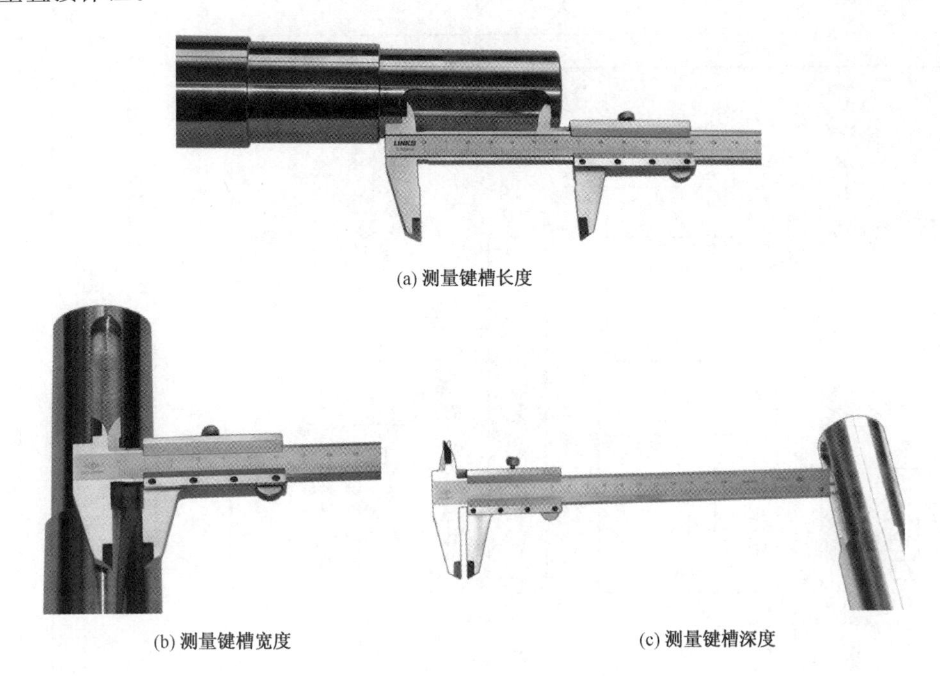

(a) 测量键槽长度

(b) 测量键槽宽度

(c) 测量键槽深度

图 2-1-7　测量键槽尺寸

3. 技术要求

(1)表面粗糙度、尺寸公差和几何公差要求

表面粗糙度(将在本项目“相关知识”中介绍)反映轴的表面质量，尺寸公差(将在本项目“相关知识”中介绍)反映轴的尺寸精度，几何公差(将在项目 2“相关知识”中介绍)反映轴的几何形状及表面间的相对位置。

由于上述几项要求都直接影响减速器的装配质量和使用性能，所以对该轴的齿轮轴段、轴承轴段及联轴器轴段有一些技术要求，如图 2-1-8 所示。

①表面粗糙度要求

轴承轴段圆柱面的 Ra 值为 0.8 μm，其余轴段圆柱面的 Ra 值均为 1.6 μm，轴环($\phi64$)靠键槽一侧的轴肩端面的 Ra 值为 3.2 μm，键槽两侧和底面的 Ra 值也为 3.2 μm。

②尺寸公差要求

轴承轴段的直径尺寸为$\phi50^{+0.021}_{+0.002}$，齿轮轴段的直径尺寸为$\phi55^{+0.06}_{+0.04}$，联轴器轴段的直径尺寸为$\phi40^{+0.050}_{+0.034}$。$\phi55^{+0.06}_{+0.04}$轴段的键槽宽度尺寸为 $16^{\ 0}_{-0.043}$，键槽深度间接尺寸为 $49^{\ 0}_{-0.2}$；$\phi40^{+0.050}_{+0.034}$轴段的键槽宽度尺寸为 $12^{\ 0}_{-0.043}$，键槽深度间接尺寸为 $35^{\ 0}_{-0.2}$。

③几何公差要求

安装联轴器、轴承和齿轮的轴段几何公差均为 [◎ | ϕ0.01 | A]，轴环左端面为 [⊥ | 0.02 | A]，两个键槽的两个侧面均为 [⌯ | 0.01 | A]。

(2)文字技术要求

文字技术要求配置在图纸的右下方，如图 2-1-8 所示。

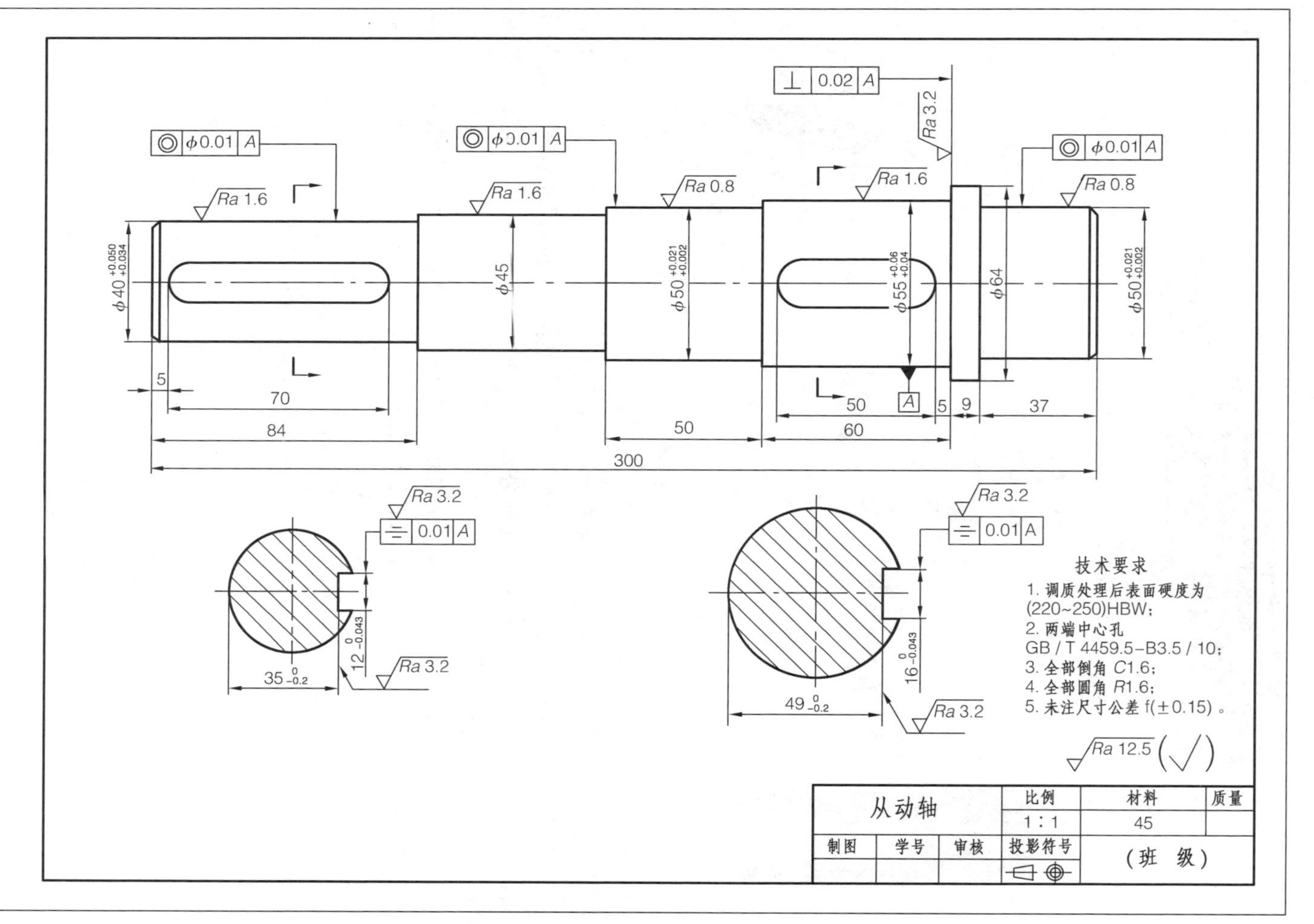
技术要求
1. 调质处理后表面硬度为
(220~250)HBW;
2. 两端中心孔
GB/T 4459.5–B3.5/10;
3. 全部倒角 C1.6;
4. 全部圆角 R1.6;
5. 未注尺寸公差 f(±0.15)。
Ra 12.5
从动轴
比例
1:1
材料
45
质量
制图
学号
审核
投影符号
(班 级)

图2-1-8 从动轴零件图

①对材料使用性能的要求

热处理方法是调质处理，表面硬度为(220～250)HBW。

②对加工的要求

两端中心孔按 GB/T 4459.5-B3.5/10 加工，全部倒角 $C1.6$，全部圆角 $R1.6$，未注尺寸公差f(±0.15)，未注 Ra 值为 12.5 μm。

4. 填写标题栏

零件名称为从动轴(或输出轴)，材料为 45 钢，投影符号为第一角画法等。

(二)画轴零件图

(1)选用比例 1∶1，图幅 A3。

(2)抄画草图，完成轴的零件图，如图 2-1-8 所示。

(三)零件图的基本内容

由图 2-1-8 可见，一张可以成为加工和检测依据的零件图应包括的基本内容有一组图形、完整的尺寸、技术要求和标题栏。

相关知识

(一)普通游标卡尺

1. 普通游标卡尺的结构

普通游标卡尺由尺身(主尺)、游标(副尺)、量爪、测量条等组成，如图 2-1-9 所示。当游标需要移动时，只要把螺钉松开，推动游标即可，得到尺寸后应把螺钉紧固。游标卡尺的上量爪用来测量键槽的长和宽，下量爪用来测量轴的直径，主尺末端可伸缩的测量条用来测量键槽的深度。

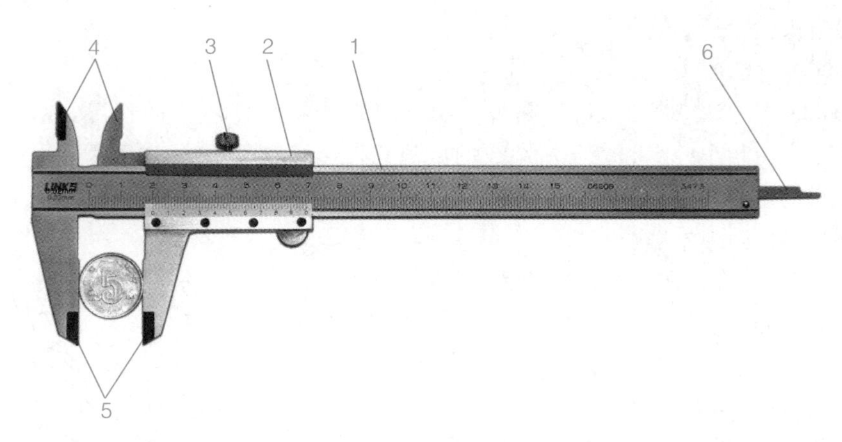

图 2-1-9　普通游标卡尺

1—尺身(主尺)；2—游标(副尺)；3—螺钉；4—上量爪；5—下量爪；6—测量条

2. 读数方法

如图 2-1-9 所示游标卡尺的精度为 0.02 mm。读尺步骤如下：

(1)在主尺上读出位于副尺“0”线左侧的整数(毫米数)，即为测量结果的整数部分。

(2)在副尺上读出与主尺上刻线对齐的刻线数值，该数值与测量精度值的乘积即为测量结果的小数部分。

(3)将整数部分与小数部分相加,即为测量结果。

如图 2-1-10 所示,读数分别为 50.04 mm 和 27.94 mm。

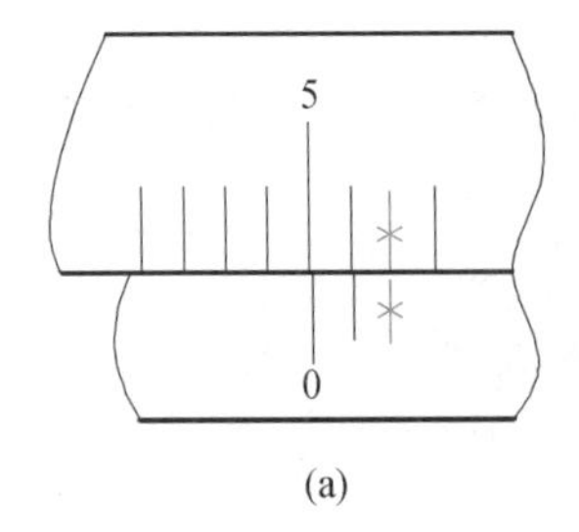

(a)

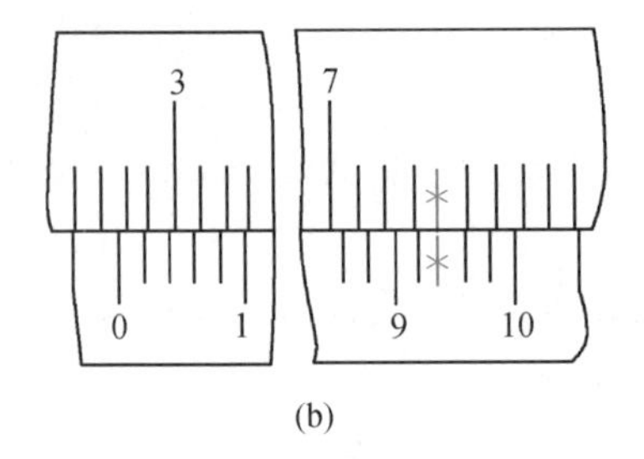

(b)

图 2-1-10 游标卡尺的读数方法(测量精度为 0.02 mm)

3. 游标卡尺的维护和保养

(1)游标卡尺作为较精密的量具,不得随意乱作别用,以免造成其损坏或精度降低。

(2)调整游标卡尺的副尺时,不要忘记松开紧固螺钉。

(3)测量结束后要把游标卡尺放平,否则会造成尺身弯曲变形,尤其是大尺寸的游标卡尺。

(4)深度游标卡尺用完后要把量爪合拢,较细的测量条若露在外面,则容易变形甚至折断。

(5)游标卡尺用完后要擦干净并上油,然后放到卡尺盒内,以免锈蚀或弄脏。

(二)表面粗糙度

轴的零件图上多处标注了$\sqrt{Ra\ 1.6}$等代号,它表示对轴的表面粗糙度的要求,即对轴的表面质量的要求。若对轴的表面质量没有要求,则会给轴的耐磨性、配合的稳定性以及轴的使用寿命等带来很大的影响。

1. 表面粗糙度的概念

零件上由加工方法获得的表面,微观上总会存在峰谷高低不平的情况,如图2-1-11所示。加工表面上由较小间距和峰谷所组成的微观几何形状特性称为表面粗糙度,它是评定零件表面质量的重要指标。

2. 表面粗糙度的评定参数

在实际生产中,评定零件的表面粗糙度质量时使用的主要参数是轮廓算术平均偏差 Ra 和轮廓最大高度 Rz。

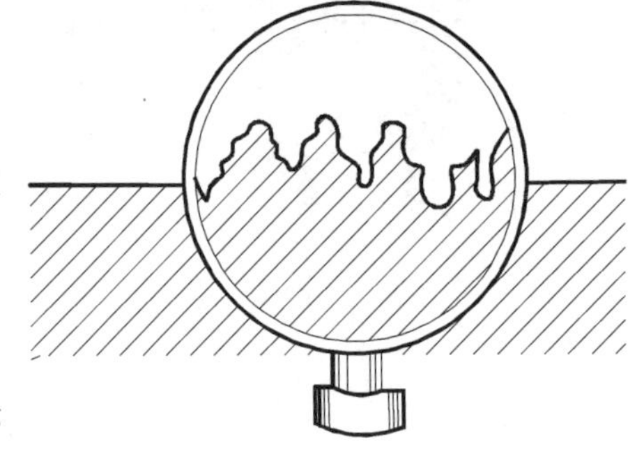

图 2-1-11 零件表面的微小不平

(1)轮廓算术平均偏差 Ra

如图 2-1-12 所示,在一个取样长度(用于判别具有表面粗糙度特征的一段基准线长度)内,纵坐标 $Z(X)$ 绝对值的算术平均值用 Ra 表示。

标准规定了参数 Ra 的数值系列为 0.012、0.025、0.05、0.1、0.2、0.4、0.8、1.6、3.2、6.3、12.5、25、50 等,单位为 μm。Ra 值越小,表面粗糙度质量越高,但加工成本也越高。一般来说,凡是零件上有配合要求或有相对运动的表面,其 Ra 值都较小。

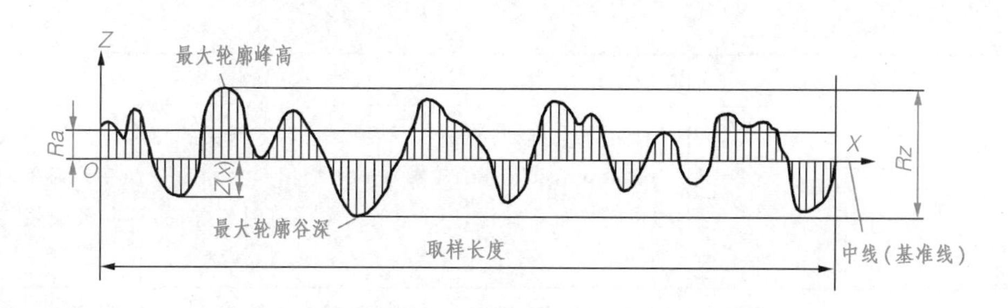

图 2-1-12 轮廓算术平均偏差 *Ra* 和轮廓最大高度 *Rz*

(2)轮廓最大高度 *Rz*

在一个取样长度内,最大轮廓峰高和最大轮廓谷深之和为轮廓最大高度 *Rz*,如图 2-1-12 所示。国标规定了参数 *Rz* 的数值系列(查相关手册)。

3. 表面粗糙度符号及代号

(1)表面粗糙度符号及其含义见表 2-1-1。

表 2-1-1 **表面粗糙度符号及其含义**

符号及名称	含义
基本图形符号	表示表面可用任何方法获得。当不加注表面粗糙度参数值或有关说明(例如表面处理、局部热处理状况等)时,仅适用于简化代号标注
扩展图形符号	基本图形符号加一短画,表示指定表面用去除材料的方法获得,例如车、铣、钻、磨、剪切、抛光、腐蚀、电火花加工、气割等
扩展图形符号	基本图形符号加一小圆,表示指定表面用不去除材料的方法获得,例如铸、锻、冲压变形、热轧、冷轧、粉末冶金等;或者用于保持原供应状况的表面(包括保持上道工序的状况)
完整图形符号	在上述三个符号的长边上均加一横线,用于标注有关参数和说明

(2)表面粗糙度代号及其含义见表 2-1-2(GB/T 131—2006)。

表 2-1-2 **表面粗糙度代号及其含义**

代号示例	含义
Ra 0.8	表示不允许去除材料,单向上限值,轮廓算术平均偏差为 0.8 μm,不加注“U”(“U”表示上限值)
Rz max 0.2	表示去除材料,单向上限值,轮廓最大高度的最大值为 0.2 μm,不加注“U”

（续表）

代号示例	含　义
U *Ra* max 3.2 L *Ra* 0.8	表示不允许去除材料，双向极限值，上限值的轮廓算术平均偏差为 3.2 μm，下限值的轮廓算术平均偏差为 0.8 μm。“U”为单向上限值时均可不加注，“L”为单向下限值时应加注，双向极限值均加注

（3）表面粗糙度标注原则应根据 GB/T 131—2006 的规定，其符号和代号的标注示例见表 2-1-3。

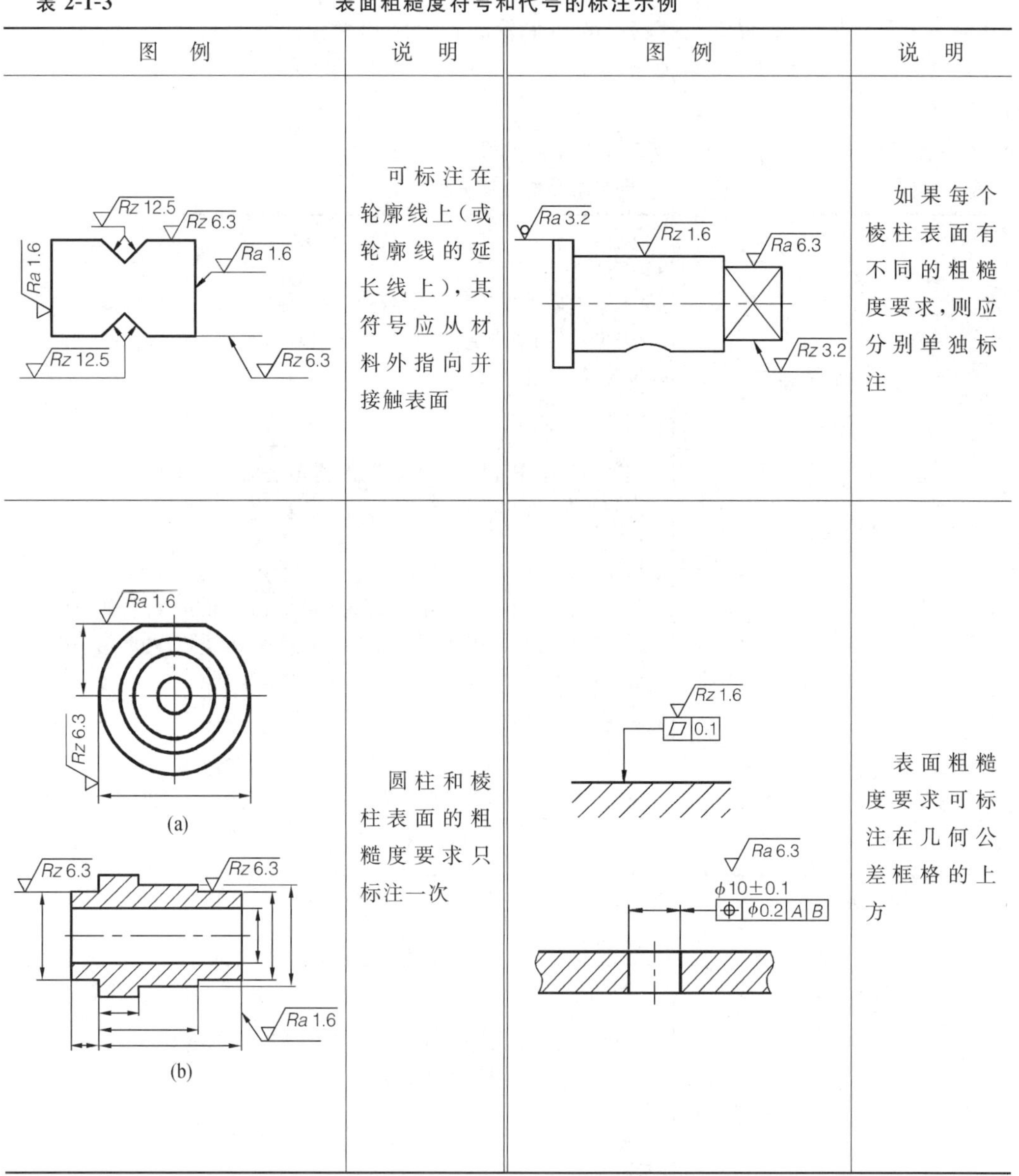

表 2-1-3　表面粗糙度符号和代号的标注示例

图　例	说　明	图　例	说　明
	可标注在轮廓线上（或轮廓线的延长线上），其符号应从材料外指向并接触表面		如果每个棱柱表面有不同的粗糙度要求，则应分别单独标注
(a) (b)	圆柱和棱柱表面的粗糙度要求只标注一次		表面粗糙度要求可标注在几何公差框格的上方

（续表）

图　例	说　明	图　例	说　明
Rz 6.3 Rz 1.6 Ra 3.2 (Rz 1.6 , Rz 6.3) (a) Ra 3.2 (√) (b)	当工件若干表面有相同的粗糙度要求时，可在标题栏上方统一标注，并在后面括号内给出基本符号或图中与其不一致要求的粗糙度要求	x y x = U Rz 1.6 =L Ra 0.8 y = Ra 3.2	当多个表面具有相同的粗糙度要求时，可用带字母的完整符号，以等式的形式在图形或标题栏附近进行简化标注
Fe/Ep·Cr25b Ra 0.8 Rz 1.6 ϕ50h7	由几种不同的工艺方法获得的同一表面，当需要明确每种工艺方法的表面粗糙度要求时的标注	√ = Ra 3.2 √ = Ra 3.2 √ = Ra 3.2	只用表面粗糙度符号的简化注法 可用表面粗糙度的基本图形符号，以等式的形式标注对多个表面共同的粗糙度要求

（三）尺寸公差

在实际加工零件时，零件的尺寸不可能加工得绝对准确，即允许实际尺寸在一个合理的范围内变动。尺寸公差就是允许的尺寸变动量。

由图2-1-8可见，安装齿轮处的轴段直径标注为$\phi55^{+0.06}_{+0.04}$，它表示对该轴段极限尺寸的要求，即该轴段最大直径为ϕ55.06，最小直径为ϕ55.04。若该轴段尺寸超值，那么轴承与该轴段的配合就达不到质量要求。最大直径与最小直径之差的绝对值（|55.06－55.04|＝0.02）称为尺寸公差，简称公差。

1. 尺寸公差的有关术语及其定义(见表 2-1-4)

表 2-1-4 尺寸公差的有关术语及其定义

术语	定义	简图及计算公式	
		孔(D)	轴(d)
图例		孔的尺寸 $\phi 50\text{H}8(^{+0.039}_{0})$	轴的尺寸 $\phi 50\text{f}7(^{-0.025}_{-0.050})$
公称尺寸	设计给定的尺寸	$D=\phi 50$	$d=\phi 50$
实际尺寸	通过测量得到的尺寸		
极限尺寸	允许尺寸变化的两个极限值,它以公称尺寸为基础来确定		
上极限尺寸	两个极限尺寸中较大的一个尺寸	$D_{max}=\phi 50.039$	$d_{max}=\phi 49.975$
下极限尺寸	两个极限尺寸中较小的一个尺寸	$D_{min}=\phi 50$	$d_{min}=\phi 49.950$
尺寸偏差(偏差)	某一极限尺寸减去其公称尺寸所得的代数差		
上极限偏差	上极限尺寸减去其公称尺寸所得的代数差	$\text{ES}=50.039-50=0.039$	$\text{es}=49.975-50=-0.025$
下极限偏差	下极限尺寸减去其公称尺寸所得的代数差	$\text{EI}=50-50=0$	$\text{ei}=49.950-50=-0.050$
尺寸公差(公差)	允许尺寸的变动量,是上极限尺寸与下极限尺寸之差的绝对值,也等于上极限偏差与下极限偏差之差的绝对值	$T_h=\|50.039-50\|=0.039$ $T_h=\|0.039-0\|=0.039$	$T_s=\|49.975-49.950\|=0.025$ $T_s=\|-0.025-(-0.050)\|=0.025$

2. 公差带

以公称尺寸为基准(零线),由代表上、下极限偏差的两条直线所限定的一个区域称为公差带,如图 2-1-13 所示。

公差带是由大小和位置两个要素构成的,即标准公差和基本偏差。前者确定了公差带

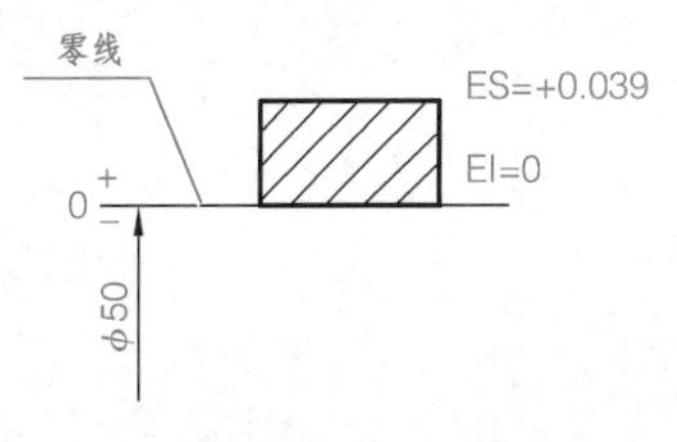

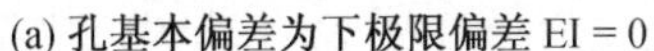

(a) 孔基本偏差为下极限偏差 EI = 0

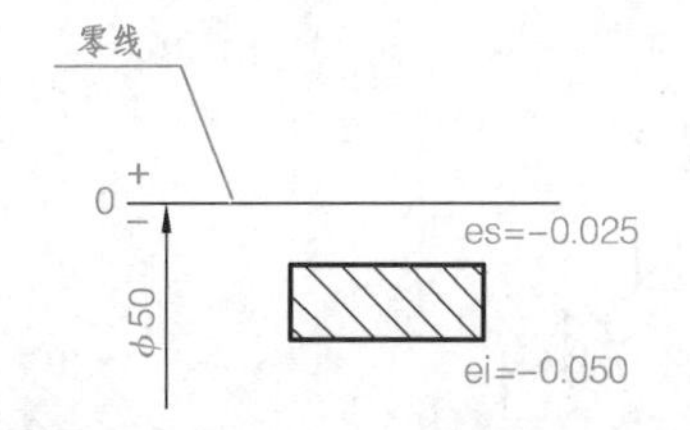

(b) 轴基本偏差为上极限偏差 es = −0.025

图 2-1-13　公差带图

的大小，后者确定了公差带相对于零偏差线（简称零线）的位置。公差带的两个要素都已标准化。

在公差带中，确定极限偏差的一条基准直线为零线。零线之上的极限偏差为正，零线之下的极限偏差为负。

上、下极限偏差值中可以有一个值为 0，但不能两个值都为 0。

（1）标准公差等级

公差等级分为 20 级，即 IT01、IT0、IT1、……、IT18。"IT"表示标准公差，从 IT01 至 IT18 公差等级依次降低。对于一定的公称尺寸，公差等级越高，标准公差值越小，尺寸精度越高。表 2-1-5 列出了部分标准公差数值。

表 2-1-5　　部分标准公差数值（摘自 GB/T 1800.1—2009）

公称尺寸/mm	标准公差等级						
	IT5	IT6	IT7	IT8	IT9	IT10	IT11
	μm						
6～10	6	9	15	22	36	58	90
10～18	8	11	18	27	43	70	110
18～30	9	13	21	33	52	84	130
30～50	11	16	25	39	62	100	160
50～80	13	19	30	46	74	120	190

（2）基本偏差

基本偏差是用来确定公差带相对于零线位置的上极限偏差或下极限偏差，一般是指靠近零线的那个极限偏差。国家标准 GB/T 1800.2—2009 分别对孔和轴规定了 28 个不同的基本偏差，如图 2-1-14 所示。由图 2-1-14 可知，基本偏差代号用拉丁字母（一个或两个）表示，大写字母代表孔，小写字母代表轴。

（3）公差带代号

公差带代号由公称尺寸、基本偏差代号（字母）和公差等级代号（数字）组成，如图 2-1-15 所示。

φ40H8的含义：公称尺寸为φ40、基本偏差为 H、公差等级为 8 级的孔。

φ40f7的含义：公称尺寸为φ40、基本偏差为 f、公差等级为 7 级的轴。

表 2-1-6 和表 2-1-7 分别列出了优先配合中轴和孔的极限偏差数值。

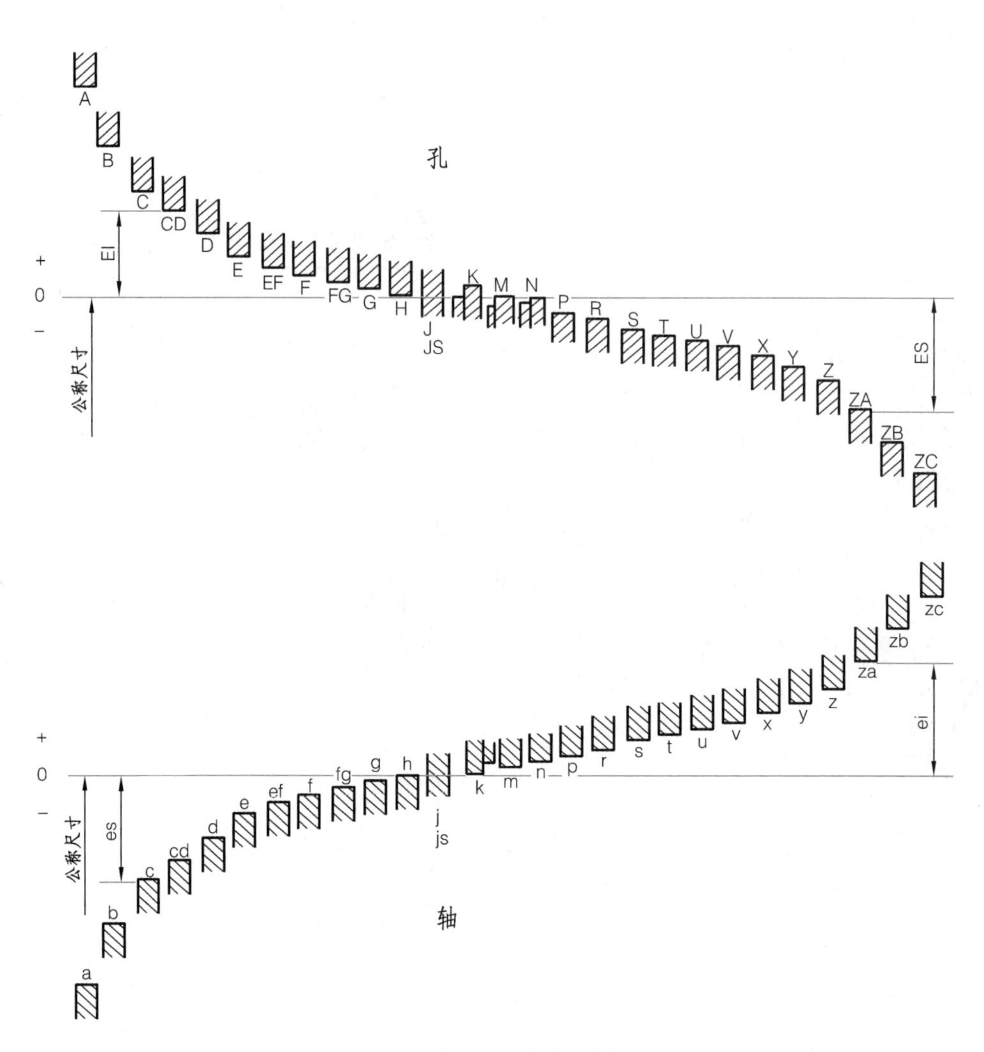

图 2-1-14　孔、轴的基本偏差分布图

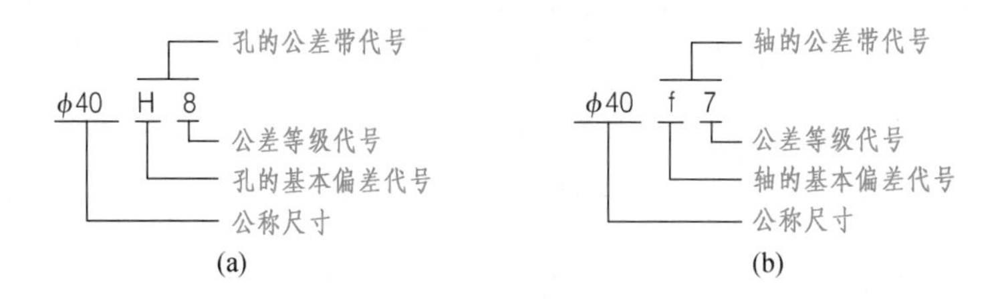

图 2-1-15　公差带代号

表 2-1-6　优先配合中轴的极限偏差数值(摘自 GB/T 1801—2009、GB/T 1800.2—2009)　μm

公称尺寸/mm		公差带												
		c	d	f	g	h				k	n	p	s	u
大于	至	11	9	7	6	6	7	9	11	6	6	6	6	6
—	3	−60 −120	−20 −45	−6 −16	−2 −8	0 −6	0 −10	0 −25	0 −60	+6 0	+10 +4	+12 +6	+20 +14	+24 +18
3	6	−70 −145	−30 −60	−10 −22	−4 −12	0 −8	0 −2	0 −30	0 −75	+9 +1	+16 +8	+20 +12	+27 +9	+31 +23
6	10	−80 −170	−40 −76	−13 −28	−5 −14	0 −9	0 −15	0 −36	0 −90	+10 +1	+19 +10	+24 +15	+32 +23	+37 +28
10	14	−95 −205	−50 −93	−16 −34	−6 −17	0 −11	0 −18	0 −43	0 −110	+12 +1	+23 +12	+29 +18	+39 +28	+44 +33
14	18													
18	24	−110 −240	−65 −117	−20 −41	−7 −20	0 −13	0 −21	0 −52	0 −130	+15 +2	+28 +15	+35 +22	+48 +35	+54 +41
24	30													+61 +48
30	40	−120 −280	−80 −142	−25 −50	−9 −25	0 −16	0 −25	0 −62	0 −160	+18 +2	+33 +17	+42 +26	+59 +43	+76 +60
40	50	−130 −290												+86 +70
50	65	−140 −330	−100 −174	−30 −60	−10 −29	0 −19	0 −30	0 −74	0 −190	+21 +2	+39 +20	+51 +32	+72 +53	+106 +87
65	80	−150 −340											+78 +59	+121 +102
80	100	−170 −390	−120 −207	−36 −71	−12 −34	0 −22	0 −35	0 −87	0 −220	+25 +3	+45 +23	+59 +37	+93 +71	+146 +124
100	120	−180 −400											+101 +79	+166 +144
120	140	−200 −450	−145 −245	−43 −83	−14 −39	0 −25	0 −40	0 −100	0 −250	+28 +3	+52 +27	+68 +43	+117 +92	+195 +170
140	160	−210 −460											+125 +100	+215 +190
160	180	−230 −480											+133 +108	+235 +210
180	200	−260 −550	−170 −285	−50 −96	−15 −44	0 −29	0 −46	0 −115	0 −290	+33 +4	+60 +31	+79 +50	+151 +122	+265 +236
200	225	−260 −550											+159 +130	+287 +258
225	250	−280 −570											+169 +140	+313 +284

表 2-1-7　优先配合中孔的极限偏差数值(摘自 GB/T 1801—2009、GB/T 1800.2—2009)　μm

公称尺寸/mm		公差带												
		C	D	F	G	H				K	N	P	S	U
大于	至	11	9	8	7	7	8	9	11	7	7	7	7	7
—	3	+120 +60	+45 +20	+20 +6	+12 +2	+10 0	+14 0	+25 0	+60 0	0 −10	−4 −14	−6 −16	−14 −24	−18 −28
3	6	+145 +70	+60 +30	+28 +10	+16 +4	+12 0	+18 0	+30 0	+75 0	+3 −9	−4 −16	−8 −20	−15 −27	−19 −31
6	10	+170 +80	+76 +40	+35 +13	+20 +5	+15 0	+22 0	+36 0	+90 0	+5 −10	−4 −19	−9 −24	−17 −32	−22 −37
10	14	+205 +95	+93 +50	+43 +16	+24 +6	+18 0	+27 0	+43 0	+110 0	+6 −12	−5 −23	−11 −29	−21 −39	−26 −44
14	18													
18	24	+240 +110	+117 +65	+53 +20	+28 +7	+21 0	+33 0	+52 0	+130 0	+6 −15	−7 −28	−14 −35	−27 −48	−33 −54
24	30													−40 −61
30	40	+280 +120	+142 +80	+64 +25	+34 +9	+25 0	+39 0	+62 0	+160 0	+7 −18	−8 −33	−17 −42	−34 −59	−51 −76
40	50	+290 +130												−61 −86
50	65	+330 +140	+174 +100	+76 +30	+40 +10	+30 0	+46 0	+74 0	+190 0	+9 −21	−9 −39	−21 −51	−42 −72	−76 −106
65	80	+340 +150											−48 −78	−91 −121
80	100	+390 +170	+207 +120	+90 +36	+47 +12	+35 0	+54 0	+87 0	+220 0	+10 −25	−10 −45	−24 −59	−58 −93	−111 −146
100	120	+400 +180											−66 −101	−131 −166
120	140	+450 +200											−77 −117	−155 −195
140	160	+460 +210	+245 +145	+106 +43	+54 +14	+40 0	+63 0	+100 0	+250 0	+12 −28	−12 −52	−28 −68	−85 −125	−175 −215
160	180	+480 +230											−93 −133	−195 −235
180	200	+530 +240											−105 −151	−219 −265
200	225	+550 +260	+285 +170	+122 +50	+61 +15	+46 0	+72 0	+115 0	+290 0	+13 −33	−14 −60	−33 −79	−133 −159	−241 −287
225	250	+570 +280											−123 −169	−267 −313

(四)机械加工工艺结构

1. 倒角和圆角

为了便于装配和安全操作，轴或孔的端部应加工成倒角。常用的倒角为 45°，其尺寸标注如图 2-1-16(a)所示的“C2”，“C”表示 45°，“2”表示轴向距离。倒角为 30°、120°时，其标注如图 2-1-16(b)和图 2-1-16(c)所示。为了避免轴因应力集中而产生裂纹，轴肩处应有圆角过渡，如图 2-1-16(a)和图 2-1-16(d)所示。

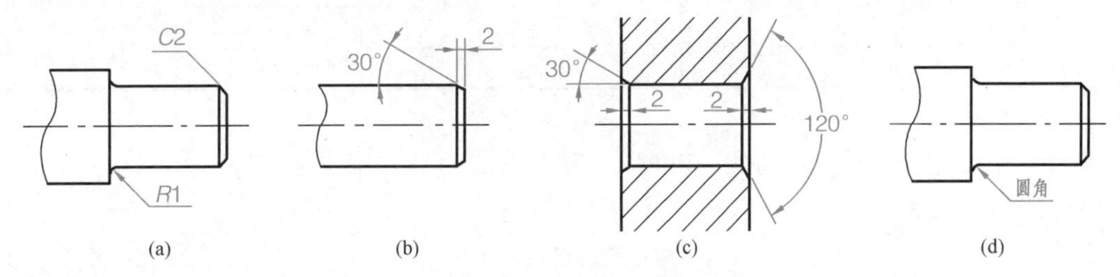

图 2-1-16　倒角和圆角

2. 螺纹退刀槽和砂轮越程槽

轴在车削加工、磨削加工或车制螺纹时，为了退出刀具或使砂轮越过加工表面，通常在待加工的末端先加工出螺纹退刀槽或砂轮越程槽，见表 2-1-8，详细尺寸查表 2-1-9。

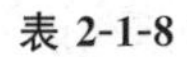

表 2-1-8　　轴的工艺结构

螺纹退刀槽	砂轮越程槽	B 型中心孔(GB/T 145—2001)

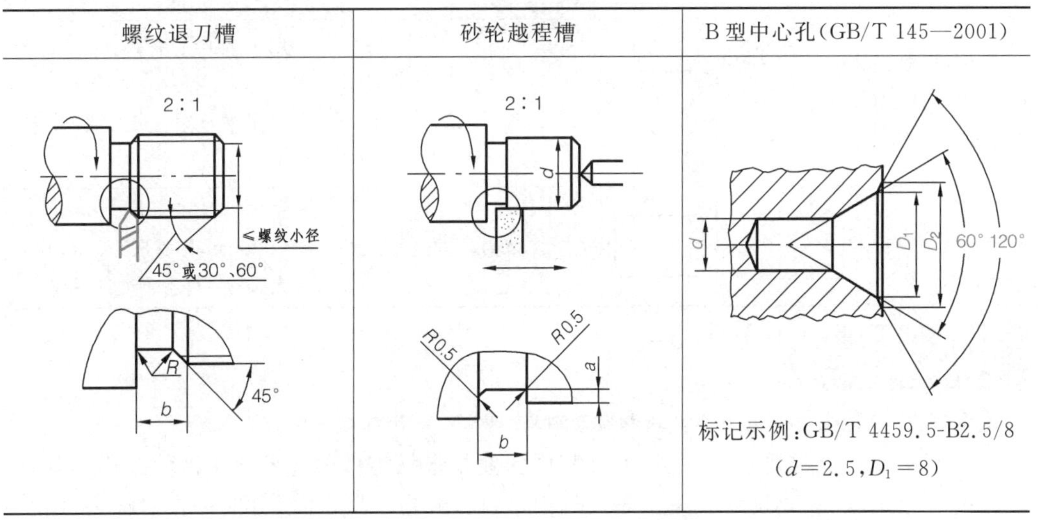

表 2-1-9　　普通螺纹退刀槽的尺寸(GB/T 3—1997)　　mm

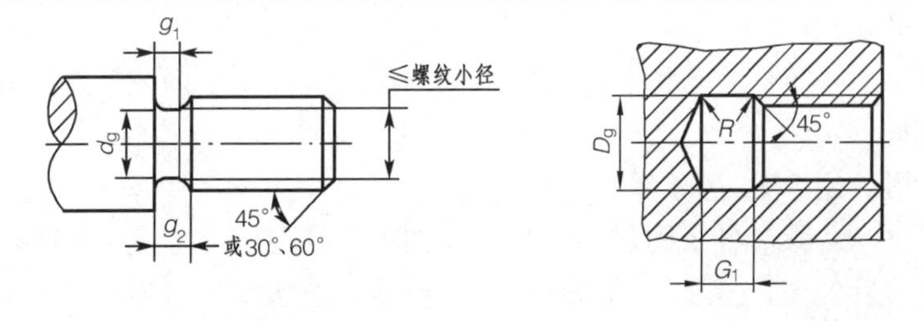

（续表）

螺距	外螺纹			内螺纹		螺距	外螺纹			内螺纹	
	g_{2max}	g_{1min}	d_g	G_1	D_g		g_{2max}	g_{1min}	d_g	G_1	D_g
0.5	1.5	0.8	$d-0.8$	2	$D+0.3$	1.75	5.25	3	$d-2.6$	7	$D+0.5$
0.7	2.1	1.1	$d-1.1$	2.8		2	6	3.4	$d-3$	8	
0.8	2.4	1.3	$d-1.3$	3.2		2.5	7.5	4.4	$d-3.6$	10	
1	3	1.6	$d-1.6$	4	$D+0.5$	3	9	5.2	$d-4.4$	12	
1.25	3.75	2	$d-2$	5		3.5	10.5	6.2	$d-5$	14	
1.5	4.5	2.5	$d-2.3$	6		4	12	7	$d-5.7$	16	

3. 中心孔

为了保证各轴段具有较高的同轴度，一般在轴的两端加工中心孔，见表 2-1-8。中心孔的规定表示法见表 2-1-10。

表 2-1-10　　中心孔的规定表示法

要　求	符　号	表示法示例	说　明
在完工的零件上要求保留中心孔		GB / T 4459.5–B2.5 / 8	采用 B 型中心孔；$d=2.5$ mm，$D_1=8$ mm；在完工的零件上要求保留
在完工的零件上可以保留中心孔		GB / T 4459.5–A4 / 8.5	采用 A 型中心孔；$d=4$ mm，$D_1=8.5$ mm；在完工的零件上是否保留都可以
在完工的零件上不允许保留中心孔		GB / T4459.5–A1.6 / 3.35	采用 A 型中心孔；$d=1.6$ mm，$D_1=3.35$ mm；在完工的零件上不允许保留

知识拓展

识读常见轴套类零件图

在生产实践中经常要看零件图，识读零件图就是根据零件图想象出零件的结构形状，弄清零件的尺寸基准、重要尺寸及技术要求等内容，以便在后续加工零件时能正确地采用相应的加工方法，以达到图样上的设计要求。

识读零件图一般可按如下步骤进行：

(1)看标题栏，浏览全图

先看标题栏，了解零件的名称、材料、绘图比例等。再浏览全图，对零件的结构特点和大小有初步的认识。

(2)分析视图表达方案，想象零件形状

以主视图为中心，弄清各视图、剖视图、断面图等的表达意图。分析投影一般按照先主体后次要、先外形后内部、先粗后细的顺序，采用形体分析法构思出零件的整体形状。

(3)分析尺寸

先找出零件长、宽、高三个方向的尺寸基准，从尺寸基准出发找出各形体的定形尺寸和定位尺寸,分清主要尺寸和一般尺寸。

(4)看技术要求

看技术要求即看表面粗糙度要求、尺寸公差、几何公差和其他技术要求,以明确加工零件的质量指标。

总之,通过看零件图能将零件各部分的结构形状、大小及相对位置和加工要求进行归纳,想象出零件的总体结构,从而形成一个清晰的认识,以便加工出符合图样要求的合格零件。

1. 识读机用虎钳螺杆零件图(图 2-1-17(a))

(1)看标题栏,浏览全图

机用虎钳螺杆属于轴套类零件。轴套类零件一般是回转体,通常在车床、镗床和内外圆磨床上加工。其视图表达常采用以主视图为主,配以适当的剖视图、断面图和局部视图等,以完整表达零件的形状特征。

由标题栏可知,零件名称为螺杆,材料为 45 钢,绘图比例为 1∶1,第一角画法等。从一组视图可知,螺杆属于轴套类零件。

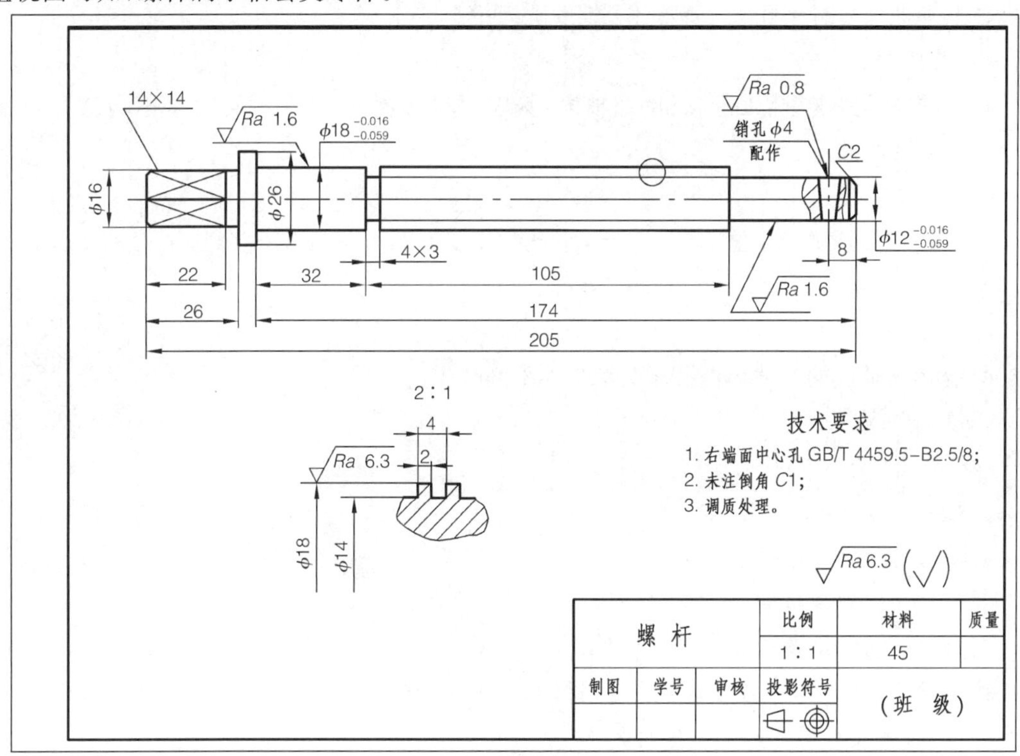

(a) 零件图

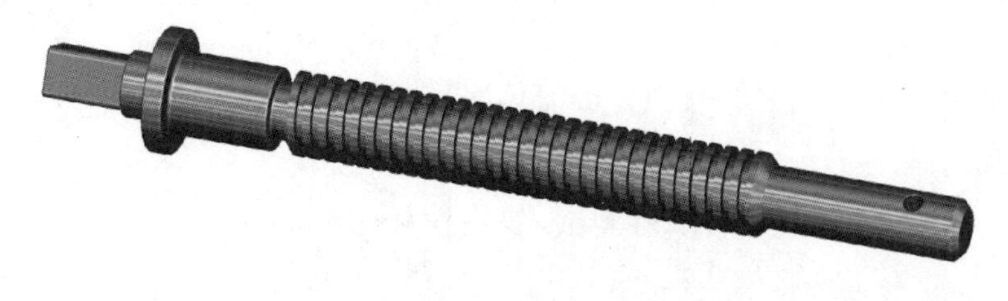

(b) 立体图

图 2-1-17　机用虎钳螺杆

(2)分析视图表达方案,想象零件形状

螺杆为阶梯轴,其左端截面是正方形,右端有一个销孔,中间段为矩形螺纹。螺杆按加工位置摆放,轴线水平布置,采用了一个主视图和一个辅助视图来表达。主视图展现了螺杆的整体结构形状;螺杆的右端采用局部剖视图,表达了一个圆锥销孔;矩形螺纹采用局部放大图来表达其结构特征。

(3)分析尺寸

螺杆的径向尺寸基准是水平轴线,各段尺寸为$\phi12^{-0.016}_{-0.059}$、$\phi18^{-0.016}_{-0.059}$、$\phi26$、$\phi16$、14×14等。螺杆的主要工作部位是矩形螺纹,大径尺寸为$\phi18$,小径尺寸为$\phi14$。

螺杆轴向的主要尺寸基准是$\phi26$圆柱的右端面。螺杆的各段长度尺寸分别为32、174;以螺杆的左、右端面为长度方向尺寸的辅助基准,由左端面注出尺寸22、26、205,由右端面注出尺寸8(销孔定位尺寸);205是两个主要辅助基准之间的联系尺寸;105是主要工作部位的定形尺寸。

轴上其他尺寸有销孔尺寸$\phi4$配作、螺纹退刀槽尺寸4×3。

(4)看技术要求

螺杆的技术要求重点在$\phi12$和$\phi18$轴段,其表面粗糙度、尺寸公差都直接影响螺杆与相配合零件的装配质量。

①表面粗糙度要求

$\phi12$和$\phi18$轴段的Ra值为1.6 μm,销孔的Ra值为0.8 μm,其余加工面的Ra值为6.3 μm。

②尺寸公差要求

$\phi12$和$\phi18$轴段的尺寸公差要求为$\phi12^{-0.016}_{-0.059}$和$\phi18^{-0.016}_{-0.059}$。

③技术要求

- 右端面加工中心孔GB/T 4459.5-B2.5/8。
- 未注倒角为$C1$。
- 热处理为调质处理。

2.识读卡头套零件图(图2-1-18(a))

(1)看标题栏,浏览全图

由标题栏可知,零件名称为卡头套,材料为65Mn,绘图比例为1∶1,第一角画法等。从主视图可知,卡头套属于轴套类零件。

(2)分析视图表达方案,想象零件形状

卡头套按加工位置摆放,轴线水平布置,仅采用了一个全剖主视图,完全表达了卡头套的整体内、外结构形状。

卡头套外表面是阶梯轴。右侧大圆柱面上有一个油沟;左侧小圆柱面上凹槽形的设计是为了减少加工面,使装配结构合理。卡头套内腔为阶梯孔。

卡头套的尺寸标注和技术要求请读者根据图样自行分析。

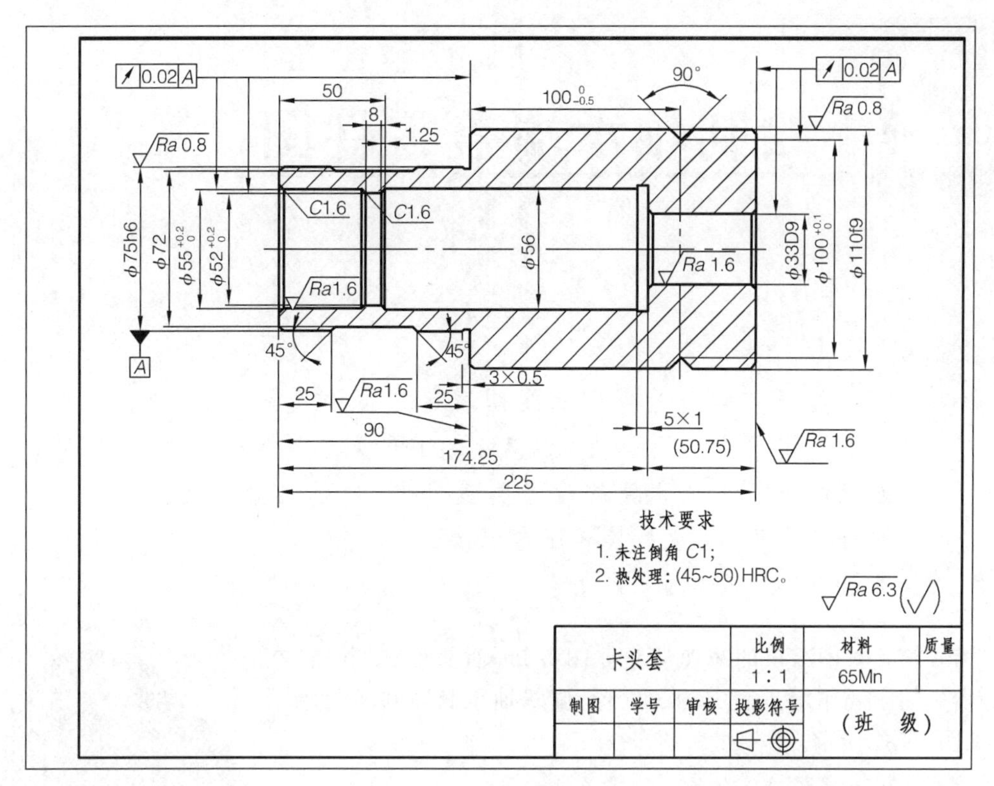

(a) 零件图

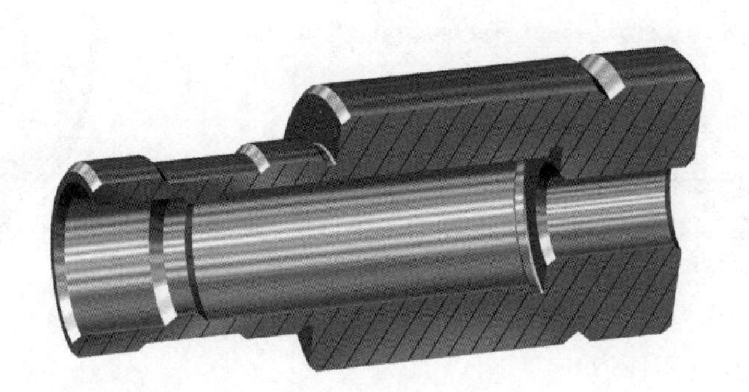

(b) 立体图

图 2-1-18　卡头套

项目2 绘制轴承端盖零件图

学习目标

理解轮盘类零件图的视图表达方案和绘制方法;通过使用卡钳等量具测量轴承端盖,能对轮盘类零件进行测绘;能识读中等复杂程度的轮盘类零件图;熟悉常用几何公差的特征项目、符号及其标注和识读。

由本篇篇首中给出的减速器立体图可知,轴承端盖(透盖)在减速器中的主要作用是固定轴的位置、调整轴承间隙和密封轴承等,如图 2-2-1 所示。

图 2-2-1 轴承端盖立体图

实施步骤

(一)绘制草图

1. 绘制视图

(1)结构分析

轴承端盖的主体结构可分成圆柱筒和圆盘两部分。圆柱筒中有带锥度的内孔(腔),其圆柱面与轴承座孔相配合。圆盘上均布了六个圆孔,其作用是装入螺钉,连接轴承端盖与箱体。圆盘中心的圆孔内有密封槽,其作用是安装毛毡密封圈,以防止箱体内润滑油外泄和箱外杂物侵入箱体内。

(2)视图表达方案分析

轴承端盖主视图按装配位置选择,即沿轴线水平放置。主视图采用全剖视图,以表达圆柱筒中锥形孔和圆盘上六个均布孔的内腔结构以及圆盘中心密封槽的结构等。左视图主要表达轴承端盖的外形和六个均布孔的位置。

(3)画视图

①布置视图的位置

在中间偏上位置画主视图的轴线和左视图中心线(细点画线),如图 2-2-2 所示。

②画一组视图的顺序

- 由外向内画左视图,兼顾主视图。也就是先画圆盘部分,再画圆柱筒轮廓,而后定位并画出主、左视图的六个均布孔,如图 2-2-2 所示。

- 在主视图上画出锥孔内腔以及密封槽的结构,兼顾左视图,然后补充细节,完成一组视图,如图 2-2-3 所示。

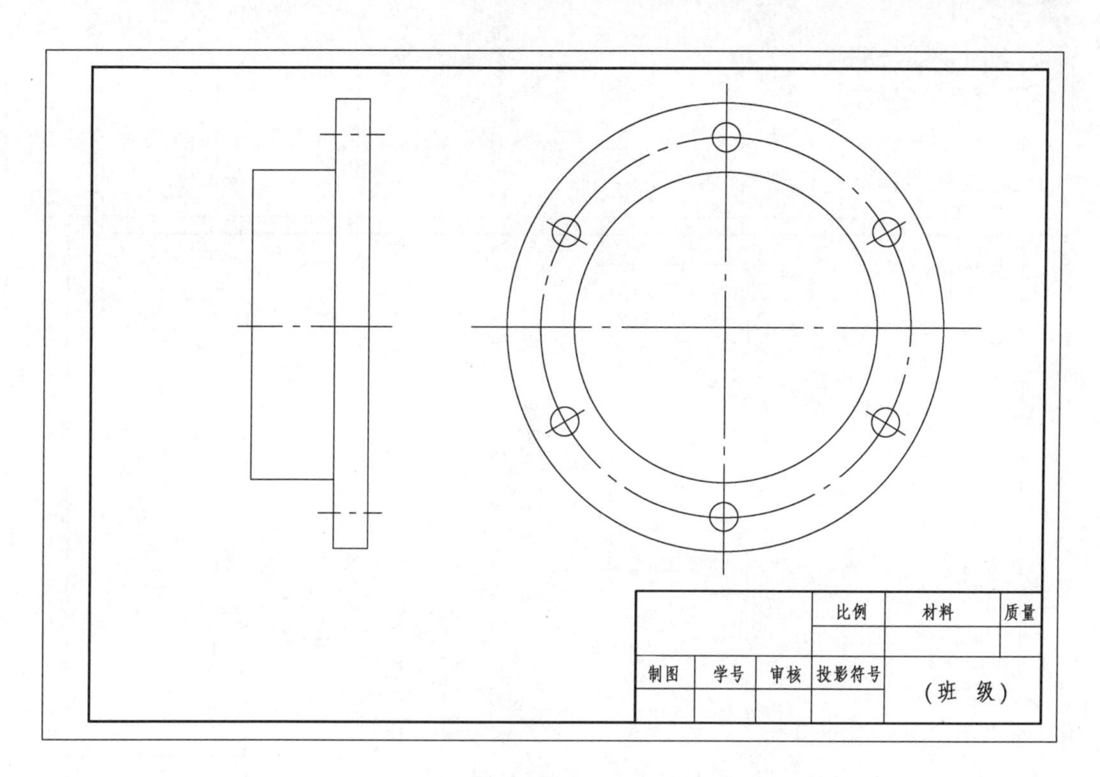

图 2-2-2　绘制从动轴轴承端盖零件图(1)

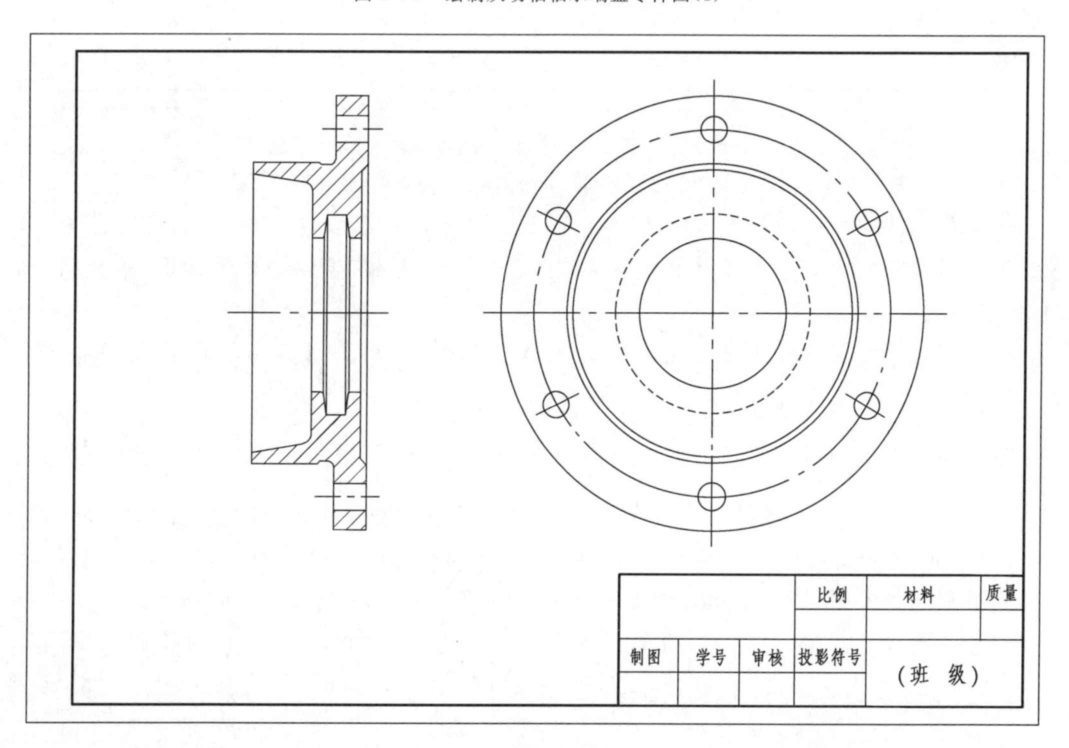

图 2-2-3　绘制从动轴轴承端盖零件图(2)

2. 尺寸标注与测量

(1)画尺寸界线和尺寸线

重点是画轴向尺寸界线和尺寸线，应直接标注圆柱筒轴向尺寸和圆盘轴向尺寸。密封槽的尺寸线按照国标进行绘制，如图 2-2-4 所示。

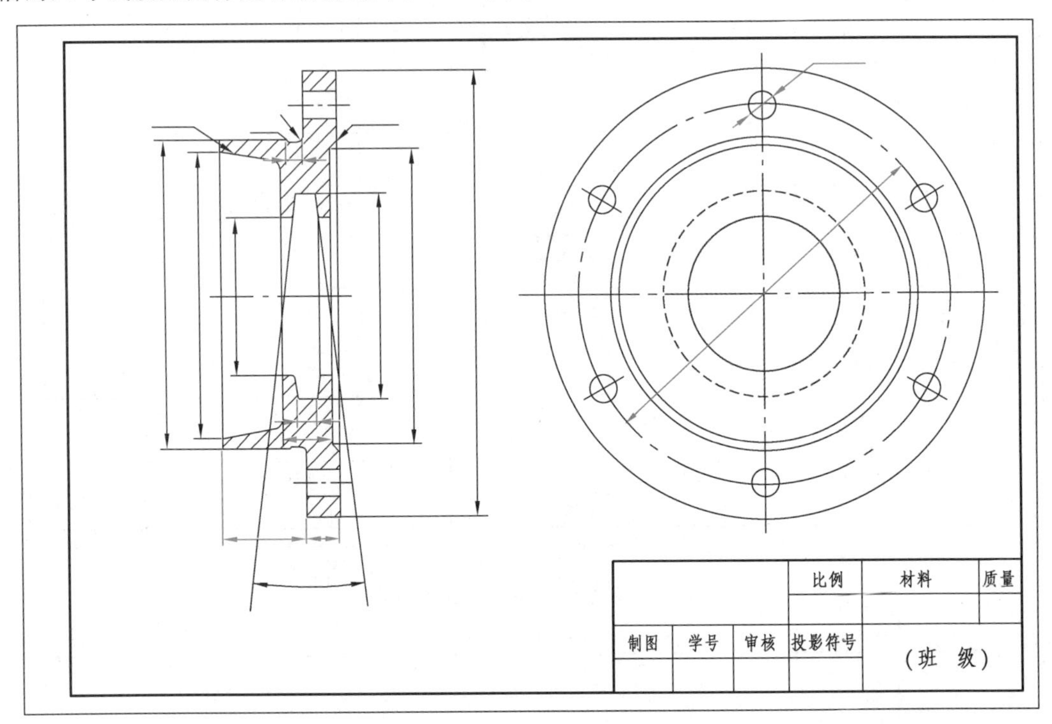

图 2-2-4　绘制从动轴轴承端盖零件图(3)

选择尺寸基准：径向尺寸基准为整体轴线，轴向尺寸基准为圆盘左端面。

(2)测量尺寸

轴承端盖的尺寸常使用普通游标卡尺或内、外卡钳（将在本项目“相关知识”中介绍）和钢板尺来测量。

轴承端盖的大部分尺寸可采用项目 1 的方法直接测量，测得各圆的直径为ϕ90、ϕ130 等，轴向尺寸为 10、25 等。

轴承端盖六个均布孔的定位圆直径为 $D=a+\frac{d}{2}+\frac{d}{2}$，常用间接法测量，使用的量具是内、外卡钳和钢板尺。先测量尺寸 a（端盖上在一条线上的任意两孔内侧壁之间的距离），如图 2-2-5(a)所示：在测量时张开外卡钳的两卡爪，分别接触内孔壁并缓慢移动卡爪，找到最小位置后移出外卡钳，用卡爪比对钢板尺就可以得到尺寸 a，如图 2-2-5(b)所示。再用内卡钳测量小孔直径 d，如图 2-2-5(c)所示，方法同上。通过计算即得出定位圆直径 D：

$$D=a+\frac{d}{2}+\frac{d}{2}=101+\frac{9}{2}+\frac{9}{2}=110\ \text{mm}$$

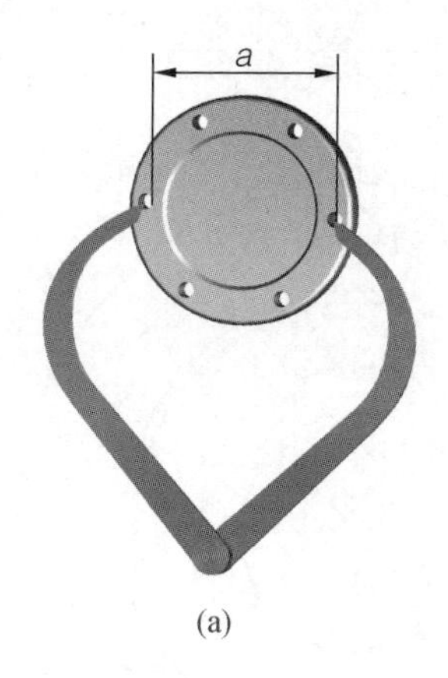

(a)

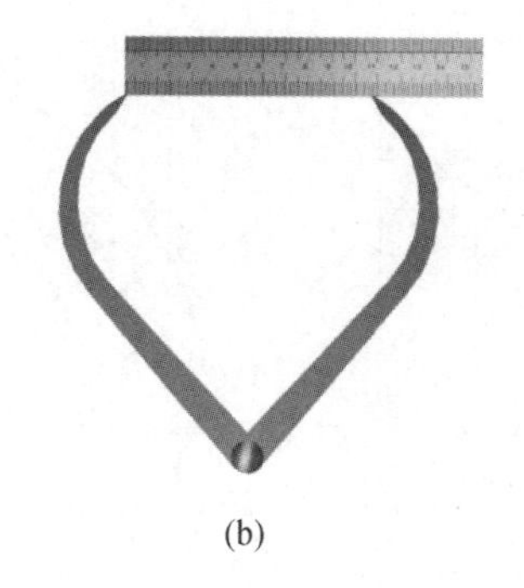
(b)

(c)

图 2-2-5　测量定位圆直径

3. 技术要求

(1)表面粗糙度、尺寸公差和几何公差要求

端盖的主要工作部分为与轴承座相配合的$\phi 90$圆柱筒和圆盘左端面，对其提出的一系列技术要求如图 2-2-6 所示。

①表面粗糙度要求

$\phi 90$圆筒面的 Ra 值为 1.6 μm，其余各加工面的 Ra 值为 12.5 μm。

②尺寸公差要求

$\phi 90_{-0.035}^{\ 0}$的上极限偏差为 0，下极限偏差为 −0.035，尺寸公差为 0.035，通过查表可以确定其公差带代号为$\phi 90h7$。$\phi 60_{\ 0}^{+0.3}$的上极限偏差为 +0.3，下极限偏差为 0，尺寸公差为 0.3，通过查表可以确定其公差带代号为$\phi 60H12$。

③几何公差要求

圆盘的左端面垂直度要求为 | ⊥ | 0.01 | A |，圆盘上六个均布孔的位置度公差要求为 | ⌖ | ϕ0.05 | A | B |。

(2)文字技术要求

①铸造不允许有气孔、疏松、裂纹等缺陷。

②未注铸造起模斜度为 1∶50。

③未注圆角为 $R1.6$。

4. 填写标题栏

零件名称为从动轴轴承端盖，材料为 HT150，绘图比例为 1∶1，投影符号为第一角画法，另还有制图、审核人员签名等内容。

(二)画零件图

(1)选用绘图比例为 1∶1，图幅 A4。

(2)绘制零件图，如图 2-2-6 所示。

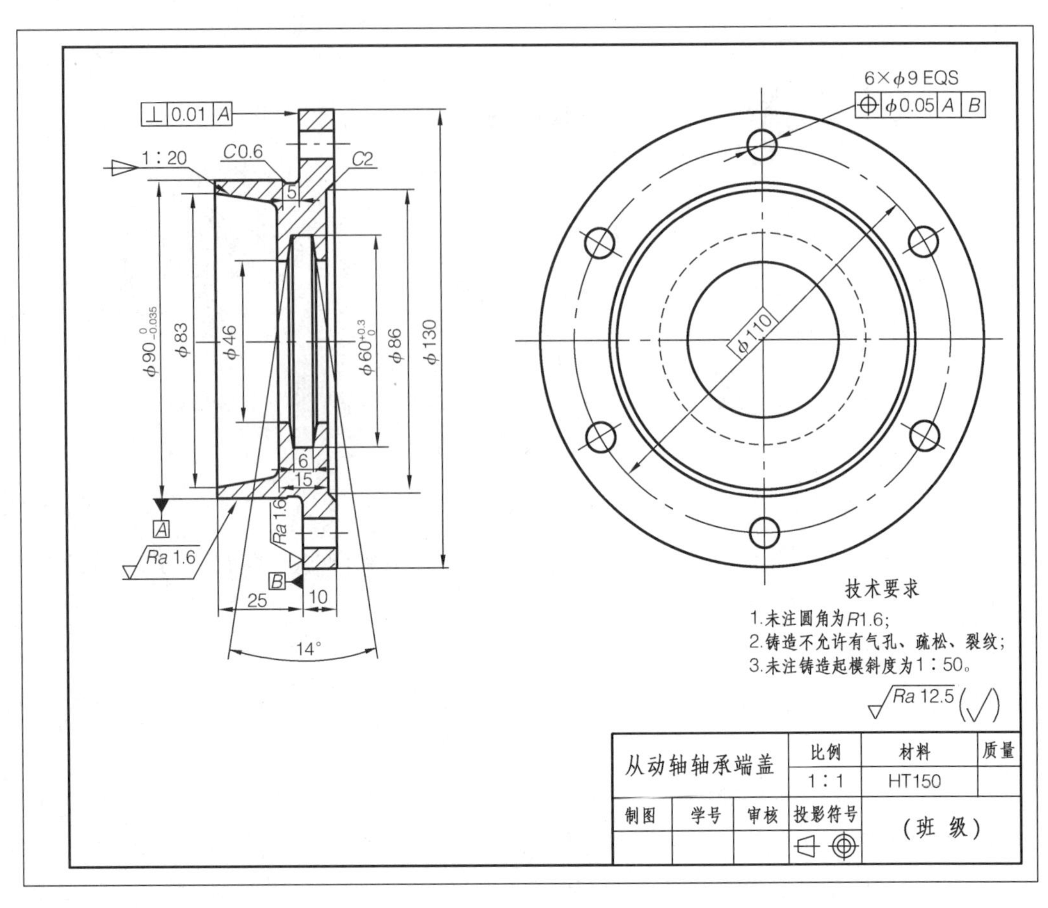

图 2-2-6 绘制从动轴轴承端盖零件图(4)

相关知识

(一)内、外卡钳

内、外卡钳种类较多,有普通式、弹簧式和表盘式等。

普通式内、外卡钳是最简单的量具。由于它具有结构简单、制造方便、价格低廉、维护和使用方便等特点,所以广泛应用于精度要求不高的零件尺寸测量和检验,尤其对于铸、锻件毛坯尺寸的测量和检验,卡钳是比较合适的测量工具。

外卡钳常用于测量外径和平面立体外表面,内卡钳常用于测量内径和凹槽,如图 2-2-5 所示。卡钳本身不能直接读出测量结果,需要通过与钢板尺的配合使用,才能获得正确的测量值。

(二)几何公差

图样上的几何公差要求是以框格形式标出的,如图 2-2-6 中的 | ⊥ | 0.01 | A |、| ⌖ | ϕ0.05 | A | B |所示。

在零件加工中,零件的尺寸不可能绝对准确,其大小由尺寸公差加以限制。同样,零件的几何形状及表面间的相对位置也不可能加工得绝对准确,如果不加以限制,同样不能满足使用要求。如图 2-2-7 所示,尽管圆柱横截面的尺寸都控制在ϕ20f7尺寸范围内,但由于该圆柱轴线发生弯曲，所以会影响它与配合圆孔的正常装配。为此，GB/T 1182—2008 对评定产品质量规定了一项重要技术指标——几何公差。

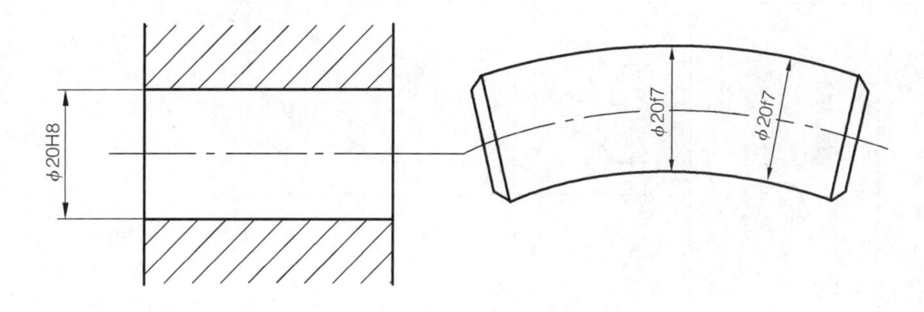

图 2-2-7　几何公差对装配的影响

1. 几何公差的分类及符号

几何公差按几何特征共分为 14 项，分别用 14 种符号表示，见表 2-2-1。

表 2-2-1　　　几何公差特征符号及其标注示例(摘自 GB/T 1182—2008)

公差类型	特征项目及其符号	标注示例	识读说明
形状公差	直线度 —	(a)　(b)	(1)圆柱表面上任一素线的直线度公差值为 0.02 mm(图(a)) (2)ϕ 10 轴线的直线度公差值为ϕ 0.04 mm(图(b))
	平面度 ▱		提取(实际)平面的平面度公差值为 0.05 mm
	圆度 ○	(a)　(b)	(1)圆柱面的圆度公差值为 0.02 mm(图(a)) (2)圆锥面的圆度公差值为 0.02 mm(图(b))
	圆柱度 ⌭		圆柱面的圆柱度公差值为 0.05 mm

（续表）

公差类型	特征项目及其符号	标注示例	识读说明
形状或位置公差	线轮廓度 ⌒	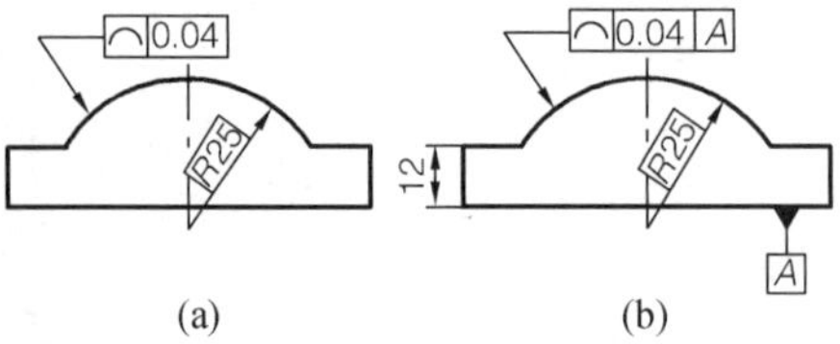 (a) (b)	(1)提取(实际)轮廓的线轮廓度公差值为0.04 mm(带方框的尺寸为理论正确尺寸)(图(a)) (2)提取(实际)轮廓相对于底平面的线轮廓度公差值为0.04 mm(图(b))
	面轮廓度 ⌓	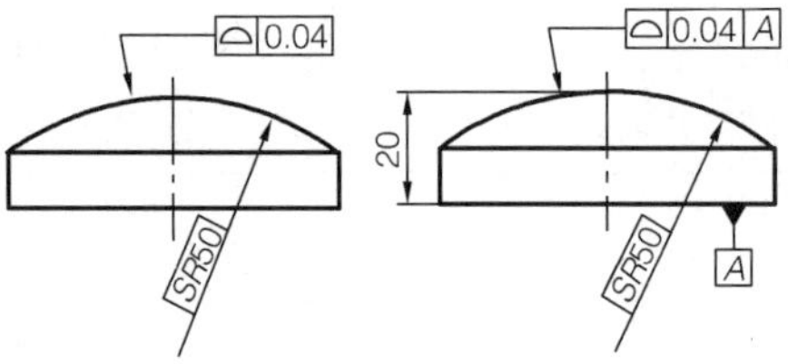 (a) (b)	(1)提取(实际)轮廓的面轮廓度公差值为0.04 mm(图(a)) (2)提取(实际)轮廓相对于底平面的面轮廓度公差值为0.04 mm(图(b))
方向公差	平行度 //	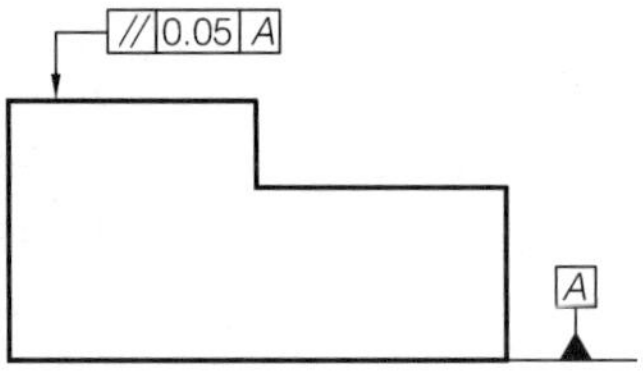	提取(实际)上表面相对于底平面 A 的平行度公差值为0.05 mm
	垂直度 ⊥	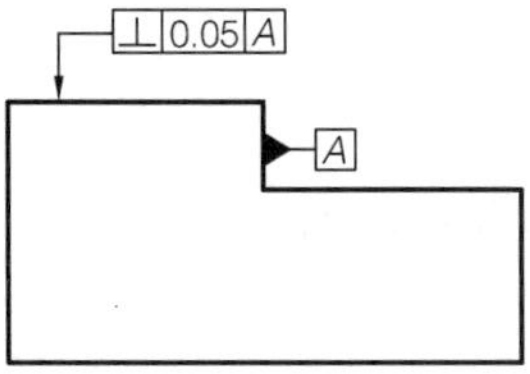	提取(实际)上表面相对于侧平面 A 的垂直度公差值为0.05 mm
	倾斜度 ∠	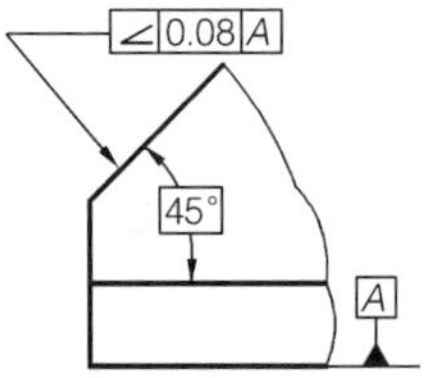	提取(实际)斜面相对于底平面的倾斜度公差值为0.08 mm，斜面的倾斜角度45°为理论正确角度

（续表）

公差类型	特征项目及其符号	标注示例	识读说明
位置公差	◎ 同轴度（用于轴线）同心度（用于中心点）	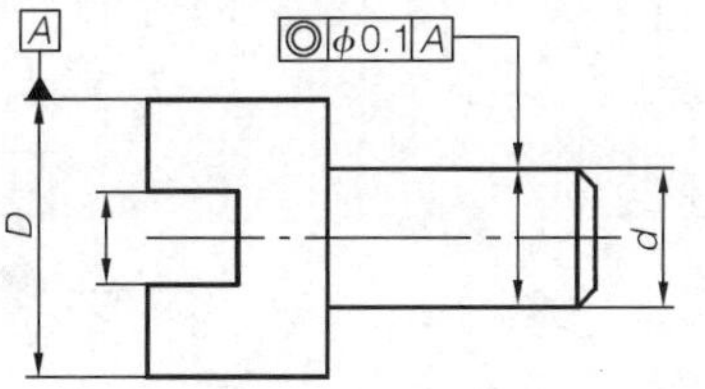 A; ◎ϕ0.1 A; D; d	提取（实际）小轴轴线相对于大轴基准轴线 A 的同轴度公差值为ϕ0.1 mm
	对称度 ⌯	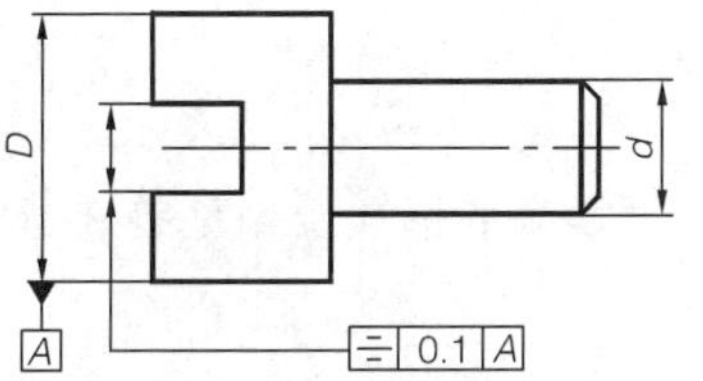 D; d; A; ⌯ 0.1 A	左侧槽上、下两平面的中心平面相对于大轴基准轴线 A 的对称度公差值为 0.1 mm
	位置度 ⌖	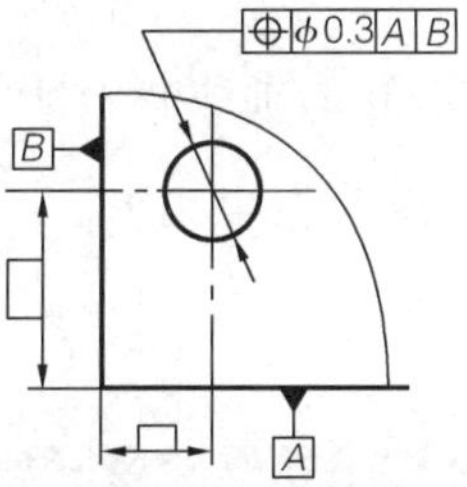 ⌖ϕ0.3 A B; B; A	提取（实际）孔轴线相对于第一基准底平面 A、第二基准侧平面 B 的位置度公差值为ϕ0.3 mm，与底平面和侧平面分别成理论正确尺寸
跳动公差	圆跳动 ↗	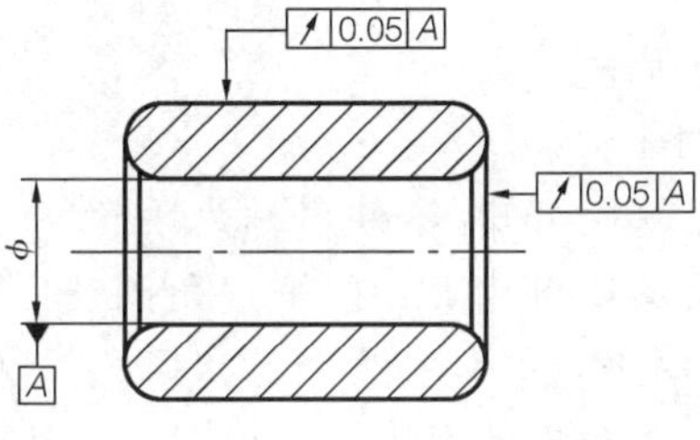 ↗ 0.05 A; ↗ 0.05 A; ϕ; A	(1)外圆柱面相对于孔轴线的径向圆跳动公差值为 0.05 mm (2)右侧端面相对于孔轴线的端面圆跳动公差值为 0.05 mm
	全跳动 ⌰	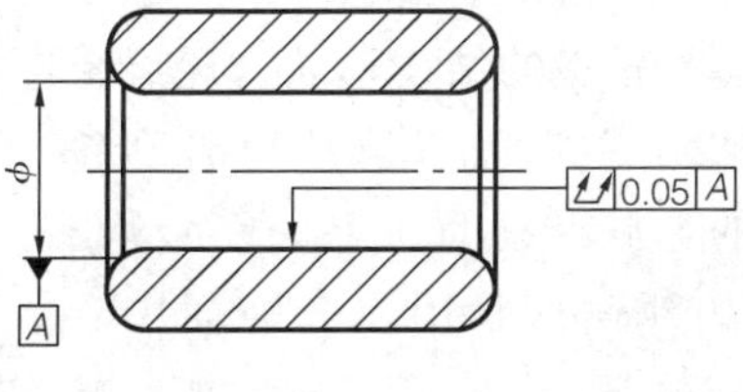 ϕ; ⌰ 0.05 A; A	孔圆柱面相对于孔轴线的径向全跳动公差值为 0.05 mm

2. 几何公差标注

(1)几何公差代号和基准符号

几何公差代号包括几何公差框格内的几何公差特征项目符号、几何公差数值和其他有关符号以及几何公差框格和指引线,如图 2-2-8(a)所示。基准符号如图 2-2-8(b)所示。

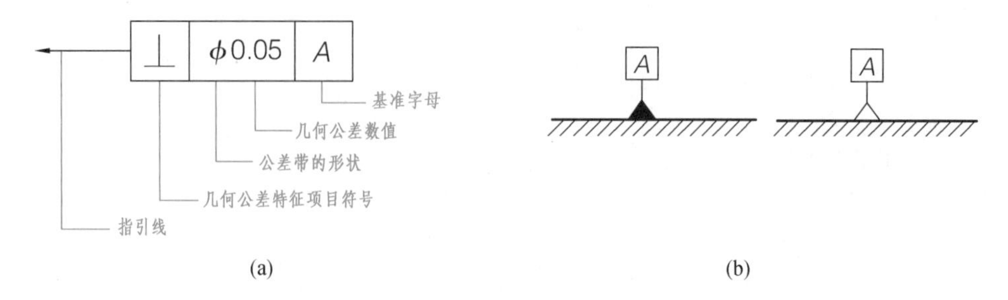

图 2-2-8　几何公差代号和基准符号

(2)提取(实际)要素和基准要素的标注示例见表 2-2-1。

3. 识读几何公差

图 2-2-6 所示轴承端盖零件图中所标注的几何公差含义如下:

| ⊥ | 0.01 | A |:圆盘左端面相对于$\phi 90_{-0.035}^{\ 0}$圆柱轴线 A 的垂直度公差值为 0.01 mm。

| ⊕ | ϕ0.05 | A | B |:六个ϕ9均布孔的轴线相对于第一基准$\phi 90_{-0.035}^{\ 0}$圆柱的轴线 A、第二基准侧平面 B 的位置度公差值为ϕ0.05 mm。

知识拓展

识读常见轮盘类零件图

轮盘类零件具有径向大、轴向小的扁平状结构。

1. 识读手轮零件图

手轮立体图如图 2-2-9 所示。

(1)看标题栏,浏览全图

如图 2-2-10 所示,由标题栏可知,零件名称为手轮,材料为灰铸铁(HT150),绘图比例为 2∶1,第一角画法等。从一组视图可知,手轮属于轮盘类零件。

(2)分析视图表达方案,想象零件形状

图 2-2-9　手轮立体图

手轮按加工位置摆放,轴线水平布置,其主体结构是带孔的同轴回转体。主视图采用相交平面剖切的全剖视图,表达了手柄的轮缘、轮辐和轮毂的结构形状。轮缘上孔的形状由局部剖视图画出。左视图可清楚地看到轮毂、轮辐、轮缘各部分之间的形状和位置关系,还可读出键槽的宽度和深度。轮辐的断面形状用重合断面图给出。综上所述,手轮由轮毂、轮辐、轮缘三部分构成。轮毂的内孔有键槽,轮辐为三等分放射状排列的杆件,截面为椭圆形。

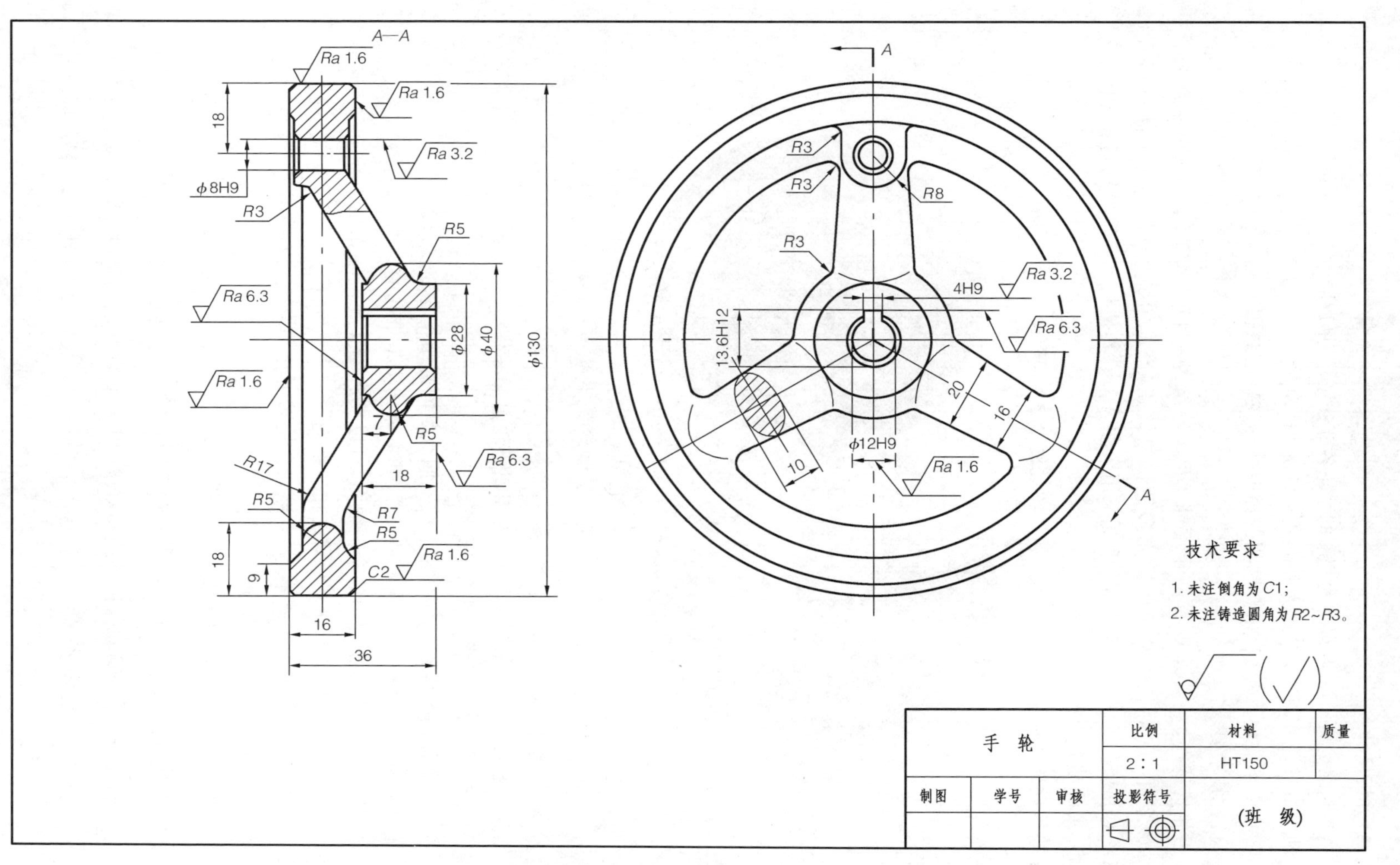
A—A
A
Ra 1.6
Ra 3.2
Ra 6.3
ϕ8H9
R3
R5
R7
R8
R17
C2
18
9
7
16
36
ϕ28
ϕ40
ϕ130
4H9
13.6H12
20
16
10
ϕ12H9
技术要求
1. 未注倒角为 C1;
2. 未注铸造圆角为 R2~R3。
手　轮
比例
2 : 1
材料
HT150
质量
制图
学号
审核
投影符号
(班　级)

图2-2-10　手轮零件图

(3)分析尺寸

径向基准是轴孔轴线,以此为基准的手轮各部分尺寸为ϕ12H9、ϕ28、ϕ40、ϕ130等。

轴向基准是左端面,以此为基准的尺寸为 16、36 等。

轴孔键槽为标准结构,请查阅相关标准并标注标准数值。

(4)看技术要求

手轮为铸件,对其外观有一定要求,因此轮缘外侧应该很光滑,*Ra* 值精度较高,如 1.6 μm、3.2 μm 等。通常使用抛光和镀镍或镀铬处理。尺寸公差要求不高,如ϕ12H9、ϕ8H9。对几何公差没有较高要求,因此采用未注公差。其他技术要求参见其零件图。

2. 识读端盖零件图

端盖立体图如图 2-2-11 所示,零件图如图 2-2-12 所示。

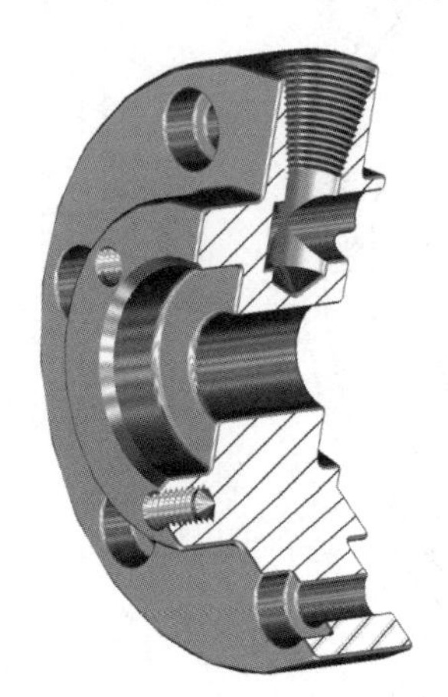

图 2-2-11　端盖立体图

(1)看标题栏,浏览全图

看标题栏略。从一组视图可知,端盖属于轮盘类零件。

(2)分析视图表达方案,想象零件形状

端盖与上述两个盘形零件结构上的不同点是内部结构比较复杂。

端盖按加工位置摆放,轴线水平布置,其主体结构是带孔的同轴回转体。

主视图采用相交平面剖切的全剖视图,可以反映端盖比较复杂的内部结构。轴孔为阶梯孔,两个ϕ10孔相贯,左下方显示螺纹孔的结构。

左视图显示端盖外形为圆形,并给出六个均布沉孔和三个均布螺纹孔的位置。

(3)尺寸标注和技术要求分析

端盖的主要尺寸基准与手轮相似。螺纹孔尺寸标注的含义将在项目 5 中介绍。

⊥ 0.040 A :ϕ90圆柱右端面相对于ϕ16H7孔轴线的垂直度公差值为 0.040 mm。

◎ ϕ0.025 A :ϕ55g6圆柱轴线相对于ϕ16H7孔轴线的同轴度公差值为ϕ0.025 mm。

由于端盖配合面较多,对尺寸公差等要求比较高,故详细内容请读者参照其零件图自行分析。

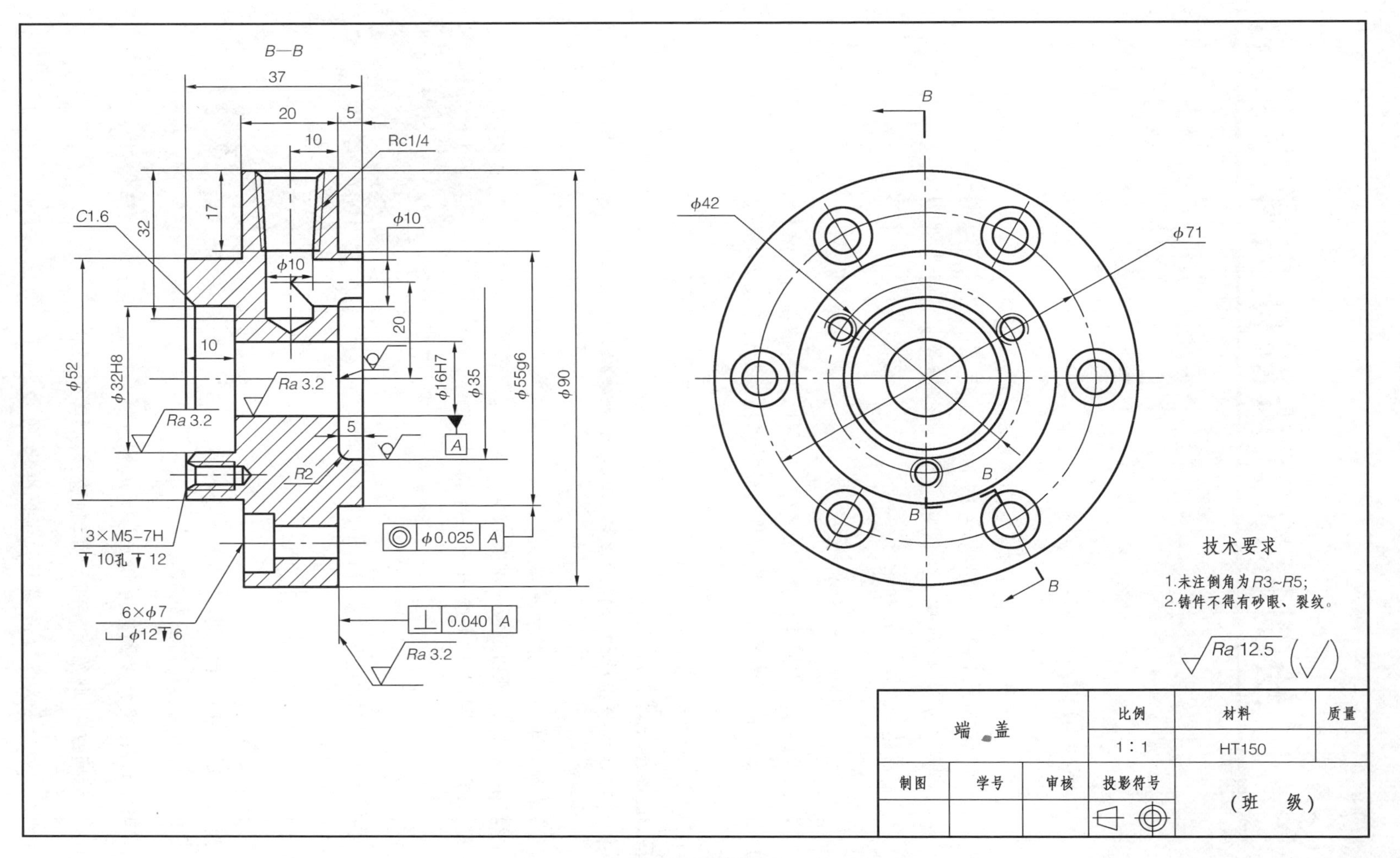

B—B
37
20
5
10
Rc1/4
C1.6
32
17
ϕ10
ϕ10
20
10
ϕ52
ϕ32H8
Ra 3.2
Ra 3.2
ϕ16H7
ϕ35
ϕ55g6
ϕ90
5
A
R2
3×M5-7H
▼10孔▼12
ϕ0.025 A
6×ϕ7
⌴ϕ12▼6
⊥ 0.040 A
Ra 3.2
B
ϕ42
ϕ71
B
B
B
技术要求
1.未注倒角为R3~R5;
2.铸件不得有砂眼、裂纹。
Ra 12.5 (√)
端　盖
比例
1:1
材料
HT150
质量
制图
学号
审核
投影符号
（班　级）

图2-2-12　端盖零件图

项目3 绘制标准直齿圆柱齿轮零件图

学习目标

了解标准直齿圆柱齿轮各部分的名称与尺寸关系；能识读和绘制单个和啮合的标准直齿圆柱齿轮；掌握齿轮测绘的方法和步骤；会使用量具测绘齿轮；了解零件热处理的表达。

齿轮在机械传动中属于应用广泛的传动零件，齿轮传动可用来传递两轴之间的运动和动力。在减速器中，一对标准直齿圆柱齿轮传动主要起传递动力、降低转速和改变旋转方向等作用。

实施步骤

（一）绘制减速器从动齿轮草图

1. 绘制视图

（1）结构组成

齿轮由轮缘、轮毂和腹板三部分组成。轮缘上有若干个轮齿，腹板上有四个孔，轮毂孔有一个键槽，如图 2-3-1 所示。

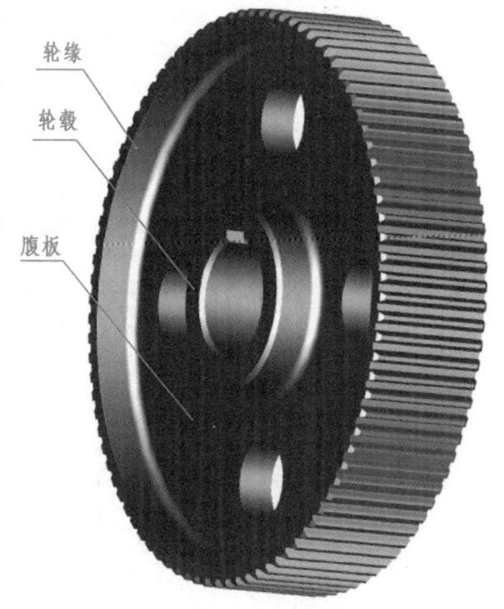

图 2-3-1　标准直齿圆柱齿轮

（2）名称代号

标准直齿圆柱齿轮各部分的名称及代号如图 2-3-2 所示。

（3）主要参数和几何尺寸计算

①主要参数

齿轮主要参数有齿数、模数和齿形角。

●齿数 z：齿轮上轮齿的数目。

●模数 m：齿轮分度圆的周长 $\pi d=zp$，则 $d=\frac{p}{\pi}\cdot z$。式中，π 为无理数，由此给齿轮的计算、制造、检测等带来麻烦，因此人为规定 $\frac{p}{\pi}$ 为模数 m，并且已经标准化，见表 2-3-1。

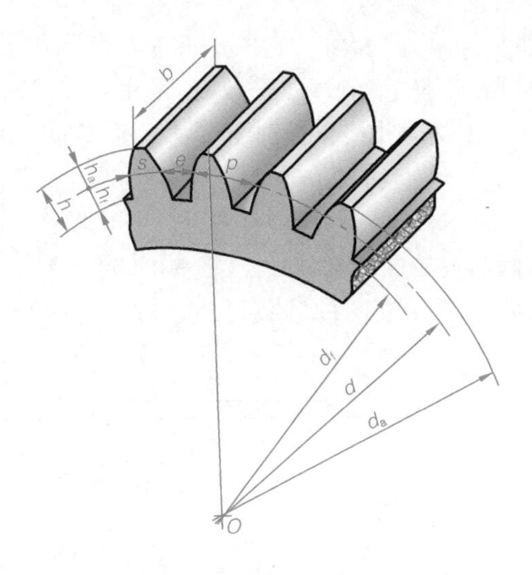

图 2-3-2　标准直齿圆柱齿轮各部分的名称及代号

表 2-3-1　　通用机械用圆柱齿轮模数标准(摘自 GB/T 1357—2008)　　mm

第一系列	1	1.25	1.5	2	2.5	3	4	5	6	8	10	12
第二系列	1.125	1.375	1.75	2.25	2.75	3.5	4.5	5.5	(6.5)	7	9	11

注:1. 对斜齿圆柱齿轮是指法向模数。

2. 选用模数时,应优先采用第一系列,其次是第二系列,括号内的模数尽量不用。

●齿形角 α:过齿廓曲线与分度圆的交点作齿廓曲线的切线,该切线与齿轮的径向线所夹的锐角即齿形角,如图 2-3-3 所示。齿形角已标准化,国标规定为 20°。

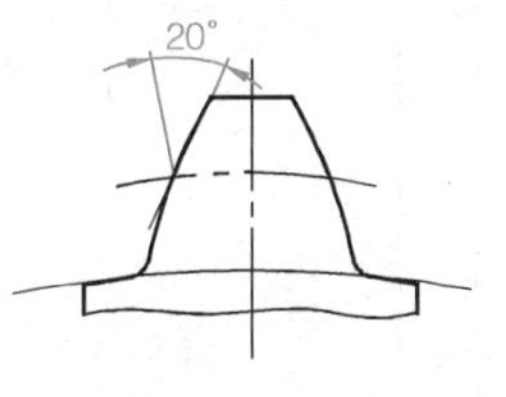

图 2-3-3　齿形角

分度圆是设计的基本尺寸,它是具有标准模数、标准齿形角的圆。

国标还规定了齿顶高系数 $h_a^*=1$,顶隙系数 $c^*=0.25$。

②常用外啮合标准直齿圆柱齿轮的几何尺寸计算公式见表 2-3-2。

表 2-3-2　　常用外啮合标准直齿圆柱齿轮的几何尺寸计算公式

名　称	代　号	计算公式
分度圆直径	d	$d=mz$
齿顶圆直径	d_a	$d_a=d+2h_a=m(z+2)$
齿根圆直径	d_f	$d_f=d-2h_f=m(z-2.5)$
齿顶高	h_a	$h_a=h_a^* m=m$
齿根高	h_f	$h_f=(h_a^*+c^*)m=1.25m$
齿高	h	$h=h_a+h_f=2.25m$
齿距	p	$p=\pi m$
齿厚	s	$s=\frac{\pi m}{2}$
齿槽宽	e	$e=\frac{\pi m}{2}$
中心距	a	$a=\frac{d_1}{2}+\frac{d_2}{2}=\frac{m}{2}(z_1+z_2)$

(4)视图表达方案分析

齿轮主视图按照工作位置选择，沿轴线水平放置，采用全剖视图表达孔、轮毂、腹板和轮缘的结构，键槽在轴线的上方。左视图表达键槽的尺寸、形状以及齿轮中主要结构的相对位置。

(5)画视图

①布置视图的位置并画出齿轮的轮廓线

在中间偏上位置画主视图和左视图的轴线(细点画线)，然后画出齿轮的轮廓线，如图2-3-4所示。

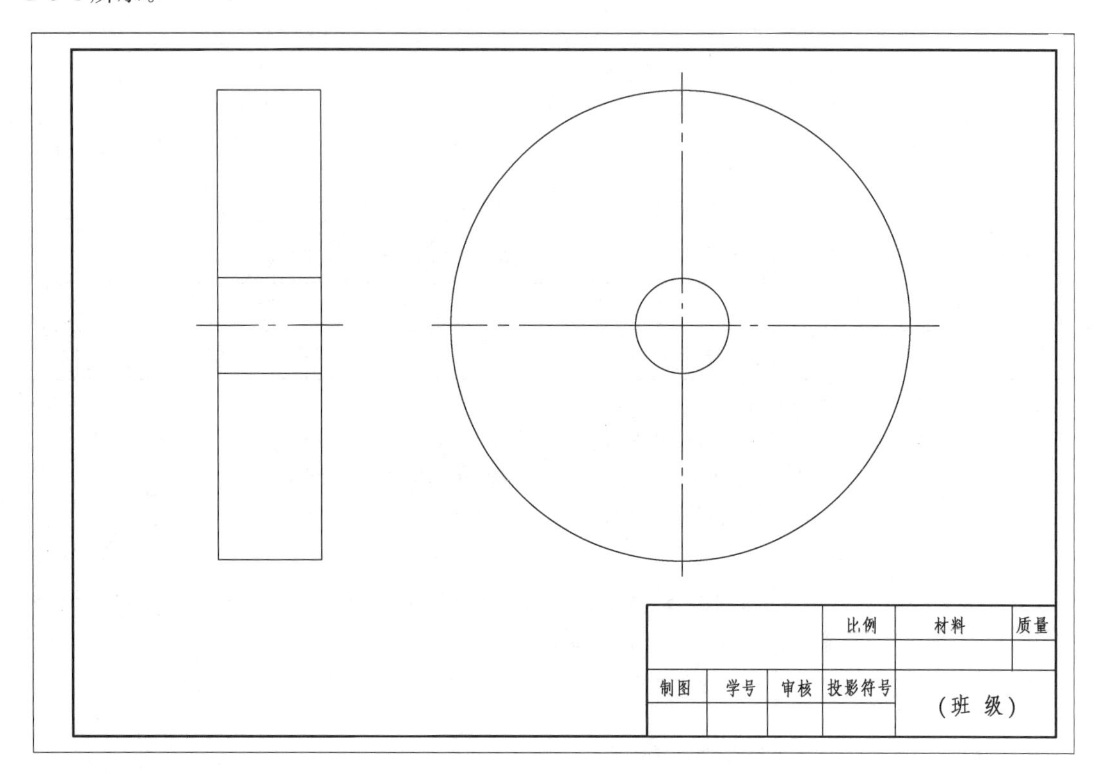

图2-3-4 绘制标准直齿圆柱齿轮零件图(1)

②画一组视图

如图2 3-5所示，国家标准(GB/T 4459.2—2003)对单个圆柱齿轮的画法作了如下规定：

- 齿顶圆和齿顶线用粗实线绘制；分度圆和分度线用细点画线绘制；齿根圆和齿根线用细实线绘制或省略不画。
- 在剖视图中，齿根线用粗实线绘制，轮齿部分不画剖面线。
- 对于斜齿或人字齿圆柱齿轮，可用三条细实线表示，齿轮的其他结构按投影画出。

按规定画法绘制左视图分度圆和齿根圆等并兼顾主视图，然后补充细节，完成一组视图，如图2-3-6所示。

2. 尺寸标注与测量

(1)画尺寸界线和尺寸线

依次画出径向和轴向的尺寸界线和尺寸线，其中齿根圆直径不标注。

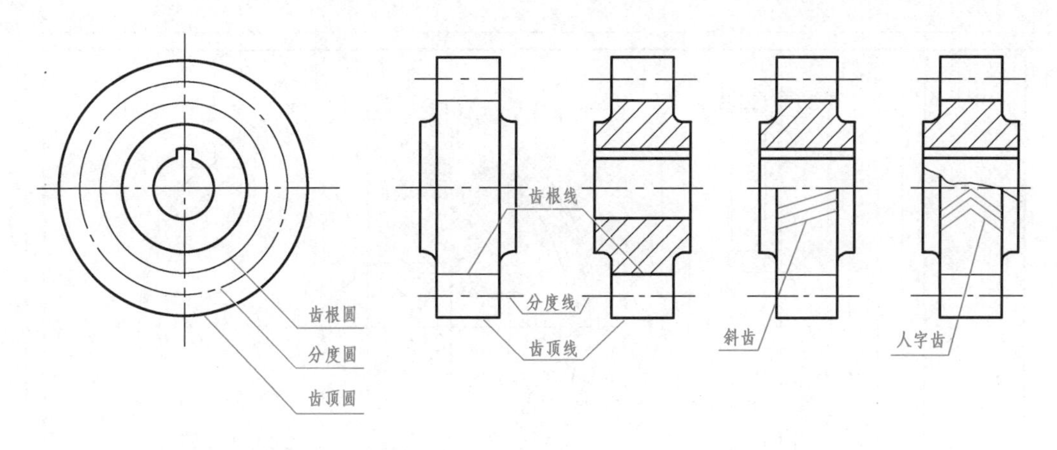

图 2-3-5　单个圆柱齿轮的规定画法

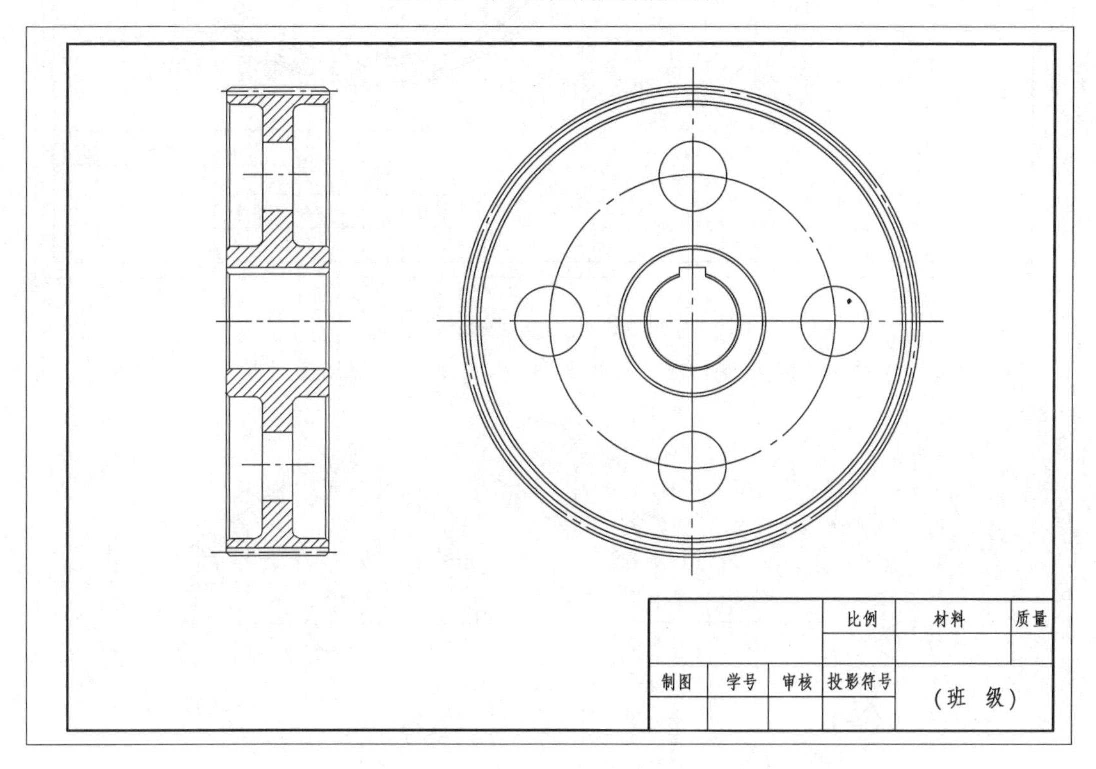

图 2-3-6　绘制标准直齿圆柱齿轮零件图(2)

注意:齿轮分度圆虽然不能直接测量,但由于它是设计的基本尺寸,故应标注在零件图上;键槽的尺寸线应按照国标画出,如图 2-3-7 所示。

选择尺寸基准:齿轮零件图上的尺寸按回转件的尺寸标注。径向尺寸基准为轮毂孔轴线,轴向尺寸基准为齿轮端面。

(2)测量尺寸

齿轮的尺寸通过测量和计算得到,常用的量具有游标卡尺、千分尺和公法线千分尺等。

①测量齿顶圆直径并计算模数和分度圆直径

当齿数为偶数时,直接测量齿顶圆直径,如图 2-3-8(a)所示。

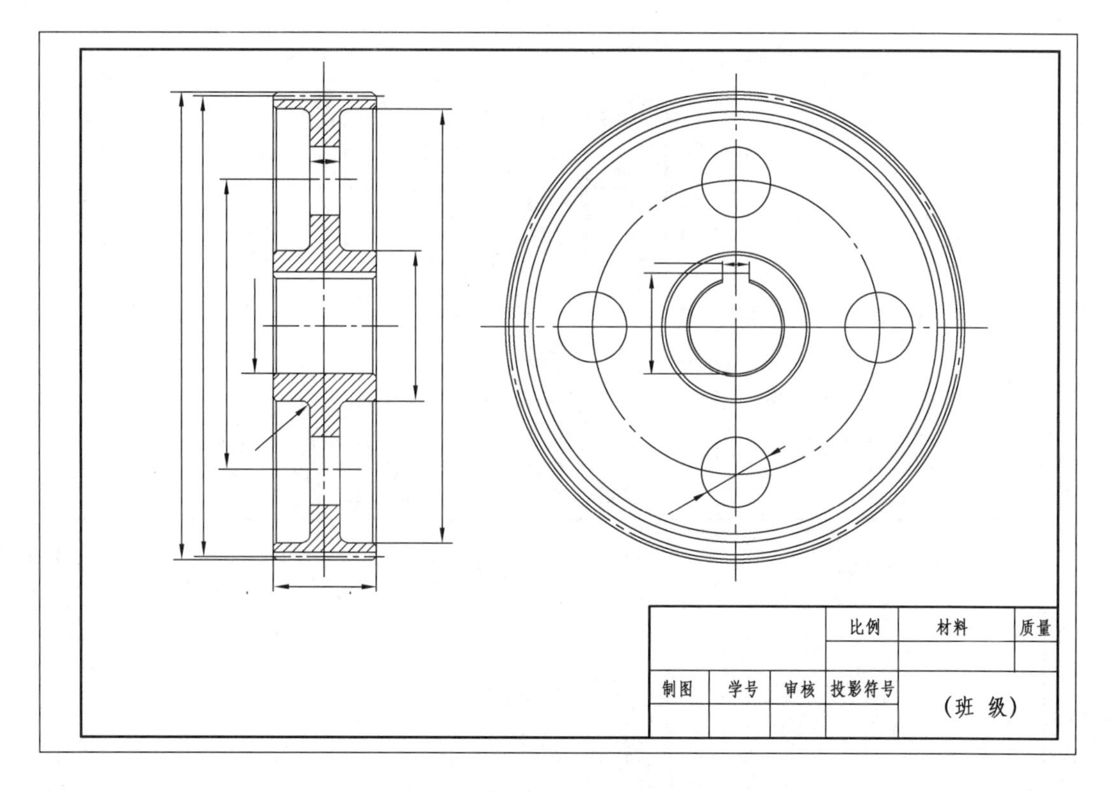

图 2-3-7 绘制标准直齿圆柱齿轮零件图(3)

当齿数为奇数时,采用间接测量法分别测出 D_k 和 H,然后计算齿顶圆直径 $d'_a=2H+D_k$,如图 2-3-8(b)所示。

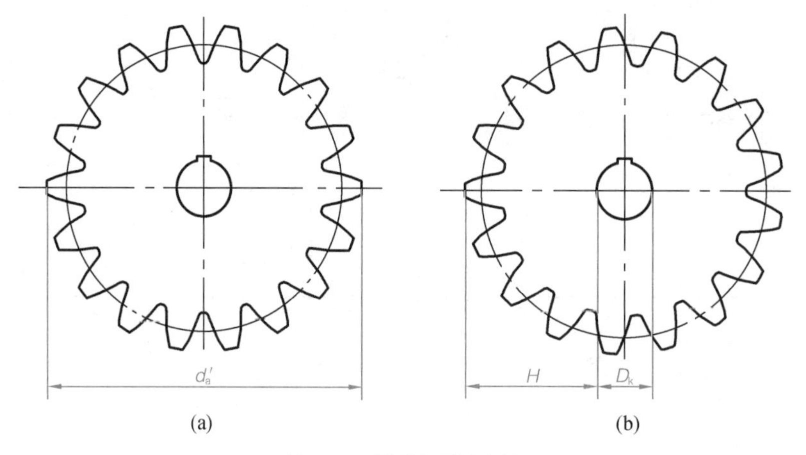

图 2-3-8 测量齿顶圆直径

具体步骤如下:

第一步,数出齿数 $z=135$。

第二步,采用奇数测量方法测量齿顶圆直径。应在不同位置各测三次,将测量结果填入表 2-3-3 中并求平均值。

表 2-3-3　　　　　　　　　**奇数测量法**

项　目 \ 次　数	测量 1	测量 2	测量 3	平均值
H	109.49	109.53	109.51	109.51
D_k	55.12	54.98	55.07	55.06

$$d_a' = 2H + D_k = 2 \times 109.51 + 55.06 = 274.08 \text{ mm}$$

第三步，求模数 m：

因
$$d_a' = m(z+2)$$

故
$$m = \frac{d_a'}{z+2} = \frac{274.08}{135+2} = 2.00 \text{ mm}$$

查表 2-3-1 取 $m = 2$ mm。

第四步，计算分度圆直径 d 和齿顶圆直径 d_a：

$$d = mz = 270 \text{ mm}$$

$$d_a = d + 2h_a = m(z+2) = 2 \times (135+2) = 274 \text{ mm}$$

②测量并计算齿轮的其他各部分尺寸

各圆的直径分别为ϕ55、ϕ88、ϕ254等，轴向尺寸为 62 等，键槽宽为 16、深为 4.3。

3. 技术要求

该齿轮的技术要求如图 2-3-9 所示。

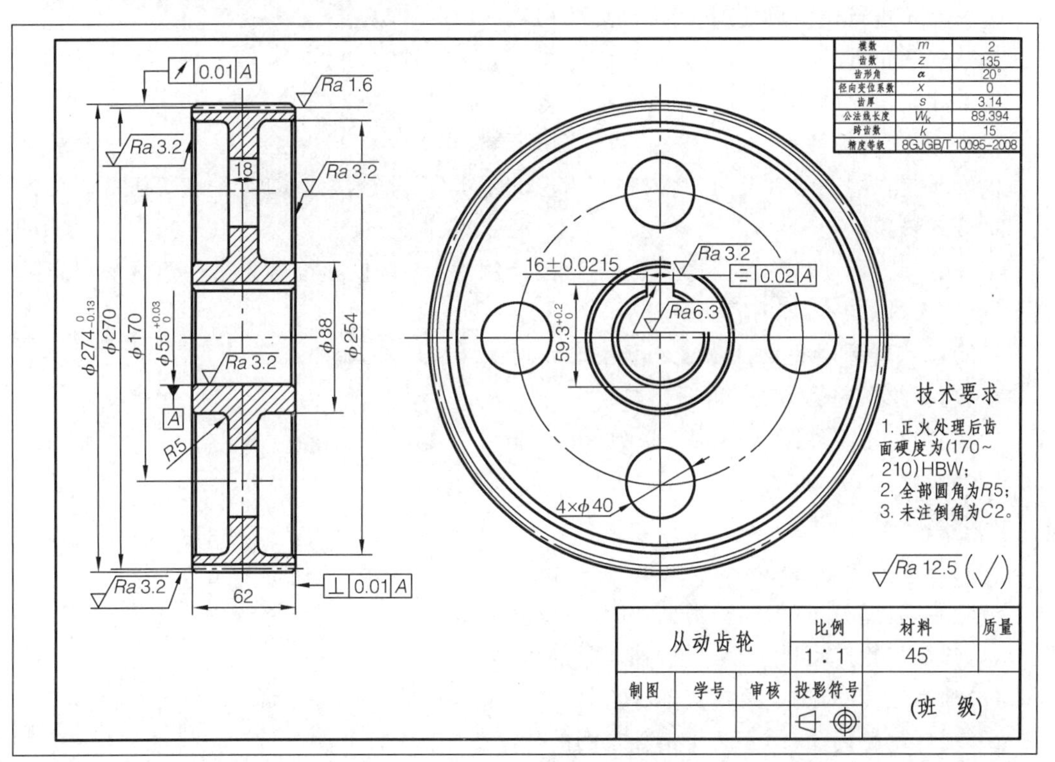

图 2-3-9　绘制标准直齿圆柱齿轮零件图(4)

(1)表面粗糙度、尺寸公差和几何公差要求

①表面粗糙度和尺寸公差要求(见表 2-3-4)

表 2-3-4 表面粗糙度和尺寸公差要求

	尺寸公差(公差带代号)	上极限偏差	下极限偏差	表面粗糙度
齿顶圆	$\phi 274_{-0.13}^{\ 0}$ (ϕ274h9)	0	−0.13	*Ra* 3.2
轮毂孔	$\phi 55_{\ 0}^{+0.03}$ (ϕ55H7)	+0.03	0	*Ra* 3.2
键槽宽度(两侧面)	16±0.0215	+0.0215	−0.0215	*Ra* 3.2
轮毂键槽深度(底面)	$59.3_{\ 0}^{+0.2}$	+0.2	0	*Ra* 6.3
分度圆	—	—	—	*Ra* 1.6

②几何公差要求

| ↗ | 0.01 | A |:齿顶圆柱面对基准 *A* 的径向跳动公差值为 0.01 mm。

| ⊥ | 0.01 | A |:齿轮右端面对基准 *A* 的垂直度公差值为 0.01 mm。

| ⌯ | 0.02 | A |:键槽两侧面的对称中心平面对基准 *A* 的对称度公差值为 0.02 mm。

(2)文字技术要求

①对齿轮进行正火热处理,齿面硬度为(170～210)HBW。

②全部圆角 *R*5。

③未注倒角 *C*2。

(3)齿轮啮合特性表

该表布置在图纸的右上角,其内容有齿轮的基本参数、公法线长度、精度等级等。

4. 填写标题栏

零件名称为从动齿轮,材料为 45 钢,绘图比例为 1∶1,投影符号为第一角画法,另还有制图、审核人员的签名等内容。

(二)画齿轮零件图

(1)选择绘图比例为 1∶1,图幅 A2。

(2)绘制齿轮零件图,如图 2-3-9 所示。

相关知识

(一)齿轮传动

齿轮传动比较典型的三种类型如图 2-3-10 所示。

(1)圆柱齿轮传动:用于两平行轴之间的传动。

(2)锥齿轮传动:用于两相交轴(两轴夹角通常是 90°)之间的传动。

(3)蜗杆蜗轮传动:用于两交错轴之间的传动。

一对外啮合标准直齿圆柱齿轮的标准中心距为:

$$a=r_1+r_2=\frac{m(z_1+z_2)}{2}$$

(二)一对圆柱齿轮啮合的规定画法

一对圆柱齿轮啮合的规定画法的关键是啮合区的画法,其他部分仍按单个圆柱齿轮的规定画法绘制。

1. 投影为圆的视图

在投影为圆的视图中,两齿轮的节圆(即处于相切位置的两个分度圆)画细点画线,啮合区内的齿顶圆均画粗实线(图 2-3-11(a)),也可以省略不画(图 2-3-11(b))。

2. 非圆投影的剖视图

在非圆投影的剖视图中,两齿轮节线重合,用细点画线绘出,齿根线画粗实线。齿顶线的画法是将一个齿轮的齿顶视为可见,画粗实线;另一个齿轮的齿顶被遮住部分画细虚线(图2-3-11(a)),也可省略不画。

3. 非圆投影的外轮廓视图

图 2-3-10 齿轮传动的类型

在非圆投影的外轮廓视图中,啮合区的齿顶线和齿根线不必画出,节线画成粗实线(图2-3-11(c)、图 2-3-11(d))。

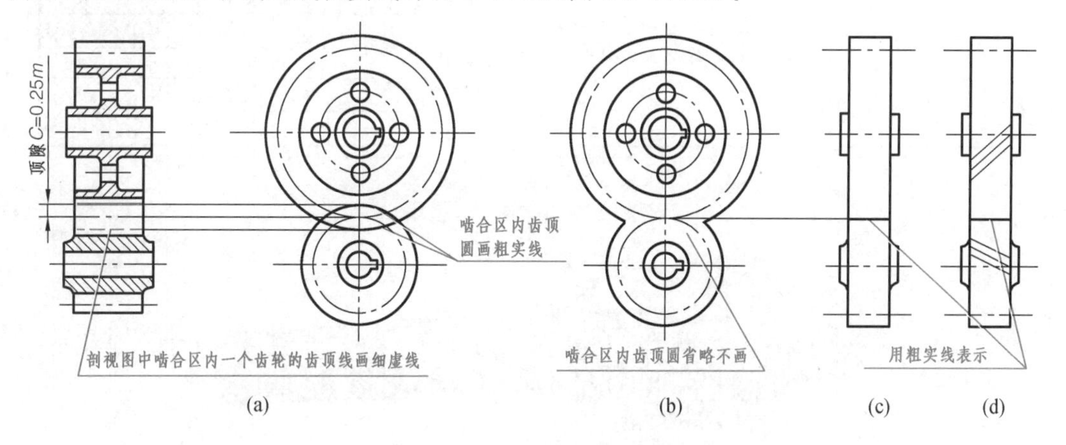

图 2-3-11 一对圆柱齿轮啮合的规定画法

(三)识读减速器齿轮轴零件图(图 2-3-12(a))

1. 看标题栏,浏览全图

看标题栏略。从主视图可知,该减速器齿轮轴属于轴套类零件。

2. 分析视图表达方案,想象零件形状

该减速器齿轮轴的视图与轴套类零件图相似。其轴线水平布置,采用了一个主视图,表达了主体结构和键槽的类型特征等;一个移出断面图表达了键槽的截面形状。

3. 分析尺寸

该减速器齿轮轴的尺寸按回转件的尺寸标注。径向尺寸以齿轮轴线为基准,轴向尺寸以端面为基准,按不同的要求分别注出,其中尺寸 65 是齿轮工作部位(齿轮宽度)的轴向定

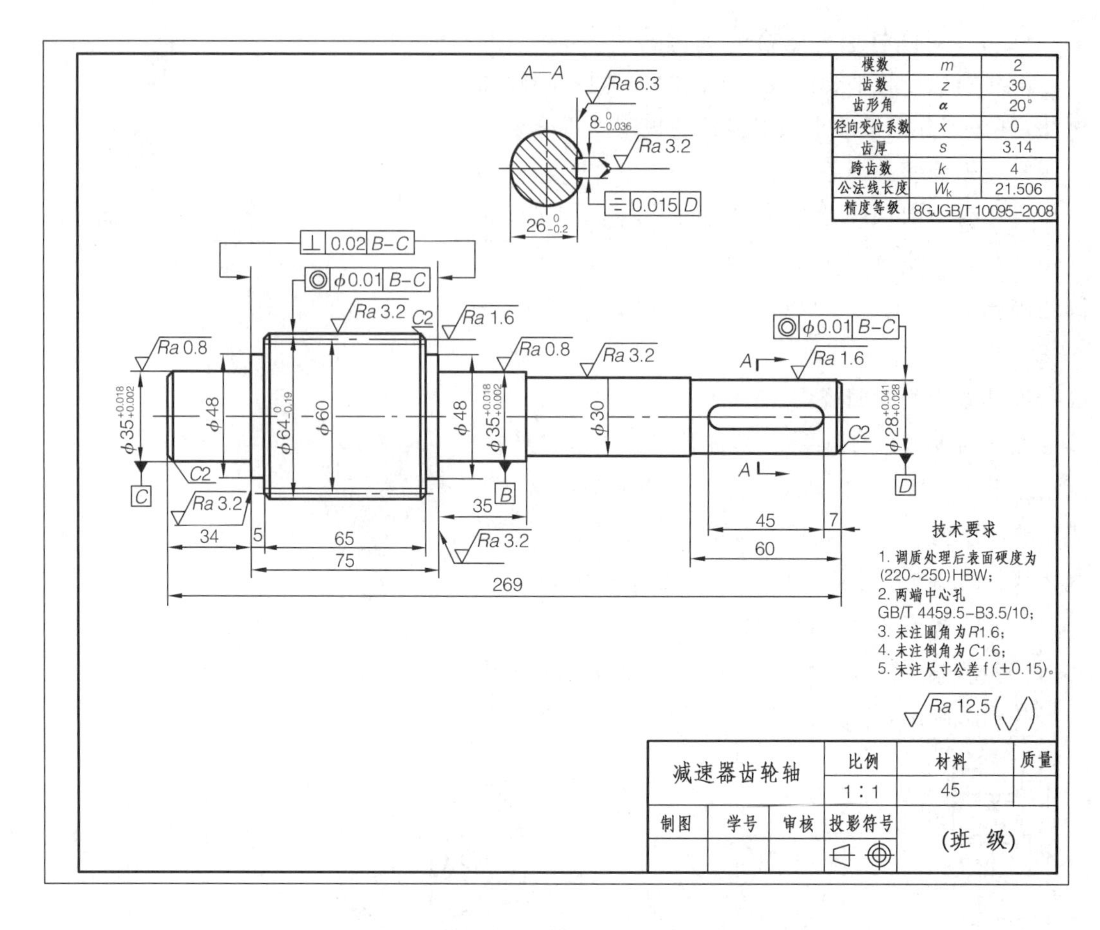

(a)零件图

(b)立体图

图 2-3-12 减速器齿轮轴

形尺寸。

其他详细内容请读者根据零件图自行分析。

知识拓展

外径千分尺(以下简称千分尺)是一种较为精密的量具,其测量精度为 0.01 mm,一般可检测尺寸公差的等级为 IT8～IT11。

1. 千分尺的构造

如图 2-3-13 所示,千分尺由尺架 1、固定测量砧座 2、测微螺杆 3、固定套筒 4、微分筒 5、测力控制装置6、锁紧装置7组成。测量工件时，旋转带刻度的微分筒，使测微螺杆轴向移动，当固定测量砧座和测微螺杆快要接触到工件时，改为旋转测力控制装置的旋钮。当接触到工件并达到一定测量力时，测力控制装置内部发出打滑的“咔、咔”跳动声，按此时得到的尺寸进行读数。也可以旋转锁紧装置，锁紧后移开工件进行读数。

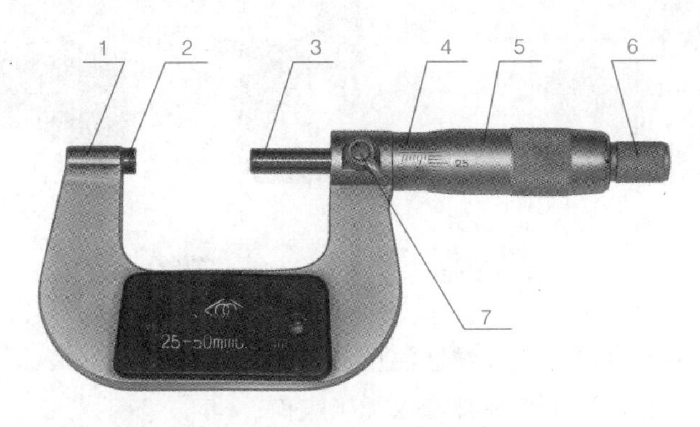

图2-3-13　千分尺的构造

1—尺架；2—固定测量砧座；3—测微螺杆；4—固定套筒；5—微分筒；6—测力控制装置；7—锁紧装置

2. 千分尺的读数方法

千分尺的读数方法如图2-3-14所示。

第一步，在固定套筒上读出其与微分筒边缘露出部分的刻度值(包括整毫米数和半毫米数)。

第二步，在微分筒上读出其与固定套筒基准线对齐的刻度值。

第三步，将以上两部分相加，即得所测量尺寸的数值。

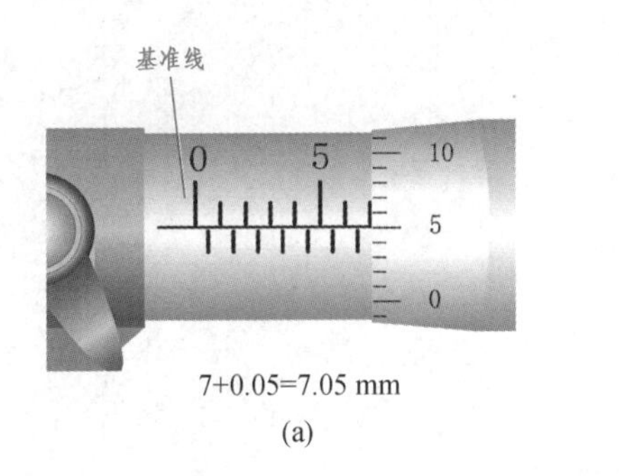

(a)

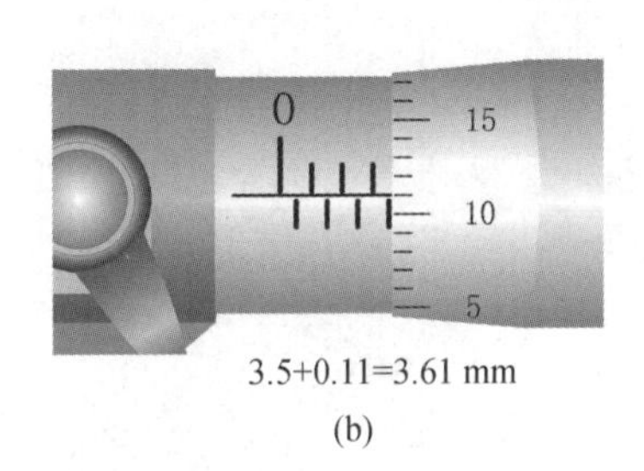

(b)

图2-3-14　千分尺的读数方法

3. 使用千分尺的注意事项

(1)应保持测量面的清洁。

(2)使用前应检查微分筒的零线，使其与固定套筒的基准线对齐。

(3)测量时应注意千分尺的正确使用方法，先转动微分筒，当测量面接近工件时，必须改为转动测力控制装置，直到发出“咔、咔”声为止，以控制测量力，如图2-3-15所示。

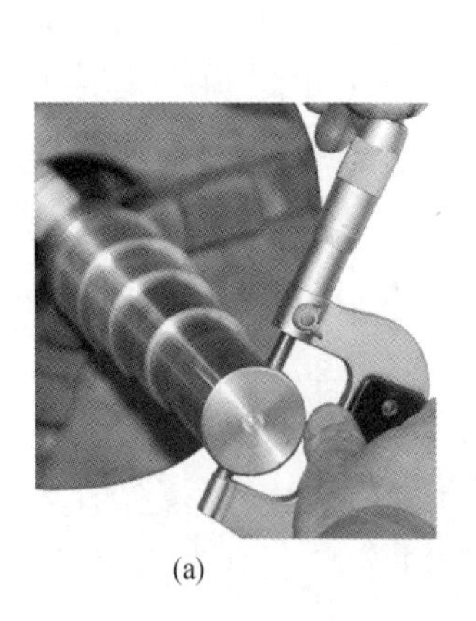
(a)

(b)

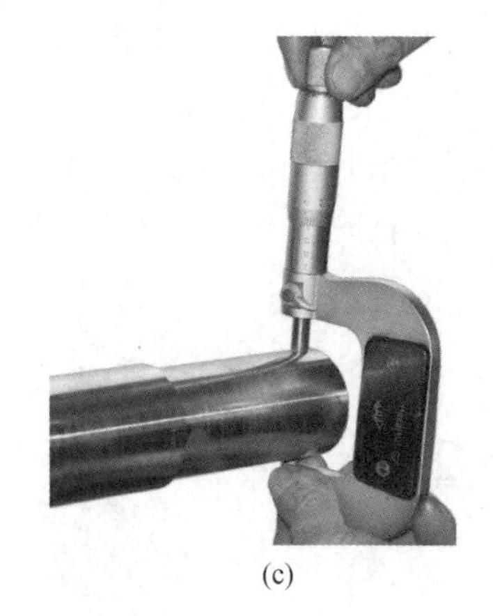
(c)

图 2-3-15 千分尺的正确使用方法

(4)测量时要将千分尺放正并注意温度的影响。

(5)不应使用千分尺测量毛坯件和未加工表面。

(6)不能在工件转动时进行测量。

项目4 识读减速器箱座零件图

学习目标

会识读中等复杂程度的典型零件图(箱体类和叉架类);理解斜度和锥度的概念,掌握其画法和标注方法;了解零件图中常见工艺结构的画法和尺寸注法。

箱座是减速器中的主要零件,其结构较复杂。它的主要作用是容纳和支承传动件,如轴、轴承和齿轮。

识读箱座零件图的目的是根据零件图构思箱座的结构形状,同时了解箱座在减速器中的作用,读解其尺寸和技术要求,以便在制造箱座时采用合理的加工方法。

下面开始识读图 2-4-1 所示的减速器箱座零件图。

实施步骤

1. 看标题栏,浏览全图

由标题栏可知,零件名称为减速器箱座,材料为 HT200,绘图比例为 1∶1,第一角画法等。

2. 分析视图表达方案,想象零件形状

通过浏览箱座零件图,构思箱座的结构形状。由结构特征可知该箱座属于箱体(壳)类零件,主要由底板、箱壳、箱孔、沉孔等结构组成。

箱体类零件形状比较复杂,需要在不同的机床上加工,主视图一般按工作位置摆放,由于内、外形体结构较复杂,故在一组视图中采用多种表达方法。

主视图选择:五个局部剖视图,一个移出断面图,一个 D 向斜视图,一个 E 向局部视图。

左视图选择:半剖视图,一个局部剖视图,一个重合断面图。

俯视图选择:基本视图(外轮廓图)。

3. 看各视图,细分析结构(参见项目 1 中减速器立体图)

如图 2-4-2 所示,该箱座的主体结构为长方形大空腔壳体。上平面的四角为圆角,在箱座上六个凸台处各有一个ϕ17的螺栓孔,两边凸缘处各有两个ϕ11的螺栓孔;底板是带有大圆角的长方形,底部有长方形的通槽。

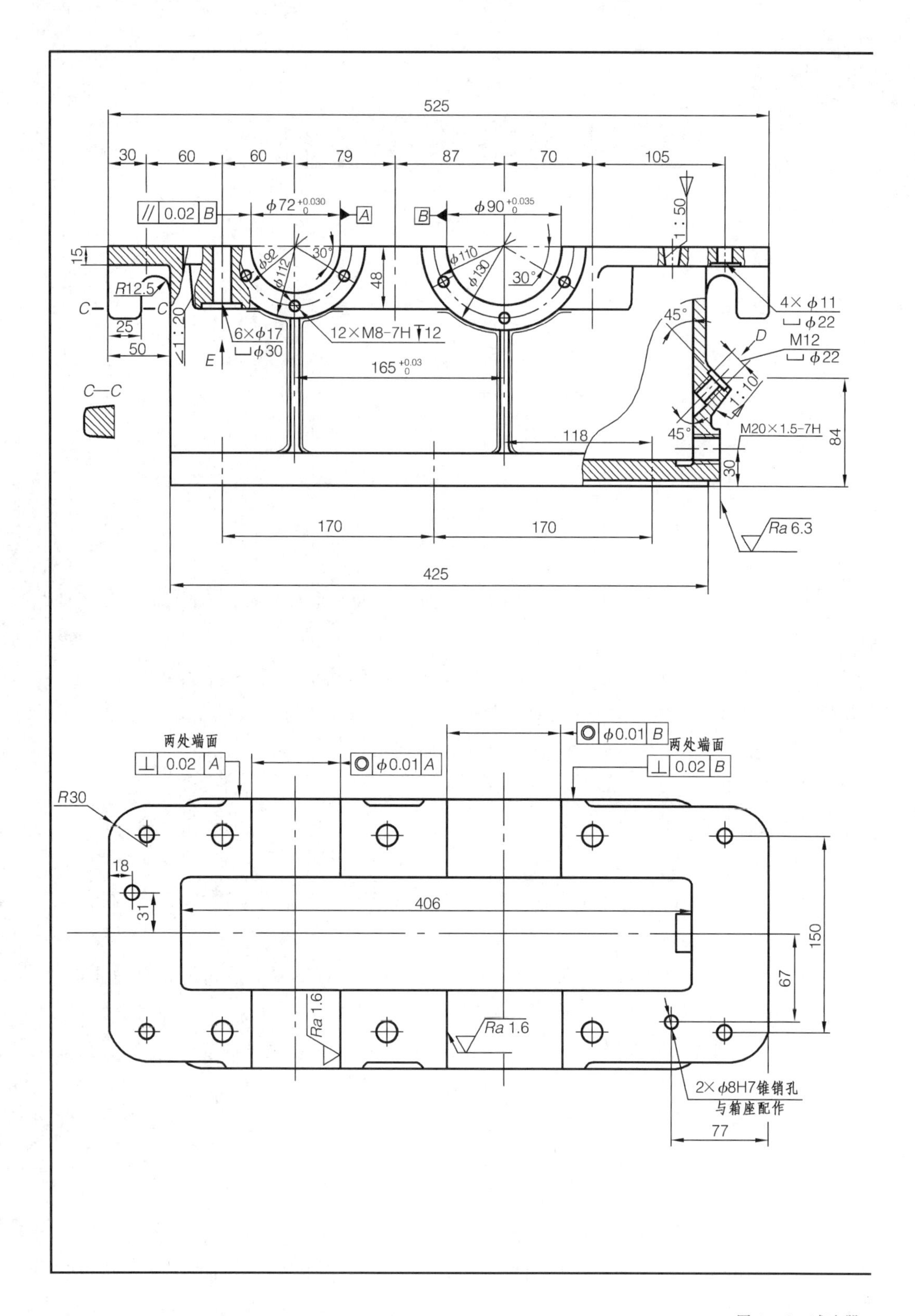

525
30
60
60
79
87
70
105
// 0.02 B
φ72 +0.030 0
A
B
φ90 +0.035 0
1:50
φ92
φ112
30°
48
φ110
φ130
30°
15
R12.5
C—C
25
50
1:20
6×φ17
⌴φ30
E
12×M8-7H↧12
165 +0.03 0
4×φ11
⌴φ22
45°
D
M12
⌴φ22
1:10
C—C
118
45°
M20×1.5-7H
84
30
Ra 6.3
170
170
425
两处端面
⊥ 0.02 A
◎ φ0.01 A
◎ φ0.01 B
两处端面
⊥ 0.02 B
R30
18
31
406
150
67
Ra 1.6
Ra 1.6
2×φ8H7锥销孔
与箱座配作
77

图 2-4-1 减速器

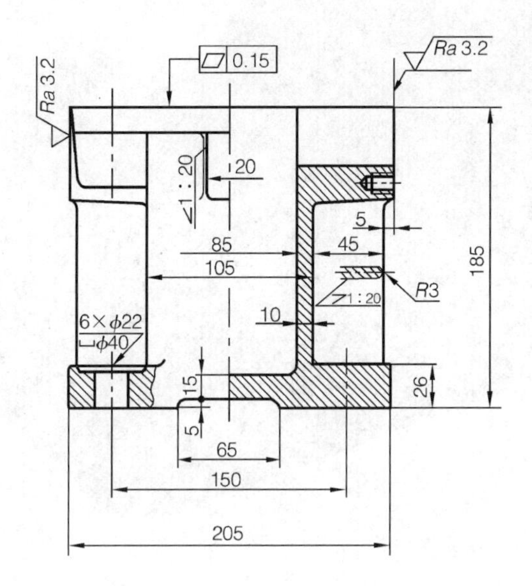

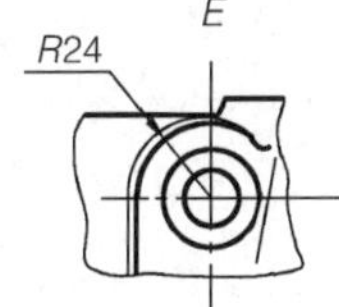

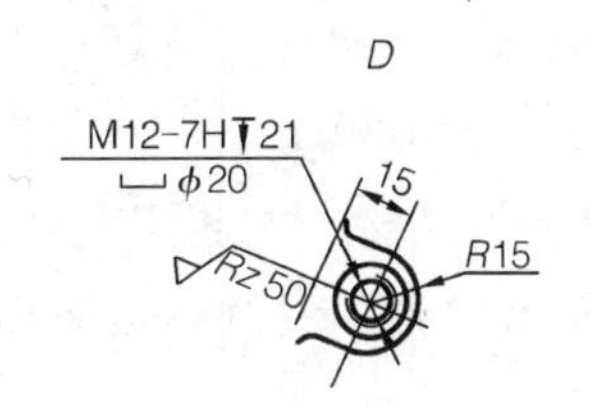

技术要求

1.铸造不允许有气孔、疏松、裂纹等缺陷；
2.箱座铸成后应进行喷砂处理。应清理铸件飞边，并进行时效处理或正火处理；
3.箱盖和箱座合箱后边缘应平齐，互相错位每边不大于2 mm；
4.用0.5 mm塞尺检查与箱盖结合处的密封性，深度不得大于剖分面宽度的三分之一，用涂色法检查接触面积达到每平方厘米不少于一个斑点；
5.与箱盖连接后，打上定位销进行镗孔；
6.未注明的铸造起模斜度为1∶50；
7.铸造圆角为R3~R5；
8.全部倒角为C2；
9.箱座不得漏油。

Rz 25 (√)

<table>
<tr><td colspan="3" rowspan="2">减速器箱座</td><td>比例</td><td>材料</td><td>质量</td></tr>
<tr><td>1∶1</td><td>HT200</td><td></td></tr>
<tr><td>制图</td><td>学号</td><td>审核</td><td>投影符号</td><td colspan="2" rowspan="2">(班　级)</td></tr>
<tr><td></td><td></td><td></td><td></td></tr>
</table>

箱座零件图

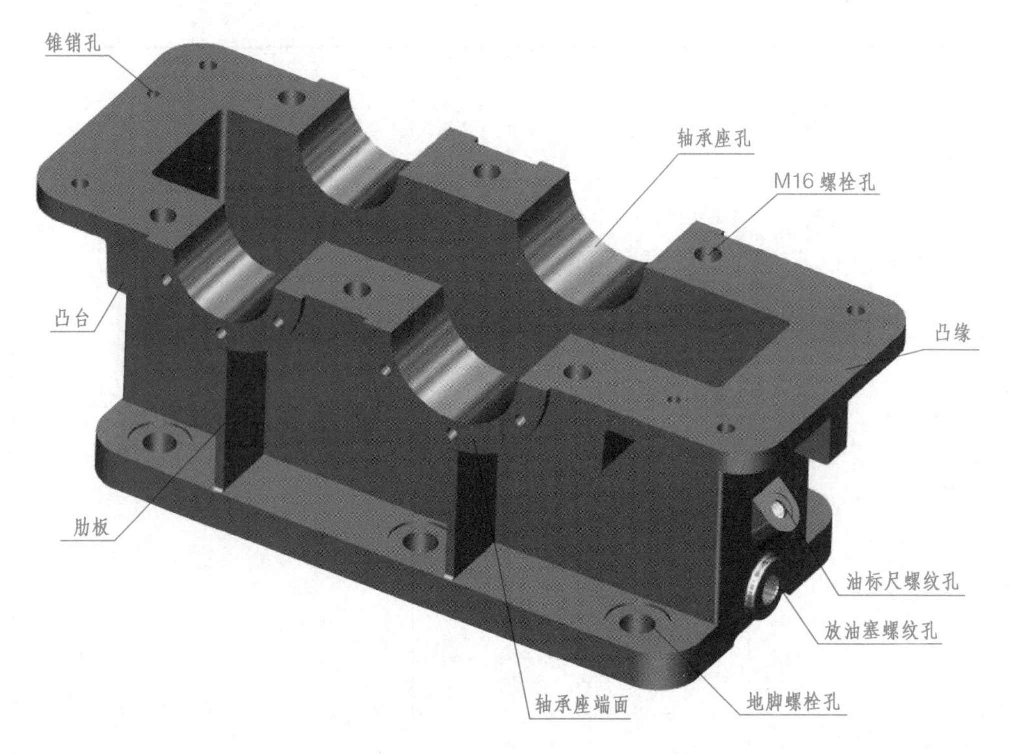

图 2-4-2 减速器箱座立体图

(1)主视图

主视图表达了箱座主要的形状特征及重要部位的相对位置关系。箱座上半部$\phi72$、$\phi90$的两个半圆孔用来支承轴承,即为轴承座孔,轴承座孔下面是加强肋板。正前方两个端面上的 M8 螺纹孔用于与轴承端盖连接,底板上用细点画线标出地脚螺栓的位置。右侧有三处局部剖开,其中右下方的一处给出了箱座壁厚、放油塞螺纹孔(M20×1.5-7H)、油标尺螺纹孔(M12)的结构,另外两处分别表示$\phi8$锥销孔和$\phi11$螺栓孔的结构。左侧有两处局部剖开,一处显示凸台内$\phi17$螺栓孔的结构,另一处给出凸缘和箱壁结构。左侧移出断面图表示出吊钩的截面形状。

(2)俯视图

俯视图进一步表达了箱座主要的形状特征及主要部分的相对位置关系,可以看到箱座内腔形状,并可准确读出四个轴承座孔的位置、轴承座孔两旁凸台上六个螺栓孔的位置以及凸缘上四个螺栓孔和两个锥销孔的位置。

(3)左视图

左视图采用半剖视图,清楚地表达了箱座底面与侧面相互垂直的内腔结构,给出了箱座的底厚(15 mm)和壁厚(10 mm),进一步显示了箱座的形体结构。其前面的移出断面图表达了肋板的截面形状,其后下方底板局部剖开表明了地脚螺栓孔($\phi22$)的结构和安装位置。

(4)其他视图

D 向斜视图表达了油标尺螺纹孔端面的形状,*E* 向局部视图表达了轴承座两旁凸台下表面的形状。

4. 看尺寸标注

小轴承座孔($\phi72$)的轴线为长度方向的主要尺寸基准。轴线左侧的尺寸依次为60 mm、60 mm、30 mm,右侧的尺寸为 79 mm。大轴承座孔(ϕ 90)的轴线为长度方向的辅助尺寸基准,轴线右侧的尺寸依次为 70 mm、105 mm,左侧的尺寸为 87 mm。

箱座前后对称中心面为宽度方向的主要尺寸基准,依次读出宽度尺寸为 85 mm、105 mm、150 mm、205 mm 等。

箱座的底面为高度方向的主要尺寸基准,可读出高度尺寸为 30 mm、84 mm、26 mm、185 mm。

另外,图中标注 $\frac{6\times\phi22}{⌴\phi40}$、12×M8-7H↧12、$\frac{2\times\phi8H7\text{锥销孔}}{\text{与箱座配作}}$、∠ 1:20、▷ 1:10 的含义将在本项目“相关知识”中介绍。

5. 看技术要求

箱体的技术要求重点在轴承座孔部分,其表面粗糙度、尺寸公差和几何公差都直接影响减速器的装配质量和使用性能。

(1)表面粗糙度要求

轴承座孔表面的 Ra 值为 1.6 μm,轴承座端面的 Ra 值为 3.2 μm,放油塞螺纹孔端面的 Ra 值为 6.3 μm,其余加工面的 Rz 值为 25 μm。

(2)尺寸公差要求

轴承座孔中心距为 $165^{+0.03}_{0}$,轴承座孔尺寸为$\phi72^{+0.030}_{0}$(ϕ 72H7)、$\phi90^{+0.035}_{0}$(ϕ 90H7),销孔尺寸为ϕ 8H7。

(3)几何公差要求

[⏥ | 0.15]:箱座上表面的平面度公差值为 0.15 mm。

两处端面 [⊥ | 0.02 | A]:框格箭头所指的轴承座前后两个端面对$\phi72^{+0.030}_{0}$半圆孔轴线的垂直度公差值为0.02 mm。

两处端面 [⊥ | 0.02 | B]:框格箭头所指的轴承座前后两个端面对$\phi90^{+0.035}_{0}$半圆孔轴线的垂直度公差值为 0.02 mm。

[// | 0.02 | B]:$\phi72^{+0.030}_{0}$轴线相对$\phi90^{+0.035}_{0}$轴线的平行度公差值为 0.02 mm。

[◎ | ϕ0.01 | A]:后端面$\phi72^{+0.030}_{0}$轴承座半圆孔轴线对前端面半圆孔轴线的同轴度公差值为ϕ0.01 mm。

[◎ | ϕ0.01 | B]:后端面$\phi90^{+0.035}_{0}$轴承座半圆孔轴线对前端面半圆孔轴线的同轴度公差值为ϕ0.01 mm。

(4)其他技术要求

①铸造不允许有气孔、疏松、裂纹等缺陷。

②箱座铸成后应进行喷砂处理。应清理铸件飞边，并进行时效处理或正火处理。

③与箱盖连接后应打上定位销，然后进行镗孔。

④铸造圆角为 $R3 \sim R5$。

⑤全部倒角为 $C2$。

⑥未注铸造起模斜度为 1∶50 等。

相关知识

(一)零件上常见结构的尺寸标注

1. 斜度和锥度的标注

(1)斜度

一直线(平面)对另一直线(平面)的倾斜程度称为斜度，在零件图上以 1∶n 的形式标注。斜度符号的夹角为 30°，高度与字高相等，标注时符号斜边的斜向应与斜度方向一致，如图 2-4-3(a)、图 2-4-3(b)所示。

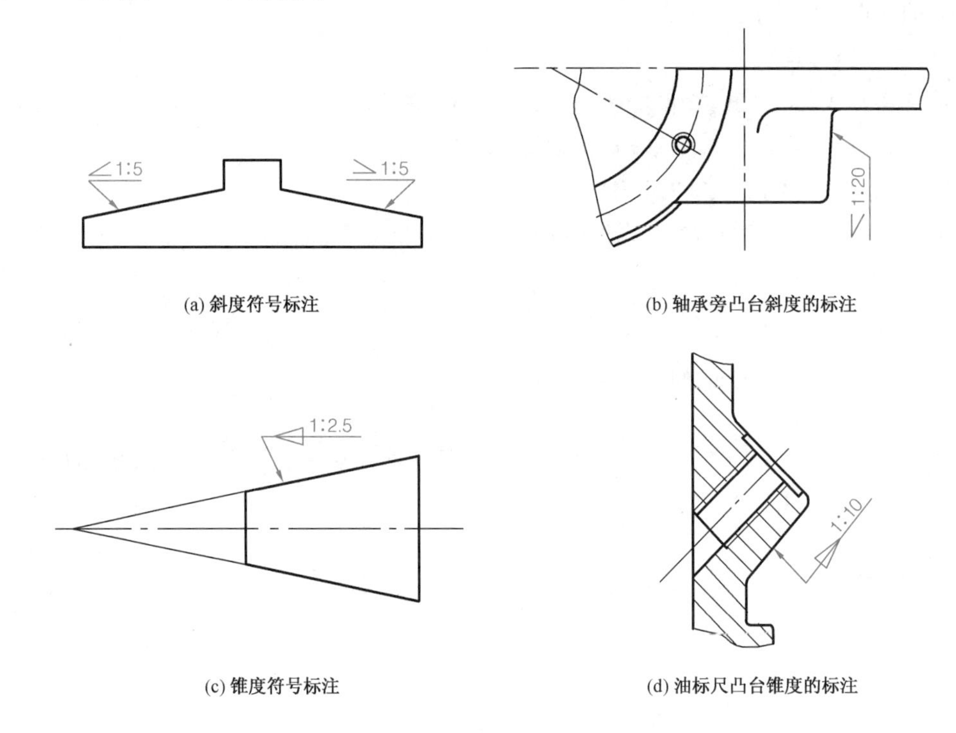

(a) 斜度符号标注

(b) 轴承旁凸台斜度的标注

(c) 锥度符号标注

(d) 油标尺凸台锥度的标注

图 2-4-3　斜度和锥度的标注

(2)锥度

正圆锥的底圆直径与圆锥高度之比称为锥度，若是圆台则为上、下两底圆直径差与圆台高度的比值，在零件图上以 1∶n 的形式标注。锥度符号的顶角为 30°，其高度为字高的 1.4 倍。标注时，符号的尖端应与锥顶的方向一致，如图 2-4-3(c)、图 2-4-3(d)所示。

2. 常见孔的尺寸标注

零件上常见孔的尺寸注法见表 2-4-1。注意，标注尺寸时应使用符号或缩写词。

表 2-4-1　　常见孔的尺寸标注

序号	类型		简化注法	一般注法	说　明
1	光孔	一般孔	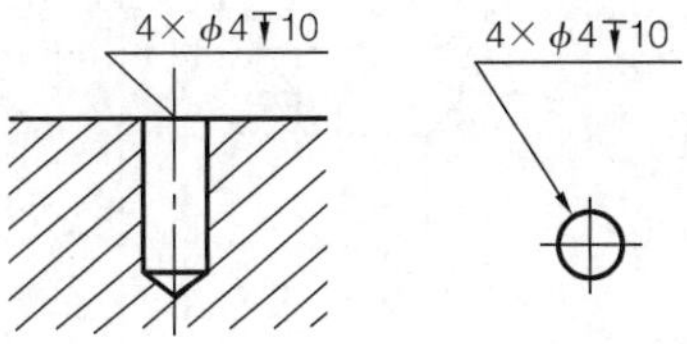 4×φ4↧10　4×φ4↧10	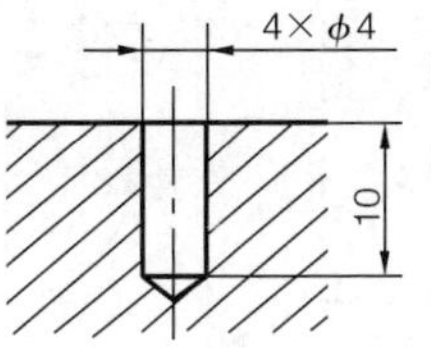 4×φ4　10	↧深度符号 4×φ4表示直径为4 mm、均布的四个光孔，孔深为10 mm，孔深可与孔径连注，也可分别注出
2		精加工孔	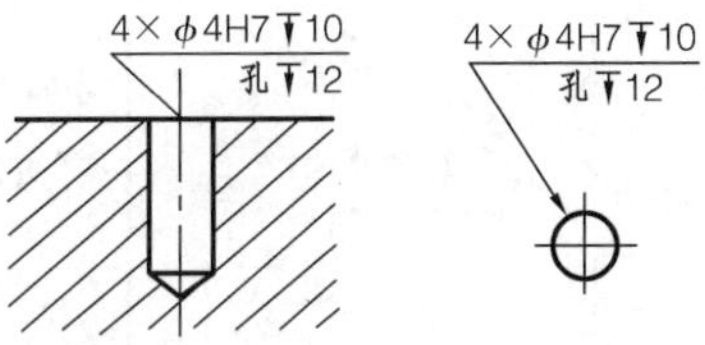 4×φ4H7↧10 孔↧12　4×φ4H7↧10 孔↧12	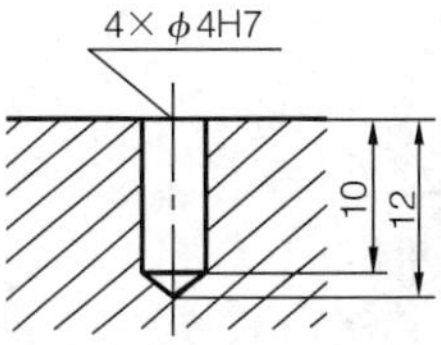 4×φ4H7　10　12	四个光孔深为12 mm，钻孔后需精加工至φ4H7，深度为10 mm
3		锥孔	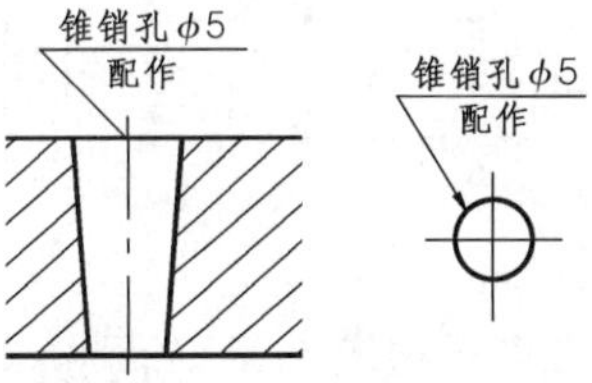 锥销孔φ5 配作　锥销孔φ5 配作	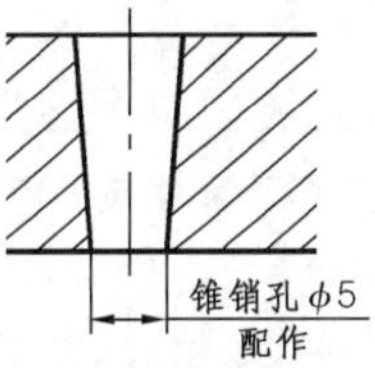 锥销孔φ5 配作	φ5 mm为与锥销孔相配的圆锥销小头直径（公称直径）。锥销孔通常是将两零件装在一起后再加工，故应注明“配作”
4	螺孔	通孔	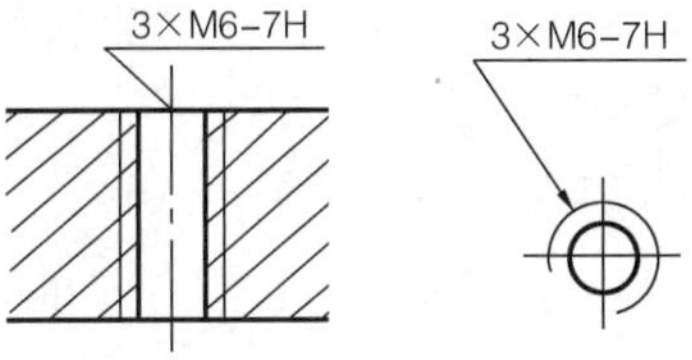 3×M6-7H　3×M6-7H	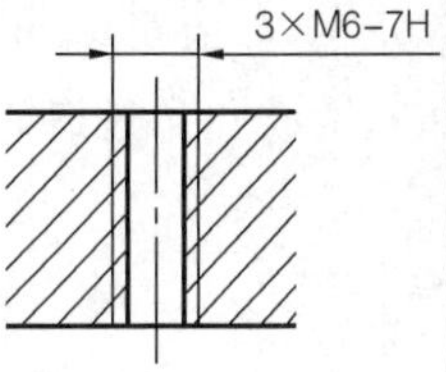 3×M6-7H	3×M6表示公称直径为6 mm的三个螺孔，中径和顶径公差带代号为7H
5		不通孔	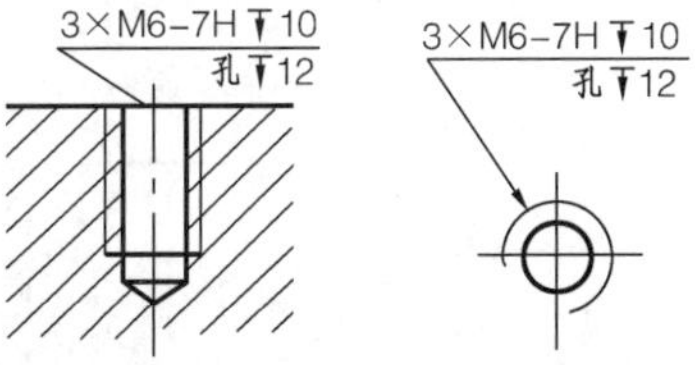 3×M6-7H↧10 孔↧12　3×M6-7H↧10 孔↧12	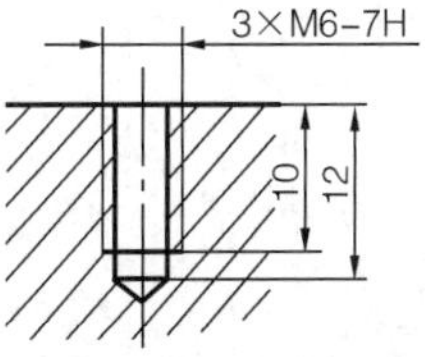 3×M6-7H　10　12	三个螺孔M6的长度为10 mm，钻孔深度为12 mm，中径和顶径公差带代号为7H

（续表）

序号	类型		简化注法	一般注法	说　明
6	沉孔	锥形沉孔	6×ϕ7 ⌵ϕ13×90°　6×ϕ7 ⌵ϕ13×90°	90°　ϕ13　6×ϕ7	⌵埋头孔符号 6×ϕ7表示直径为7 mm、均布的六个孔。90°锥形沉孔的最大直径为ϕ13。锥形沉孔可以旁注，也可以直接注出
7		柱形沉孔	4×ϕ6.4 ⌴ϕ12↧4　4×ϕ6.4 ⌴ϕ12↧4	ϕ12　4　4×ϕ6.4	⌴沉孔符号 四个柱形沉孔的直径为ϕ12，深度为4 mm，均需标注
8		锪平孔	4×ϕ9 ⌴ϕ20　4×ϕ9 ⌴ϕ20	⌴ϕ20　4×ϕ9	⌴锪平孔符号 锪平孔ϕ20深度不标注，一般锪平到不出现毛面为止

(二)铸造工艺结构

1. 起模斜度

在铸造零件时，为了便于将模样从砂型中取出，一般沿起模方向做成1∶20～1∶10的斜度，称为起模斜度，如图2-4-4所示。起模斜度可以不画，也可以不注。

2. 铸造圆角和过渡线

为防止砂型在尖角处脱落，避免铸件冷却收缩时在尖角处产生裂纹、收缩、夹砂等缺陷，铸件相邻面的相交处都应做成圆角过渡，如图2-4-5所示。

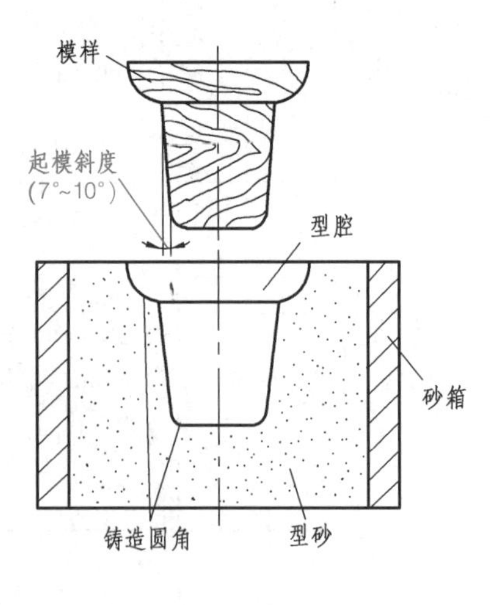

图2-4-4　起模斜度

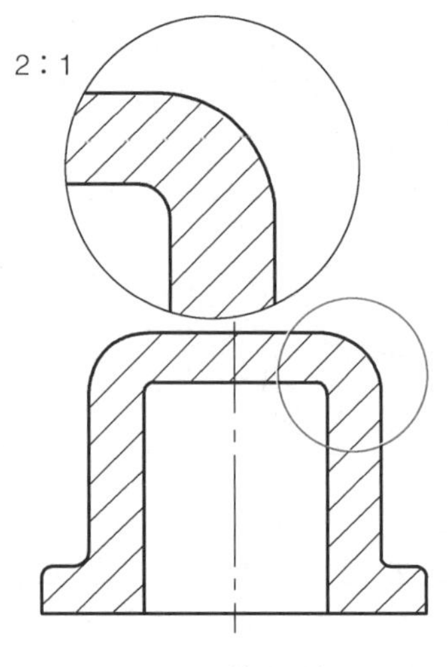

图2-4-5　铸造圆角

由于铸造圆角的存在，导致相交表面的交线不明显，这种交线称为过渡线。国标规定了过渡线的画法，即按照没有圆角的情况画出理论交线的投影，用细实线画出，线的两端应断开留空，如图 2-4-6 所示。

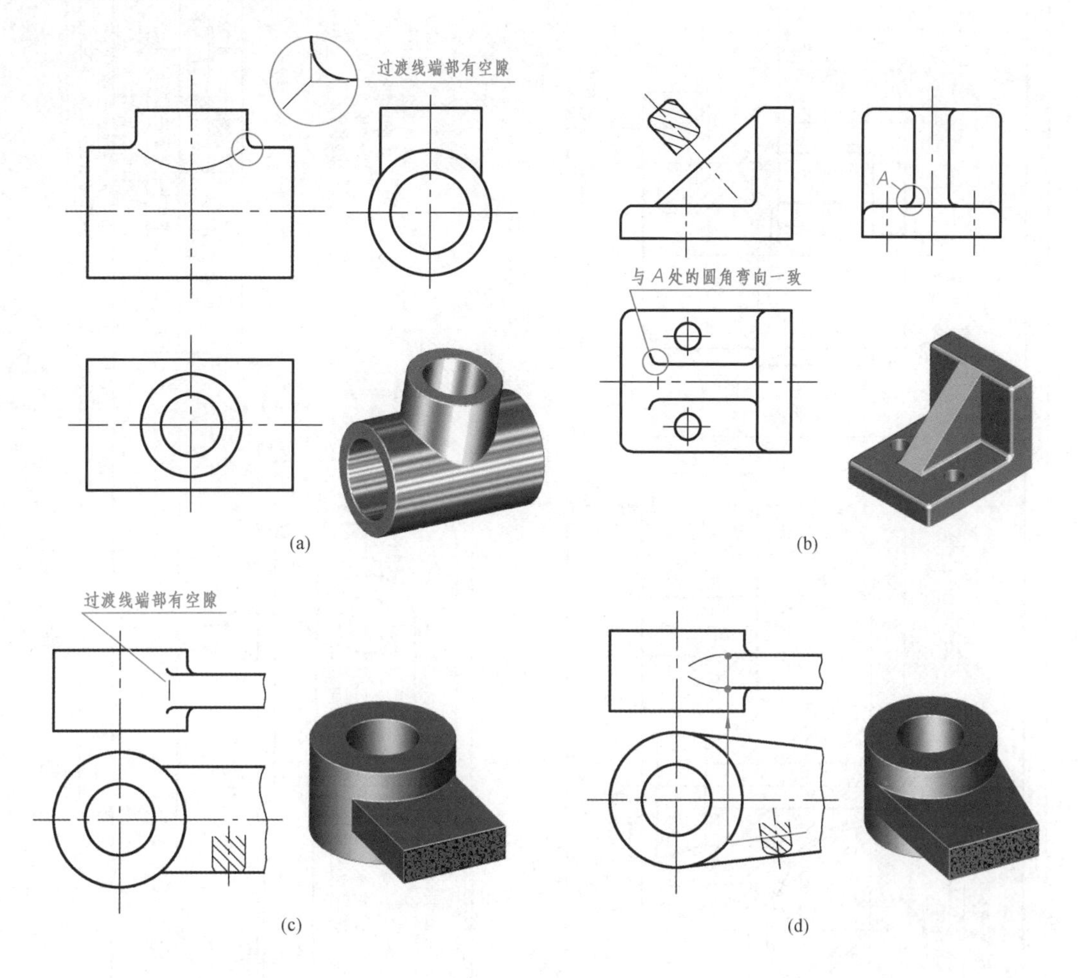

图 2-4-6　过渡线的画法

知识拓展

1. 识读滑动轴承座零件图(图 2-4-7)

滑动轴承是机械设备中用来支承轴转动的部件。轴承座是滑动轴承的主要零件，起支承和固定作用。

(1)看标题栏，浏览全图

看标题栏略。从一组视图可知，轴承座属于箱体类零件。

(2)分析视图表达方案，想象零件形状

浏览全图可知，轴承座主要由底板和两侧带凸台的半圆座孔组成。

主视图按工作位置摆放，采用半剖视图，清楚地呈现了轴承座的外形、内部结构以及主要部位的相对位置关系。

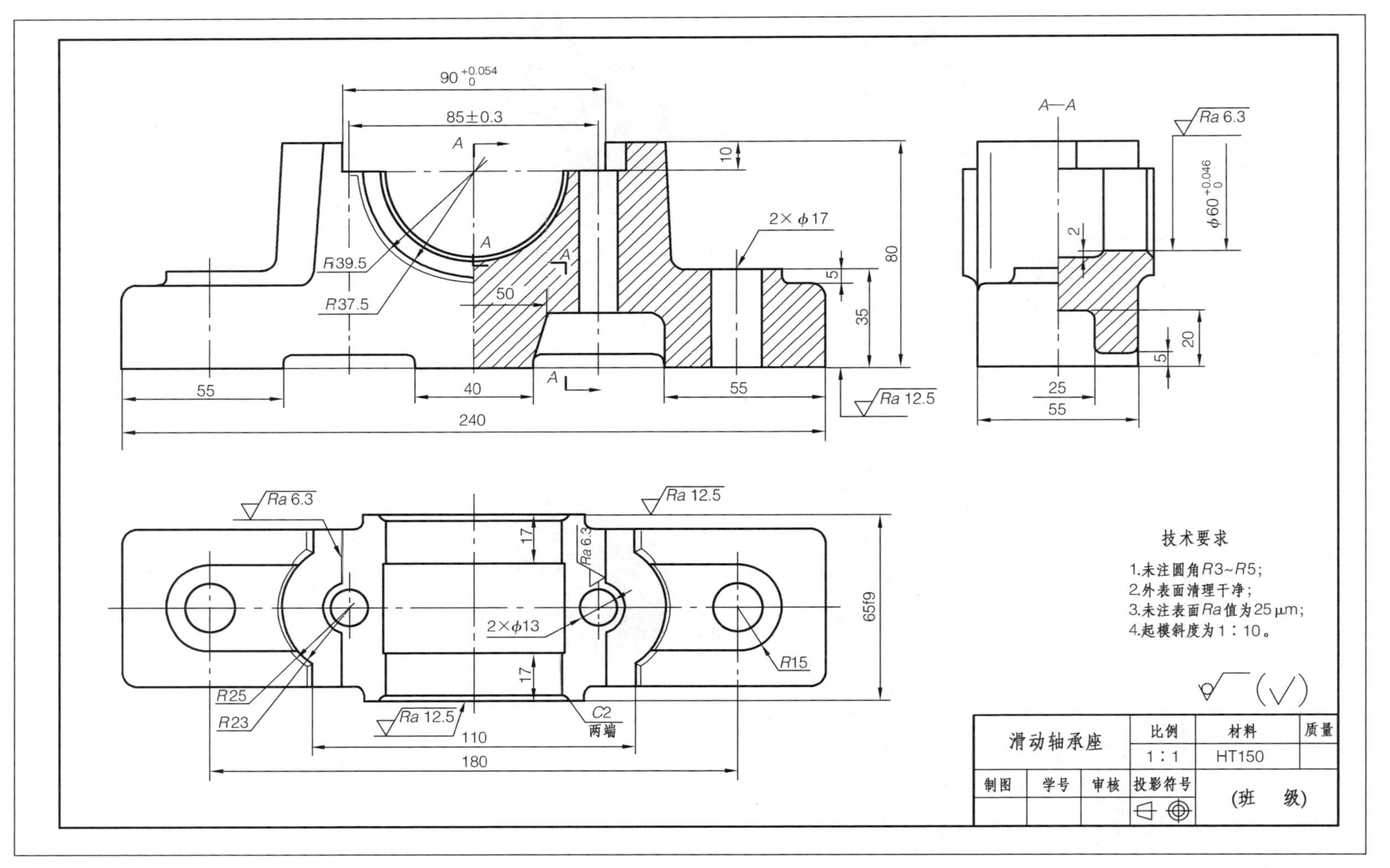

图2-4-7 滑动轴承座零件图

俯视图进一步表达了轴承座的主要形状特征，并给出各螺栓孔的位置。

左视图是选用两个平行剖切平面剖得的半剖视图，具体表达了轴承座宽度方向的内、外部结构。

主要尺寸基准和技术要求请读者根据零件图自行分析。滑动轴承座立体形状如图 2-4-8 所示。

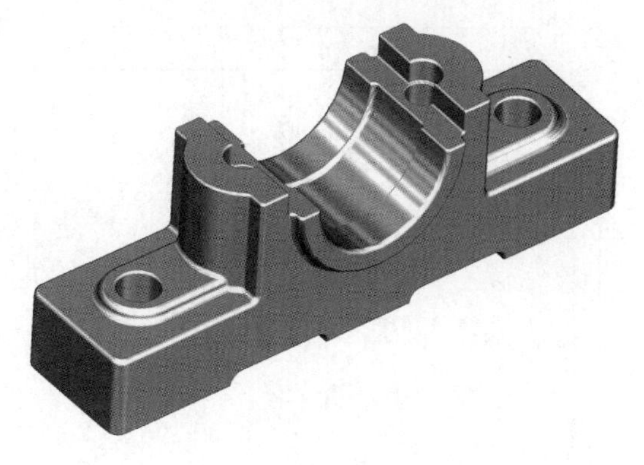

图 2-4-8　滑动轴承座立体图

2.识读拨叉零件图(图 2-4-9)

叉架类零件在机器或部件中主要起操纵、连接、传动或支承作用，零件毛坯多为铸、锻件。

叉架类零件的结构形状多样，差别较大，但大都是由支承部分、工作部分和连接部分组成，多数为不对称零件，具有凸台、凹坑、铸(锻)造圆角、起模斜度等常见结构。

(1)看标题栏，浏览全图

由标题栏可知，零件名称为拨叉，材料为 HT200，绘图比例为 1∶1 等。

(2)分析视图表达方案，想象零件形状

该零件的主视图由最能表达零件各部分形状特征的方向投射而成，表达了零件的整体特征。其中，工作部分为右端拨叉口，支承部分为左端空心圆柱体，连接部分为中间的连接板。左端支承部分采用局部剖，表达了 M6 孔和ϕ12凸台的结构。

注意：主视图右边的假想画法部分表示该拨叉在制造时是两个一起的，同时铸造、同时机加工，最后将其切开，这是制造工艺上的需要。

俯视图为局部剖视图，表达了各形体宽度方向的特征。在主视图上方使用移出断面图，表达了连接部位的形状特征。

该零件的立体形状如图 2-4-10 所示。

(3)分析尺寸

长度方向以左端支承圆柱轴线为基准，宽度方向以工件对称中心线为基准，高度方向以零件支承圆与拨叉口圆的连心线为基准。各部分尺寸如图 2-4-9 所示。

(4)看技术要求

①表面结构要求

主要基准孔内表面和拨叉口支承面有配合要求并有相对运动，因此选择 Ra 值为 1.6 μm；几个端面需要加工，要求 Ra 值为 3.2 μm；该零件毛坯为铸件，其余表面采用不去除材料的方法获得。

②尺寸公差要求

圆柱内孔直径尺寸精度为ϕ25H8，右端拨叉口两端面尺寸精度为 26js9。

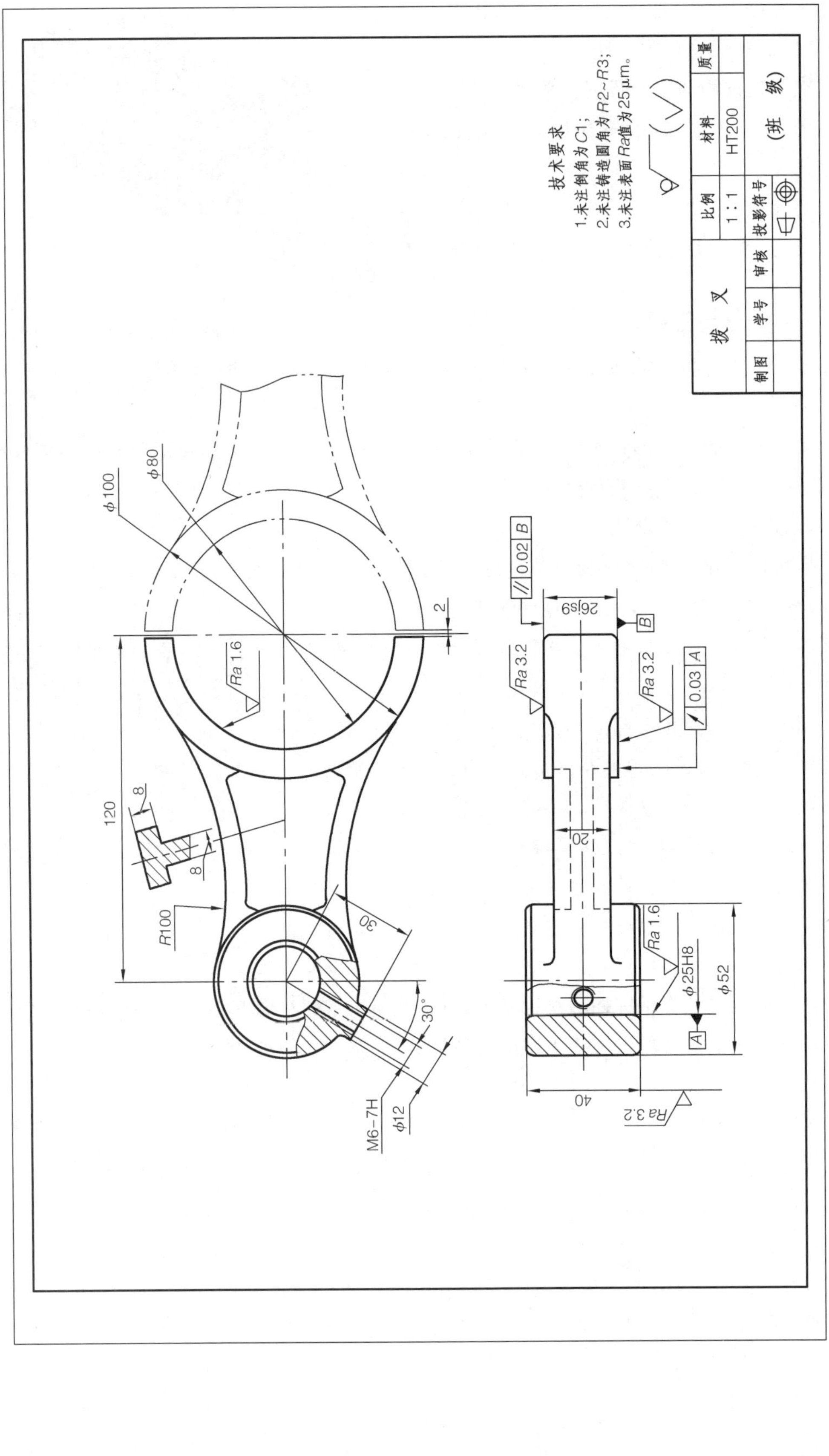

拨 叉			比例	材料	质量
			1∶1	HT200	
制图	学号	审核	投影符号	(班 级)	

图2-4-9 拨叉零件图

图 2-4-10　拨叉立体图

③几何公差要求

- 拨叉口两端面的相对平行度公差值为 0.02 mm。
- 拨叉口两端面相对ϕ25H8孔轴线的端面圆跳动公差值为 0.03 mm。

④其他技术要求

- 未注倒角为 $C1$。
- 未注铸造圆角为 $R2$～$R3$。

3.识读托架零件图(图 2-4-11)

(1)看标题栏,浏览全图

看标题栏略。该零件为铸件。

(2)分析视图表达方案,想象零件形状

主视图按工作位置摆放,其中两处局部剖开反映工作部分和连接部分各个孔和螺纹孔的内部形体结构,支承部分使用移出断面图给出悬臂的凹形截面形状。

俯视图采用基本视图,反映了机件的外形以及各部位的位置关系。

B 向局部视图给出了两个螺纹孔凸台面的形状。

零件的立体形状如图 2-4-12 所示。

(3)分析尺寸

长度方向的尺寸基准为$\phi35^{+0.039}_{0}$孔的轴线,宽度方向的尺寸基准为零件的前后对称面,高度方向的尺寸基准为零件的上表面。

(4)技术要求

表面粗糙度要求精度最高的是$\phi35^{+0.039}_{0}$孔内表面,Ra 值为 3.2 μm;几个凸台面和端面的 Ra 值均为 6.3 μm;其余表面用不去除材料的方法获得。对右侧$\phi35^{+0.039}_{0}$(H8)孔提出 8 级尺寸精度要求,其余尺寸均属未注公差要求。其他技术要求参见零件图。

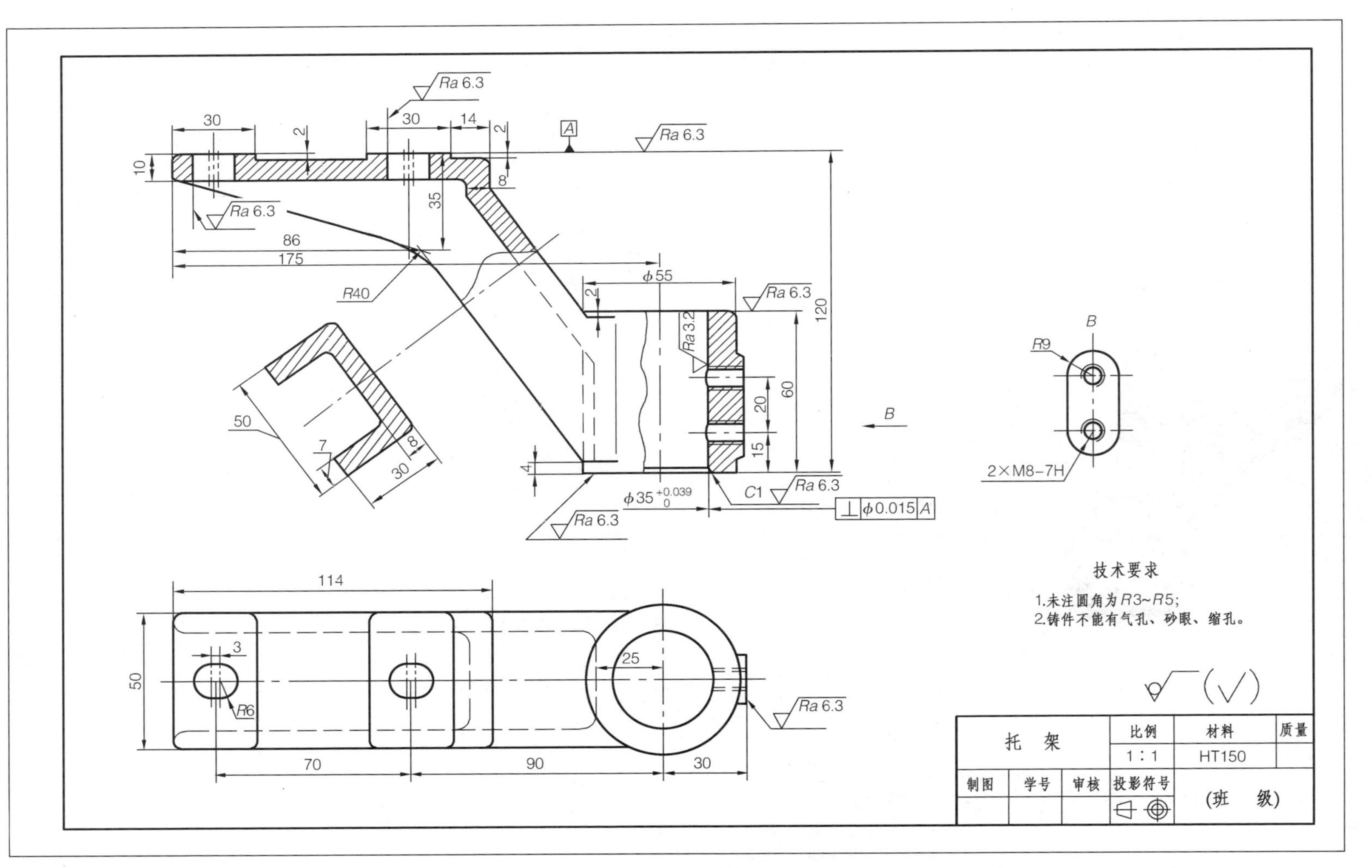
Ra 6.3
30
30
14
2
2
A
Ra 6.3
10
8
35
Ra 6.3
86
175
R40
ϕ55
2
Ra 6.3
120
Ra 3.2
60
20
15
50
7
8
30
4
ϕ35 +0.039 0
C1
Ra 6.3
⊥ ϕ0.015 A
Ra 6.3
B
B
R9
2×M8-7H
技术要求
1.未注圆角为R3~R5;
2.铸件不能有气孔、砂眼、缩孔。
114
3
25
50
R6
Ra 6.3
70
90
30
托 架
比例
材料
质量
1:1
HT150
制图
学号
审核
投影符号
(班 级)

图2-4-11 托架零件图

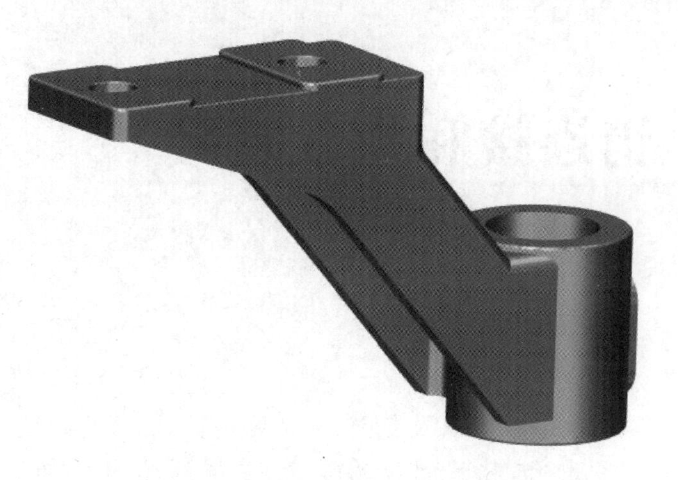

图 2-4-12　托架立体图

项目5 销连接和螺纹连接

学习目标

了解销的标记以及销连接的规定画法；了解螺纹的形成、种类和用途，熟悉螺纹的要素，掌握螺纹的规定画法和标注方法，熟悉常用螺纹紧固件的种类、标记和查表方法；能识读几种基本形式的螺纹连接的画法；能使用查表法确定螺纹参数并绘制常用的连接图。

销连接

销主要用于零件之间的定位、紧固或防松。在减速器中，位于减速器两边凸缘上的销可保证箱盖和箱座的准确定位。

1. 销连接的类型及应用

在机械设备中经常使用的销有圆柱销、圆锥销、内螺纹圆柱销和开口销，其中的几种如图 2-5-1 所示。圆柱销若多次装拆会降低被连接零件的相互位置精度；圆锥销因具有 1∶50 的锥度而具有可靠的自锁性，可在同一销孔中多次装拆而不影响被连接零件的相互位置精度；内螺纹圆柱销多用于盲孔，以便拆卸；开口销经常与开槽螺母配合使用，它穿过螺母上的槽和螺杆上的孔，以防止螺母松动。

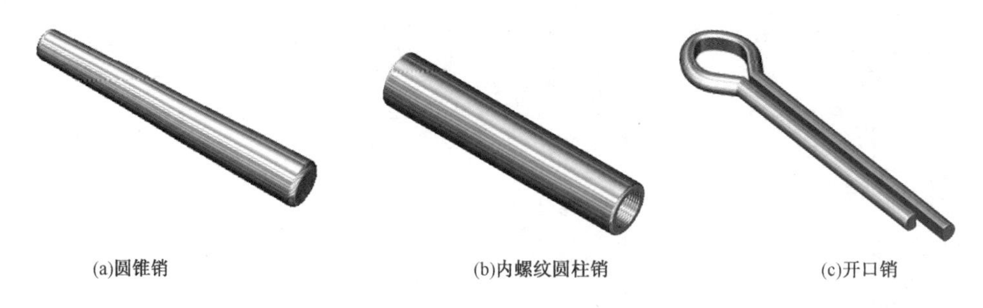

图 2-5-1　销的类型

销是标准件，其种类、型式、连接画法及标记见表 2-5-1。

表 2-5-1　　销的种类、型式、连接画法及标记

名称及标准号	型式	连接画法	标记示例
圆柱销 GB/T 119.1—2000	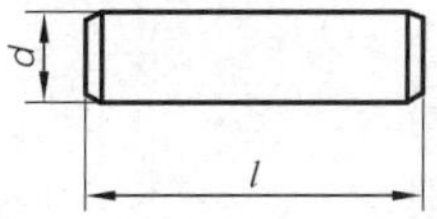	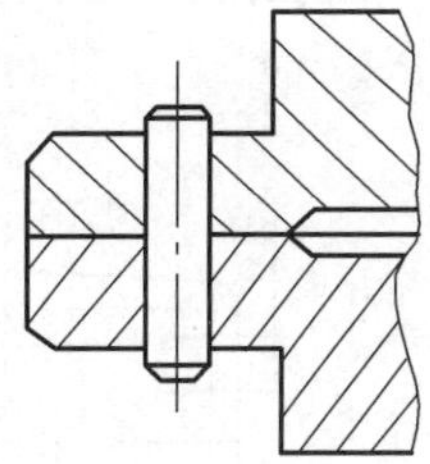	公称直径 $d=8$ mm、公称长度 $l=35$ mm 的圆柱销： 销　GB/T 119.1—2000　8×35
圆锥销 GB/T 117—2000	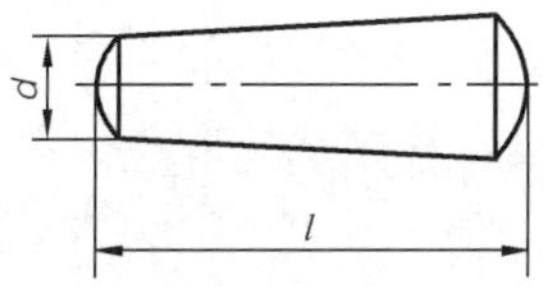	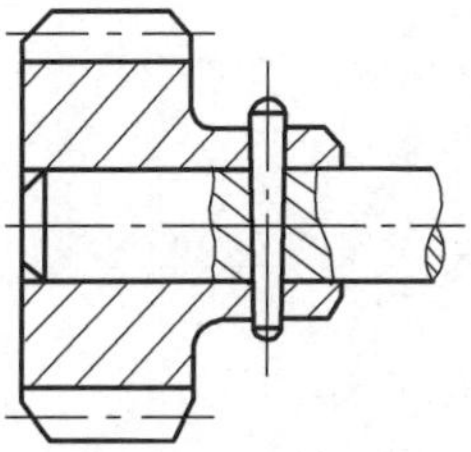	公称直径 $d=10$ mm、公称长度 $l=60$ mm、材料为 35 钢、热处理硬度为(28～38)HRC、表面氧化处理的 A 型圆锥销： 销　GB/T 117—2000　10×60
内螺纹圆柱销 GB/T 120.1—2000	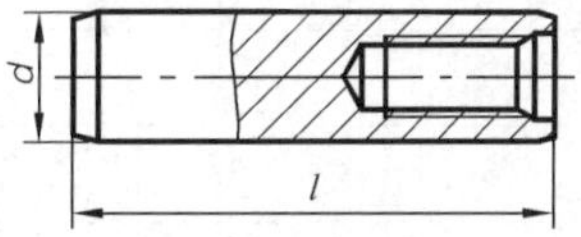	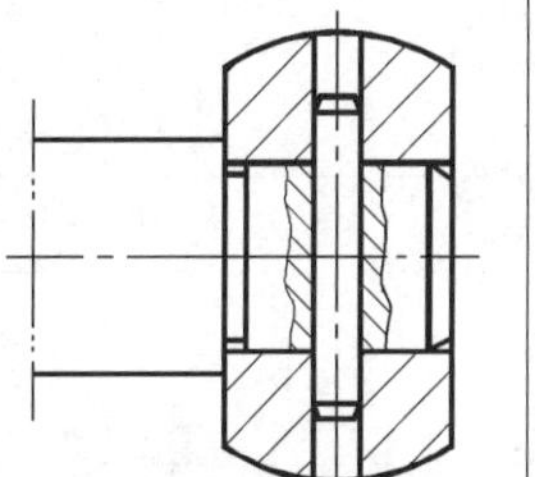	公称直径 $d=8$ mm、公称长度 $l=30$ mm 的内螺纹圆柱销： 销　GB/T 120.1—2000　8×30
开口销 GB/T 91—2000	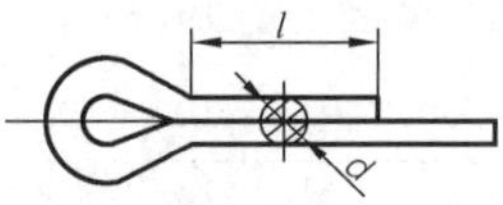	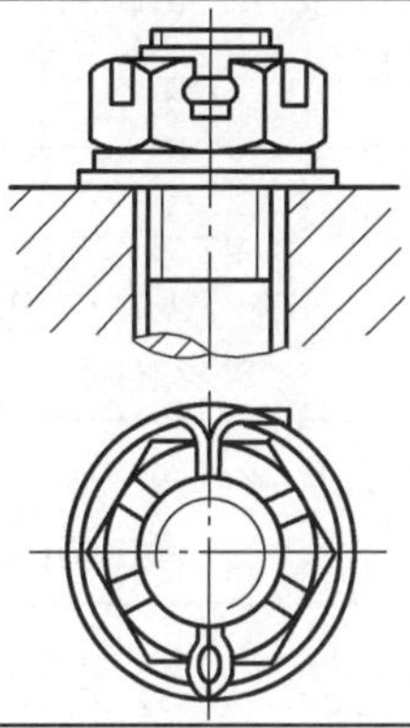	公称规格为 5 mm、公称长度 $l=50$ mm、材料为 Q215 或 Q235、不经表面处理的开口销： 销　GB/T 91—2000　5×50

2. 绘制销连接装配图

(1)销的装配

减速器上箱盖与箱座的定位采用的是圆锥销。装配时，将圆锥销穿过箱盖和箱座上两边凸缘的通孔，具体参照减速器立体图。

箱盖凸缘厚度为 12 mm，箱座凸缘厚度为 15 mm，销孔直径为$\phi 8$，根据使用要求选用圆锥销，查表 2-5-2 得公称直径 $d=8$ mm、公称长度 $l=35$ mm、材料为 35 钢、热处理硬度为

(28～38)HRC、表面氧化处理的 A 型圆锥销标记为：

销 GB/T 117—2000 8×35

表 2-5-2 圆柱销(摘自 GB/T 119.1—2000)、圆锥销(摘自 GB/T 117—2000) mm

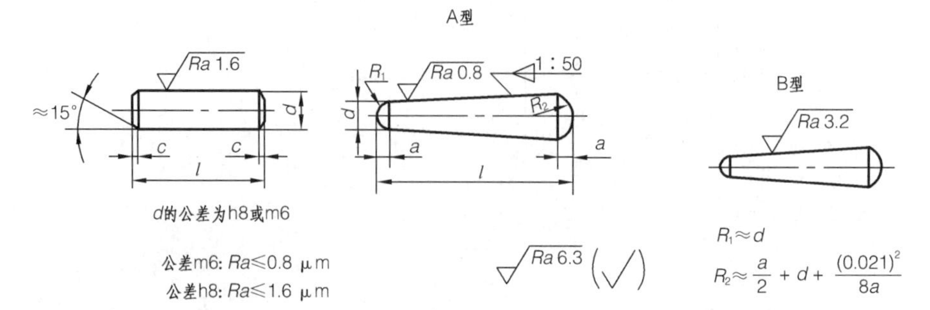

标记示例：

公称直径 d=6 mm、公差为 m6、公称长度 l=30 mm、材料为钢、不经淬火、不经表面处理的圆柱销的标记为：

销 GB/T 119.1—2000 6m6×30

公称直径 d=6 mm、长度 l=30 mm、材料为 35 钢、热处理硬度(28～38)HRC、表面氧化处理的 A 型圆锥销的标记为：

销 GB/T 117—2000 6×30

公称直径 d			3	4	5	6	8	10	12	16	20	25
圆柱销	d(h8 或 m6)		3	4	5	6	8	10	12	16	20	25
	c≈		0.5	0.63	0.8	1.2	1.6	2.0	2.5	3.0	3.5	4.0
	l(公称)		8～30	8～40	10～50	12～60	14～80	18～95	22～140	26～180	35～200	50～200
圆锥销	d(h10)	min	2.96	3.95	4.95	5.95	7.94	9.94	11.93	15.93	19.92	24.92
		max	3	4	5	6	8	10	12	16	20	25
	a≈		0.4	0.5	0.63	0.8	1.0	1.2	1.6	2.0	2.5	3.0
	l(公称)		12～45	14～55	18～60	22～90	22～120	26～160	32～180	40～200	45～200	50～200
l(公称)的系列			12～32(2 进位),35～100(5 进位),100～200(20 进位)									

开口销各部分尺寸见表 2-5-3。

表 2-5-3 开口销(GB/T 91—2000) mm

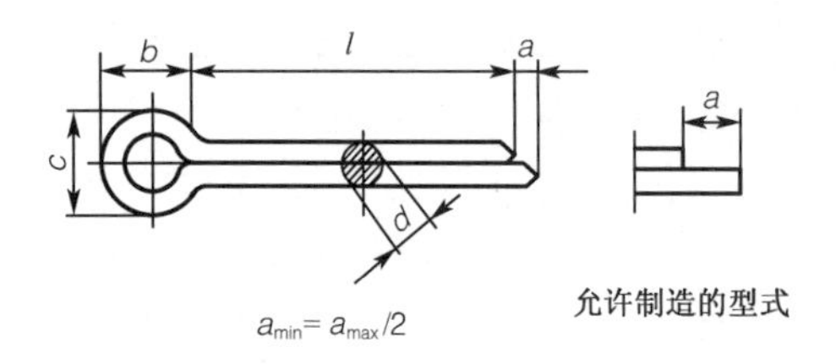

允许制造的型式

标记示例：

公称规格为 5 mm、公称长度 l=50 mm、材料为 Q215 或 Q235、不经表面处理的开口销标记为：

销 GB/T 91—2000 5×50

（续表）

公称规格		1	1.2	1.6	2	2.5	3.2	4	5	6.3	8	10	13
d_{max}		0.9	1.0	1.4	1.8	2.3	2.9	3.7	4.6	5.9	7.5	9.5	12.4
c	max	1.8	2	2.8	3.6	4.6	5.8	7.4	9.2	11.8	15.0	19.0	24.8
	min	1.6	1.7	2.4	3.2	4.0	5.1	6.5	8.0	10.3	13.1	16.6	21.7
$b\approx$		3	3	3.2	4	5	6.4	8	10	12.6	16	20	26
a_{max}		1.6	2.50				3.2	4				6.30	
l		6～20	8～25	8～32	10～40	12～50	14～63	18～80	22～100	32～125	40～160	45～200	71～250
公称长度 l(系列)		4,5,6,8,10,12,14,16,18,20,22,25,28,32,36,40,45,50,56,63,71,80,90,100,112,125,140,160,180,200,224,250,280											

注：公称规格为销孔的公称直径，标准规定公称规格为 0.6～20 mm，根据供需双方协议，可采用公称规格为 3 mm、6 mm、12 mm 的开口销。

(2)画销连接装配图

画图步骤如下：

①画圆锥销中心线。

②采用局部剖视图画出圆锥销与箱盖和箱座凸缘处的连接形式，如图 2-5-2 所示。

注意：剖切平面通过圆锥销轴线时，国标规定销按不剖画出；箱盖和箱座凸缘接触处的粗实线作为分界线；箱盖和箱座剖面线方向相反。

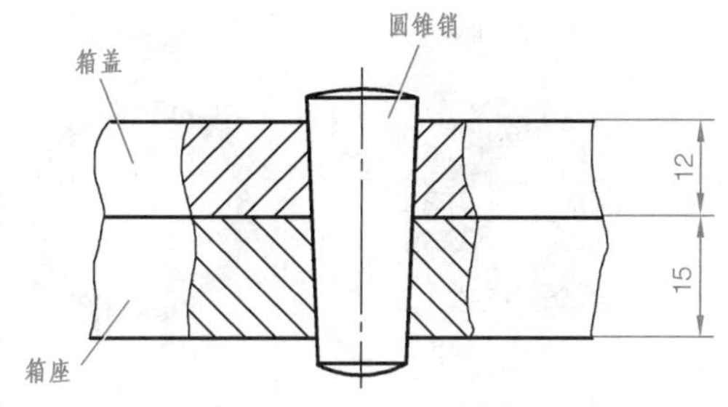

图 2-5-2　用销定位减速器中的箱盖和箱座

螺纹连接

螺纹连接是机械设备以及日常生活用品中应用最多的连接方式，主要用于紧固相邻零件。从减速器立体图可以看出，该减速器多处使用了螺纹连接，如箱盖与箱座、轴承端盖与箱体的紧固连接。

(一)基本知识

螺纹连接件是标准件，常用的有螺栓、螺柱、螺钉以及螺母和垫圈等，如图 2-5-3 所示。

1. 螺纹的加工、类型和基本要素

(1)螺纹的加工

螺纹的加工如图 2-5-4 所示。

(2)螺纹的类型和基本要素

在圆柱外表面上的螺纹称为外螺纹，如六角头螺栓、各种螺钉以及减速器上的油标尺、放油塞的螺纹等。在圆柱内表面上的螺纹称为内螺纹，如六角螺母、圆螺母以及减速器下箱体的油标孔、油塞孔的螺纹等。

内、外螺纹总是成对使用，只有当内、外螺纹的牙型、公称直径、螺距、线数和旋向五个要素完全一致时，才能正常旋合。

螺纹各部分名称和基本要素如图 2-5-5 所示。

①基本大径：螺纹的最大直径(简称大径)，即与外螺纹牙顶 d(或内螺纹牙底 D)相切的圆柱直径，在标准中规定其为公称直径。

②基本小径：螺纹的最小直径(简称小径)，即与外螺纹牙底 d_1(或内螺纹牙顶 D_1)相切

图 2-5-3　常用螺纹连接件

图 2-5-4　螺纹的加工

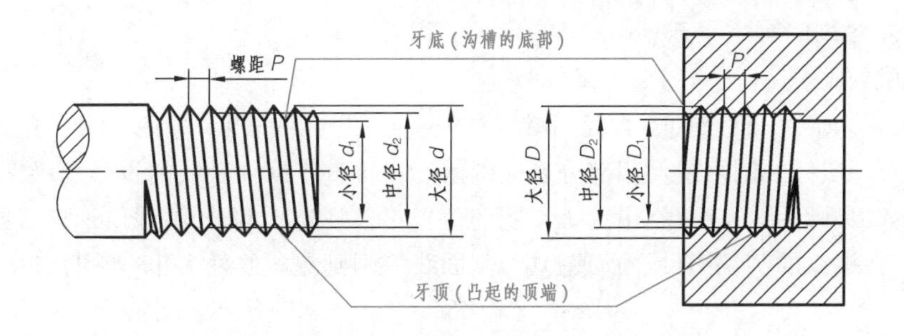

图 2-5-5 螺纹各部分名称和基本要素

的圆柱直径。

③基本中径：是一个假想圆柱直径，该圆柱的母线通过牙型上的沟槽和凸起宽度相等的地方，此假想圆柱称为中径圆柱（内、外螺纹中径分别用 D_2、d_2 表示）。基本中径简称为中径。

④线数 n：螺纹有单线、多线之分。沿一条螺旋线形成的螺纹为单线螺纹，沿两条或两条以上螺旋线形成的螺纹为双线或多线螺纹，如图 2-5-6 所示。

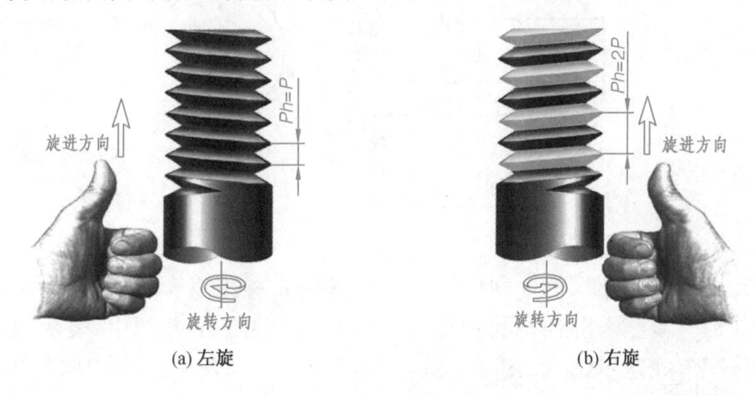

图 2-5-6 螺纹的导程及旋向

⑤螺距 P：相邻两牙在中径线上对应两点间的轴向距离。

⑥导程 Ph：沿同一螺旋线形成的螺纹，相邻两牙在中径线上对应两点间的轴向距离。对于单线螺纹 $Ph=P$，对于多线螺纹 $Ph=nP$，如图 2-5-6 所示。

⑦牙型角 α：在轴向剖面内，螺纹牙型两侧边的夹角。常见的牙型有三角形、梯形、锯齿形和矩形，如图 2-5-7 所示。

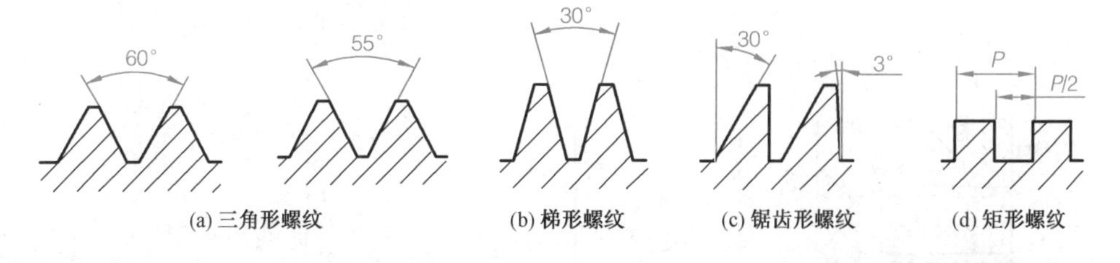

图 2-5-7 螺纹的牙型

⑧旋向：左旋如图 2-5-6(a)所示，右旋如图 2-5-6(b)所示。

2. 内、外螺纹的规定画法(GB/T 4459.1—1995)

(1)外螺纹画法

如图 2-5-8 所示,螺纹牙顶(大径)和螺纹终止线用粗实线表示,牙底(小径)用细实线表示($d_1 \approx 0.85d$)。螺杆的倒角或倒圆部分也应画出。在垂直于螺纹轴线的投影面视图中,表示牙底圆的细实线只画约 3/4 圈(空出约 1/4 圈的位置不作规定),此时,不画出螺杆或螺孔上的倒角投影图。在螺纹的剖视图(或断面图)中,剖面线应画到粗实线处为止,如图 2-5-8(b)所示。

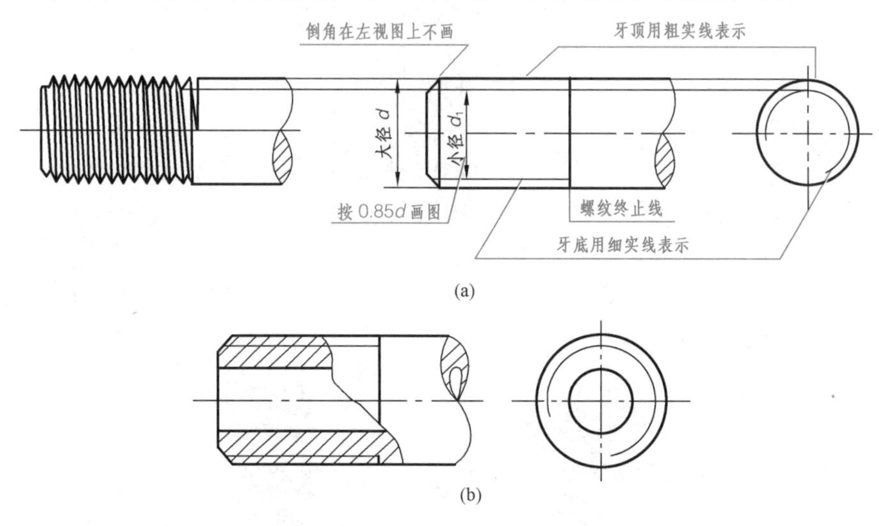

图 2-5-8　外螺纹画法

(2)内螺纹画法

采用剖视图表达时,螺纹的牙顶(小径)及螺纹终止线用粗实线表示,剖面线应画到粗实线处,例如项目 4 中箱座上的油塞孔和油标孔。在投影为圆的视图中,表示牙底圆的细实线只画约 3/4 圈,倒角规定不画,如图 2 5-9(a)和图 2-5-9(b)所示。当不用剖视图表达时,所有图线(除螺纹轴线和圆中心线以外)均为细虚线,如图 2-5-9(c)所示。

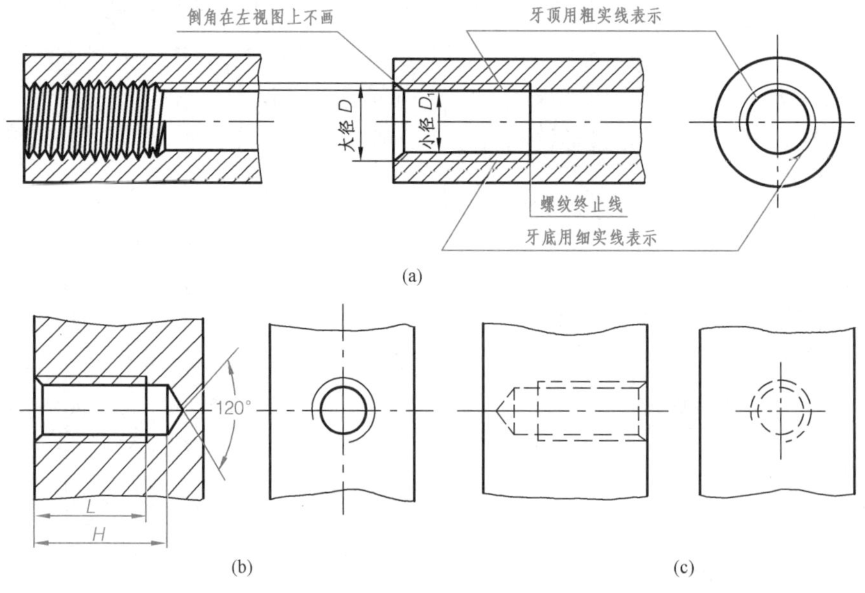

图 2-5-9　内螺纹画法

对于不穿通的螺孔(俗称盲孔),应分别画出钻孔深度 H 和螺纹深度 L,如图 2-5-9(b)所示,钻孔深度比螺纹深度深(0.2～0.5)D(D 为螺孔大径)。

(3)螺纹连接画法

内、外螺纹连接(旋合)部分按外螺纹画法绘制,其余部分仍按各自的画法绘制,如图 2-5-10 所示。

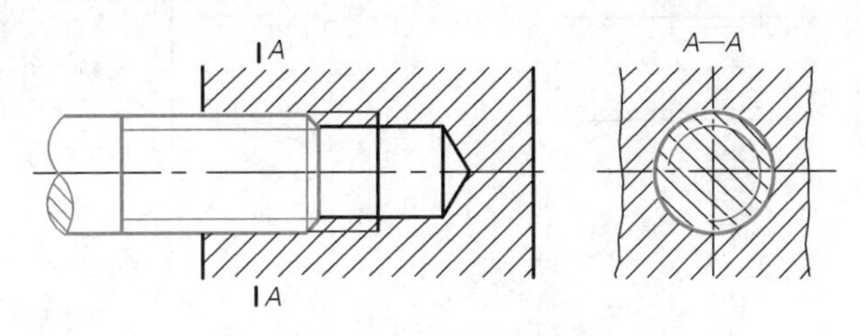

图 2-5-10　螺纹连接画法

注意:内、外螺纹表示大、小径的粗实线和细实线应分别对齐。

3. 螺纹标记(GB/T 197—2003)

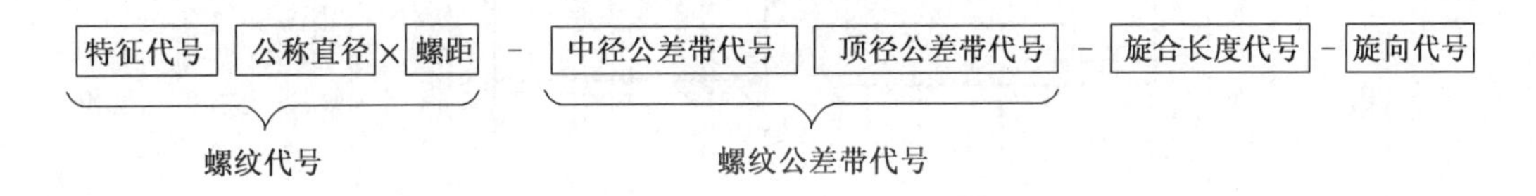

螺纹标记示例:

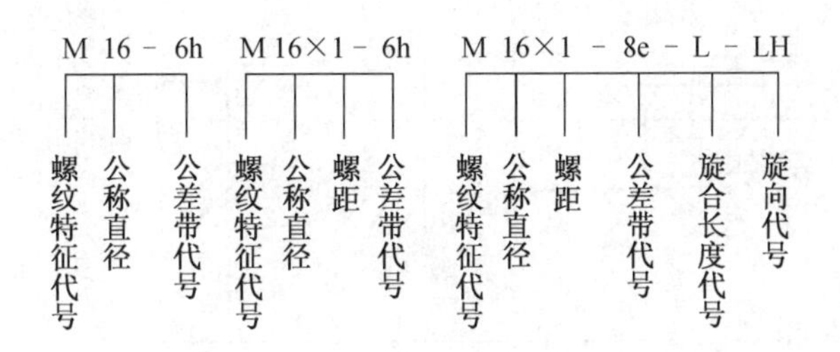

注写螺纹标记时应注意以下几点:

(1)普通螺纹的螺距有粗牙和细牙两种,粗牙螺纹的螺距不标注,细牙螺纹必须标注螺距。

(2)左旋螺纹要注写“LH”,右旋螺纹不注。

(3)螺纹公差带代号注写中径和顶径公差带代号。如 5g6g,前者表示中径公差带代号,后者为顶径公差带代号。如果中径与顶径公差带代号相同,则只标注一个代号。

(4)普通螺纹的标准旋合长度规定为短(S)、中(N)、长(L)三种,中等旋合长度(N)不必标注。

(5)55°非密封管螺纹的内螺纹和 55°密封管螺纹的内、外螺纹仅有一种公差等级,公差等级代号规定不注,如 Rc1。55°非密封管螺纹的外螺纹有 A、B 两种公差等级,公差等级代号标注在尺寸代号之后,如 G1½A-LH。

4. 螺纹的分类(见表 2-5-4)

表 2-5-4 常用螺纹类型及标注示例

螺纹类型		特征代号		标注示例	说明
连接螺纹	普通螺纹	M	粗牙	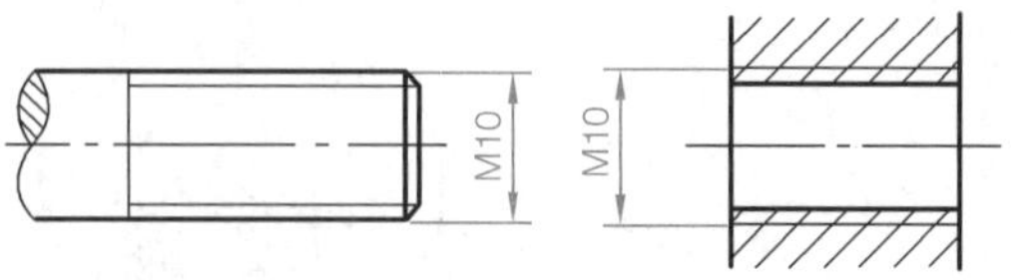 M10　M10	粗牙普通螺纹,公称直径为 10 mm,螺距为 1.5 mm(查表 2-5-5 获得),右旋;外螺纹中径和顶径公差带代号均为 6g,内螺纹均为 6H;中等旋合长度(6g、6H 不标注)
			细牙	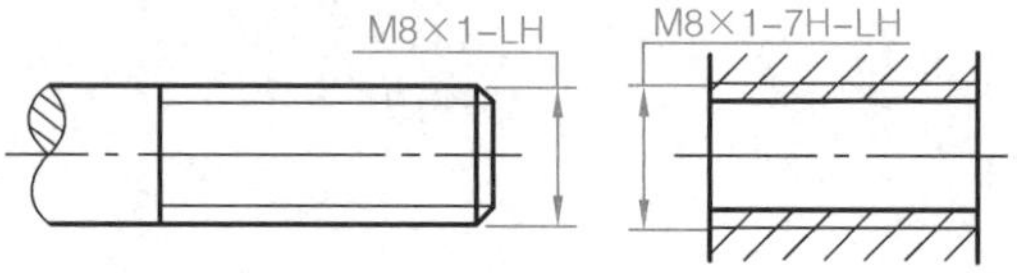 M8×1-LH　M8×1-7H-LH	细牙普通螺纹,公称直径为 8 mm,螺距为 1 mm,左旋;外螺纹中径和顶径公差带代号均为 6g,内螺纹均为 7H;中等旋合长度
	管螺纹	G	55°非密封管螺纹	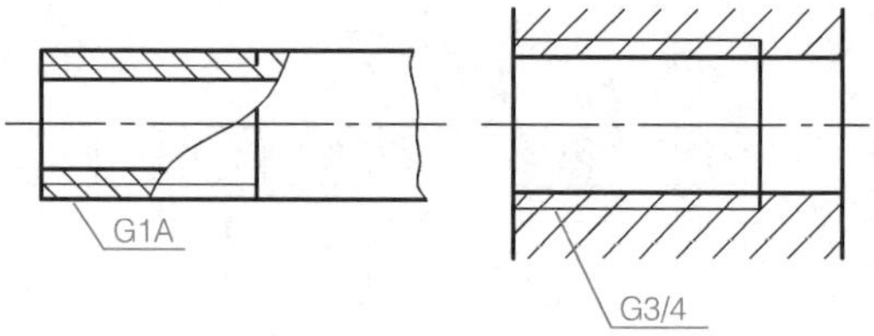 G1A　G3/4	55°非密封管螺纹,外螺纹的尺寸代号为 1,公差等级为 A 级;内螺纹的尺寸代号为 3/4;内螺纹公差等级只有一种,规定不注
		Rc Rp R_1 R_2	55°密封管螺纹	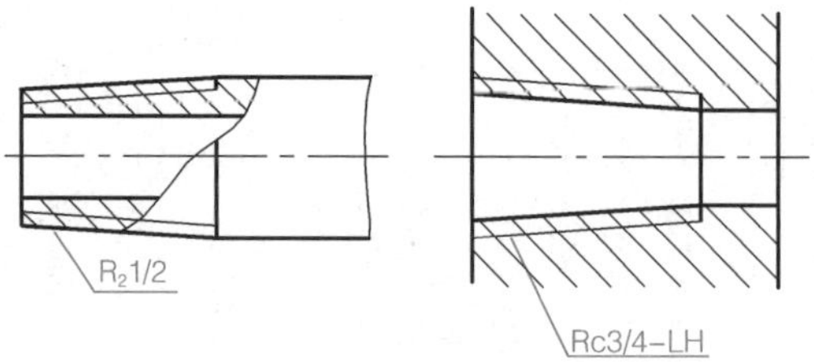 $R_2$1/2　Rc3/4-LH	55°密封管螺纹,特征代号为 R_2,圆锥外螺纹的尺寸代号为 1/2,右旋,与圆锥内螺纹 Rc 配合;圆锥内螺纹的尺寸代号为 3/4,左旋;公差等级只有一种,规定不注。Rp 是圆柱内螺纹的特征代号,与其配合的圆锥外螺纹的特征代号为 R_1
传动螺纹	梯形螺纹	Tr		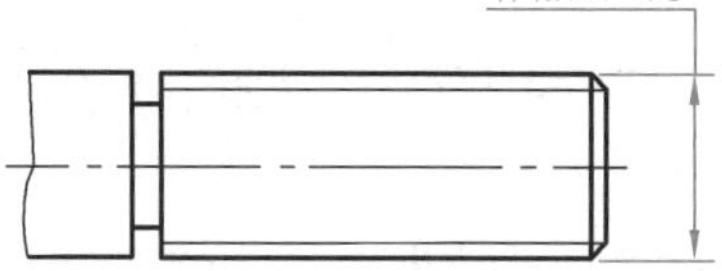 Tr40×7-7e	梯形外螺纹,公称直径为 40 mm,单线,螺距为 7 mm,右旋;中径公差带代号为 7e;中等旋合长度
	锯齿形螺纹	B		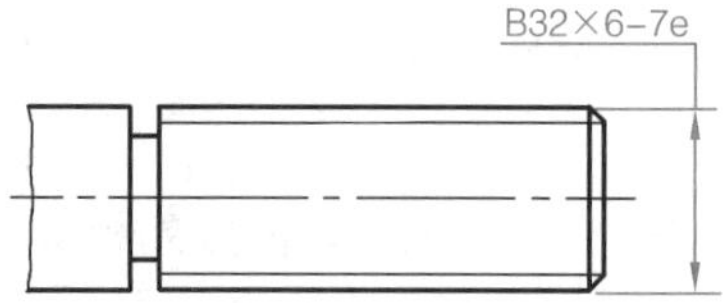 B32×6-7e	锯齿形外螺纹,公称直径为 32 mm,单线,螺距为 6 mm,右旋;中径公差带代号为 7e;中等旋合长度

5. 普通螺纹的基本尺寸(见表 2-5-5)

表 2-5-5　　**普通螺纹的直径与螺距(GB/T 196—2003)**　　mm

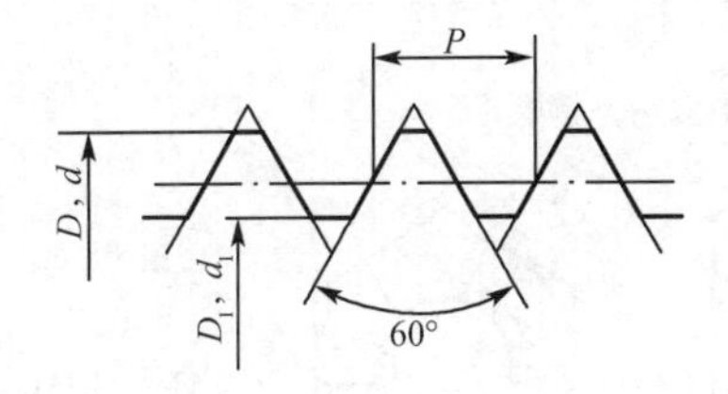

标记示例：

公称直径为 24 mm，螺距为 3 mm，右旋粗牙普通螺纹，公差带代号为 6g，其标记为：M24

公称直径为 24 mm，螺距为 1.5 mm，左旋细牙普通螺纹，公差带代号为7H，其标记为：M24×1.5-7H-LH

内外螺纹旋合的标记：M24-7H/6g

公称直径 D,d		螺距 P		粗牙小径 D_1,d_1	公称直径 D,d		螺距 P		粗牙小径 D_1,d_1
第一系列	第二系列	粗牙	细牙		第一系列	第二系列	粗牙	细牙	
3		0.5	0.35	2.459	16		2	1.5,1	13.835
4		0.7	0.5	3.242		18	2.5	2,1.5,1	15.294
5		0.8		4.134	20				17.294
6		1	0.75	4.917		22			19.294
8		1.25	1,0.75	6.647	24		3		20.752
10		1.5	1.25,1,0.75	8.376	30		3.5	(3),2,1.5,1	26.211
12		1.75	1.5,1.25,1	10.106	36		4	3,2,1.5	31.670
	14	2	1.5,1.25,1	11.835		39			34.670

注：应优先选用第一系列，括号内尺寸尽可能不用。

6. 常用螺纹连接件的图例及标记(见表 2-5-6)

表 2-5-6　　**常用螺纹连接件的图例及标记**

名称及图例	规定标记示例	名称及图例	规定标记示例
六角头螺栓	螺栓 GB/T 5782—2000 M12×50	双头螺栓(b_m=1.25d)	螺柱 GB/T 898—1988 M12×50
内六角圆柱头螺钉	螺钉 GB/T 70.1—2008 M16×40	1型六角螺母	螺母 GB/T 6170—2000 M16

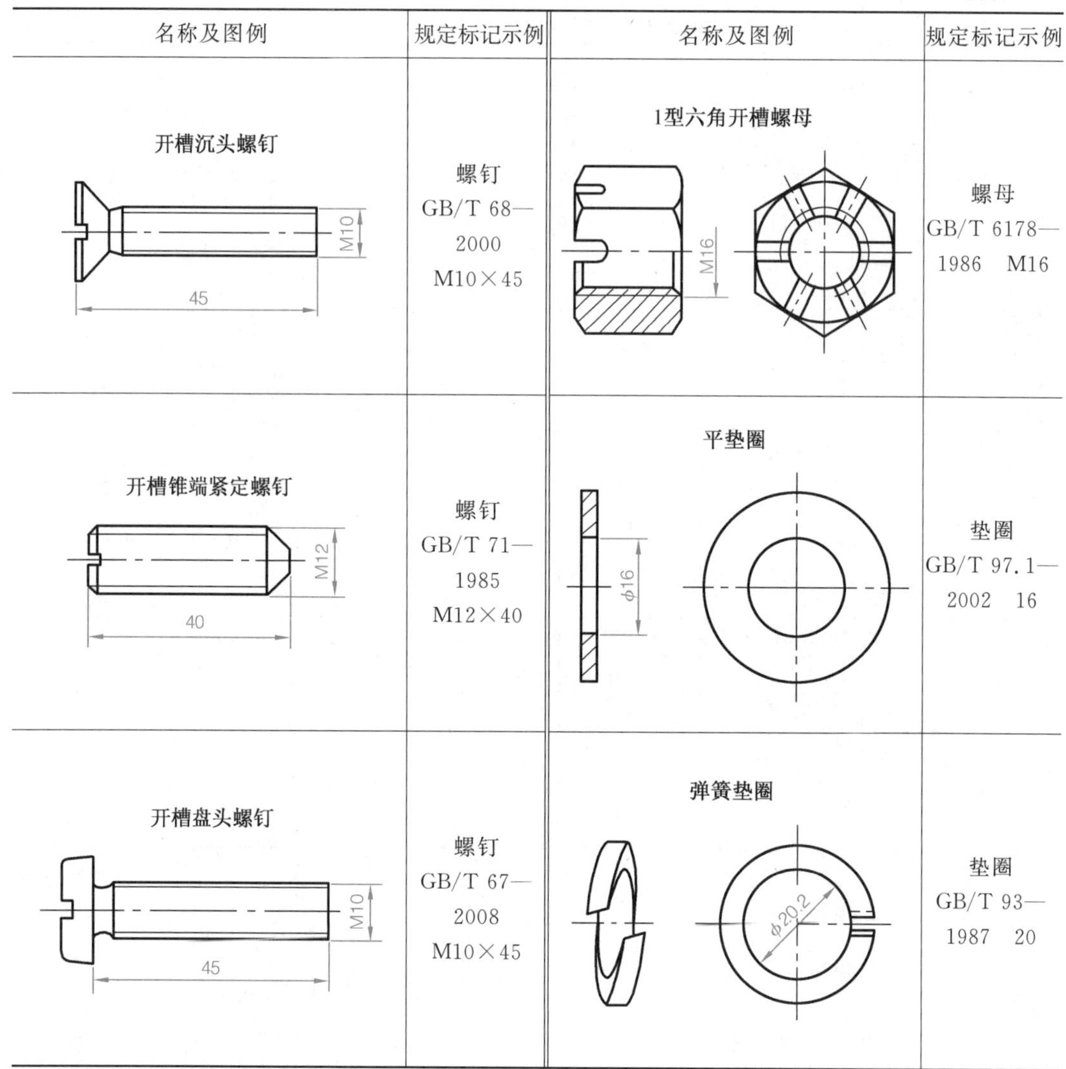

（续表）

名称及图例	规定标记示例	名称及图例	规定标记示例
开槽沉头螺钉 M10　45	螺钉 GB/T 68—2000 M10×45	1型六角开槽螺母 M16	螺母 GB/T 6178—1986　M16
开槽锥端紧定螺钉 M12　40	螺钉 GB/T 71—1985 M12×40	平垫圈 ϕ16	垫圈 GB/T 97.1—2002　16
开槽盘头螺钉 M10　45	螺钉 GB/T 67—2008 M10×45	弹簧垫圈 ϕ20.2	垫圈 GB/T 93—1987　20

7. 螺纹连接件的简化画法

由于螺纹连接件的结构、尺寸都已标准化，故在有关标准中可以查得其结构型式和全部尺寸。为作图方便，一般不按实际尺寸作图，而是按比例采用简化画法画出。

图 2-5-11 所示为螺栓、螺柱、螺母和垫圈的比例画法，除螺纹的公称长度需要计算并通过查有关标准选定标准值外，其余各部分尺寸均按与螺纹公称直径 d(或 D)成一定比例确定。

(二)绘制减速器螺钉连接和螺栓连接装配图

1. 螺钉连接画法

(1)起盖螺钉与箱盖连接

箱盖凸缘厚度为 12 mm，螺纹孔 M12，根据使用要求选用六角头螺栓，查表 2-5-7 得螺纹规格 d=M12、公称长度 l=25 mm 的螺栓标记为：

螺栓　GB/T 5783—2000　M12×25

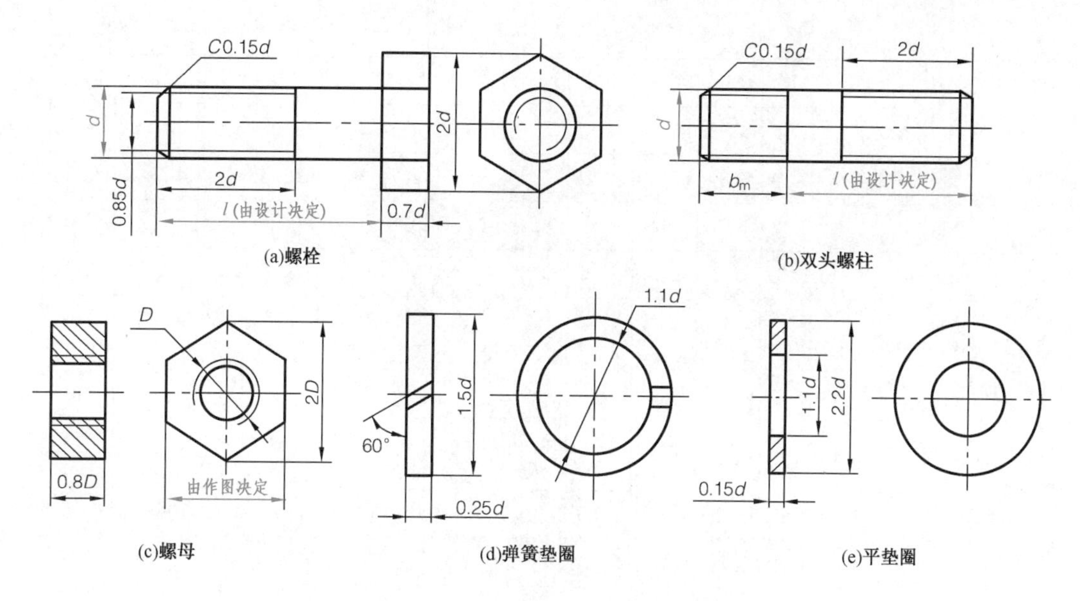

图 2-5-11　螺栓、螺柱、螺母和垫圈的比例画法

表 2-5-7　六角头螺栓　A 和 B 级(GB/T 5782—2000)、六角头螺栓　全螺纹　A 和 B 级(GB/T 5783—2000)　mm

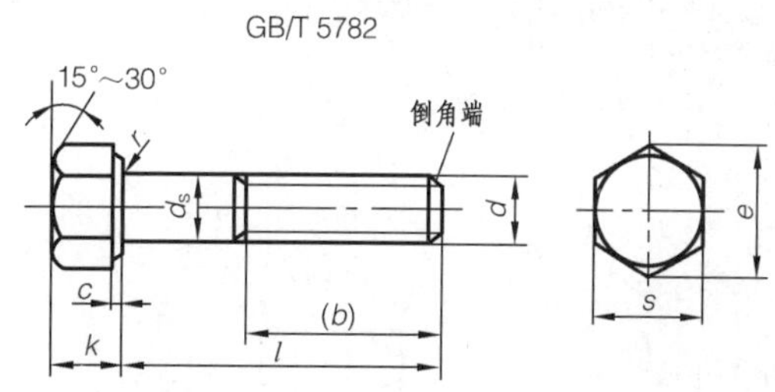

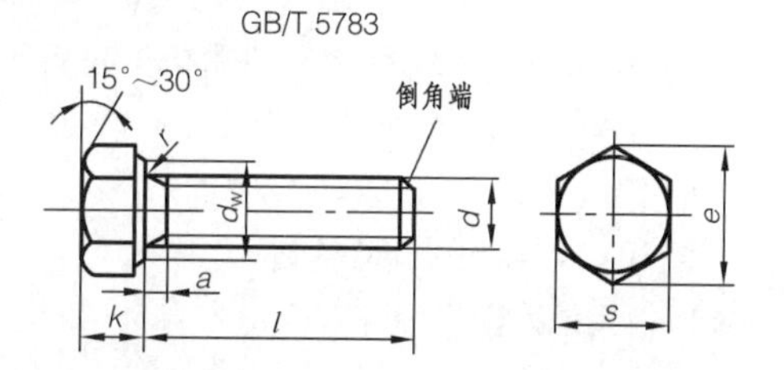

标记示例：

螺纹规格 d＝M12、公称长度 l＝80 mm、性能等级为 8.8 级、表面氧化、A 级的六角头螺栓的标记为：

螺栓　GB/T 5782　M12×80

标记示例：

螺纹规格 d＝M12、公称长度 l＝80、性能等级为 4.8 级、表面氧化、全螺纹、A 级的六角头螺栓的标记为：

螺栓　GB/T 5783　M12×80

螺纹规格 d			M3	M4	M5	M6	M8	M10	M12	(M14)	M16	(M18)	M20	(M22)	M24
b(参考)	$l \leqslant 125$		12	14	16	18	22	26	30	34	38	42	46	50	54
	$125 < l \leqslant 200$		18	20	22	24	28	32	36	40	44	48	52	56	60
	$l > 200$		31	33	33	37	41	45	49	53	57	61	65	69	73
a	max		1.5	2.1	2.4	3	3.75	4.5	5.25	6	6	7.5	7.5	7.5	9
c	max		0.4	0.4	0.5	0.5	0.6	0.6	0.6	0.6	0.8	0.8	0.8	0.8	0.8
	min		0.15	0.15	0.15	0.15	0.15	0.15	0.15	0.15	0.2	0.2	0.2	0.2	0.2
d_w	min	A	4.57	5.88	6.88	8.88	11.63	14.63	16.63	19.64	22.49	25.34	28.19	31.71	33.61
		B	4.45	5.74	6.74	8.74	11.47	14.47	16.47	19.15	22	24.85	27.7	31.35	33.25

（续表）

螺纹规格 d			M3	M4	M5	M6	M8	M10	M12	(M14)	M16	(M18)	M20	(M22)	M24
e	min	A	6.01	7.66	8.79	11.05	14.38	17.77	20.03	23.35	26.75	30.14	33.53	37.72	39.98
		B	5.88	7.50	8.63	10.89	14.20	17.59	19.85	22.78	26.17	29.56	32.95	37.29	39.55
k	公称		2	2.8	3.5	4	5.3	6.4	7.5	8.8	10	11.5	12.5	14	15
r	min		0.1	0.2	0.2	0.25	0.4	0.4	0.6	0.6	0.6	0.6	0.8	0.8	0.8
s	公称		5.5	7	8	10	13	16	18	21	24	27	30	34	36
l 范围			20～30	25～40	25～50	30～60	35～80	40～100	45～120	60～140	55～160	60～180	65～200	70～200	80～240
l 范围(全螺纹)			6～30	8～40	10～50	12～60	16～80	20～100	25～120	30～140	30～150	35～180	40～150	45～200	50～150
l 系列			6,8,10,12,16,20～70(5进位),80～160(10进位),180～360(20进位)												
技术条件			材料	力学性能等级		螺纹公差	公差产品等级						表面处理		
			钢	8.8		6g	A级用于 $d\leqslant24$ 或 $l\leqslant10d$ 或 $l\leqslant150$ B级用于 $d>24$ 或 $l>10d$ 或 $l>150$						氧化或镀锌钝化		

注：1. A、B为产品等级，A级最精确，C级最不精确。C级产品详见GB/T 5780—2000、GB/T 5781—2000。
2. l 系列中，M14中的55、65，M18和M20中的65以及全螺纹中的55、65等规格尽量不采用。
3. 括号内为第二系列螺纹规格，尽量不采用。

画图步骤如下：

①画轴线确定起盖螺钉的位置。

②画箱盖凸缘局部剖视图。

③画M12内螺纹通孔。

④将起盖螺钉旋入箱盖凸缘螺纹孔中，按螺纹连接的规定画法画出，如图2-5-12所示。

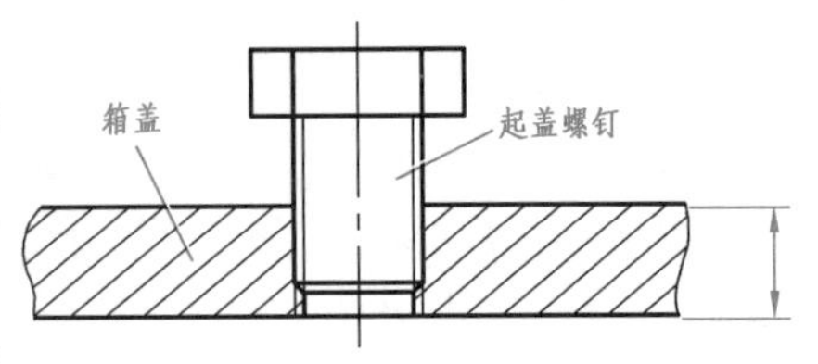

图2-5-12 起盖螺钉与箱盖的连接画法

(2)螺钉连接轴承端盖和箱体

减速器上轴承端盖与箱体紧固采用的是螺钉连接。其装配过程是将螺钉穿过轴承端盖的通孔，然后旋进带螺纹盲孔的箱体轴承座中，具体参照减速器立体图。

轴承端盖厚度为10 mm，端盖通孔为ϕ9，箱体轴承座螺纹盲孔为M8，箱体材料为铸铁。查表2-5-7得螺栓标记为：

螺栓 GB/T 5783—2000 M8×20

画图步骤如下：

①参照项目2和项目4的视图及减速器立体图，将轴承端盖和箱体摆放好。绘出轴承端盖和轴承座部分的局部剖视图。

②画螺钉孔轴线，确定螺钉连接的位置。

③画轴承端盖的通孔和轴承座的螺纹盲孔，如图2-5-13(a)所示。

④画螺钉连接，以表达螺钉与轴承端盖和轴承座的连接关系，如图2-5-13(b)和图2-5-13(c)所示。

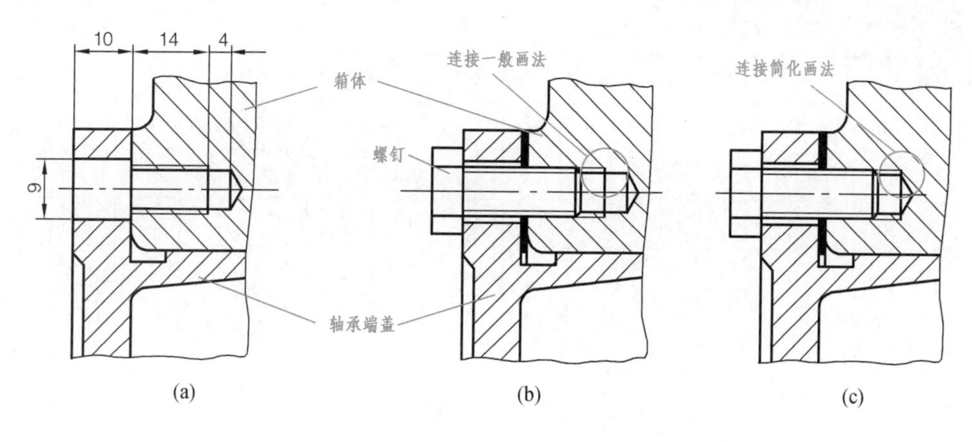

图 2-5-13　螺钉连接轴承端盖和箱体

注意：剖切平面通过螺钉轴线时，国标规定螺钉按不剖画出；轴承端盖和箱体接触处的粗实线为分界线；轴承端盖的通孔与螺钉不接触，画两条线；轴承端盖和箱体剖面线方向相反。

2. 螺栓连接画法

减速器上箱盖与箱座的紧固采用螺栓连接。其装配过程是将螺栓穿过箱盖和箱座上轴承旁凸台的通孔，套上弹簧垫圈，然后用螺母紧固，具体参照减速器立体图。

箱盖轴承旁凸台厚为 48 mm，箱座轴承旁凸台厚也为 48 mm，螺栓孔直径为ϕ17，根据使用要求选用连接件，查表 2-5-7～表 2-5-9 得螺栓、螺母、垫圈的标记为：

螺栓　GB/T 5782—2000　M16×120

螺母　GB/T 6170—2000　M16

垫圈　GB/T 93—1987　16

表 2-5-8　　1 型六角螺母　A 和 B 级(摘自 GB/T 6170—2000)、六角薄螺母　A 和 B 级　倒角(摘自 GB/T 6172.1—2000)　　mm

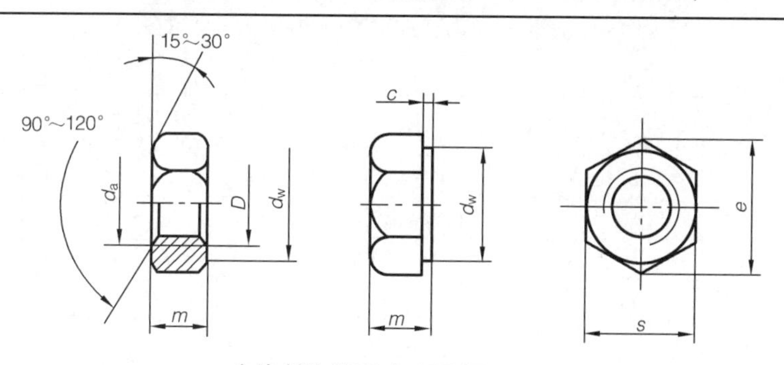

允许制造的型式（GB/T 6170）

标记示例：

螺纹规格 D=M12、性能等级为 8 级、不经表面处理、A 级的 1 型六角螺母的标记为：

螺母　GB/T 6170　M12

螺纹规格 D=M12、性能等级为 04 级、不经表面处理、A 级的六角薄螺母的标记为：

螺母　GB/T 6172.1　M12

螺纹规格 D		M3	M4	M5	M6	M8	M10	M12	(M14)	M16	(M18)	M20	(M22)	M24
d_a	max	3.45	4.6	5.75	6.75	8.75	10.8	13	15.1	17.30	19.5	21.6	23.7	25.9

（续表）

螺纹规格 D		M3	M4	M5	M6	M8	M10	M12	(M14)	M16	(M18)	M20	(M22)	M24
d_w	min	4.6	5.9	6.9	8.9	11.6	14.6	16.6	19.6	22.5	24.9	27.7	31.4	33.3
e	min	6.01	7.66	8.79	11.05	14.38	17.77	20.03	23.36	26.75	29.56	32.95	37.29	39.55
s	max	5.5	7	8	10	13	16	18	21	24	27	30	34	36
c	max	0.4	0.4	0.5	0.5	0.6	0.6	0.6	0.6	0.8	0.8	0.8	0.8	0.8
m (max)	1型六角螺母	2.4	3.2	4.7	5.2	6.8	8.4	10.8	12.8	14.8	15.8	18	19.4	21.5
	六角薄螺母	1.8	2.2	2.7	3.2	4	5	6	7	8	9	10	11	12

技术条件	材料	性能等级	螺纹公差	表面处理	公差产品等级
	钢	1型六角螺母:6、8、10 六角薄螺母:04、05	6H	不经处理或镀锌钝化	A级用于 $D\leqslant$M16 B级用于 $D>$M16

注:尽可能不采用括号内的规格。

表 2-5-9　标准型弹簧垫圈的各部分尺寸(GB/T 93—1987)　mm

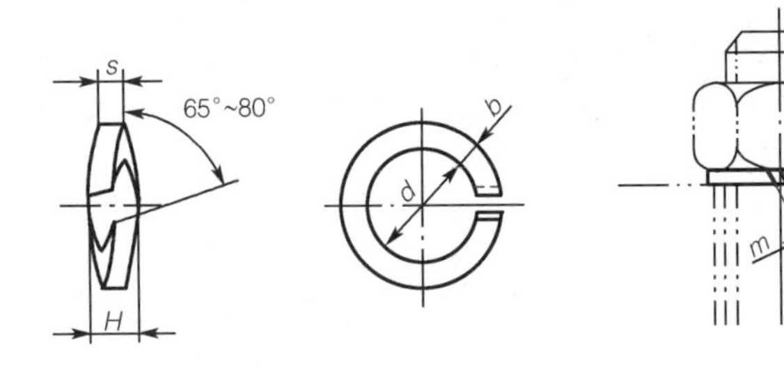

标记示例:
规格为 16 mm、材料为 65Mn、表面氧化的标准型弹簧垫圈标记为:垫圈　GB/T 93　16

规格(螺纹大径)		4	5	6	8	10	12	16	20	24	30
d	max	4.4	5.4	6.68	8.68	10.9	12.9	16.9	21.04	25.5	31.5
	min	4.1	5.1	6.1	8.1	10.2	12.2	16.2	20.2	24.5	30.5
$s(b)$公称		1.1	1.3	1.6	2.1	2.6	3.1	4.1	5	6	7.5
H	max	2.75	3.25	4	5.25	6.5	7.75	10.25	12.5	15	18.75
	min	2.2	2.6	3.2	4.2	5.2	6.2	8.2	10	12	15
$m\leqslant$		0.55	0.65	0.8	1.05	1.3	1.55	2.05	2.5	3	3.75

画图步骤如下:

①参照减速器立体图和项目 4 中的箱座主视图,画箱盖和箱座轴承旁凸台的局部剖视图。注意两个凸台的摆放位置,如图 2-5-14(a)所示。

②画轴线,确定螺栓连接的位置。

③画凹坑和贯穿两个凸台的通孔,凹坑的作用是为了减少加工面,并保证两螺栓头的底

面与凸台的表面接触良好。

④画螺栓连接，表达螺栓与两个凸台的连接关系，如图 2-5-14(b)所示。

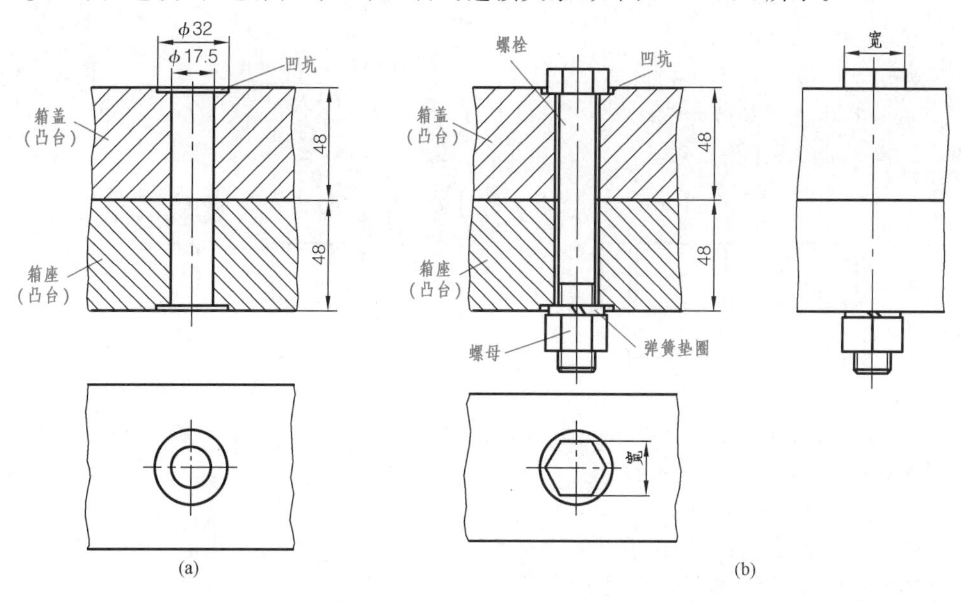

图 2-5-14　螺栓连接箱盖和箱座

注意：剖切平面通过螺栓轴线时，国标规定螺栓、螺母、垫圈均按不剖画出。

知识拓展

1. 双头螺柱连接的画法(图 2-5-15)

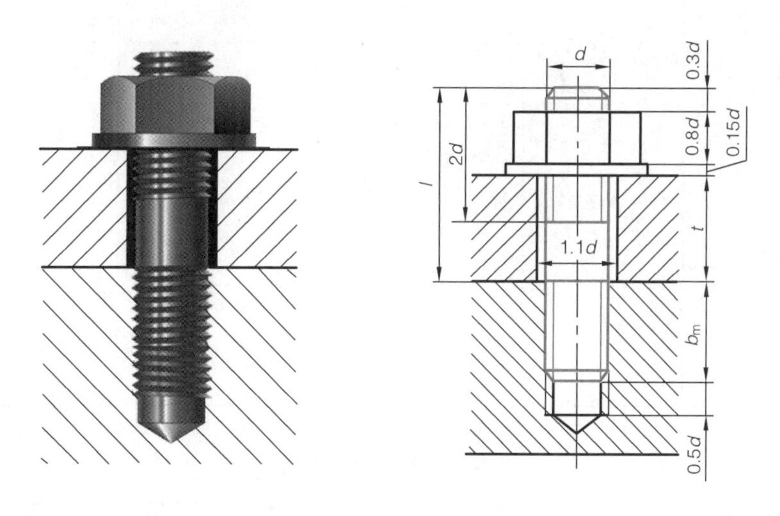

图 2-5-15　双头螺柱连接的画法

双头螺柱连接多用于被连接件之一较厚、不适合螺栓连接的场合。双头螺柱两端都有螺纹。连接时，将双头螺柱的旋入端旋入被连接件的螺纹盲孔中，另一端穿过被连接件的通孔，再套上垫圈、拧紧螺母即可。

双头螺柱的各部分尺寸见表 2-5-10。

表 2-5-10　　　　双头螺柱的各部分尺寸　　　　mm

GB/T 897—1988($b_m = d$)

GB/T 898—1988($b_m = 1.25d$)

GB/T 899—1988($b_m = 1.5d$)

GB/T 900—1988($b_m = 2d$)

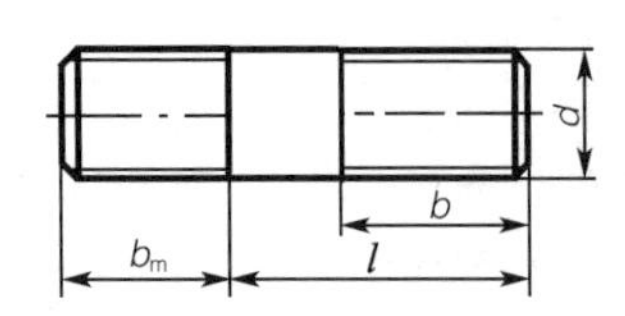

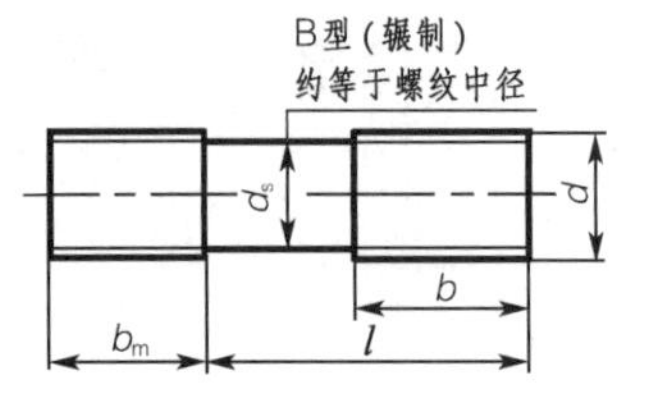

标记示例：

两端均为粗牙普通螺纹、$d=10$ mm、$l=50$ mm、性能等级为 4.8 级、不经表面处理、B 型、$b_m = d$ 的双头螺柱标记为：

螺柱　GB/T 897　M10×50

若为 A 型，则标记为：

螺柱　GB/T 897　AM10×50

螺纹规格 d		M3	M4	M5	M6	M8	M10	M12	M16	M20	M24
b_m（公称）	GB/T 897—1988			5	6	8	10	12	16	20	24
	GB/T 898—1988			6	8	10	12	15	20	25	30
	GB/T 899—1988	4.5	6	8	10	12	15	18	24	30	36
	GB/T 900—1988	6	8	10	12	16	20	24	32	40	48
$\frac{l}{b}$		16~20/6 (22)~40/12	16~(22)/8 25~40/14	16~(22)/10 25~50/16	20~(22)/10 25~30/14 (32)~(75)/18	20~(22)/12 25~30/16 (32)~90/22	25~(28)/14 30~(38)/16 40~120/26 130/32	25~(30)/16 (32)~40/20 45~120/30 130~180/36	30~(38)/20 40~(55)/30 60~120/38 130~200/44	35~(40)/25 45~(65)/35 70~120/46 130~200/52	45~(50)/30 (55)~(75)/45 80~120/54 130~200/60

注：1. GB/T 897—1988 和 GB/T 898—1988 规定双头螺柱的螺纹规格 d=M5～M48，公称长度 l=16～300 mm；GB/T 899—1988 和 GB/T 900—1988 规定双头螺柱的螺纹规格 d=M2～M48，公称长度 l=12～300 mm。

2. 双头螺柱的公称长度 l（系列）：12，(14)，16，(18)，20，(22)，25，(28)，30，(32)，35，(38)，40，45，50，(55)，60，(65)，70，(75)，80，(85)，90，(95)，100～260（10 进位），280，300(mm)，尽可能不采用括号内的数值。

3. 材料为钢的双头螺柱性能等级有 4.8、5.8、6.8、8.8、10.9、12.9 级，其中 4.8 级为常用。

2. 螺纹连接的简化画法(图 2-5-16)

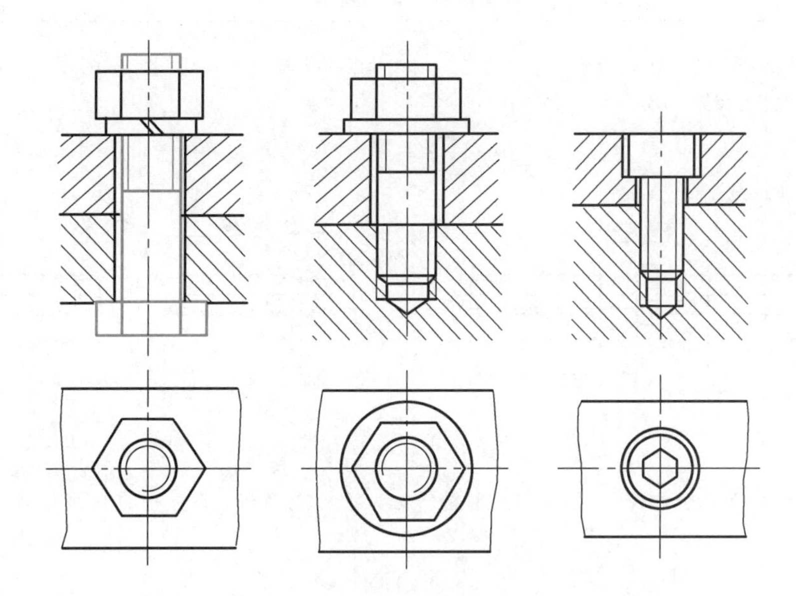

图 2-5-16　螺纹连接的简化画法

3. 螺钉及垫圈的各部分尺寸(表 2-5-11～表 2-5-13)

表 2-5-11　　内六角圆柱头螺钉的各部分尺寸(GB/T 70.1—2008)　　mm

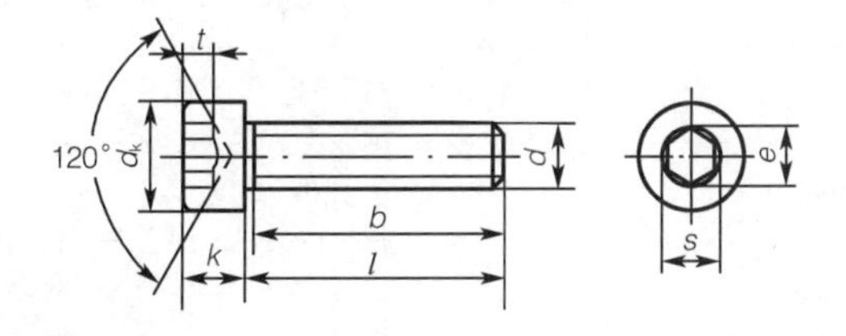

标记示例：

螺纹规格 d=M5、公称长度 l=20 mm、性能等级为 8.8 级、表面氧化的 A 级内六角圆柱头螺钉标记为：

螺钉　GB/T 70.1　M5×20

螺纹规格 d	M2.5	M3	M4	M5	M6	M8	M10	M12	M16	M20	M24	M30	M36
d_{kmax}	4.5	5.5	7	8.5	10	13	16	18	24	30	36	45	54
k_{max}	2.5	3	4	5	6	8	10	12	16	20	24	30	36
t_{min}	1.1	1.3	2	2.5	3	4	5	6	8	10	12	15.5	19
s	2	2.5	3	4	5	6	8	10	14	17	19	22	27
e	2.3	2.87	3.44	4.58	5.72	6.86	9.15	11.43	16	19.44	21.73	25.15	30.85
b(参考)	17	18	20	22	24	28	32	36	44	52	60	72	84
l	4～25	5～30	6～40	8～50	10～60	12～80	16～100	20～120	25～160	30～200	40～200	45～200	55～200

注：1. 标准规定螺纹规格为 M1.6～M64。

2. 公称长度 l(系列)：2.5，3，4，5，6～16(2 进位)，20～65(5 进位)，70～160(10 进位)，180～300(20 进位)(mm)。

3. 材料为钢的螺钉性能等级有 8.8、10.9、12.9 级，其中 8.8 级为常用。

表 2-5-12　　　　　　　　　　　开槽螺钉的各部分尺寸　　　　　　　　　　　mm

开槽圆柱头螺钉(GB/T 65—2000)　　　　开槽沉头螺钉(GB/T 68—2000)

开槽盘头螺钉(GB/T 67—2008)

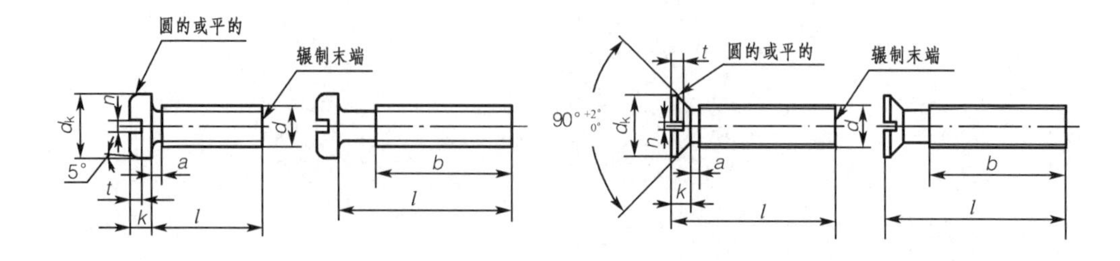

标记示例：

螺纹规格 d=M5、公称长度 l=20 mm、性能等级为 4.8 级、不经表面处理的 A 级开槽圆柱头螺钉标记为：

螺钉　GB/T 65　M5×20

螺纹规格 d			M3	M4	M5	M6	M8	M10
a_{max}			1	1.4	1.6	2	2.5	3
b_{min}			25	38	38	38	38	38
n(公称)			0.8	1.2	1.2	1.6	2	2.5
GB/T 68—2000	d_k(公称)=max		5.5	8.40	9.30	11.30	15.80	18.30
	k(公称)=max		1.65	2.7	2.7	3.3	4.65	5
	t	max	0.85	1.3	1.4	1.6	2.3	2.6
		min	0.6	1	1.1	1.2	1.8	2
	$\frac{l}{b}$		$\frac{5\sim30}{l-(k+a)}$	$\frac{6\sim40}{l-(k+a)}$	$\frac{8\sim45}{l-(k+a)}$ $\frac{50}{b}$	$\frac{8\sim45}{l-(k+a)}$ $\frac{50\sim60}{b}$	$\frac{10\sim45}{l-(k+a)}$ $\frac{50\sim80}{b}$	$\frac{12\sim45}{l-(k+a)}$ $\frac{50\sim80}{b}$

注：1. 标准规定螺纹规格 d=M1.6～M10。

2. 公称长度 l(系列)：2，2.5，3，4，5，6，8，10，12，(14)，16，20，25，30，35，40，45，50，(55)，60，(65)，70，(75)，80(mm)(GB/T 65 的 l 无 2.5，GB/T 68 的 l 无 2)，尽可能不采用括号内的数值。

3. 当 l/b 中的 $b=l-a$ 或 $b=l-(k+a)$ 时表示全螺纹。

4. 无螺纹部分的杆径约等于中径或允许等于大径。

5. 材料为钢的螺钉性能等级有 4.8、5.8 级，其中 4.8 级为常用。

表 2-5-13 垫圈的各部分尺寸 mm

小垫圈—A 级 (GB/T 848—2002)	平垫圈—A 级 (GB/T 97.1—2002)	平垫圈倒角型—A 级 (GB/T 97.2—2002)

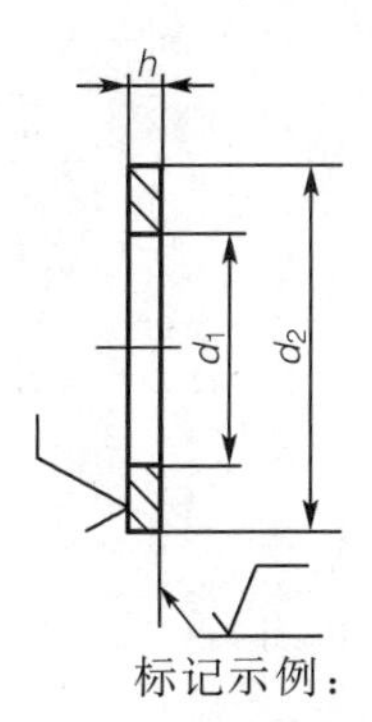

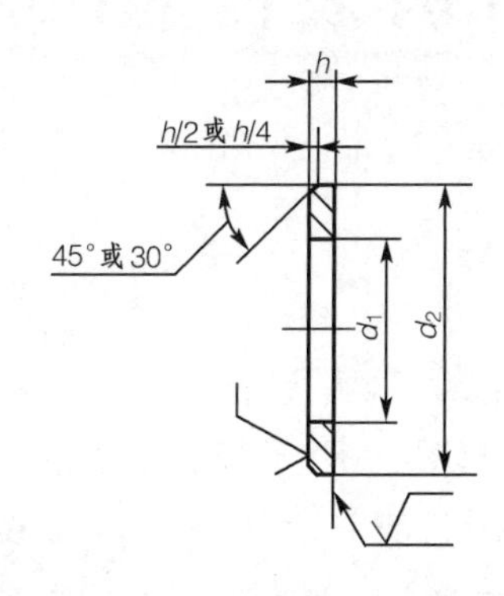

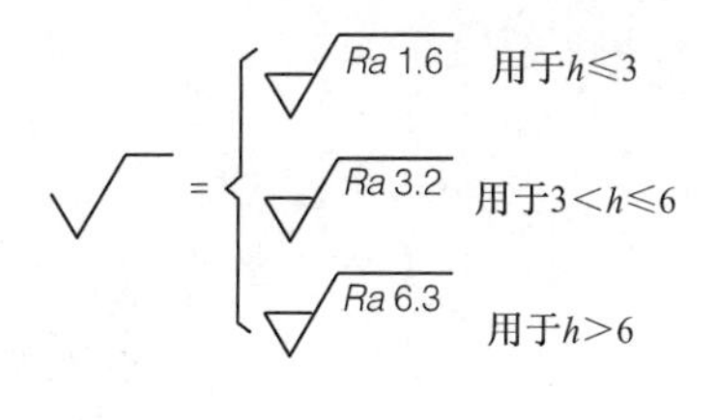

标记示例：

标准系列、公称规格 $d=8$ mm、由钢制造的硬度等级为 200HV 级、不经表面处理、产品等级为 A 级的平垫圈标记为：

垫圈 GB/T 97.1 8

公称规格(螺纹大径 d)		3	4	5	6	8	10	12	14	16	20	24
内径 d_1		3.2	4.3	5.3	6.4	8.4	10.5	13	15	17	21	25
GB/T 848—2002	外径 d_2	6	8	9	11	15	18	20	24	28	34	39
	厚度 h	0.5	0.5	1	1.6	1.6	1.6	2	2.5	2.5	3	4
GB/T 97.1—2002 GB/T 97.2—2002*	外径 d_2	7	9	10	12	16	20	24	28	30	37	44
	厚度 h	0.5	0.8	1	1.6	1.6	2	2.5	2.5	3	3	4

注：1. * 适用于规格为 M5～M36 的标准六角螺栓、螺钉和螺母。

2. 硬度等级有 200HV、300HV 级。200HV 级表示材料钢的硬度，“HV”表示维氏硬度，“200”为硬度值。

3. 产品等级是由产品质量和公差大小决定的，A 级的公差较小。

项目6 绘制从动轴系装配图

学习目标

了解装配图的作用和内容，理解装配图的视图选择、基本画法和简化画法；理解装配图的尺寸标注；理解配合的概念、种类，掌握配合在装配图上的标注和识读；理解装配图的零件序号和明细栏标注方法，熟悉绘制简单装配图的方法和步骤，能绘制简单的装配图；了解键和轴承的有关标准以及规定画法。

前面已经介绍了从动轴、齿轮、挡油环等零件图的识读和绘制，同时了解了各零件的作用。实际工作中应按要求将这些零件安装到一起，以完成一台机器或部件的整体装配。用来指导完成整体装配的图样称为装配图。装配图着重表达各零件之间的相对位置、连接方式、装配关系，它是机械设计、制造、使用、维修以及进行技术交流的重要技术文件。

一张完整的装配图应具有下列内容：一组视图、必要的尺寸、技术要求、零(部)件序号及明细栏和标题栏。

实施步骤

(一)从动轴系主要组成零件(图 2-6-1)

1. 从动轴和齿轮

从动轴和齿轮的结构在项目 1 和项目 3 中已作了详细分析。

2. 一对挡油环

该零件属于盘形零件。

3. 一对滚动轴承

轴承属于标准件，本例轴承的代号为 6210。轴承的功用、画法等内容在本项目“相关知识”中介绍。

4. 两个轴承端盖

该零件属于盘类零件，在项目 2 中已有介绍。

5. 键

键属于标准件，本例标记为“GB/T 1096—2003　键　16×10×50”。键及键连接的功用、画法等内容在本项目“相关知识”中介绍。

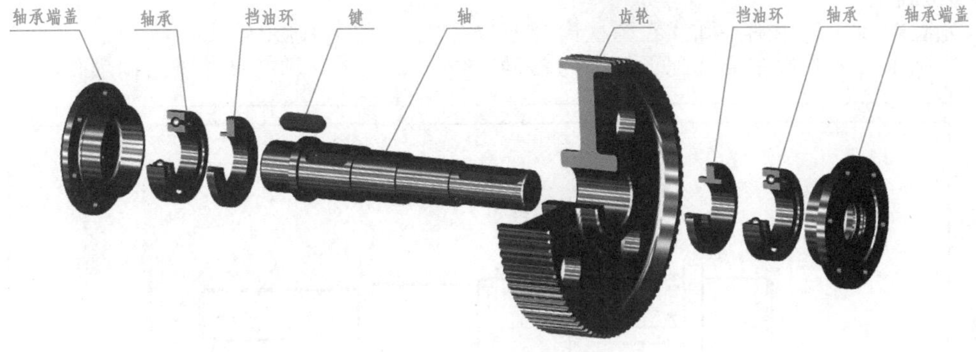

图 2-6-1 从动轴系立体图

(二)从动轴系上零件的装配顺序

1. 由右向左装配零件

(1)装配普通平键

普通平键在ϕ55轴段的键槽内，其作用是将轴和齿轮在圆周方向固定。

(2)装配齿轮

齿轮在ϕ55中轴段处，轴向固定的方法是：左边靠轴环(ϕ64)的右侧端面定位和固定，右边靠挡油环固定。

(3)装配挡油环

挡油环位于齿轮与轴承之间，其作用是：防止齿轮沿轴线向右移动；防止润滑油溅入轴承内而引起轴承润滑脂稀释，从而影响轴承润滑。

(4)装配滚动轴承

滚动轴承的轴向固定方法是左边靠挡油环，右边靠轴承端盖。其作用是支承轴。

2. 由左向右装配零件

依次装配挡油环、轴承。

(三)选择视图表达方案

选择主视图以主要反映轴系的工作原理、各零件之间的相对位置、装配关系及主要零件的结构形状等为目的。

本项目中，将轴线水平放置符合装配位置。主视图采用通过轴线的全剖视图，表达了轴系的结构特征，其他视图可省略不画。

(四)绘制装配图

1. 定比例、选图幅

装配图的比例及图幅的大小需根据轴系的大小及所选择的表达方案而定，还需考虑尺寸标注、序号编注以及明细栏等需要的位置。绘图比例为 1∶1，图幅为 A3。

2. 画主视图

主视图采用通过轴线的全剖视图。先画主干零件——轴，再按照装配顺序由内向外逐个画出各零件的图形。各零件按照齿轮—挡油环—轴承等的先后顺序绘制，先画零件的大体轮廓，再逐一画出细节。

绘制装配图的过程中还要注意，一般只画可见轮廓，被遮挡部分一般不画。

(1)画轴

先画轴线——用细点画线在图框内合适位置(中间偏上)画出轴线；

再画轴——画出主要装配干线中的轴，如图 2-6-2 所示。轴的具体画法同项目 1。

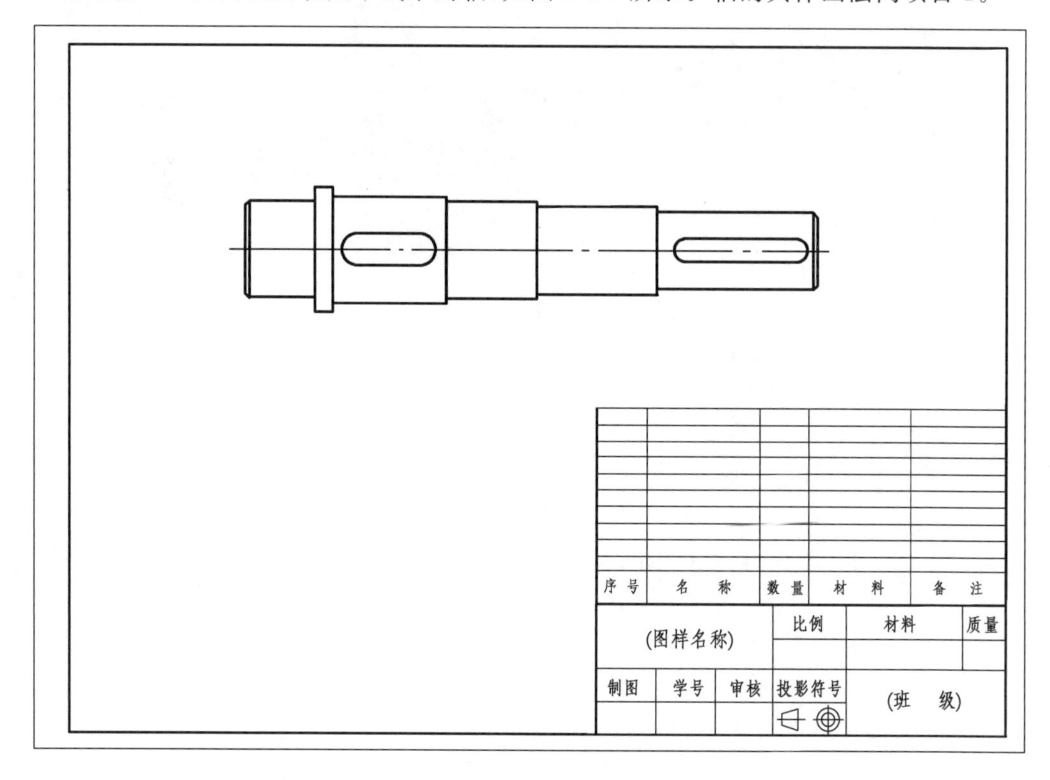

图 2-6-2 绘制装配图步骤(1)

注意：画装配图中的轴时，需根据国标装配图基本画法的规定进行。该规定要求：在装配图上作剖视时，当剖切平面通过实心件(如轴、键、杆等)和标准件(如螺栓、内六角螺钉、圆柱销等)的轴线时，这些零件按不剖绘制(即不画剖面线)。

(2)画齿轮

画齿轮轮廓，如图 2-6-3 所示。

(3)画其他零件

由装配顺序依次画出挡油环、轴承等其他零件的轮廓，如图 2-6-4 所示。

注意：在画相邻零件时，需按照国标规定的基本画法，两相邻零件的接触面或配合(包括间隙配合)面只画一条线；而非接触面、非配合表面，即使间隙再小，也应画两条线。

(4)画各零件的细节(图 2-6-5)

在画各零件(如螺钉连接、密封等)的细节时，还需注意国标规定的装配图特殊画法。

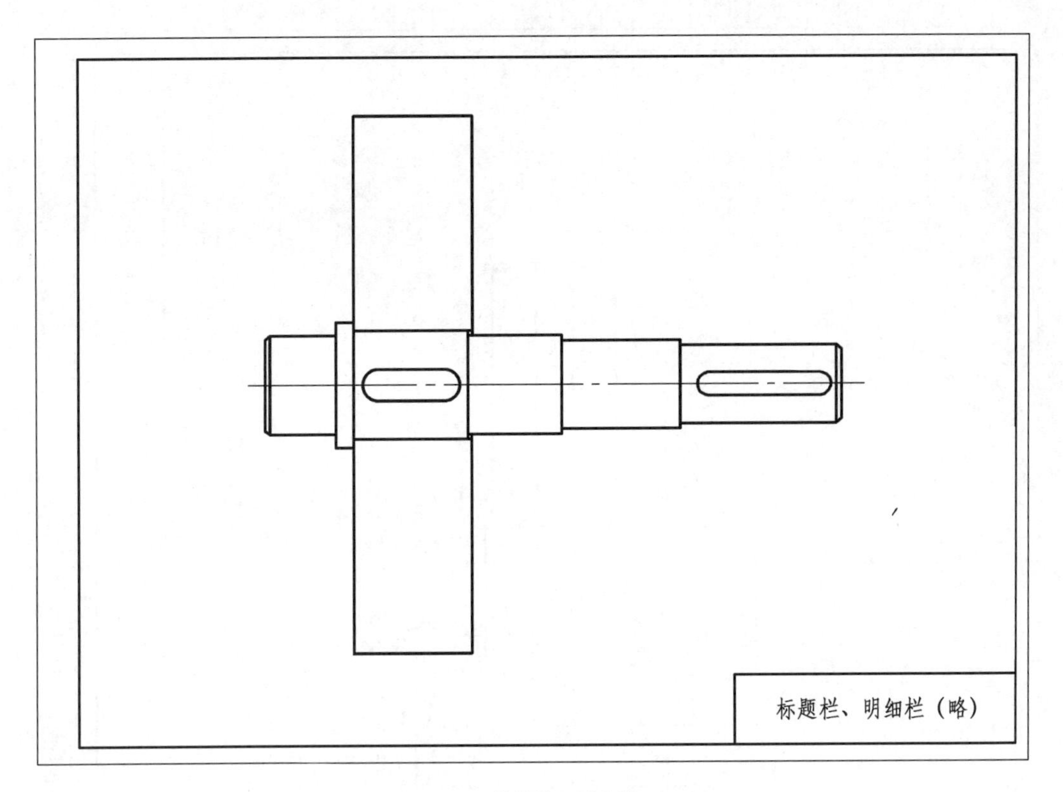

图 2-6-3　绘制装配图步骤(2)

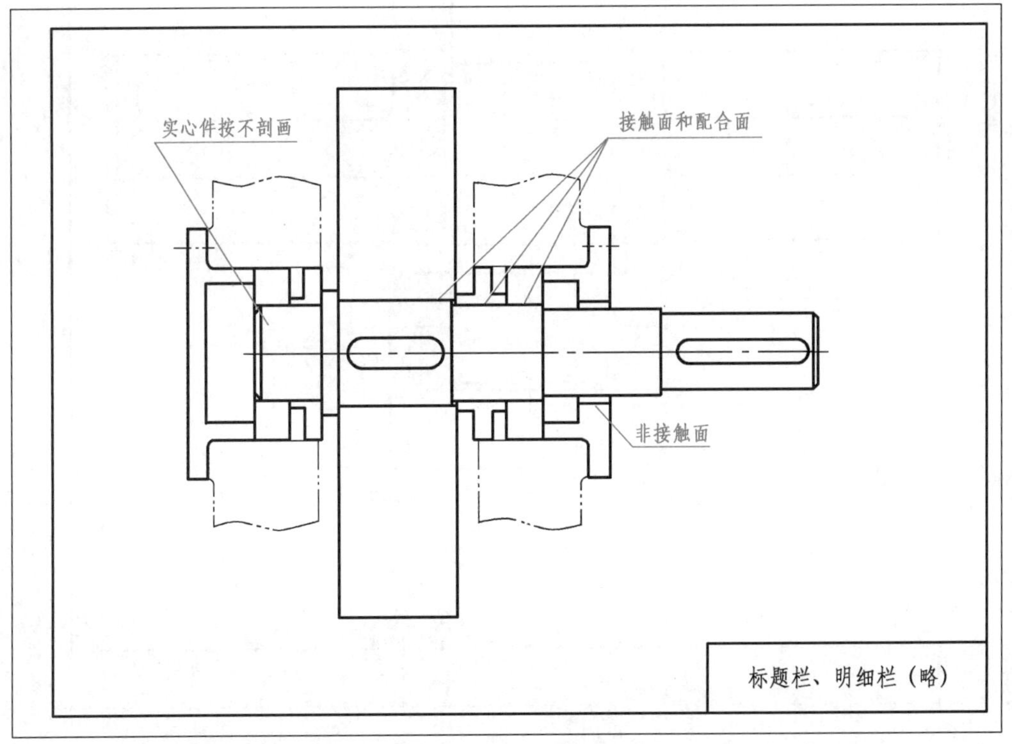

图 2-6-4　绘制装配图步骤(3)

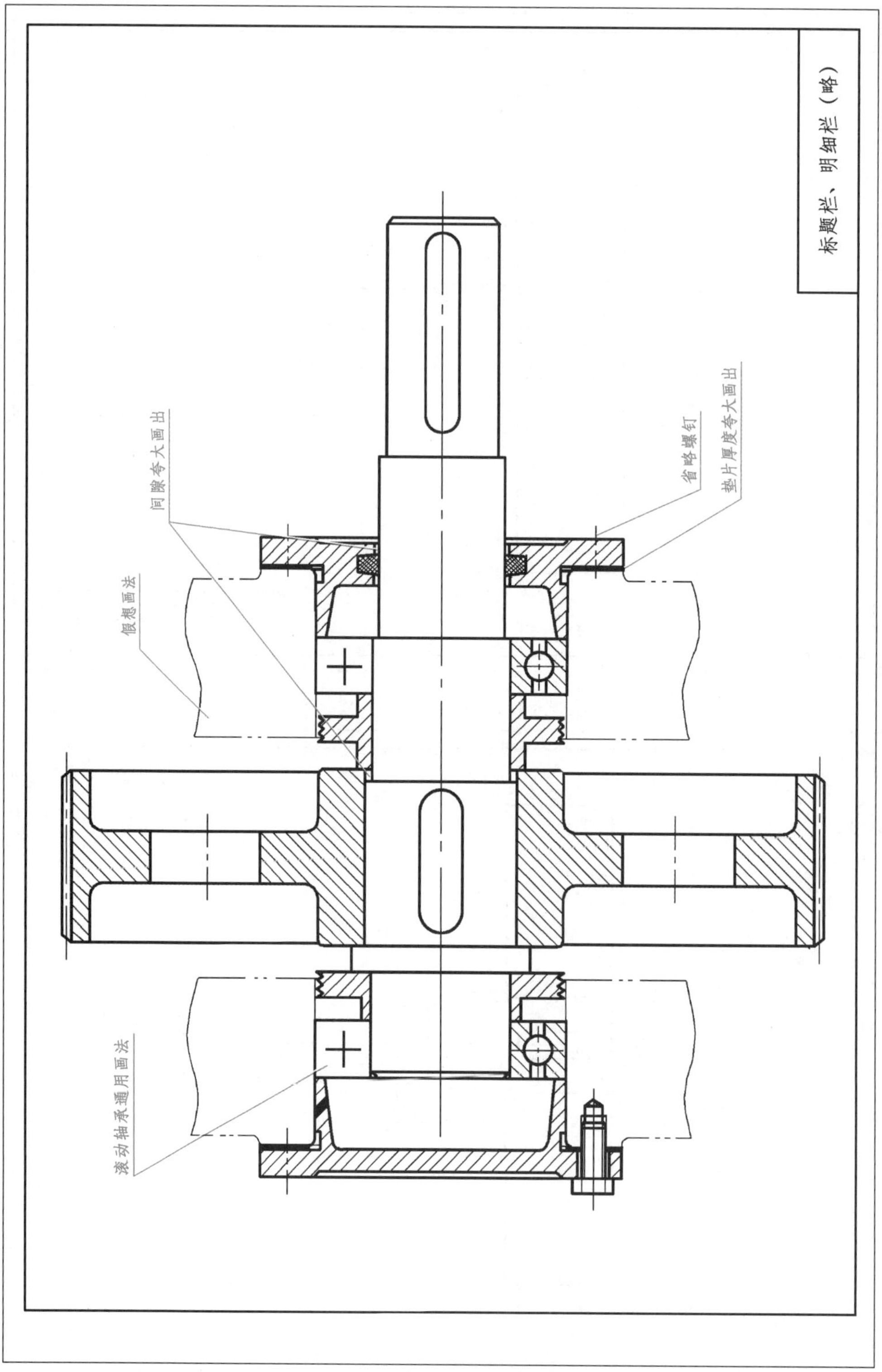

图 2-6-5 绘制装配图步骤（4）

①假想画法

当需要表示零件的位置、运动的范围和极限位置时，可用细双点画线画出其轮廓，如图2-6-5所示的下箱体。

②简化画法

对于装配图中若干个相同的零件组，如下箱体与轴承端盖的螺钉连接，则可详细地画出一处，其余用细点画线表示其位置。另外，轴承也可采用通用画法，如图2-6-5所示。在装配图中，零件的工艺结构，如倒角、圆角、退刀槽等可不画。

③夸大画法

当图形上的薄片厚度或间隙较小时（≤2 mm），允许该部分不按比例而夸大画出，以增加图形表达的明显性。如轴承端盖密封槽与轴的结合处以及轴承端盖与箱体的结合处的垫片厚度，均采用夸大画法。

（5）画剖面线

画剖面线时国标规定：相邻两零件的剖面线倾斜方向应相反；若相邻零件多于两个，则零件的剖面线应以不同间隔与其相邻的零件相区别；同一零件在各视图上的剖面线画法应一致。

（6）标注尺寸（图2-6-6）

装配图不是制造零件的直接依据，所以在装配图中不需要标注零件的全部尺寸，只需注出下列几种必要的尺寸：

①规格（性能）尺寸

表示机器、部件规格或性能的尺寸，是设计和选用部件的主要依据。一对轴承的跨距尺寸为135。

②外形尺寸

表示机器或部件外形轮廓的大小，即总长、总宽和总高尺寸。总长、总宽、总高尺寸为$342\times\phi274\times\phi274$。

③安装尺寸

表示将部件安装到机器上或将整机安装到基座上所需的尺寸。外伸输出轴端与联轴器的配合长度尺寸为84，直径尺寸为$\phi40r6$。

④装配尺寸

表示零件之间装配关系的尺寸，如配合尺寸和重要相对位置尺寸。轴与齿轮的配合尺寸为$\phi55\frac{H7}{r6}$，轴与轴承的配合尺寸为$\phi50k6$，轴承与轴承座孔的配合尺寸为$\phi90H7$等（零件间配合的内容将在本项目“相关知识”中介绍）。

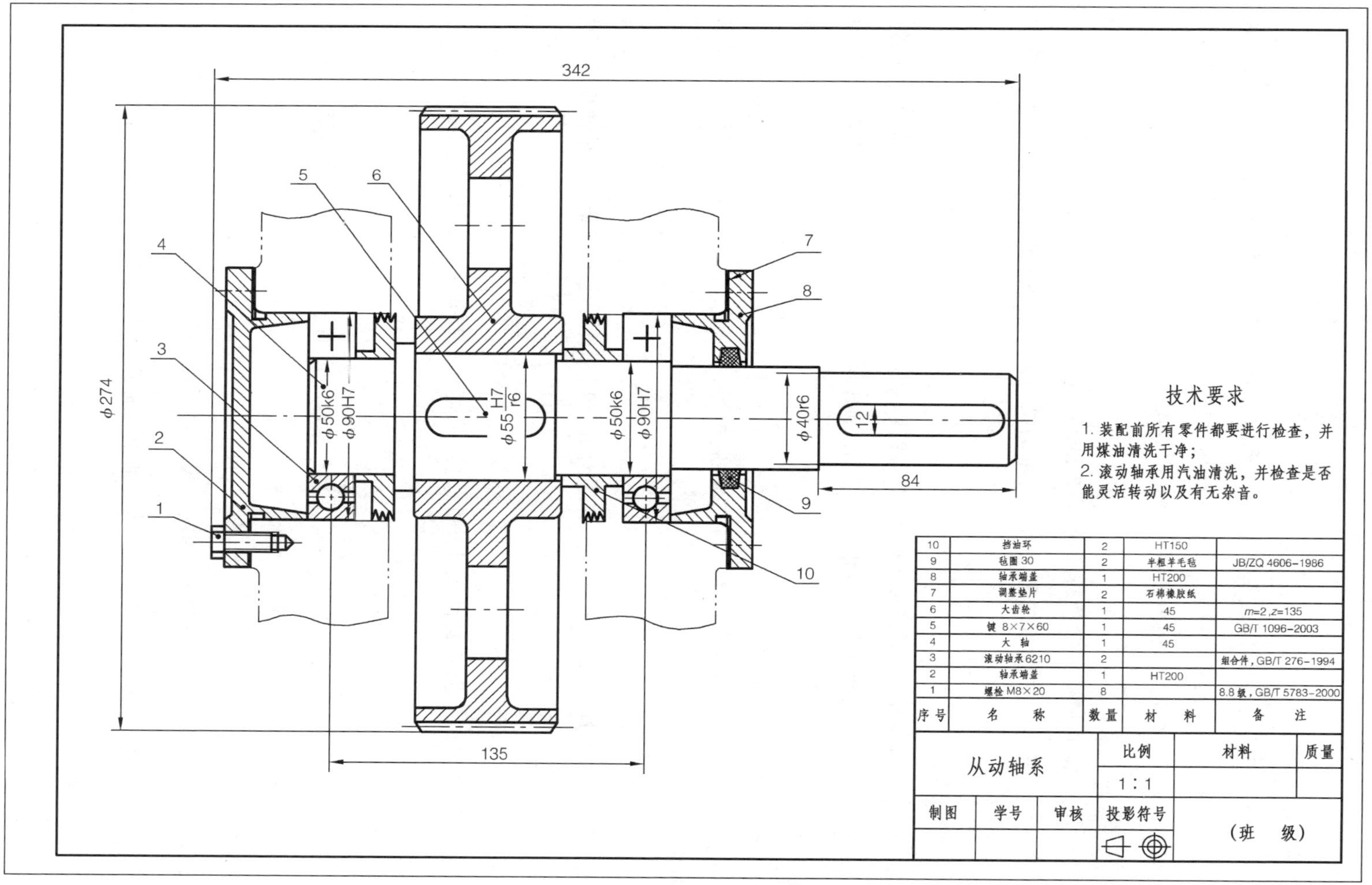

342
φ274
135
84
12
φ40r6
φ50k6
φ90H7
φ55 H7/r6
1
2
3
4
5
6
7
8
9
10
技术要求
1. 装配前所有零件都要进行检查，并用煤油清洗干净；
2. 滚动轴承用汽油清洗，并检查是否能灵活转动以及有无杂音。
10 挡油环 2 HT150
9 毡圈 30 2 半粗羊毛毡 JB/ZQ 4606-1986
8 轴承端盖 1 HT200
7 调整垫片 2 石棉橡胶纸
6 大齿轮 1 45 m=2,z=135
5 键 8×7×60 1 45 GB/T 1096-2003
4 大轴 1 45
3 滚动轴承 6210 2 组合件，GB/T 276-1994
2 轴承端盖 1 HT200
1 螺栓 M8×20 8 8.8 级，GB/T 5783-2000
序号 名称 数量 材料 备注
从动轴系
比例 1:1
材料
质量
制图
学号
审核
投影符号
(班级)

图 2-6-6　绘制装配图步骤(5)

⑤其他重要尺寸

除上述尺寸外，有时还要标注其他重要尺寸，如运动零件的极限位置尺寸、主要零件的重要结构尺寸等。

(7)编排序号

将组成轴系的所有零件进行统一编号。零件序号应按顺时针或逆时针编排，并沿水平和竖直方向排列整齐，如图2-6-6所示。

序号的注写形式多样，如图2-6-7所示。

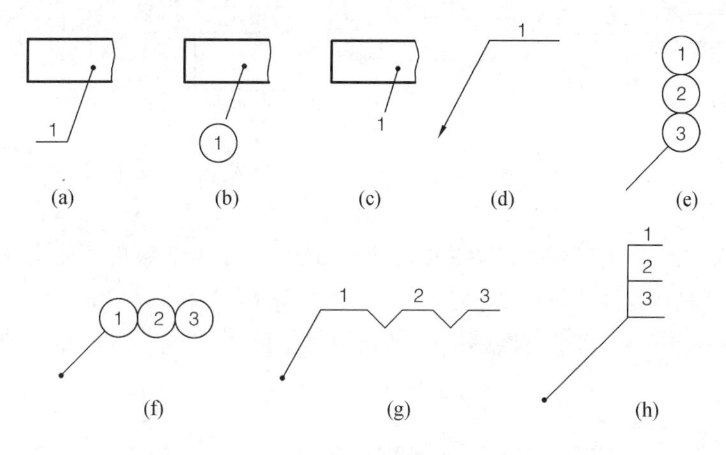

图2-6-7 序号的注写形式

(8)填写技术要求、明细栏和标题栏(图2-6-6)

①技术要求

●装配前所有的零件都要检查，并用煤油清洗干净。

●滚动轴承用汽油清洗，并检查是否能灵活转动以及有无杂音。

②明细栏

填写轴系装配图全部零件的详细目录，其内容包括各零件的序号、名称、数量、材料、标准等。零件序号应由下往上填写。

③标题栏

装配图标题栏的内容和格式与零件图相同。从图2-6-6可知，该装配体名称为从动轴系，绘图比例为1∶1，投影符号为第一角画法，另还有制图、审核人员的签名等。

相关知识

(一)配合

1.配合的种类

从装配图看出，轴与齿轮、轴与轴承等都是相邻且相互接触的零件，我们把这种公称尺寸相同且相互结合的孔和轴公差带之间的关系称为配合。使用要求不同，孔和轴之间配合的松紧程度就不同，为此国家标准规定了三种配合，即间隙配合、过盈配合、过渡配合。

(1)间隙配合

孔的实际尺寸总比轴的实际尺寸大。装配后，轴和孔之间存在间隙，轴在孔中能做相对运动，这种配合的特点是孔的公差带完全在轴的公差带之上。任取其中一对孔和轴相配合都是间隙配合(包括最小间隙为零),公差带如图 2-6-8 所示。

(2)过盈配合

孔的实际尺寸总比轴的实际尺寸小。在装配时需要一定的外力才能把轴压入孔中,轴与孔装配后不能产生相对运动,这种配合的特点是孔公差带完全在轴公差带之下。任取其中一对孔和轴相配合都是过盈配合(包括最小过盈为零),公差带如图 2-6-9 所示。

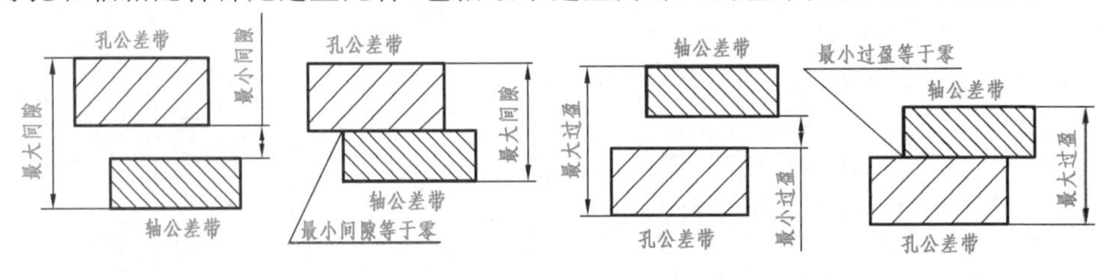

图 2-6-8 间隙配合公差带图　　图 2-6-9 过盈配合公差带图

(3)过渡配合

轴的实际尺寸比孔的实际尺寸有可能小,也有可能大。孔与轴装配可能出现间隙,也可能出现过盈,但间隙和过盈量都相对较小。这类配合的特点是孔的公差带和轴的公差带相互交叠,任取其中一对孔和轴相配合,可能有间隙量,也可能有过盈量,其公差带如图2-6-10所示。

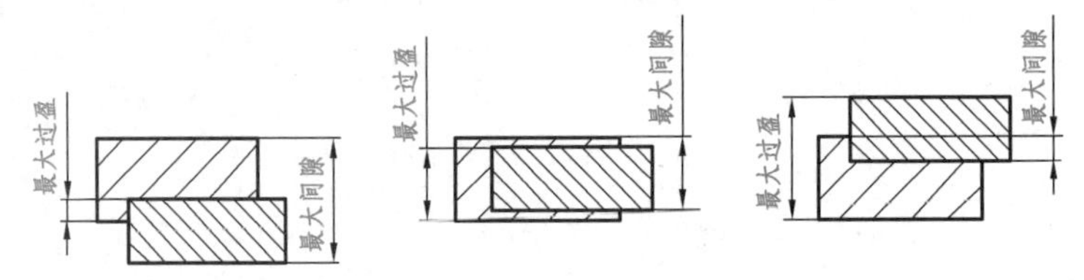

图 2-6-10 过渡配合公差带图

模具中导柱与导套的配合属于间隙配合,如图 2-6-11 所示;本项目中轴与齿轮的配合以及图 2-6-11 所示导柱与下模座的配合都属于过盈配合;塑料模具中定模座板与主流道衬套的配合属于过渡配合,如图 2-6-12 所示。

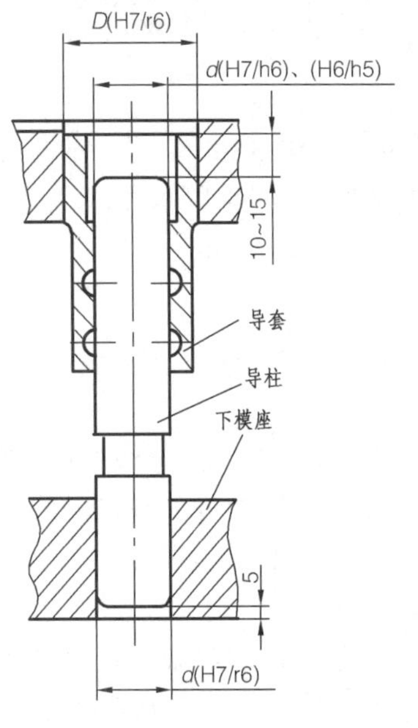

图 2-6-11 配合应用(1)

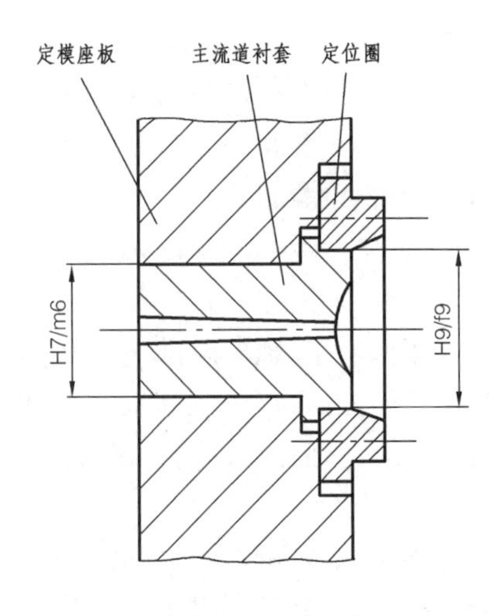

图 2-6-12 配合应用(2)

2. 配合的基准制

为了设计计算、加工测量等方便，国家标准对配合规定了两种基准制，即基孔制和基轴制。

(1)基孔制

基本偏差为 H 的孔的公差带与不同基本偏差的轴的公差带形成各种配合的一种制度，如图 2-6-13 所示。

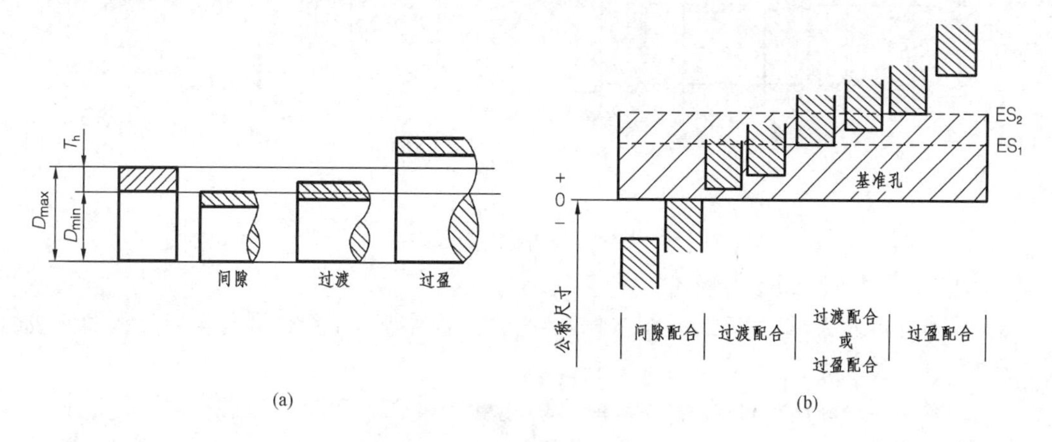

图 2-6-13　基孔制配合示意图

①配合特点

基孔制配合的孔为基准孔，基本偏差代号为 H；基准孔的公差带位于零线上方，其下极限偏差为零；基准孔的下极限尺寸等于公称尺寸。

②配合代号及其表述

●配合代号的组成

由两个相互结合的孔和轴的公差带代号组成。例如，装配图中轴与齿轮配合用$\phi 55\frac{H7}{r6}$表示，也可写为ϕ55H7/r6。分子为孔的公差带代号，分母为轴的公差带代号。

●配合代号$\phi 55\frac{H7}{r6}$的表述

表示公称尺寸为ϕ55、基孔制、基本偏差为 r、公差等级为 6 级的轴与公差等级为 7 级的基准孔形成的过盈配合。

(2)基轴制

基本偏差为 h 的轴的公差带与不同基本偏差的孔的公差带形成各种配合的一种制度，如图 2-6-14 所示。

①配合特点

基轴制中的轴为基准轴，基本偏差代号为 h；基准轴的公差带位于零线下方，其上极限偏差为零；基准轴的上极限尺寸等于公称尺寸。

②配合代号的组成及表述

●配合代号的组成

由两个相互结合的孔和轴的公差带代号组成。可写为$\phi 29\frac{K7}{h6}$，也可写为ϕ29K7/h6。分子 K7 为孔的公差带代号，分母 h6 为轴的公差带代号。

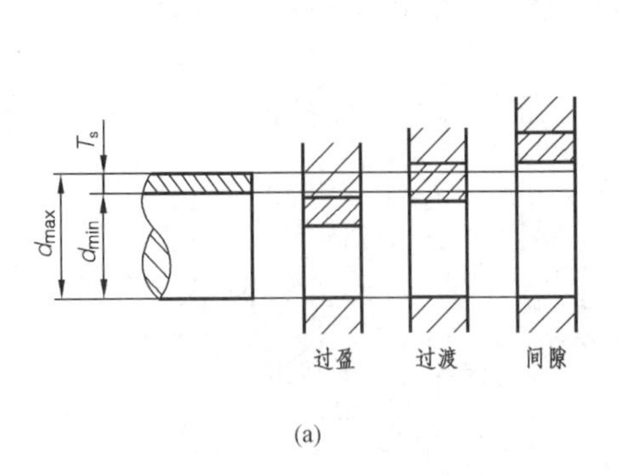

(a)

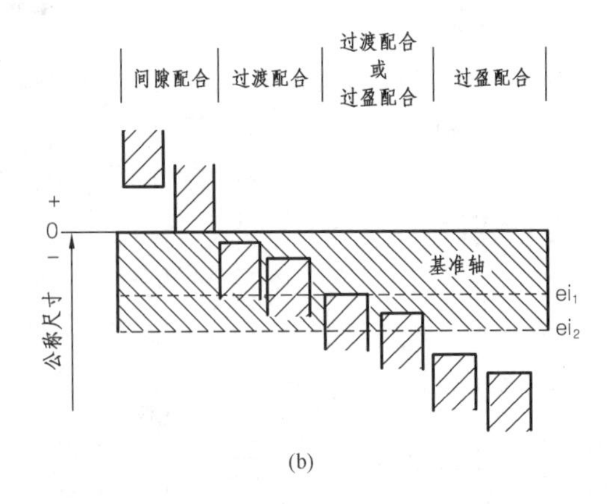

(b)

图 2-6-14　基轴制配合示意图

●配合代号ϕ29K7/h6 的表述

表示公称尺寸为ϕ29、基轴制、基本偏差为 K、公差等级为 7 级的孔与公差等级为 6 级的基准轴形成的过渡配合。

(二)键连接

键主要用于连接轴和轴上零件(如齿轮、带轮),以实现周向固定并传递转矩,如图 2-6-15 所示。

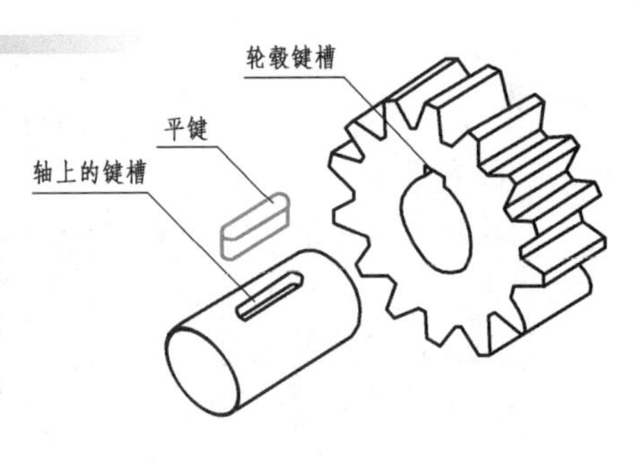

图 2-6-15　轴与齿轮的普通型平键连接

1. 键的类型

键是标准件。键连接是根据工作原理和使用要求进行分类的。键的类型很多,常用的是普通型平键、普通型半圆键和花键,如图 2-6-16 所示,其中以普通型平键最为常用。

在减速器中,从动齿轮与轴不允许产生相对转动,这是靠普通型平键连接的。

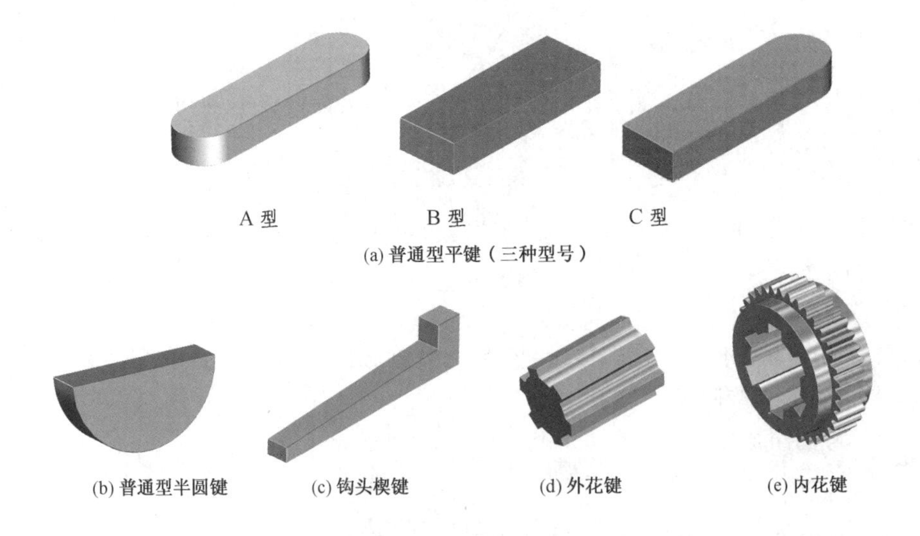

(a) 普通型平键(三种型号)

(b) 普通型半圆键　(c) 钩头楔键　(d) 外花键　(e) 内花键

图 2-6-16　键的常见类型

2. 绘制普通型平键连接装配图

(1)轴上键槽的画法和尺寸标注

与齿轮相配合的轴段直径为ϕ55 mm，齿轮轮毂宽度为 62 mm。查表 2-6-1，根据轴段直径确定轴键槽宽 b=16 mm，键槽深 t_1=6 mm；而键槽长度一般比齿轮轮毂宽度(62 mm)小 10 mm 左右，且符合键长标准，即 L=50 mm，如图2-6-17(a)所示。

表 2-6-1　　平键　键槽的剖面尺寸(摘自 GB/T 1095—2003)
普通型平键(摘自 GB/T 1096—2003)　　mm

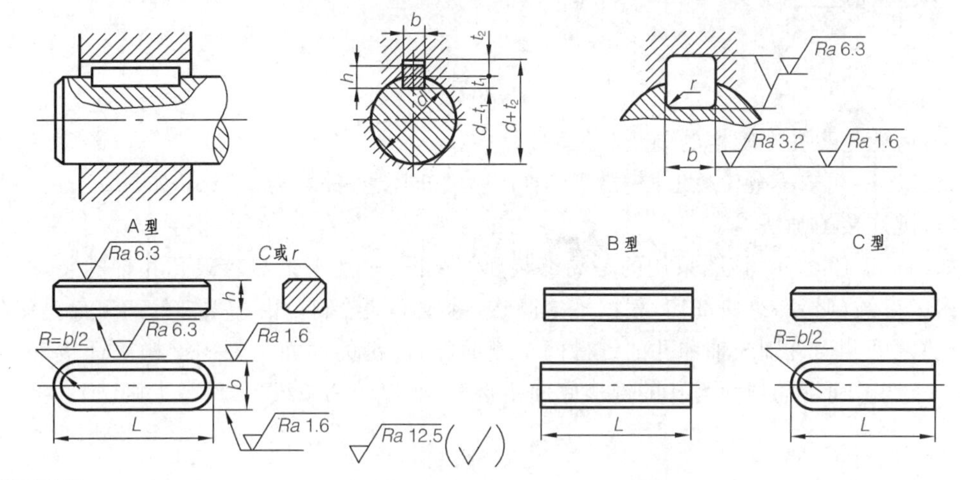

标记示例：

GB/T 1096　键　16×10×100(圆头普通平键 A 型、b=16 mm、h=10 mm、L=100 mm)

GB/T 1096　键　B16×10×100(平头普通平键 B 型、b=16 mm、h=10 mm、L=100 mm)

GB/T 1096　键　C16×10×100(单圆头普通平键 C 型、b=16 mm、h=10 mm、L=100 mm)

轴	键	键槽											
		宽度						深度				半径 r	
公称直径 d	公称尺寸 $b\times h$	公称尺寸 b	极限偏差					轴 t_1		毂 t_2			
			松连接		正常连接		紧密连接						
			轴 H9	毂 D10	轴 N9	毂 JS9	轴和毂 P9	公称尺寸	极限偏差	公称尺寸	极限偏差	最小	最大
6～8	2×2	2	+0.025 0	+0.060 +0.020	−0.004 −0.029	±0.0125	−0.006 −0.031	1.2	+0.1 0	1	+0.01 0	0.08	0.16
8～10	3×3	3						1.8		1.4			
10～12	4×4	4	+0.030 0	+0.078 +0.030	0 −0.030	±0.015	−0.012 −0.042	2.5		1.8			
12～17	5×5	5						3.0		2.3		0.16	0.25
17～22	6×6	6						3.5		2.8			
22～30	8×7	8	+0.036 0	+0.098 +0.040	0 −0.036	±0.018	−0.015 −0.051	4.0	+0.2 0	3.3	+0.2 0		
30～38	10×8	10						5.0		3.3		0.25	0.4
38～44	12×8	12	+0.043 0	+0.120 +0.050	0 −0.043	±0.0215	−0.018 −0.061	5.0		3.3			
44～50	14×9	14						5.5		3.8			
50～58	16×10	16						6.0		4.3			
58～65	18×11	18						7.0		4.4			
键的长度系列	6,8,10,12,14,16,18,20,22,25,28,32,36,40,45,50,56,63,70,80,90,100												

注：1. 国标中没有公称直径列，但为使用方便，此表加入了公称直径。
2. 在零件图中，轴槽深一般用($d-t_1$)标注，轮毂孔槽深用($d+t_2$)标注。
3. ($d-t_1$)和($d+t_2$)两组组合尺寸的极限偏差按相应的 t_1 和 t_2 极限偏差选取，但($d-t_1$)的极限偏差值应取负号。
4. 键尺寸的极限偏差 b 为 h8，h 为 h11，L 为 h14。
5. 键材料的抗拉强度应不小于 590 MPa。

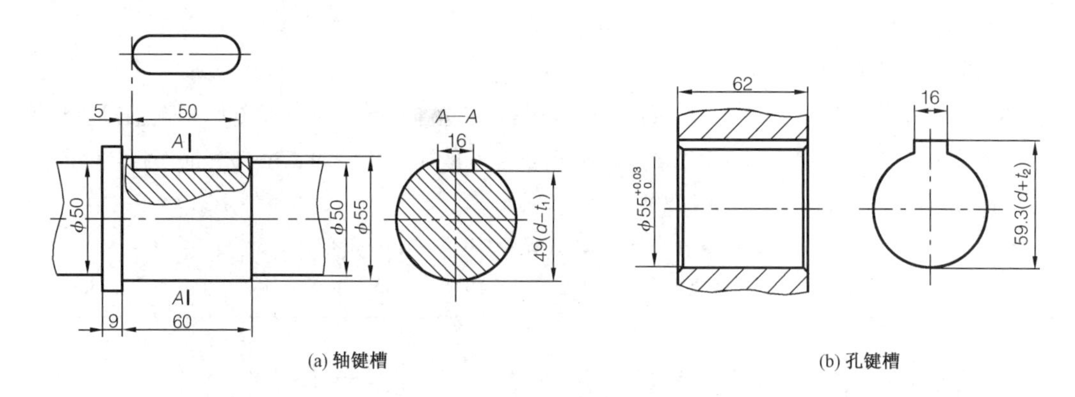

(a) 轴键槽　　(b) 孔键槽

图 2-6-17　键槽的画法与尺寸标注

(2)齿轮轮毂孔上键槽的画法和尺寸标注

查表 2-6-1 可知,齿轮轮毂孔上键槽宽与轴上键槽相同,键槽深 t_2 为 4.3 mm,如图 2-6-17(b)所示。

(3)键连接的画法

如图 2-6-18 所示,该图采用的是局部装配剖视图,表达了键与轮毂孔和轴的装配关系。主视图中键被剖切面纵向剖切,根据规定画法,键按不剖绘制。由于平键的两侧面是工作表面,键的两个侧面分别与轴和孔的键槽两个侧面配合,键的底面与轴的键槽底面接触,所以都画一条线。而键的顶面与孔的键槽底面不接触,所以画两条线(可用夸大画法)。

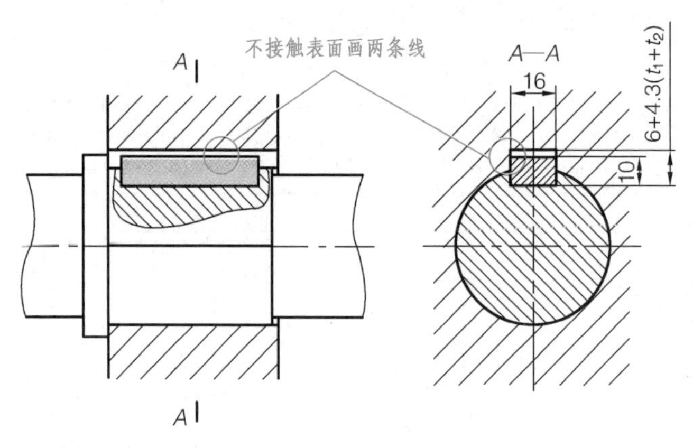

图 2-6-18　键连接的画法

3. 普通型平键标记

普通型平键的标记由三部分组成:

标准编号　键的型号　规格尺寸

普通型平键有 A、B、C 三种型号,国标规定规格尺寸前无型号时,默认为 A 型。

本项目ϕ55 mm 轴段中的普通型平键标记为:

GB/T 1096　键　16×10×50

表示普通型平键,标准编号为GB/T 1096,A 型,键宽为 16 mm,键高为 10 mm,键长为 50 mm。

(三)滚动轴承

滚动轴承是用来支承轴的标准部件。滚动轴承的滚动摩擦系数小,方便更换维护,因此在各类机械中普遍使用,由专业化轴承厂大批量生产。国家对滚动轴承制定了一系列标准。

1. 滚动轴承的基本结构及画法

滚动轴承的基本结构如图 2-6-19 所示，由内圈、外圈、保持架、滚动体组成。保持架将滚动体彼此均匀隔开，滚动体是轴承的核心件，根据工作需要制成不同形状。常见滚动体的形状有球、圆柱、圆锥和滚针等，如图 2-6-20 所示。

图 2-6-19　滚动轴承的基本结构

图 2-6-20　滚动体的形状

滚动轴承的画法有通用画法、特征画法和规定画法三种，前两种画法又称简化画法。常用滚动轴承的画法见表 2-6-2。

表 2-6-2　常用滚动轴承的画法

轴承类型	结构形式	通用画法	特征画法	规定画法	承载特征
		（均指滚动轴承在所属装配图的剖视图中的画法）			
深沟球轴承（GB/T 276—1994）6000 型	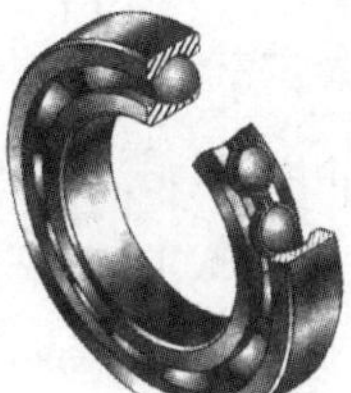	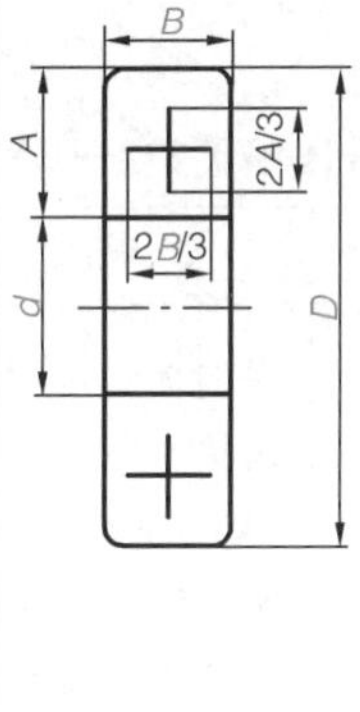	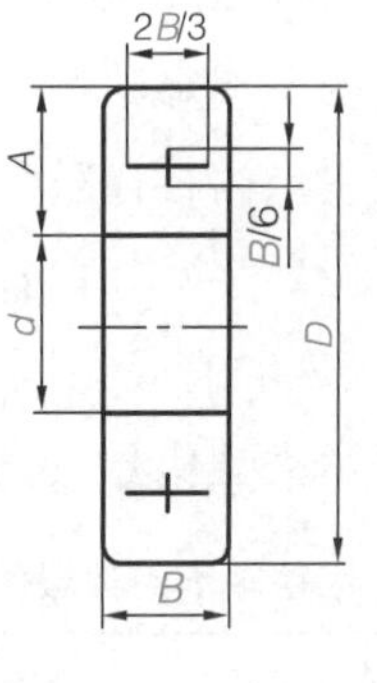	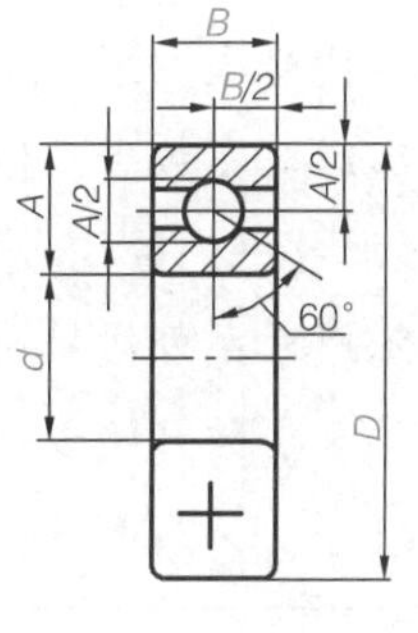	主要承受径向载荷
圆锥滚子轴承（GB/T 297—1994）30000 型	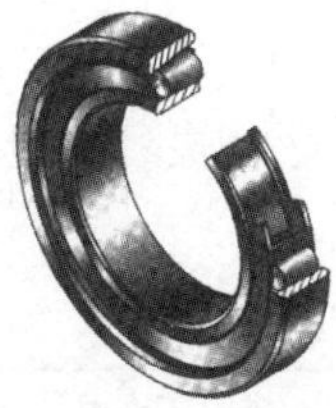		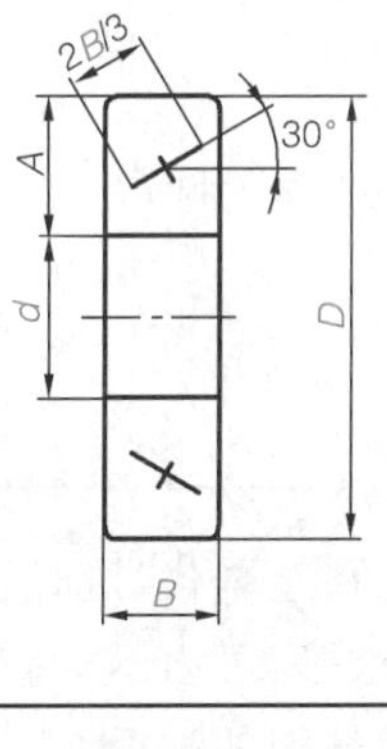	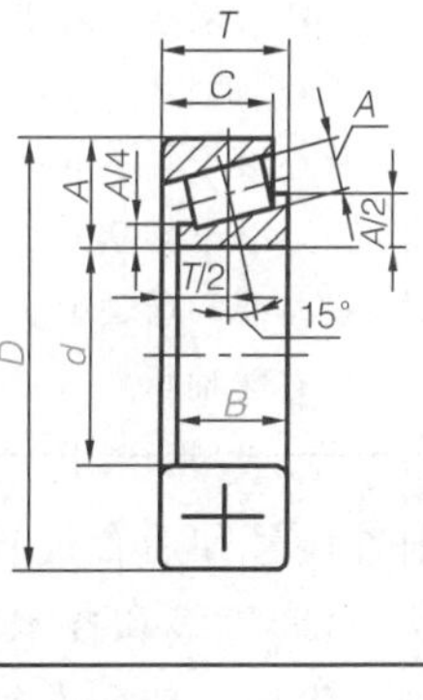	可同时承受径向和轴向载荷

（续表）

轴承类型	结构形式	通用画法	特征画法	规定画法	承载特征
		（均指滚动轴承在所属装配图的剖视图中的画法）			
推力球轴承（GB/T 301—1995）50000 型	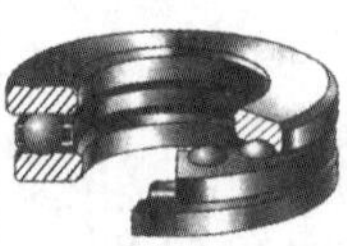	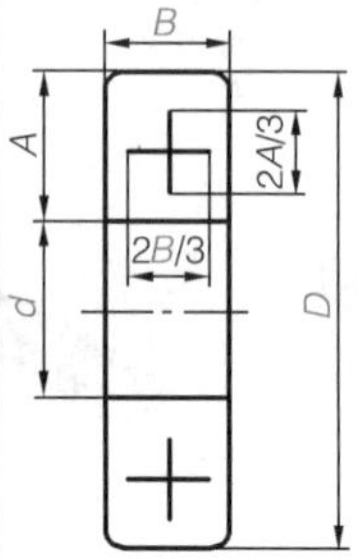 B A 2A/3 2B/3 d D	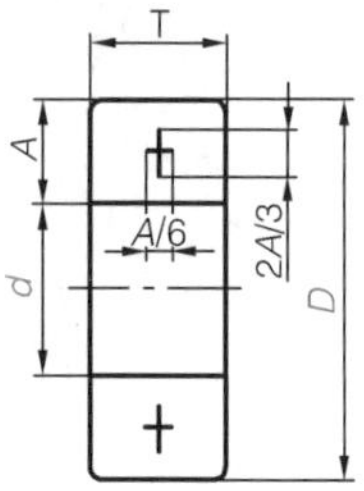 T A A/6 2A/3 d D	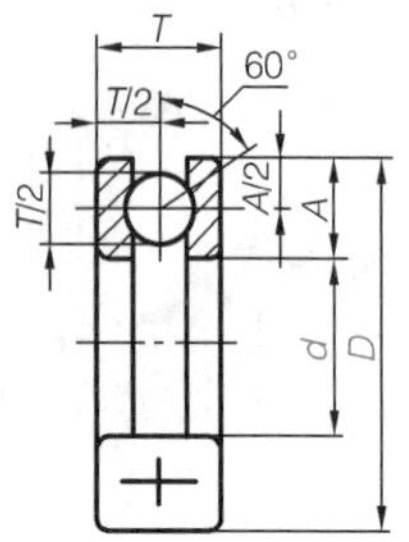 T 60° T/2 T/2 A/2 A d D	承受单方向的轴向载荷

注：当不需要确切地表示滚动轴承的外形轮廓、承载特性和结构特征时采用通用画法；当需要较形象地表示滚动轴承的结构特征时采用特征画法；在滚动轴承的产品图样、产品样本、产品标准和产品使用说明书中采用规定画法。

2. 滚动轴承的代号

滚动轴承的代号是表示其轴承类型结构、尺寸、公差等级和技术性能等的产品符号。按照 GB/T 272—1993 的规定，其代号由基本代号、前置代号、后置代号三部分构成。

基本代号表示滚动轴承的类型和结构尺寸。自右向左，由内径代号、尺寸系列代号和类型代号组成。右数 1、2 位数表示内径代号，分两种情况：当内径尺寸在 20～480 mm 范围内时，内径尺寸＝内径代号（两位数字）×5；当内径尺寸小于 20 mm 时，则另有规定。右数3、4 位数表示尺寸系列代号，由宽度和直径系列代号组成，具体可从 GB/T 272—1993 中查取。从右数第 5 位数开始以前表示类型代号，见表 2-6-3。

表 2-6-3　　滚动轴承的类型代号（GB/T 272—1993）

代号	轴承类型	代号	轴承类型
0	双列角接触球轴承	6	深沟球轴承
1	调心球轴承	7	角接触轴承
2	调心滚子轴承和推力调心滚子轴承	8	推力圆柱滚子轴承
3	圆锥滚子轴承	N	圆柱滚子轴承（双列或多列用字母“NN”表示）
4	双列深沟球轴承	U	外球面球轴承
5	推力球轴承	QJ	四点接触球轴承

前置代号和后置代号是在基本代号前后添加的补充代号，用以说明滚动轴承的特殊结构形状、精度等级和技术要求等，可由国标查得。

轴承代号一般印在轴承外圈的端面上。本项目以滚动轴承代号 6210 为例说明其含义：

6　2　10

- 10：内径代号，d=10×5=50 mm
- 2：尺寸系列代号，“0”表示宽度系列代号，可省略；“2”表示直径系列代号
- 6：类型代号，表示深沟球轴承

查表2-6-4可知，该轴承内径 d=50 mm，外圈直径 D=90 mm，宽度 B=20 mm，公差等级为普通级，省略不注。

表2-6-4　　深沟球轴承的各部分尺寸(GB/T 276—1994)

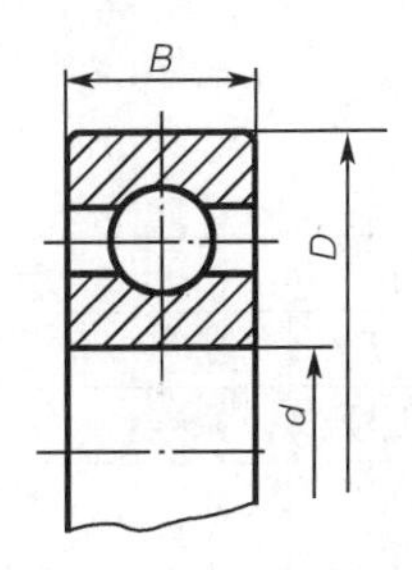

标记示例：

类型代号为6、内径 d 为60 mm、尺寸系列代号为(0)2的深沟球轴承标记为：

滚动轴承　6212　GB/T 276

轴承代号	尺寸/mm			轴承代号	尺寸/mm		
	d	D	B		d	D	B
尺寸系列代号(1)0				尺寸系列代号(0)3			
6000	10	26	8	6307	35	80	21
6001	12	28	8	6308	40	90	23
6002	15	32	9	6309	45	100	25
6003	17	35	10	6310	50	110	27
尺寸系列代号(0)2				尺寸系列代号(0)4			
6202	15	35	11	6408	40	110	27
6203	17	40	12	6409	45	120	29
6204	20	47	14	6409	50	120	31
6205	25	52	15	6411	55	140	33
6206	30	62	16	6412	60	150	35
6207	35	72	17	6413	65	160	37
6208	40	80	18	6414	70	180	42
6209	45	85	19	6415	75	190	45
6210	50	90	20	6416	80	200	48
6211	55	100	21	6417	85	210	52
6212	60	110	22	6418	90	225	54
6213	65	120	23	6419	95	240	55

注：1.表中“()”表示其中的数字在轴承代号中省略。

2.原类型代号为“0”。

圆锥滚子轴承和推力球轴承的各部分尺寸见表2-6-5和表2-6-6。

表 2-6-5　　圆锥滚子轴承的各部分尺寸(GB/T 297—1994)

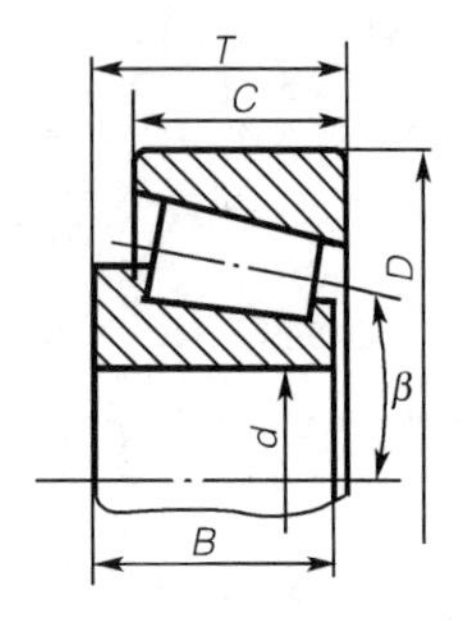

标记示例：

类型代号为3、内径 d 为35 mm、尺寸系列代号为03的圆锥滚子轴承标记为：

滚动轴承　30307　GB/T 297

轴承代号	尺寸/mm					轴承代号	尺寸/mm				
	d	D	T	B	C		d	D	T	B	C
尺寸系列代号 02						尺寸系列代号 23					
30207	35	72	18.25	17	15	32309	45	100	38.25	36	30
30208	40	80	19.75	18	16	32310	50	110	42.25	40	33
30209	45	85	20.75	19	16	32311	55	120	45.5	43	35
30210	50	90	21.75	20	17	32312	60	130	48.5	46	37
30211	55	100	22.75	21	18	32313	65	140	51	48	39
30212	60	110	23.75	22	19	32314	70	150	54	51	42
尺寸系列代号 03						尺寸系列代号 30					
30307	35	80	22.75	21	18	33005	25	47	17	17	14
30308	40	90	25.25	23	20	33006	30	55	20	20	16
30309	45	100	27.25	25	22	33007	35	62	21	21	17
30310	50	110	29.25	27	23	尺寸系列代号 31					
30311	55	120	31.5	29	25	33108	40	75	26	26	20.5
30312	60	130	33.5	31	26	33109	45	80	26	26	20.5
30313	65	140	36	33	28	33110	50	85	26	26	20
30314	70	150	38	35	30	33111	55	95	30	30	23

注：原类型代号为“7”。

表 2-6-6　　推力球轴承的各部分尺寸(GB/T 301—1995)

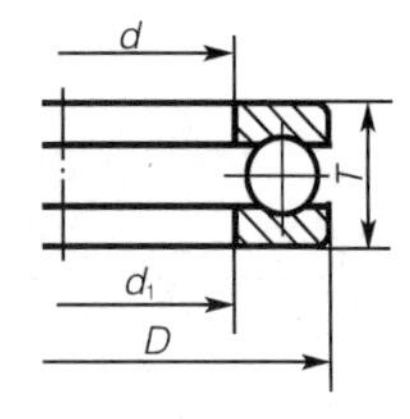

标记示例：

类型代号为5、轴圈内径 d 为40 mm、尺寸系列代号为13的推力球轴承标记为：

滚动轴承　51308　GB/T 301

（续表）

轴承代号	尺寸/mm				轴承代号	尺寸/mm			
	d	d_1	D	T		d	d_1	D	T
尺寸系列代号11					尺寸系列代号12				
51112	60	62	85	17	51214	70	72	105	27
51113	65	67	90	18	51215	75	77	110	27
51114	70	72	95	18	51216	80	82	115	28
尺寸系列代号12					尺寸系列代号13				
51204	20	22	40	14	51304	20	22	47	18
51205	25	27	47	15	51305	25	27	52	18
51206	30	32	52	16	51306	30	32	60	21
51207	35	37	62	18	51307	35	37	68	24
51208	40	42	68	19	51308	40	42	78	26
51209	45	47	73	20	尺寸系列代号14				
51210	50	52	78	22	51405	25	27	60	24
51211	55	57	90	25	51406	30	32	70	28
51212	60	62	95	26	51407	35	37	80	32

注：原类型代号为“8”。

(四)常用装配图结合面的合理性

由于实际装配与理想状态存在一定差异，所以在绘制装配图时需要注意一些实际存在的细节问题，例如：

(1)两个零件在同一方向上只能有一个接触面(配合面)，如图 2-6-21 所示。

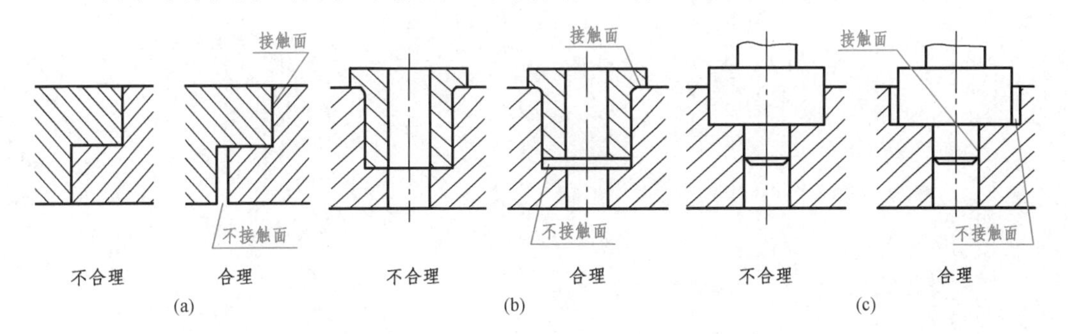

图 2-6-21　常见装配图结构(1)

(2)为了保证轴肩端面与孔端面接触，可在轴肩处加工退刀槽，或在孔的端面处加工倒角，如图 2-6-22 所示。

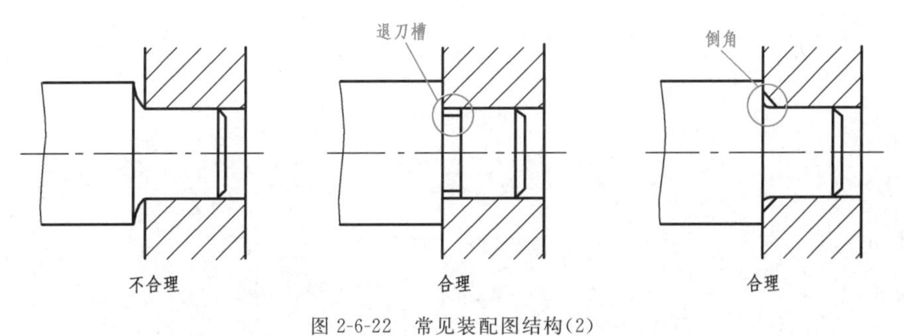

图 2-6-22　常见装配图结构(2)

本项目装配图结合面的合理性如图 2-6-23 所示。

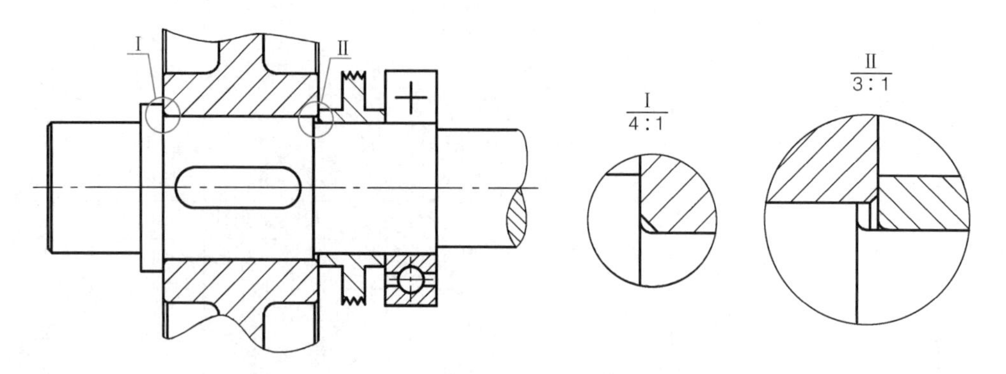

图 2-6-23　从动轴系结合面的合理性

项目7 识读一级标准直齿圆柱齿轮减速器装配图

学习目标

进一步熟悉装配图的内容、识读方法和步骤；能识读圆柱螺旋压缩弹簧的规定画法；能识读常用简单机械部件的装配图。

在减速器保养、维护和装配时，经常需要参照装配图对各零件进行装配或拆卸。生产中当某个零件损坏后需要修复或更换时，也需要参照装配图拆画零件图，以便对零件进行加工和修复。减速器装配图如图 2-7-1 所示。

实施步骤

(一)读标题栏和明细栏

从标题栏可知，该装配体名称为一级标准直齿圆柱齿轮减速器，绘图比例为 1∶1；从明细栏可了解各零件的名称、数量、材料等。

(二)了解工作原理和零件装配顺序

1. 工作原理

带式输送机传动装置采用的是一级标准直齿圆柱齿轮减速器，通过一对齿数不同的齿轮相互啮合，将输入轴 341 r/min 的转速降至输出轴 76 r/min 的转速，以满足带式输送机的工作要求。

2. 零件装配顺序

(1)分别装配主动轴系和从动轴系。一般先从传动件齿轮开始，然后依次安装挡油环、轴承等。从动轴系的零件装配顺序前面已介绍过，主动轴系的齿轮与轴为一体，其余装配顺序同从动轴系。

(2)将已装配好的两个轴系装配在箱座上。

(3)装配箱盖，具体参见图 2-7-2。

(三)分析视图表达方案并细读各视图

装配图由主视图、俯视图、左视图这一组视图组成。

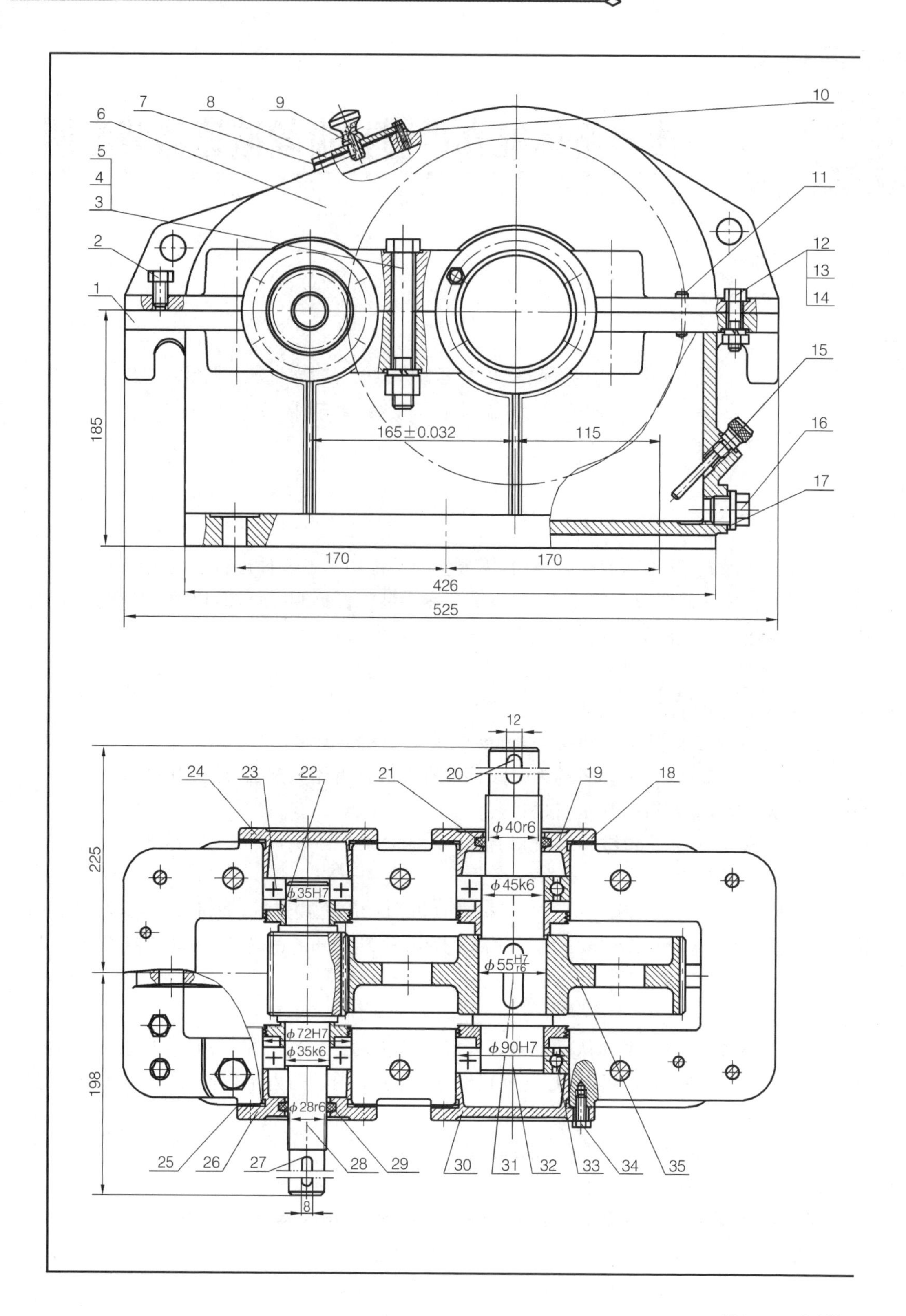

1
2
3
4
5
6
7
8
9
10
11
12
13
14
15
16
17
185
165±0.032
115
170
170
426
525
12
225
198
18
19
20
21
22
23
24
25
26
27
28
29
30
31
32
33
34
35
ϕ40r6
ϕ45k6
ϕ35H7
ϕ55H7/r6
ϕ72H7
ϕ35k6
ϕ90H7
ϕ28r6
8

图 2-7-1 减速器

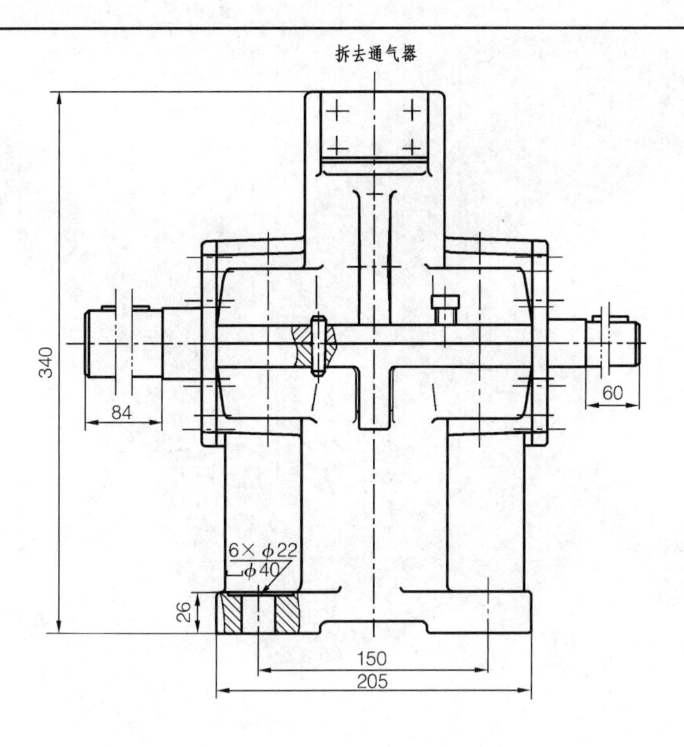

35	从动齿轮	1	45	
34	螺栓 M8×20	24		GB/T 5783—2000
33	滚动轴承 6207	2		GB/T 276—1994
32	从动轴	1	45	组合件
31	键 16×10×50	1	45	GB/T 1096—2003
30	轴承端盖	1	HT200	
29	毡圈	1	半粗羊毛毡	JB/ZQ 4606—1986
28	齿轮轴	1	45	z=20, m=2 mm
27	键 8×7×50	1	45	GB/T 1096—2003
26	轴承端盖	1	HT200	
25	调整垫片	2	石棉橡胶纸	
24	轴承端盖	1	HT200	
23	滚动轴承 6210	2	组合件	GB/T 276—1994
22	挡油环	1	HT150	组合件
21	毡圈	1	半粗羊毛毡	JB/ZQ 4606—1986
20	键 12×8×70	1	45	GB/T1096—2003
19	轴承端盖	1	HT200	
18	调整垫片	2	石棉橡胶纸	
17	油圈	1	工业用革	
16	油塞 M12×1.5	1	Q235A	JB/ZQ 4450—1986
15	油标尺	1	Q235A	
14	弹簧垫圈 10	3	65Mn	GB 96—76—14
13	螺母 M10	3		GB/T 6170—2000
12	螺栓 M10×40	2		GB/T 5783—2000
11	圆锥销 8×35	2	35	GB/T 117—2000
10	螺栓 M4×20	4	Q235	GB/T 5783—2000
9	通气器	1	Q235	GB/T 6170—2000
8	视孔盖	1	Q215	
7	垫片	1	石棉橡胶纸	
6	箱盖	1	HT200	
5	弹簧垫圈 16	6	65Mn	GB/T 93—1987
4	螺母 M16	6		GB/T 6170—2000
3	螺栓 M16×120	6		GB/T 5782—2000
2	螺栓 M12×30（起盖螺钉）	1	45	GB/T 5783—2000
1	箱座	1	HT200	
序号	名称	数量	材料	备注

一级标准直齿圆柱齿轮减速器			比例	材料	质量
			1∶1		
制图	学号	审核	投影符号	（班　级）	

技术要求

1. 装配前所有的零件都要检查并用煤油清洗干净。滚动轴承用汽油清洗，并检查其是否能灵活转动以及有无杂音；
2. 用铅丝检查啮合侧隙，其侧隙不小于 0.16 mm，铅丝直径不得大于最小侧隙的 4 倍；
3. 用涂色法检验斑点，齿高接触斑点数不少于 45%，齿长接触斑点数不少于 60%，必要时可通过研磨或刮削改善接触情况；
4. 调整固定轴承时，留轴向间隙为 0.1~0.8 mm；
5. 箱内不允许有任何杂物，并涂黄丹漆两遍；
6. 装配时，剖分面不允许使用任何填料，可以涂密封油漆或水玻璃。试转时应检查剖分面、各接触面及密封处，均不准泄油；
7. 箱座内装 50 号工业齿轮油至规定高度；
8. 减速器外面涂灰色油漆；
9. 出厂前按规定进行试运行。

技术参数表

功率	4 kW	高速轴转速	341 r/min	传动比	1∶4.5

装配图

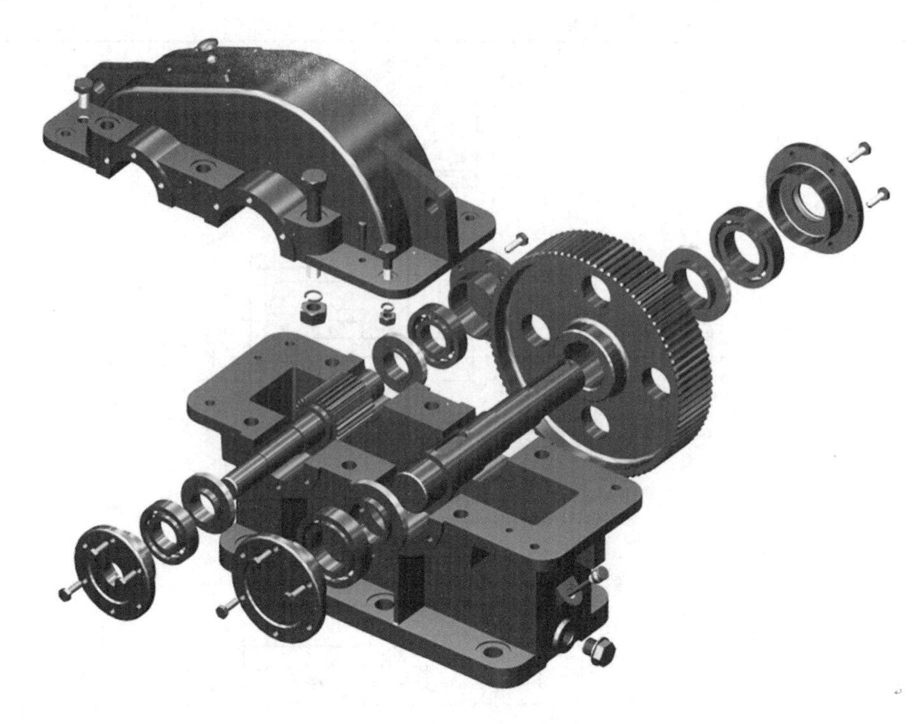

图 2-7-2 减速器轴测分解图

1. 主视图

按工作位置放置，呈现出减速器的主要形体特征，并表达出减速器各附件（通气器、观察孔、油标尺、放油塞、起盖螺钉、定位销、吊耳环和吊钩）的位置以及轴承端盖、螺钉的位置。采用局部剖视图表达减速器附件（通气器、观察孔、油标尺、放油塞、起盖螺钉）的内部结构、箱盖和箱座的壁厚、轴承两旁凸台处及箱盖与箱座凸缘处的螺栓连接。

2. 俯视图

采用局部剖视图可表达减速器主要零件（箱座、轴、齿轮、轴承等）的结构形状、位置和装配关系以及各螺栓孔、销孔的位置，而采用局部剖视图则可表达轴承旁凸台及箱盖等的外形。

识读俯视图时，先从箱内的主要零件——一对齿轮开始，再读相邻的零件——挡油环、轴承等。

3. 左视图

进一步表达减速器的主要形体特征。通过局部剖视图表达箱盖与箱座凸缘处的定位销连接、底板通槽的形状以及地脚螺栓孔的内腔结构。

由于通气器在主视图中已表达清楚，故在左视图中可不表达，这是依据国标规定的特殊画法中的拆卸画法。该画法规定：当装配体上某些零件的位置和基本关系等在某个视图上已表达清楚时，为避免遮挡某些零件的投影，在其他视图上可假想将这些零件拆去不画，但需在视图上方标注“拆去×××”字样。

（四）分析尺寸

1. 规格（性能）尺寸

一对齿轮啮合的中心距为 165±0.032。

2. 外形尺寸

总长、总宽、总高尺寸为 525×423×340。

3. 安装尺寸

底板上地脚螺栓孔中心的定位尺寸为 115，地脚螺栓孔之间的中心距为 170。

4. 装配尺寸

输出轴：轴与齿轮的装配尺寸为$\phi 55\frac{H7}{r6}$，轴与轴承的装配尺寸为$\phi 45k6$，轴承与轴承座孔的装配尺寸为$\phi 90H7$。输入轴装配尺寸略。

5. 其他重要尺寸

减速器中心高度尺寸为 185。

(五)分析技术要求

详细内容请读者根据装配图自行分析。

知识拓展

一、识读手动阀装配图(图 2-7-3)

手动阀是安装在管路上用以控制液体流动的装置，其立体图如图 2-7-4 所示。

识读步骤如下：

1. 读标题栏、明细栏

从标题栏、明细栏可知，该装配体名称为手动阀，由 14 种零件组成。由一组视图可了解概貌：其外形结构主要由圆柱体和方形体组成，内腔结构主要是阶梯圆孔。

2. 了解工作原理和零件装配顺序

(1)工作原理

手动阀主要由阀座、阀杆、弹簧、接头、杠杆、托架等零件组成。主视图基本反映了工作原理：在常位状态下，利用阀杆下端部与阀座的密封而使进、出口不通。

当压下杠杆时，阀杆向下移动，弹簧被压缩，阀座与阀杆的密封状态打开，即阀口打开，使进、出口连通；当抬起杠杆时，阀杆在弹簧力的作用下向上移动，阀口关闭。(弹簧的相关内容将在后面的“相关知识”中介绍)

(2)零件装配顺序

主要零件的装配关系是由主视图反映出来的，装配顺序如图 2-7-5 所示：

①将阀杆从右向左装入阀座，然后装入弹簧、衬垫，将接头旋入阀座并拧紧。

②从阀杆的左端装入填料，安装填料压盖，将压盖螺母旋入阀座(螺纹连接)并拧紧。

③安装托架，用定位销和六角螺栓将其固定在阀座上。

④用小轴将杠杆与托架连接，小轴两端用开口销固定。

3. 分析视图表达方案并细读视图

读手动阀装配图时，通常是从工作零件(阀杆、弹簧等)开始(由里向外)，再按其相关零件的装配顺序和位置逐个分析，最后综合分析全图。

装配图中的一组视图由主视图、俯视图、左视图和局部视图组成。

(1)主视图

主视图按工作位置摆放，采用全剖视图以表达沿阀杆轴线的主要装配干线。在这条干线上表示出了压盖螺母、填料压盖、填料、阀座上的阀座孔与阀杆的下端部、弹簧等零件的结构形状以及它们之间的装配关系。

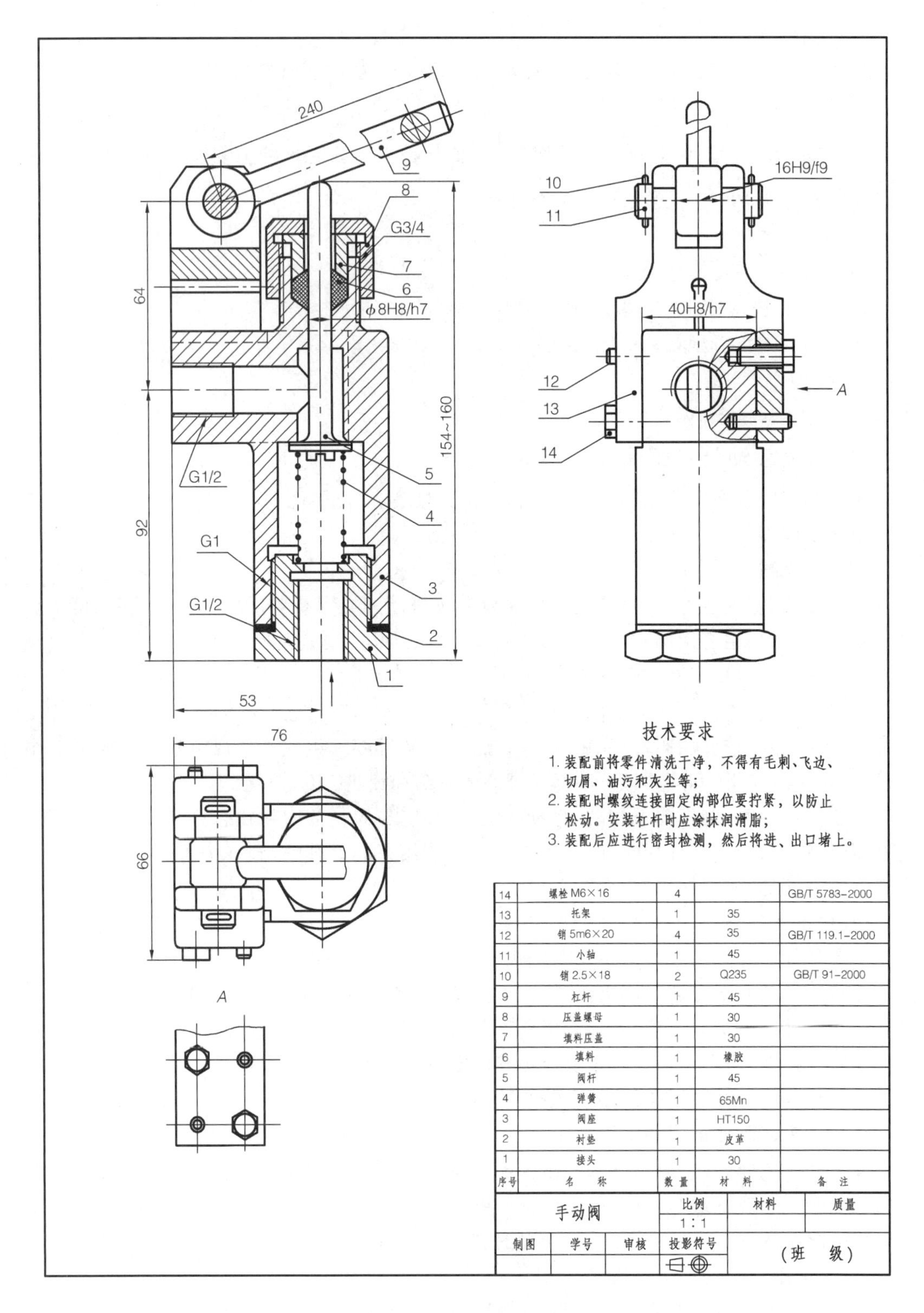

序号	名 称	数 量	材 料	备 注
14	螺栓 M6×16	4		GB/T 5783-2000
13	托架	1	35	
12	销 5m6×20	4	35	GB/T 119.1-2000
11	小轴	1	45	
10	销 2.5×18	2	Q235	GB/T 91-2000
9	杠杆	1	45	
8	压盖螺母	1	30	
7	填料压盖	1	30	
6	填料	1	橡胶	
5	阀杆	1	45	
4	弹簧	1	65Mn	
3	阀座	1	HT150	
2	衬垫	1	皮革	
1	接头	1	30	

图 2-7-3 手动阀装配图

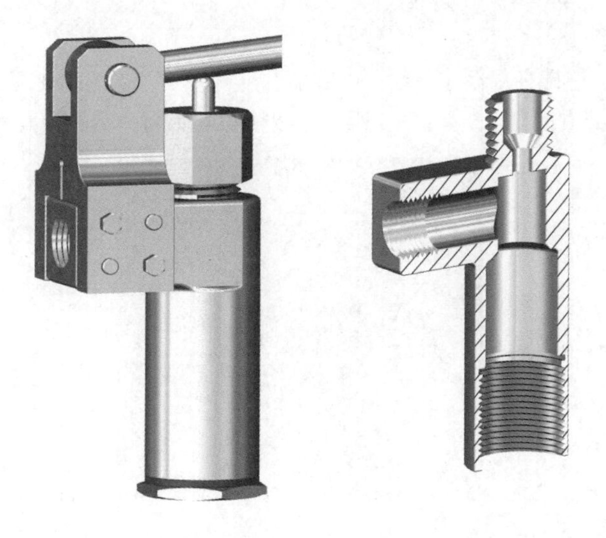

图 2-7-4 手动阀立体图

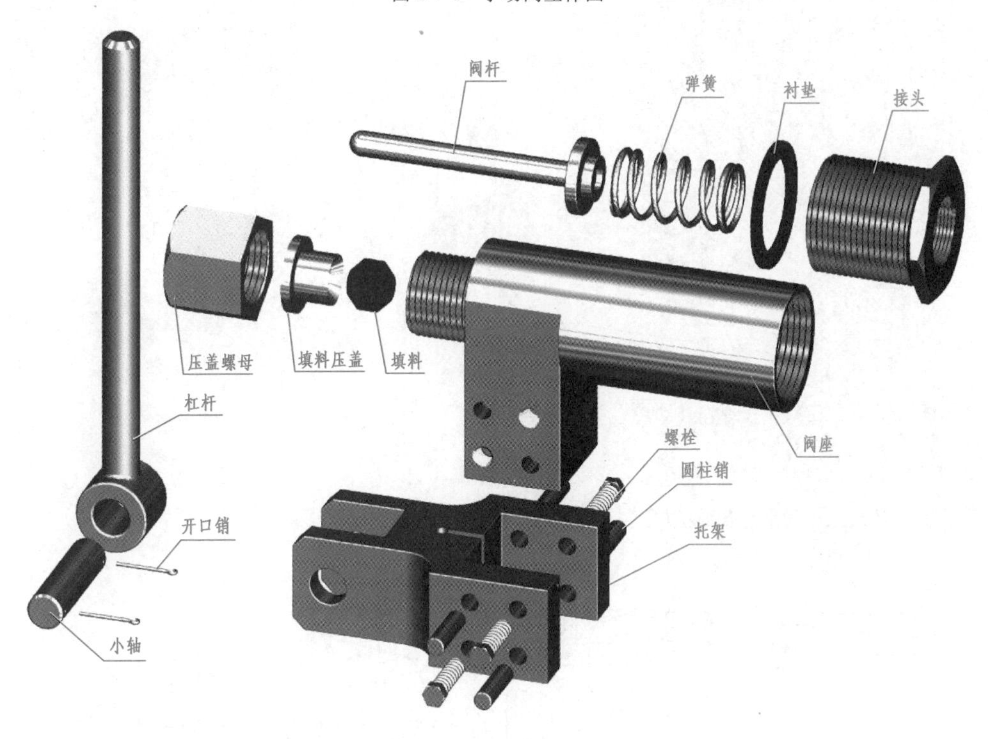

图 2-7-5 手动阀轴测分解图

(2)俯视图、左视图和局部视图

俯视图和左视图进一步表达了手动阀的整体结构和托架、阀体等零件的外形结构,以及零件间的相对位置和配合关系。左视图采用局部剖视图呈现出了阀座与托架的连接和定位关系,并用局部视图 A 表示出了螺钉、圆柱销的位置。

4. 分析尺寸和技术要求

尺寸和技术要求请读者自行分析。

二、相关知识

弹簧是弹性元件，它具有刚性小、弹性大、在载荷作用下容易产生弹性变形等特性，广泛用于减振、夹紧、储存能量等方面，例如图 2-7-6 所示的圆柱螺旋压缩弹簧在模具中的应用。

图 2-7-6　圆柱螺旋压缩弹簧的应用

1. 弹簧的类型(图 2-7-7)

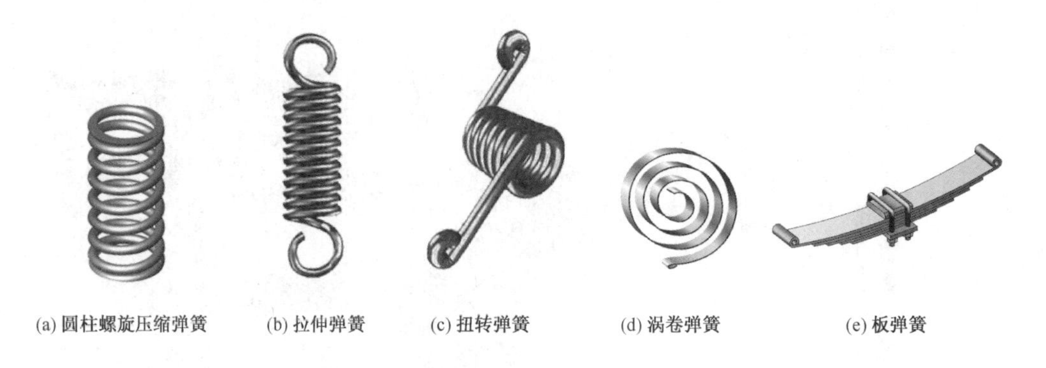

图 2-7-7　弹簧的类型

2. 圆柱螺旋压缩弹簧的端部结构和各部分名称(见图 2-7-8 和表 2-7-1)

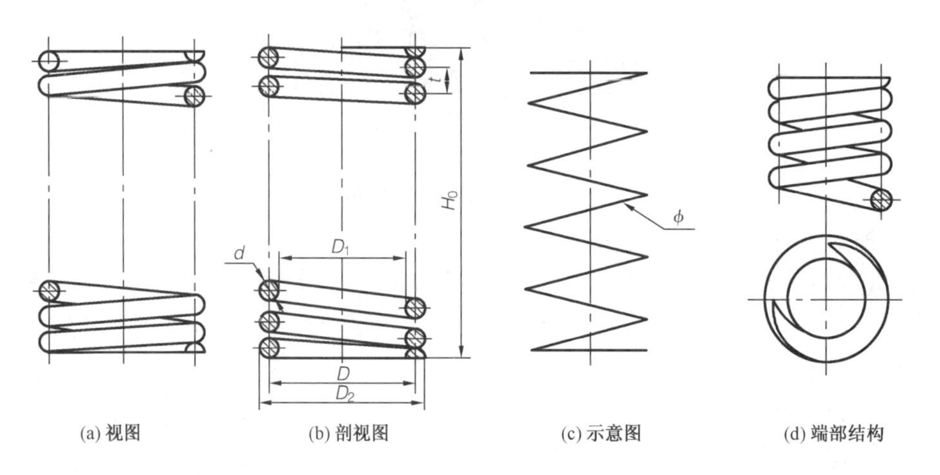

图 2-7-8　圆柱螺旋压缩弹簧的端部结构

表 2-7-1　　　　　　　　　　圆柱螺旋压缩弹簧的各部分名称

名　称	代　号	说　明
线径	d	弹簧钢丝直径
外径	D_2	弹簧最大直径
内径	D_1	弹簧最小直径
中径	D	弹簧平均直径
节距	t	除支承圈外，相邻两圈间的轴向距离
支承圈数	n_z	为使弹簧在工作时受力均匀，保证中心垂直于支承端面，弹簧两端的几圈一般都要靠紧并将端面磨平。这部分不参与弹簧变形，称为支承圈（死圈）。一般情况下，支承圈数 $n_z=2.5$
有效圈数	n	弹簧中保持相等节距 t 的圈数，它是计算弹簧受力的主要依据
总圈数	n_1	总圈数是有效圈数与支承圈数之和，即 $n_1=n+n_z$
自由高度	H_0	弹簧在不受任何外力的作用下，处于自由状态时的高度
展开长度	L	制造弹簧坯料的长度

3. 圆柱螺旋压缩弹簧的规定画法（GB/T 4459.4—2003）

（1）一般画法

表 2-7-2 列出了圆柱螺旋压缩弹簧的画图步骤。国标规定，不论弹簧支承圈数是多少，均可按支承圈数为 2.5 时的画法绘制。左旋弹簧和右旋弹簧均可画成右旋，但左旋要注明“LH”，右旋要注明“RH”，若不注旋向，则表示对旋向无要求。

表 2-7-2　　　　　　　　　　圆柱螺旋压缩弹簧的画图步骤

图形	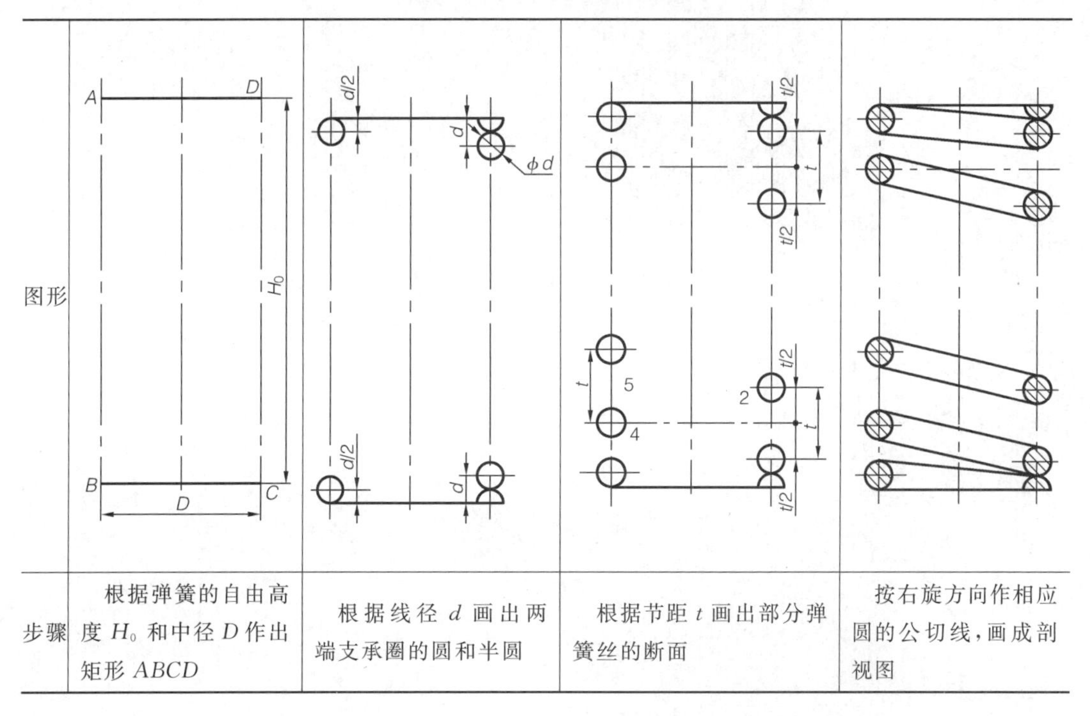			
步骤	根据弹簧的自由高度 H_0 和中径 D 作出矩形 $ABCD$	根据线径 d 画出两端支承圈的圆和半圆	根据节距 t 画出部分弹簧丝的断面	按右旋方向作相应圆的公切线，画成剖视图

(2)在装配图中的画法(图 2-7-9)

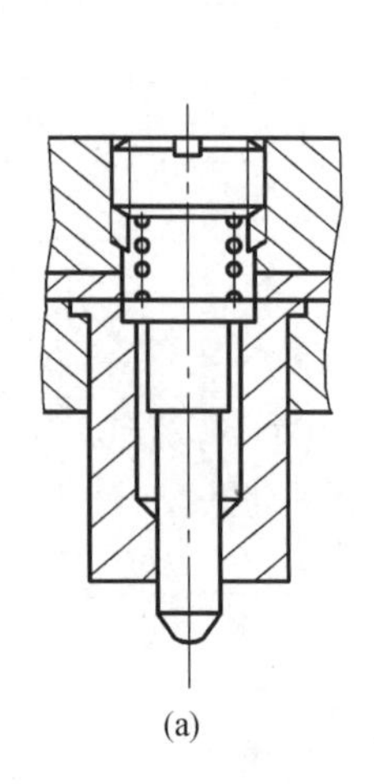

(a)

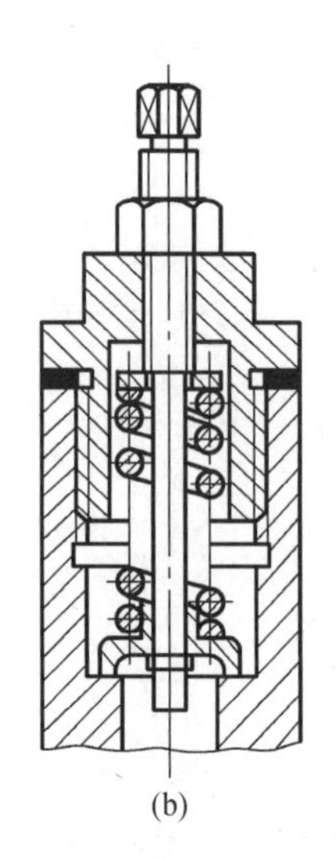

(b)

图 2-7-9　圆柱螺旋压缩弹簧在装配图中的画法

在装配图中,若弹簧在剖视图中出现,则仍按表 2-7-2 画出。弹簧在装配图中允许只画出其钢丝剖面区域,当弹簧线径在图形上等于或小于ϕ2 mm 时,可以涂黑表示。零件被弹簧挡住的部分一般不画出,未被弹簧遮挡的部分画到弹簧的外轮廓线处;当零件轮廓线在弹簧的省略部分时,画到弹簧的中径处。

第三篇　计算机绘图模块

随着现代化信息技术的发展，使用计算机绘图已成为机械行业人士的共识。在众多计算机绘图软件中，AutoCAD 以其友好的用户界面、开放的系统、强大的功能和高交互能力，成为使用者首选的主流软件之一。

AutoCAD 2012 是美国 Autodesk 公司现今推出的 AutoCAD 最高版本。本篇将以 AutoCAD 2012 为平台，为读者介绍如何使用 AutoCAD 软件绘制、编辑、管理机械图样。我们将从 AutoCAD 工作界面的初始设置开始，以任务引领的方式，由浅入深、循序渐进地学习各种常用工具的使用方法和技巧，掌握图形编辑的方法和规则，并从中领会计算机绘图的功能和优势。学习本篇的目的是让读者学会使用计算机绘制出满足使用要求的优质图样。

让我们共同迈进一个数字化的图形世界吧！

任务1 AutoCAD 2012 绘图环境设置

学习目标

初步学习文件的管理方法，会设置绘图环境，练习图层及其属性管理，熟悉视窗的缩放和移动，能够应用坐标、捕捉、极轴等准确地绘制图形。

相关知识

一、AutoCAD 2012 工作界面

AutoCAD 2012 提供了“二维草图与注释”、“三维建模”和“AutoCAD 经典”三种工作界面，图 3-1-1 所示为 AutoCAD 2012 经典工作界面。

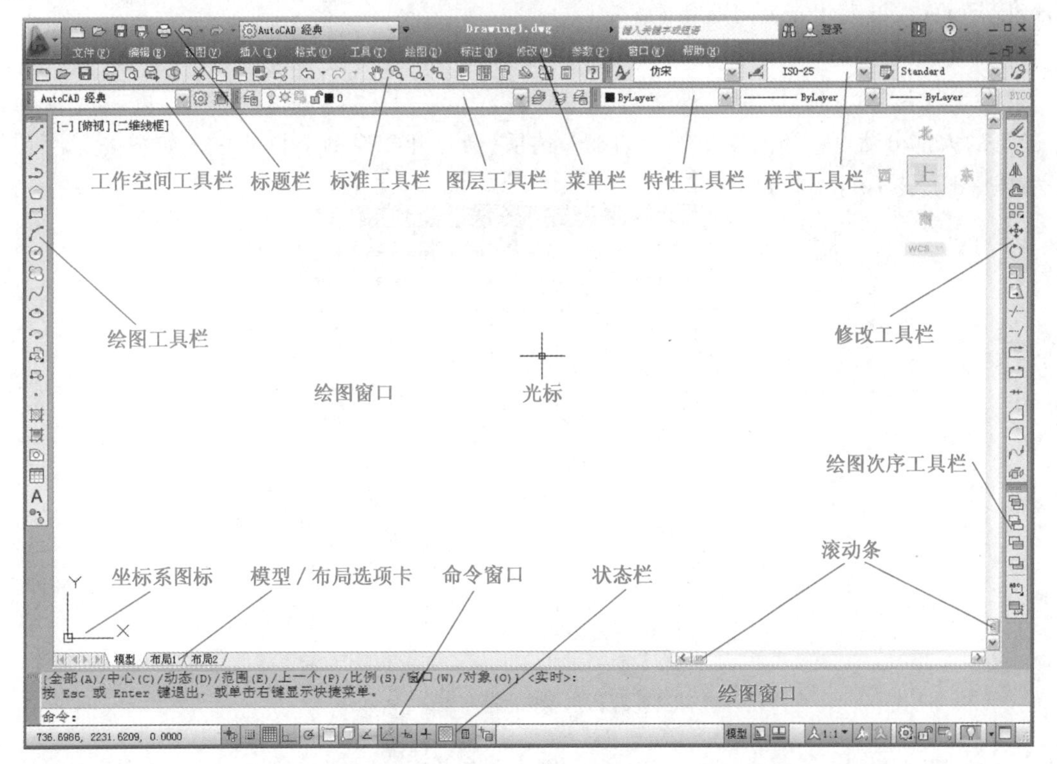

图 3-1-1 AutoCAD 2012 经典工作界面

利用 AutoCAD 2012 的“工作空间设置”对话框(图 3-1-2)，用户可以选择绘图工作空间

（即工作界面）。

图 3-1-2 “工作空间设置”对话框

从图 3-1-1 可以看出，AutoCAD 2012 的经典工作界面主要由标题栏、菜单栏、工具栏、绘图窗口、光标、命令窗口、状态栏、坐标系图标、模型/布局选项卡、滚动条等组成。

1. 标题栏

标题栏位于工作界面的最上方，用于显示 AutoCAD 2012 的程序图标以及当前所操作图形文件的名称。位于标题栏右侧的窗口管理按钮分别用于实现 AutoCAD 2012 窗口的最小化、还原（或最大化）、关闭等功能。

2. 菜单栏

菜单栏是 AutoCAD 2012 的主菜单。利用 AutoCAD 2012 提供的菜单，可执行 AutoCAD 的大部分命令。单击菜单栏中的某一选项，会打开相应的下拉菜单。如图 3-1-3 所示为“视图”下拉菜单（部分）。

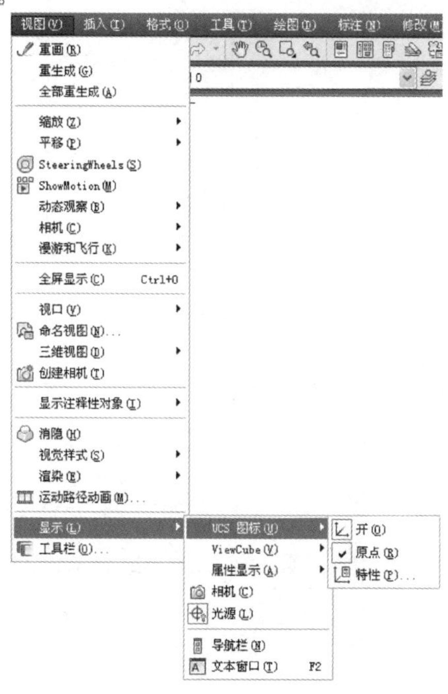

图 3-1-3 “视图”下拉菜单（部分）

AutoCAD 2012 的下拉菜单有以下特点：

(1)右边有小三角按钮的菜单项表示其下面还有子菜单。如图 3-1-3 显示出了“显示”菜单项的多层子菜单。

(2)右边有省略号标记的菜单项表示单击后会打开一个对话框。

(3)右边没有内容的菜单项,单击后即会执行相应的 AutoCAD 命令。

注意：AutoCAD 2012 还提供了快捷菜单,单击右键可将其打开。若当前操作不同或光标所处位置不同,则打开的快捷菜单也不同。

3. 工具栏

AutoCAD 2012 提供了许多工具栏。利用这些工具栏中的按钮,可以方便地启动相应的 AutoCAD 命令。默认设置下,AutoCAD 2012 在工作界面上显示“标准”、“样式”、“工作空间”、“图层”、“特性”、“绘图”和“修改”七个工具栏。如果将 AutoCAD 2012 的全部工具栏都打开,会占用较大的绘图空间,故通常当需要频繁使用某一工具栏时,才打开该工具栏,不使用时将其关闭。打开或关闭工具栏的操作方法之一:在已打开的工具栏上右击,弹出列有工具栏目录的快捷菜单,在此快捷菜单中选择,即可打开或关闭任一个工具栏。

AutoCAD 的工具栏是浮动的,用户可以将各工具栏拖放到工作界面的任意位置。

4. 绘图窗口

绘图窗口类似于手工绘图时的图纸,是用户用 AutoCAD 绘图并显示所绘制图形的区域。

(1)光标

当光标位于绘图窗口时为十字形状,十字线的交点为光标的当前位置。AutoCAD 2012 的光标用于绘图、选择对象等操作。

(2)坐标系图标

坐标系图标通常位于绘图窗口的左下角,表示当前绘图使用的坐标系形式以及坐标方向等。AutoCAD 2012 提供了世界坐标系(World Coordinate System,缩写为 WCS)和用户坐标系(User Coordinate System,缩写为 UCS),世界坐标系为默认坐标系,且默认时水平向右为 X 轴正方向,垂直向上为 Y 轴正方向。

(3)滚动条

利用水平和垂直滚动条可以使图纸沿水平和垂直方向移动,即平移绘图窗口中所显示的内容。

(4)模型/布局选项卡

模型/布局选项卡用于实现模型空间与图纸空间的切换。

5. 状态栏

状态栏用于显示或设置当前的绘图状态。状态栏中位于左面的一组数字反映当前光标的坐标,其余按钮从左到右分别表示当前是否启用了捕捉、栅格、正交、极轴追踪、对象捕捉、对象追踪、DUCS(允许/禁止动态 UCS)、DYN(动态输入)等功能以及是否按设置的线宽显示图形和当前绘图空间等。单击某一按钮实现启用或关闭对应功能的切换,按钮被按下时启用对应的功能,弹起则关闭该功能。

另外,当用户将光标定位到某一菜单项或工具栏中的某一按钮上时,AutoCAD 会在状态栏上显示出与菜单或按钮对应的命令及其功能说明。

6. 命令窗口

命令窗口是 AutoCAD 显示用户从键盘键入的命令和系统提示信息的位置。默认时，AutoCAD 在命令窗口保留最后三行所执行的命令或提示信息。用户可以通过拖动窗口边框的方式改变命令窗口的大小，使其显示多于三行或少于三行的信息。

二、系统设置

1. 绘图环境设置

利用 AutoCAD 2012 提供的“选项”对话框，用户可以方便地配置绘图环境，如设置搜索目录以及工作界面的颜色等。

打开“选项”对话框的命令是 OPTIONS，在“工具”下拉菜单中选择“选项”也可执行该命令。打开的“选项”对话框如图 3-1-4 所示。

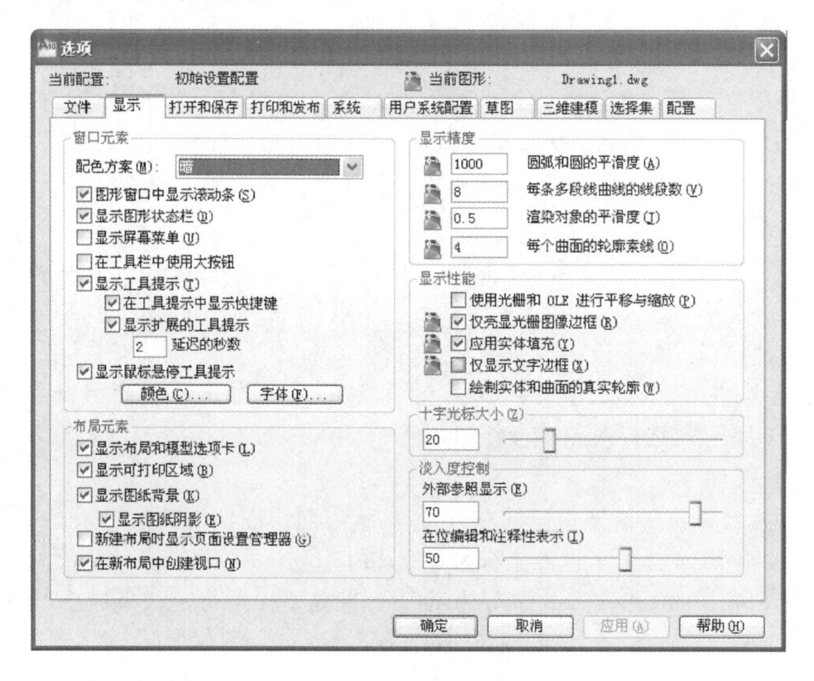

图 3-1-4 “选项”对话框

“选项”对话框中各选项卡的功能如下：

(1)“文件”选项卡：指定 AutoCAD 2012 搜索支持文件、驱动程序、菜单文件和其他文件的路径，还可以指定一些用户定义的设置，如指定用于进行拼写检查的目录等。

(2)“显示”选项卡：定义 AutoCAD 2012 的显示特征，如设置窗口元素、布局元素，设置十字光标的十字长短，设置显示精度、显示性能等。

(3)“打开和保存”选项卡：控制 AutoCAD 2012 中与打开和保存文件相关的选项，如设置保存文件时使用的有效文件格式等。

(4)“打印和发布”选项卡：控制与打印和发布相关的选项，如设置默认打印设备等。

(5)“系统”选项卡：控制 AutoCAD 2012 的一些系统设置，如控制与三维图形显示系统特性的配置相关的设置、控制与定点设备相关的选项等。

(6)“用户系统配置”选项卡：控制优化工作方式的各选项。

(7)“草图”选项卡：设置一些基本编辑选项，如自动捕捉设置、自动追踪设置等。

(8)“三维建模”选项卡：用于三维建模方面的相关设置，如光标设置、UCS 图标设置以及模型的显示方式设置等。

(9)“选择集”选项卡：设置与选择对象相关的选项，如设置拾取框的大小，设置选择模式、夹点大小等。

(10)“配置”选项卡：用于进行新建系统配置、重命名系统配置、删除系统配置等操作。

下面仅以设置绘图窗口的背景颜色为例讲述“选项”对话框的应用。

在首次安装了 AutoCAD 2012 后，启用时绘图窗口的背景颜色默认为黑色，但很多用户由于个人习惯或工作需要，希望将绘图窗口设置成白色或其他颜色，具体操作过程如下：

单击图 3-1-4 所示“显示”选项卡中的“颜色”按钮，打开图 3-1-5 所示的“图形窗口颜色”对话框，此时“上下文”和“界面元素”列表框中分别默认为“二维模型空间”和“统一背景”选项，均无须修改，只需在“颜色”下拉列表中选择“白”，此时“图形窗口颜色”对话框的预览区变为白色，如图 3-1-6 所示，单击“应用并关闭”按钮，即可将绘图窗口的背景颜色从默认的黑色变为白色。

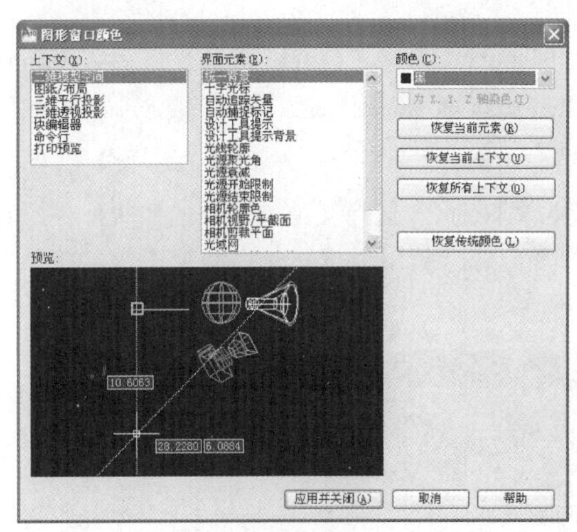

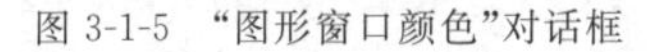
图 3-1-5　“图形窗口颜色”对话框

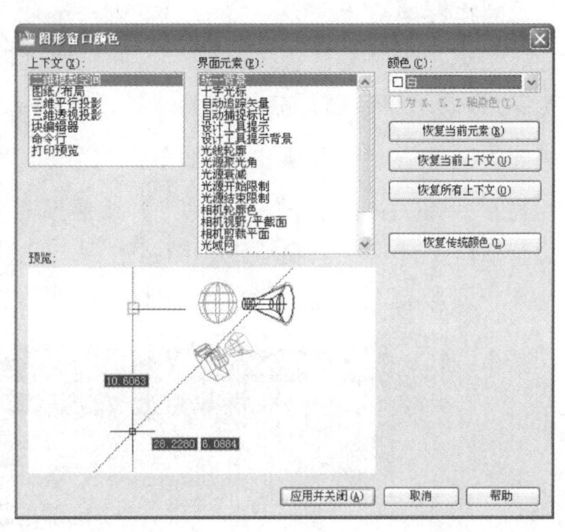

图 3-1-6　改变绘图窗口的背景颜色

此外，用户还可以通过“图形窗口颜色”对话框设置 AutoCAD 2012 工作界面中其他元素的颜色。

实例　绘图的初始设置

实例分析

使用计算机绘制机械图样，初始的设置会给后续工作带来很多的便利。通过本实例的操作，要求熟悉 AutoCAD 2012 工作界面，掌握文件的建立与存盘，认识 AutoCAD 2012 的坐标系统和绘图辅助工具，掌握基本绘图环境的设置方法，掌握图层的建立与应用，熟悉视窗的缩放和移动。做好绘图前的准备工作，可以为今后的工作奠定一个良好的基础，同时也可以培养严谨的工作作风，养成良好的工作习惯。

任务实施

一、启动 AutoCAD 2012

启动 AutoCAD 2012 有以下三种常用方法：

(1)在桌面上双击 AutoCAD 2012 中文版快捷图标。

(2)选择"开始"→"程序"→"Autodesk"→"AutoCAD 2012"。

(3)双击 AutoCAD 图形文件(*.dwg 文件)。

二、绘图文件操作

1. 新建图形文件

在绘图过程中，可随时执行"文件"→"新建"命令，或在"标准"工具栏中单击"新建"图标按钮来创建一幅新图。

2. 保存图形文件

绘图过程中要注意及时保存图形文件，以防因停电或死机而造成文件丢失。进入绘图状态后，系统将新图预命名为 Drawing1.dwg，以后每新建一幅图，后面的数字自动加 1。如果图形文件没有被重新命名，则单击"标准"工具栏中的"保存"图标按钮，此时出现"图形另存为"对话框，如图 3-1-7 所示，按常规需要为文件命名、选择文件类型并选择文件存放位置后将文件保存。在后续绘图过程中，可随时单击"保存"图标按钮保存当前图形。如果需要将图形文件另存，可执行 "文件"→"另存为"命令。

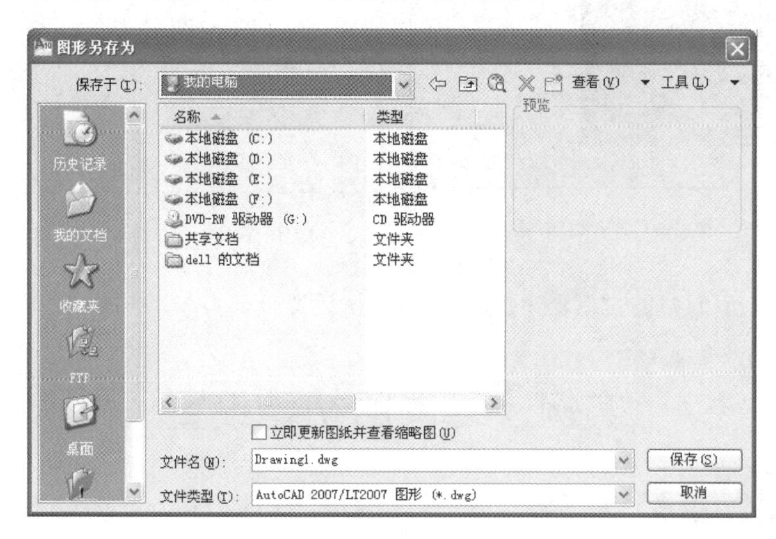

图 3-1-7 "图形另存为"对话框

3. 打开图形文件

在绘图过程中，可随时打开一幅已有的图形，即打开一个图形文件。单击"标准"工具栏中的"打开"图标按钮，将出现"选择文件"对话框，如图 3-1-8 所示。选择好所需文件后单击"打开"图标按钮，即可打开此图形文件。

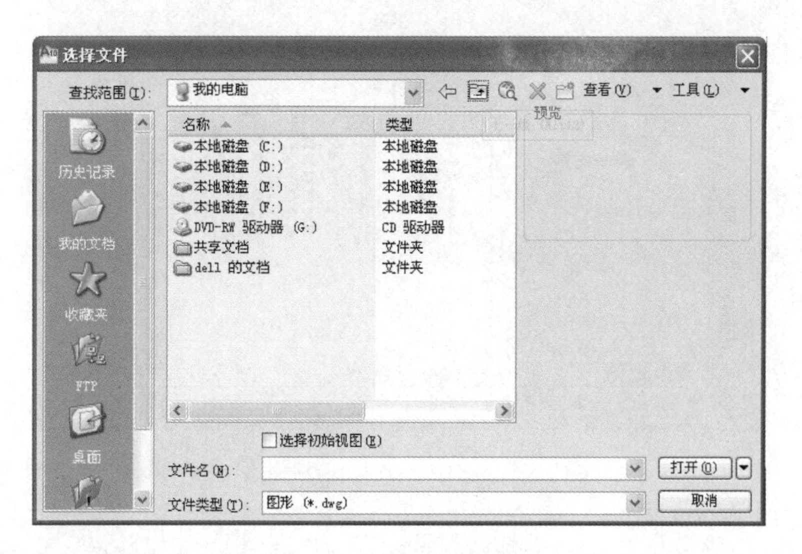

图 3-1-8 “选择文件”对话框

三、绘图初始设置

绘制机械图样时，通常会用到多种线型，如粗实线、细实线、点画线、中心线及虚线等。用 AutoCAD 绘图时，实现线型要求的方法之一：建立一系列具有不同绘图线型和颜色的图层；绘图时，将具有同一线型的图形对象放在同一图层中。即具有同一线型的图形对象以相同的颜色显示，使图纸内容更加清晰明了。

图层的设置是通过“图层特性管理器”来完成的，打开“图层特性管理器”的方法有多种，单击“图层”工具栏中的“图层特性管理器”图标按钮，或选择“格式”下拉菜单中的“图层”命令，或直接在命令窗口中输入 LAYER 命令。“图层特性管理器”对话框如图 3-1-9 所示。

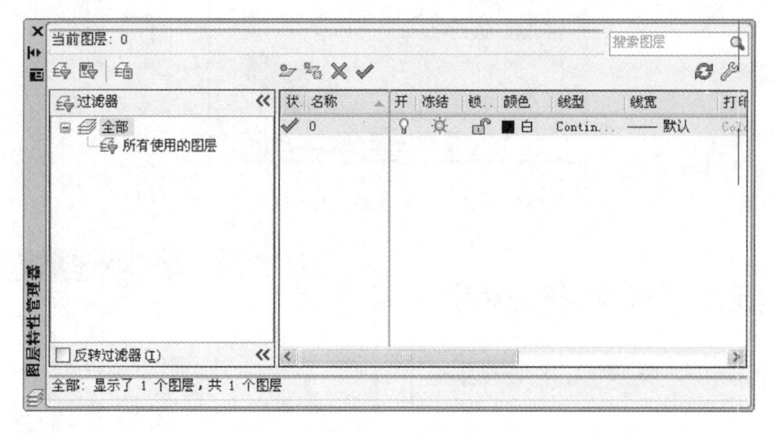

图 3-1-9 “图层特性管理器”对话框

1. 建立新图层

在绘图过程中，用户可根据不同的绘图需要建立不同的图层，在“图层特性管理器”对话框中单击“新建图层”图标按钮，即可建立新图层。单击“名称”选项，可以为新建的图层命名，如图 3-1-10 所示。

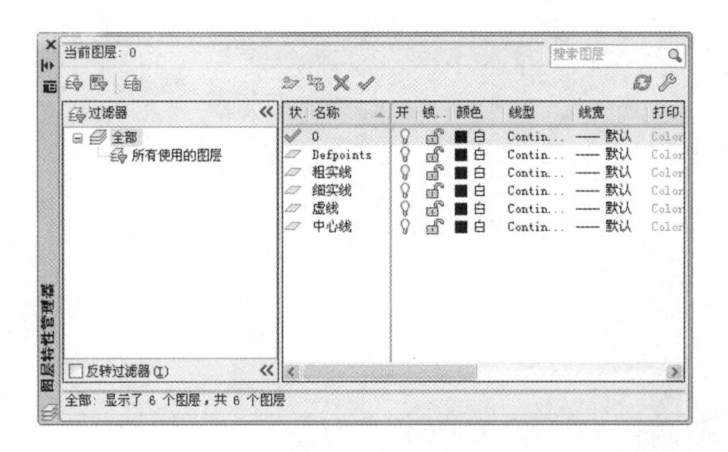

图 3-1-10　建立新图层

2. 更改图层颜色和线型

下面以“中心线”图层为例说明图层的设置过程。选中“中心线”层，在该层中单击“颜色”选项，打开“选择颜色”对话框，如图 3-1-11 所示，选择红色，单击“确定”按钮；单击“线型”选项，打开“选择线型”对话框，如图 3-1-12 所示，单击“加载”按钮，打开“加载或重载线型”对话框，如图 3-1-13 所示，选择点画线，单击“确定”按钮；选择线宽为“默认”，即可得到所需设置，如图 3-1-14 所示。

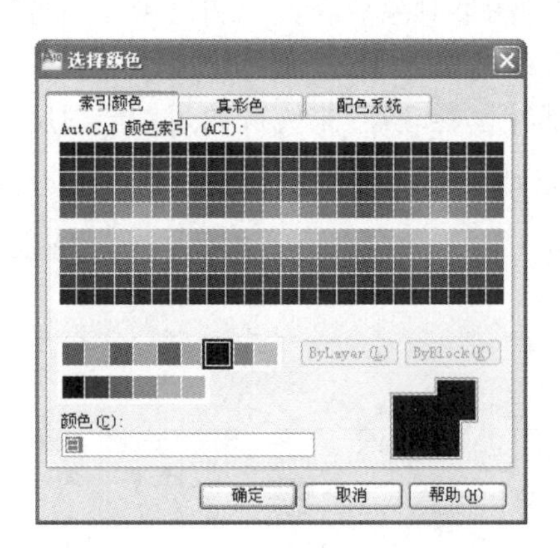

图 3-1-11　“选择颜色”对话框

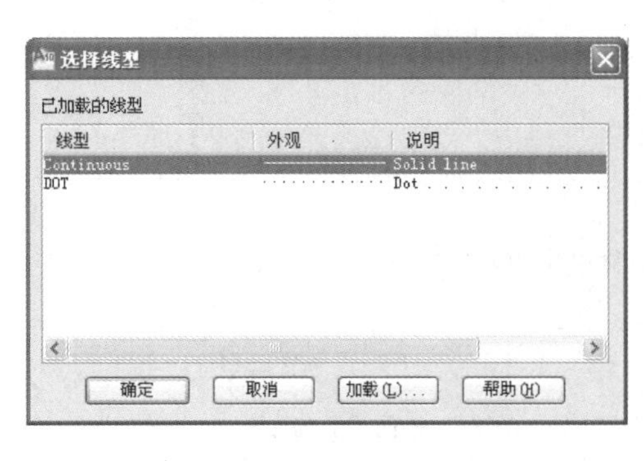

图 3-1-12　“选择线型”对话框

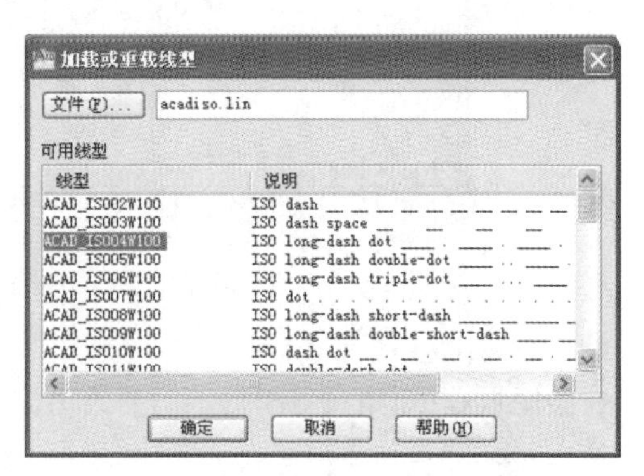

图 3-1-13　“加载或重载线型”对话框

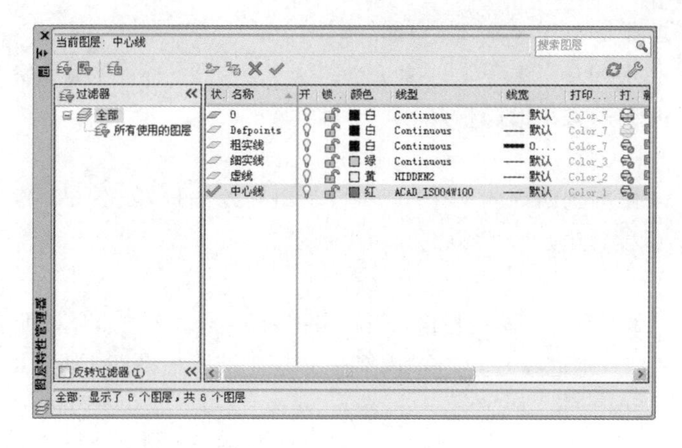

图 3-1-14　设置好的图层

AutoCAD 工程图中所用的图线应遵照 GB/T 17450—1998 中的有关规定，基本图线在屏幕上的显示颜色的规定见表 3-1-1。

表 3-1-1　　屏幕上显示的图线颜色

图　线	颜　色	图　线	颜　色
粗实线	白色	细点画线	红色
细实线、波浪线、双折线	绿色	粗点画线	棕色
虚线	黄色	双点画线	粉红色

四、图幅、图框、标题栏的绘制

1. 定义图幅

绘图前应首先定义好所需的图层。第二步就应指定绘图区域，即图幅。以在 A4 图纸上绘图为例，定义图幅的操作步骤如下：

(1)将“细实线”层设置为当前层，如图 3-1-15 所示。

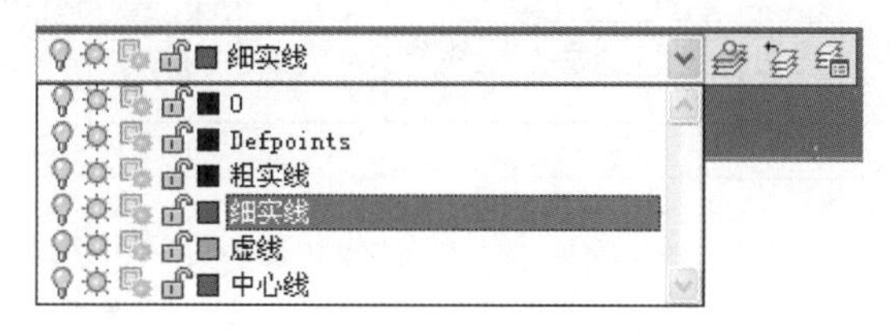

图 3-1-15　将“细实线”层设置为当前层

(2)单击“绘图”工具栏中的“直线”图标按钮，或在“绘图”下拉菜单中选择“直线”命令。

(3)按 AutoCAD 命令行提示操作：

指定第一点：0,0↙　　(确定起始点)

指定下一点或[放弃(U)]：@210,0↙　　(利用相对坐标确定另一点)

指定下一点或[放弃(U)]：@0,297

指定下一点或[闭合(C)/放弃(U)]:@－210,0↙

指定下一点或[闭合(C)/放弃(U)]:c↙　　　　(封闭已绘直线,结束操作)

绘制出一张 A4 图纸大小的图幅,如图 3-1-16 所示。

2. 绘制图框

在定义好的 A4 图幅上四周内缩 10 mm 绘制粗实线图框,如图 3-1-17 所示(按国标规定,计算机绘图不留装订边)。

3. 绘制标题栏

在图框右下角绘制标题栏。标题栏格式可参考国家标准,也可按企业标准绘制,这里以简易标题栏为例。标题栏的外围框线为粗实线,内部框线为细实线,框格尺寸如图 3-1-18 所示。

图 3-1-16　A4 图幅

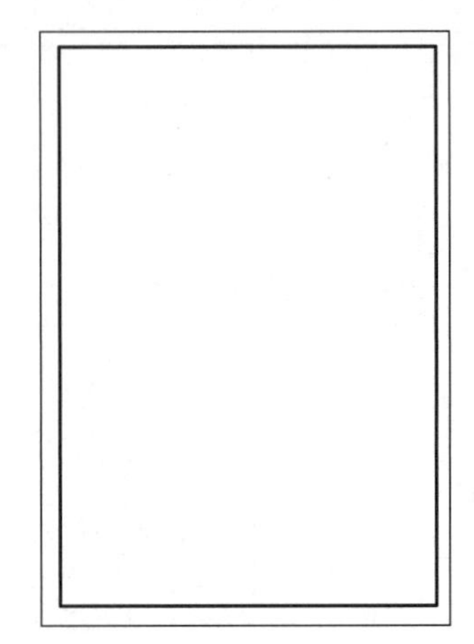

图 3-1-17　A4 图框

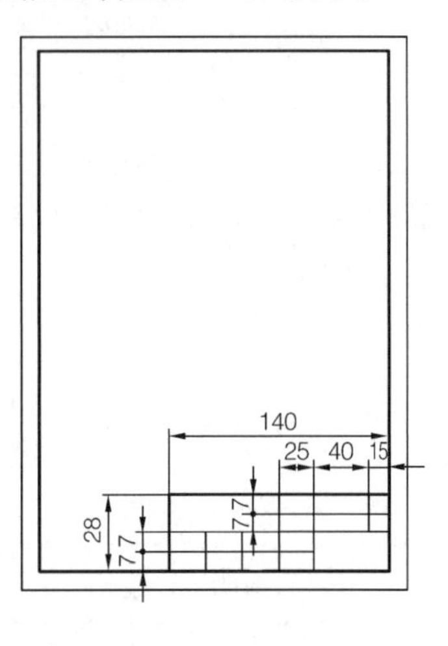

图 3-1-18　简易标题栏

4. 填写标题栏文字

标题栏绘制完成后,选用文字编辑工具填写相应文字,如图 3-1-19 所示。

<table>
<tr><td colspan="3" rowspan="2">(图样名称)</td><td>比例</td><td>材料</td><td>质量</td></tr>
<tr><td></td><td></td><td></td></tr>
<tr><td>制图</td><td>学号</td><td>审核</td><td>投影符号</td><td colspan="2" rowspan="2">(班　级)</td></tr>
<tr><td></td><td></td><td></td><td></td></tr>
</table>

图 3-1-19　简易标题栏文字填写

知识拓展

一、常用辅助绘图工具

1. 对象捕捉

用 AutoCAD 绘图时可能会出现这种情况:当希望通过拾取点的方式确定某些特殊点(如圆心、切点、线或圆弧的端点与中点等)时,要准确地拾取到这些点是十分困难的,甚至根本不可能。为解决诸如此类的问题,AutoCAD 2012 提供了对象捕捉功能,利用该功能可以迅速、准确地捕捉到某些特殊点,从而能够迅速、准确地绘制出图形。

利用 AutoCAD 2012 提供的“对象捕捉”工具栏和“对象捕捉”快捷菜单，可执行相应的对象捕捉功能，见表 3-1-2。

表 3-1-2　　对象捕捉功能

命令项	工具栏按钮	功　能
临时追踪点		确定临时追踪点
捕捉自		临时指定一点为基点，用于相对于该点确定另一点
捕捉到端点		捕捉线段、圆弧、椭圆弧、多段线、样条曲线、射线等对象的端点
捕捉到中点		捕捉线段、圆弧、椭圆弧、多段线、样条曲线等对象的中点
捕捉到交点		捕捉线段、圆弧、圆、椭圆、椭圆弧、多段线、射线、样条曲线、构造线等对象之间的交叉点
捕捉到外观交点		如果延伸线段、圆弧、圆等对象后，它们之间能够互相交叉，则捕捉这样的交点
捕捉到延长线		当光标经过对象的端点时，显示临时延长线或圆弧，以便用户在延长线或圆弧上指定点
捕捉到圆心		捕捉圆、圆弧、椭圆、椭圆弧的圆心
捕捉到象限点		捕捉圆、圆弧、椭圆、椭圆弧上的象限点
捕捉到切点		捕捉切点
捕捉到垂足		捕捉垂足点
捕捉到平行线		确定与指定对象平行的线上的一点
捕捉到插入点		捕捉块、文字等的插入点
捕捉到节点		捕捉用 POINT、DIVIDE、MEASURE 等命令生成的点以及尺寸定义点、尺寸文字定义点
捕捉到最近点		捕捉离拾取点最近的线段、圆、圆弧等对象上的点
无捕捉		取消捕捉模式
两点之间的中点	—	根据指定的两点确定位于该两点连线上的中点
点过滤器	—	确定与指定点某一坐标分量相同的点

2. 自动对象捕捉

虽然对象捕捉功能可以极大地提高绘图的效率与准确性，但绘图时如果需要多次使用对象捕捉功能，则要频繁地单击“对象捕捉”工具栏中的对应按钮或选择“对象捕捉”快捷菜单中的对应命令，并要根据提示选择对应的对象。为解决这一问题，AutoCAD 2012 提供了自动对象捕捉功能。启用此功能绘图时，AutoCAD 会一直保持对象捕捉状态，当在确定点的提示下将光标移到可以自动捕捉到的点时，AutoCAD 会自动显示捕捉到对应点的标记，此时单击鼠标左键，即可拾取到对应的点。

通过状态栏上“对象捕捉”按钮的状态，可以判定是否启用了自动对象捕捉功能。当该按钮被按下时，启用该功能；当该按钮被弹起时，则关闭该功能。

点击“工具”下拉菜单中的“草图设置”命令，打开“草图设置”对话框。如图 3-1-20 所示为“草图设置”对话框中的“对象捕捉”选项卡，用户可以通过选择“对象捕捉模式”选项组中的选项来确定启用自动对象捕捉功能，然后 AutoCAD 就能够自动捕捉到相应的点。

有时，当通过自动对象捕捉功能来确定特殊点时，AutoCAD 却不能自动捕捉到想要的点或捕捉到其他点，这可能是由于没有对相应的自动捕捉模式进行设置，此时只需对图 3-1-20所示的“对象捕捉”选项卡中的内容进行相应设置即可。

图 3-1-20 “对象捕捉”选项卡

3. 捕捉和栅格

(1)捕捉

捕捉的作用是使光标定位到某些具有固定间距的特殊点上，通过这个固定的间距可以控制绘图的精确度。“捕捉和栅格”选项卡如图 3-1-21 所示。

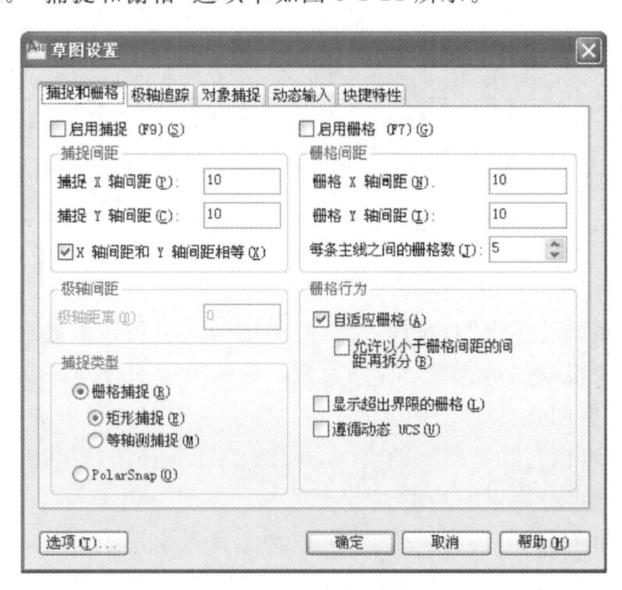

图 3-1-21 “捕捉和栅格”选项卡

(2)栅格

栅格显示是指在绘图屏幕上显示指定行间距和列间距均匀分布的栅格点，如图 3-1-22 所示。这些栅格点与坐标纸很相似，使用栅格可以方便地实现图形之间的对齐以及确定图形对象之间的距离等。

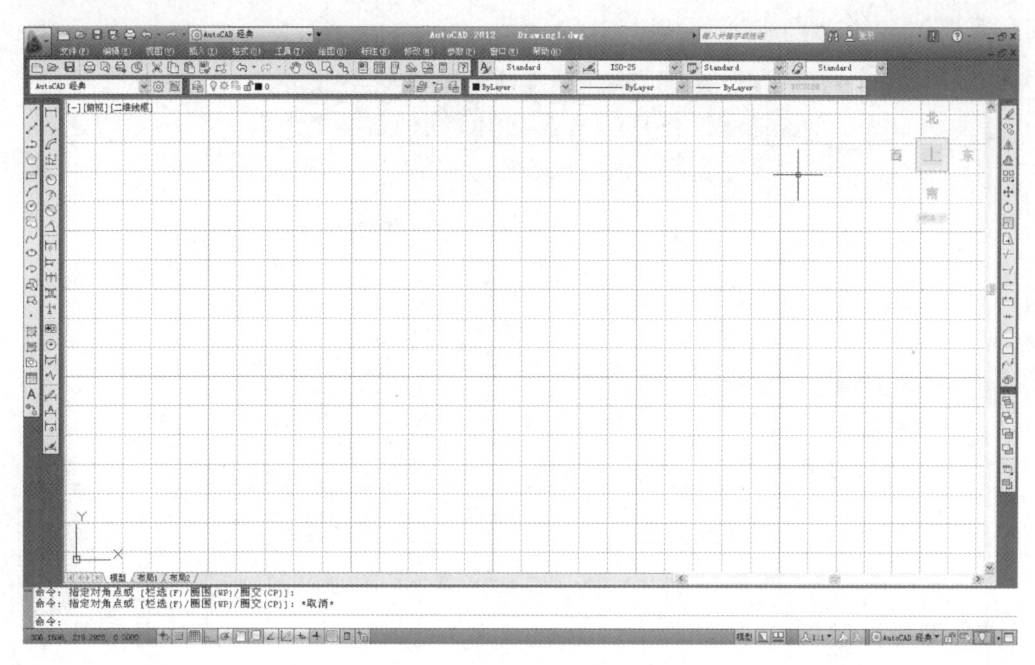

图 3-1-22 显示栅格(屏幕中的小点)

4. 极轴追踪

极轴追踪是当 AutoCAD 提示用户指定点的位置时(如指定直线的另一端点)拖动光标，使光标接近预先设定的方向(即极轴追踪方向)，AutoCAD 会自动将橡皮筋线吸附到该方向，同时沿该方向显示出极轴追踪矢量，并浮出一小标签，说明当前光标位置相对于前一点的极坐标，如图 3-1-23 所示。

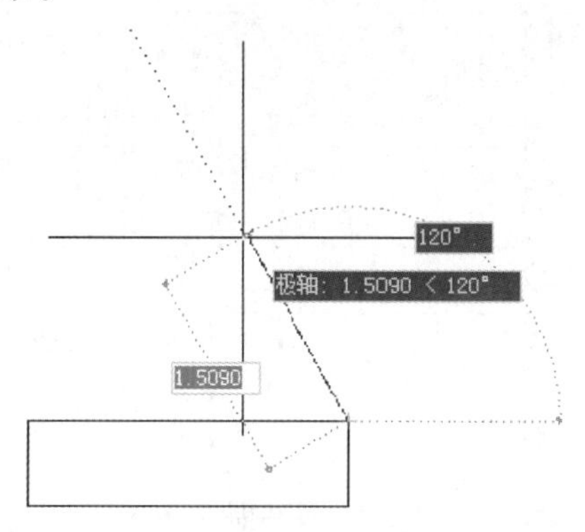

图 3-1-23 显示极轴追踪矢量

极轴追踪矢量的起始点又被称为追踪点。

从图 3-1-23 可以看出，当前光标位置相对于前一点的极坐标为“1.5090<120°”，即两点之间的距离为 1.5090，极轴追踪矢量与 X 轴正方向的夹角为 120°，此时单击鼠标左键，

AutoCAD会将该点作为绘图所需点；如果直接输入一个数值，AutoCAD 则沿极轴追踪矢量方向按此长度值确定出点的位置；如果沿极轴追踪矢量方向拖动鼠标，AutoCAD 会通过浮出的小标签动态显示与光标位置相对应的极轴追踪矢量的值(即显示“距离＜角度”)。

在绘图过程中，用户可以根据不同的需要，通过“草图设置”对话框选择启用极轴追踪功能和极轴追踪方向等性能参数，如图 3-1-24 所示。

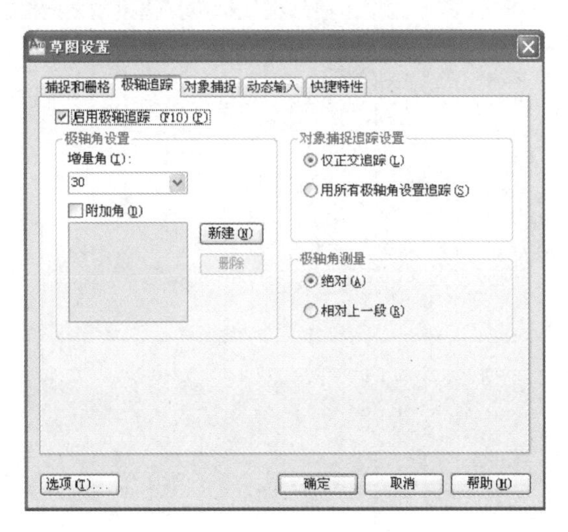

图 3-1-24 “极轴追踪”选项卡

二、图形显示控制

在绘图过程中，可以通过实时平移和缩放的方式改变图形的显示位置与显示比例，局部显示某一绘图区域或在计算机屏幕上显示出整个图形，这样可以灵活方便地观察图形的整体效果或局部细节。在 AutoCAD 2012 中有多种方法可以实现平移和缩放，其中比较简单的方法是使用控制图形显示工具。“缩放”工具栏按钮和控制图形显示工具按钮见表 3-1-3。

表 3-1-3 “缩放”工具栏按钮和控制图形显示工具按钮及其功能

命令项	工具栏按钮	功 能
窗口缩放		通过指定窗口作为缩放区域，满屏显示窗口中所有对象
动态缩放		用一个方框动态地确定显示范围
比例缩放		按比例缩放图形，数值后跟“×”时，表示相对于当前视图进行缩放
中心缩放		按指定中心和高度定义一个新的显示窗口
缩放对象		选择该模式后，单击图形中的某个部分，该部分将显示在整个图形窗口中
放大		显示放大一倍
缩小		显示缩小一半
全部缩放		按图形大小调整显示窗口
范围缩放		按当前图形界限显示整个图形，如果图形超出了界限，则按当前图形的最大范围显示

（续表）

命令项	工具栏按钮	功　能
实时平移		选中该项时光标变为手的形状，可实时平移画面
实时缩放		选中该项时光标变为放大镜形状，可实时缩放显示图形
窗口缩放		单击该按钮弹出下拉菜单，其内容与“缩放”工具栏中的相同
缩放上一个		单击该按钮可以恢复成上一次画面的大小，再执行一次则可恢复成更前一次的画面大小

任务2 绘制平面图形

学习目标

学习常用绘图和编辑工具的使用方法和技巧，掌握平面图形的绘制方法和步骤。

相关知识

一、常用绘图命令

AutoCAD 2012 中常用的绘图命令如图 3-2-1 所示。“绘图”工具栏提供了强大的帮助功能，鼠标在某一图标按钮上停留片刻，便会展开该图标按钮的使用说明，按 F1 键还会获得更多的帮助。

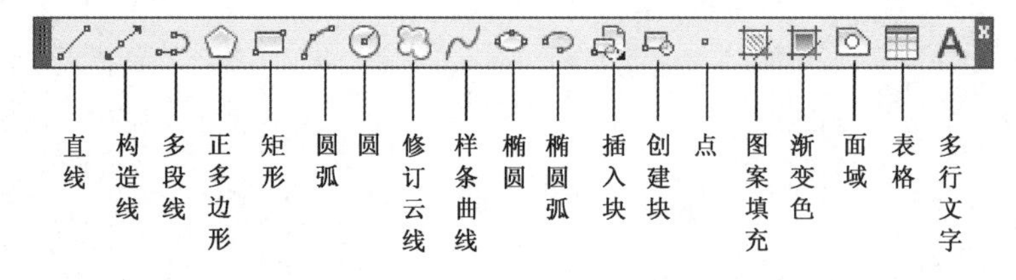

图 3-2-1 “绘图”工具栏

二、常用图形编辑命令

图形编辑就是对图形对象进行移动、旋转、缩放、复制、删除和参数修改等操作的过程。中文版 AutoCAD 2012 提供了强大的图形编辑功能，可以帮助用户合理地构造和组织图形，保证绘图的准确性，简化绘图操作，从而极大地提高绘图效率。

AutoCAD 2012 中常用的图形编辑命令在“修改”工具栏中，如图 3-2-2 所示，

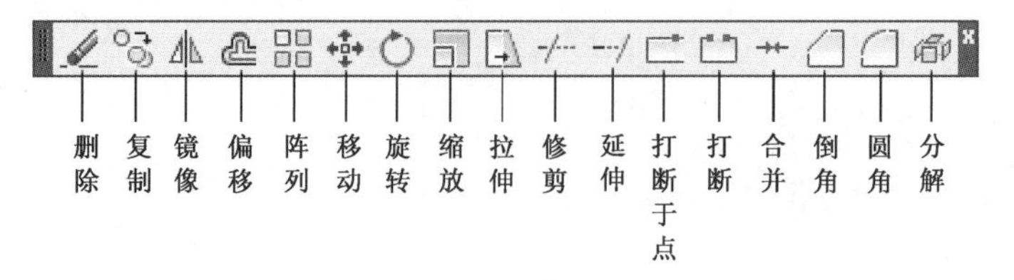

图 3-2-2 “修改”工具栏

实例 1　绘制曲柄平面图形

曲柄平面图形如图 3-2-3 所示。

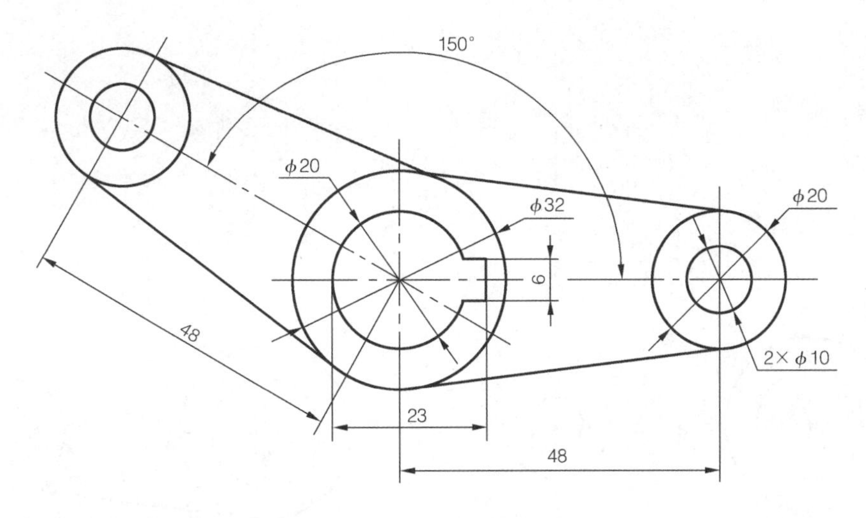

图 3-2-3　曲柄平面图形

实例分析

平面图形主要由一些基本图形元素组成，如点、直线、圆、矩形、多边形等几何元素，AutoCAD 2012提供了大量的绘图和编辑工具，可以帮助用户完成平面图形的绘制。本实例重点练习直线、圆、圆角的画法。

任务实施

(1)设置图层：打开“图层特性管理器”对话框；新建四个图层，分别命名为粗实线、细实线、虚线、中心线；遵照国标设置粗实线为黑色，线型为默认，线宽为 0.40 mm；细实线为绿色，线型和线宽为默认；虚线为黄色，线型为 HIDDEN2，线宽为默认；中心线为红色，线型为 DASHDOT2，线宽为默认。设置后的效果如图 3-2-4 所示(后续实例的图层设置均如此例，不再重复)。

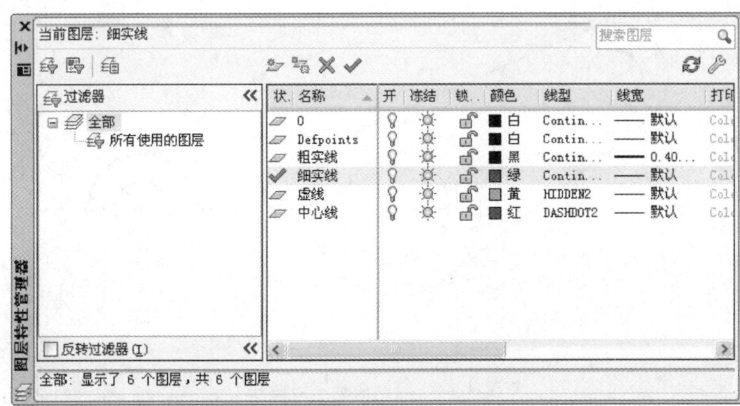

图 3-2-4　图层设置

(2)绘制(定制)图框和标题栏。

(3)置中心线层为当前层,单击"直线"图标按钮 绘制图形中心线,如图 3-2-5(a)所示。

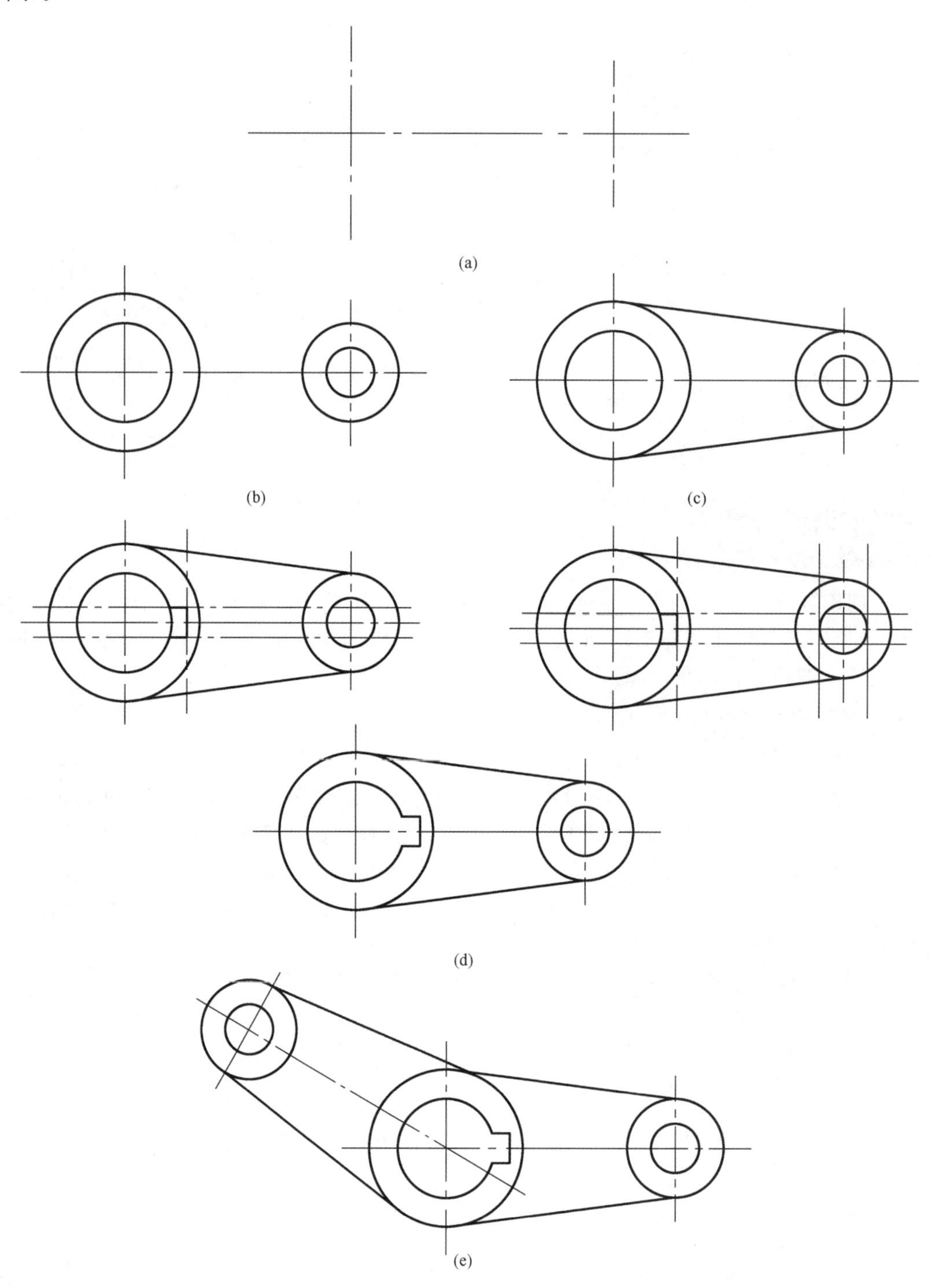

图 3-2-5 绘制曲柄平面图形

(4)置粗实线层为当前层，单击“圆”图标按钮，以中心线交点为圆心绘制同心圆，如图 3-2-5(b)所示。

(5)单击“直线”图标按钮，依次按尺寸绘制连接板，如图 3-2-5(c)所示。

(6)单击“修改”工具栏中的“偏移”图标按钮绘制键槽，单击“修剪”图标按钮剪掉多余的线条，如图 3-2-5(d)所示。

(7)利用“旋转”命令将所绘制的图形进行复制旋转，如图 3-2-5(e)所示。

(8)按要求标注尺寸(尺寸标注将在任务 3 中介绍)。

实例 2　绘制五角星平面图形

实例分析

图样中经常会含有正多边形，AutoCAD 2012 给出了专门绘制各种正多边形的工具。本实例通过绘制五角星平面图形，着重练习“正多边形”和“渐变色填充”工具的使用方法。

任务实施

(1)设置图层；绘制(定制)图框和标题栏。

(2)绘制图形中心线，如图 3-2-6(a)所示。

(3)单击“绘图”工具栏中的“正多边形”图标按钮→在命令行中输入边数“5”→回车→选取中心点→输入选项(默认“内接于圆”)→回车→输入圆的半径“25”→回车，结果如图 3-2-6(b)所示。

(4)用直线连接各角点和正多边形的中心点，删除中心线、正多边形和多余线条，结果如图 3-2-6(c)所示。

(5)利用“特性”工具栏中的命令改变图线的颜色为黄色：单击“绘图”工具栏中的“渐变色”图标按钮，打开“图案填充和渐变色”对话框→选择“双色”选项→设置“红色”和“黄色”→选择“中心黄四周红”模式→单击“拾取点”图标按钮→在画好的五角星线框中间隔拾取各图块→单击鼠标右键确认，返回“图案填充和渐变色”对话框→单击“确定”按钮；依照前述方法重复一次，选择“中心红四周黄”模式，再间隔拾取所剩的图块填充，结果如图 3-2-6(d)所示。

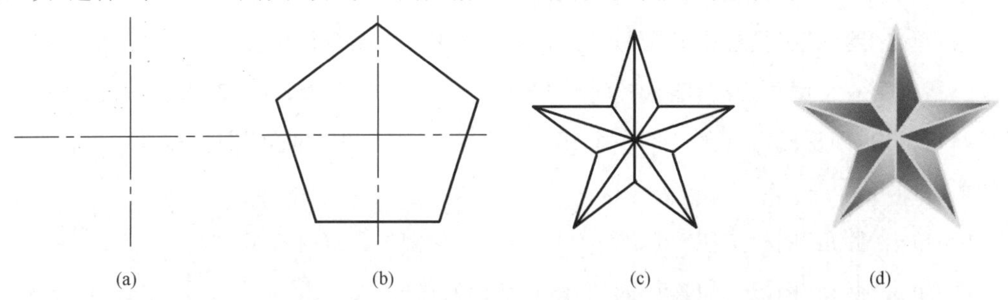

图 3-2-6　绘制五角星平面图形

实例3 绘制吊钩平面图形

吊钩平面图形如图 3-2-7 所示。

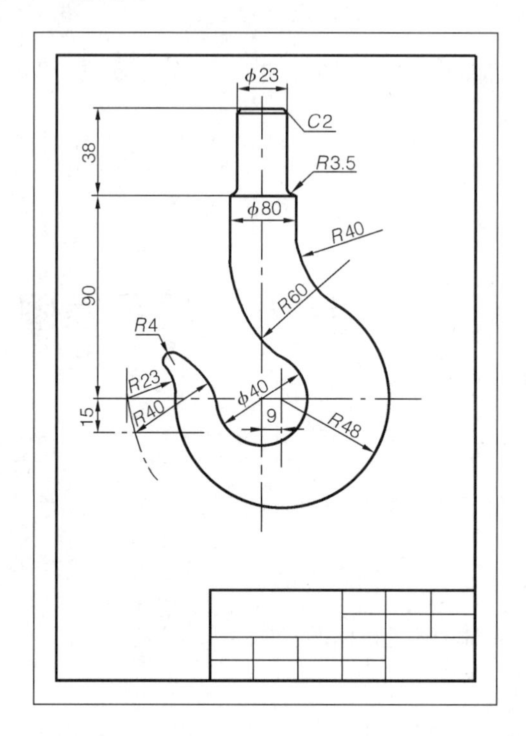

图 3-2-7 吊钩平面图形

实例分析

吊钩是一种比较典型的平面图形，其中含有组成平面图形的三种线段：已知线段、中间线段和连接线段。本实例重点练习倒角及各种连接圆弧的画法。

任务实施

（1）设置图层；绘制（定制）图框和标题栏（本实例图框竖放）。

（2）参考图 3-2-7 所示的尺寸绘制中心线，如图 3-2-8(a)所示。

（3）绘制已知线段，如图 3-2-8(b)所示。

（4）单击“绘图”工具栏中的“倒角”图标按钮→在命令行中输入“d”（“距离”选项）→回车→指定第一个倒角距离，输入“2”→回车→指定第二个倒角距离，输入“2”→回车→拾取相邻两直角边，即得所需倒角。下一个相同的倒角只需单击“倒角”图标按钮后直接拾取两条边即可。

（5）单击“圆角”图标按钮绘制 *R*3.5 圆角，如图 3-2-8(c)所示。

（6）单击“圆角”图标按钮连接 *R*40、*R*60 两段圆弧。

（7）通过两个圆心分别作 *R*23、*R*40 两段连接圆弧，然后作 *R*4 圆弧连接，完成吊钩平面图形的绘制,如图 3-2-8(d)所示。

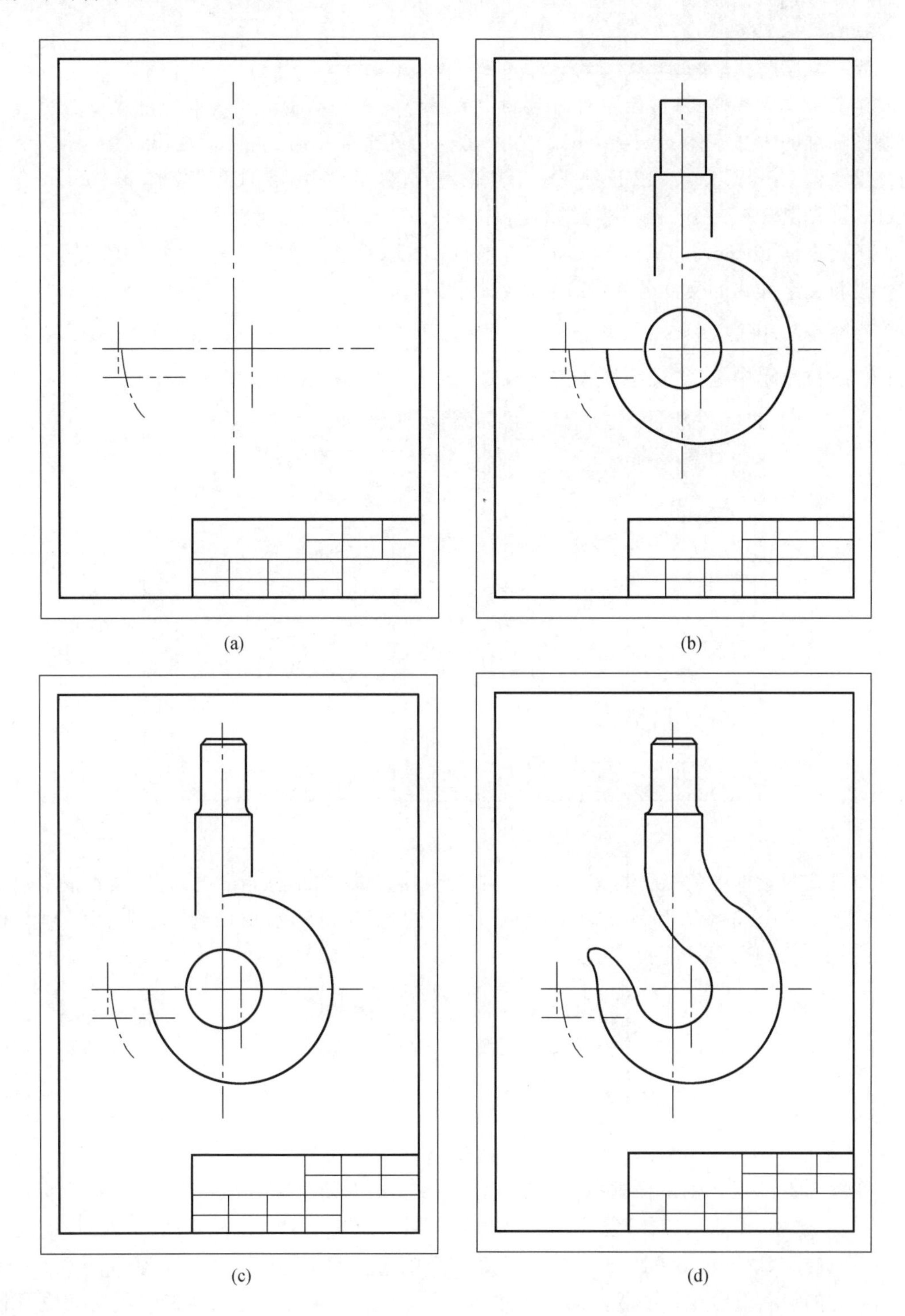

图 3-2-8　绘制吊钩平面图形

知识拓展

定义文字样式

定义中文文字样式时，需要有对应的中文字体。AutoCAD 2012 本身就提供了符合国家制图标准的中文字体 gbcbig. shx。另外，当中、英文混排时，为使标注出的中、英文文字的高度协调，AutoCAD 2012 还提供了对应的符合国家制图标准的英文字体 gbenor. shx 和 gbeitc. shx，其中 gbenor. shx 用于标注直体，gbeitc. shx 用于标注斜体。

下面根据 gbenor. shx、gbeitc. shx 和 gbcbig. shx 字体文件定义符合国标要求的文字样式。设新文字样式的文件名为“标注”，字高为 3.5。

在命令行中输入“style”，或单击“样式”工具栏中的“文字样式”图标按钮，或者在“格式”下拉菜单中选择“文字样式”命令，即可打开“文字样式”对话框，如图 3-2-9 所示。

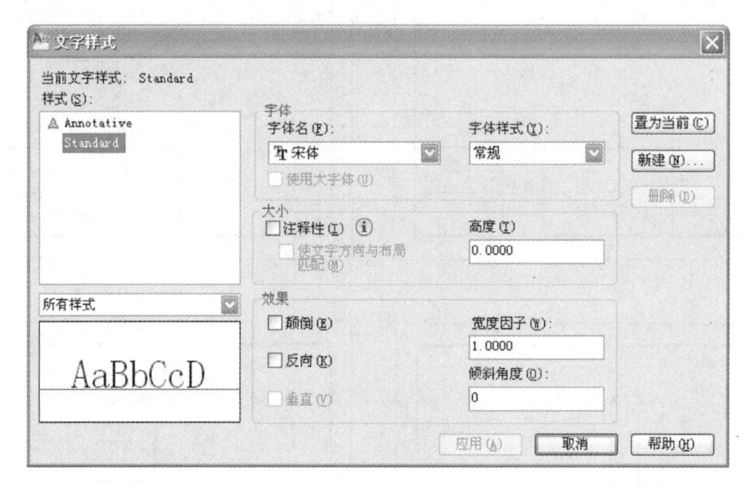

图 3-2-9 “文字样式”对话框

单击该对话框中的“新建”按钮，打开“新建文字样式”对话框，在“样式名”文本框中输入“文字 001”，如图 3-2-10 所示。单击该对话框中的“确定”按钮，返回到“文字样式”对话框中，如图 3-2-11 所示。

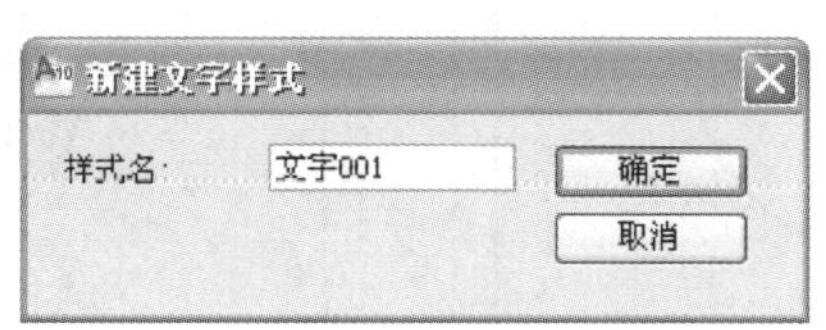

图 3-2-10 “新建文字样式”对话框

在图 3-2-11 所示的对话框中，从“字体”选项组的“SHX 字体”下拉列表中选择“gbenor. shx”选项，选中“使用大字体”复选框，从“大字体”下拉列表(大字体是亚洲图纸使用的文字字体)中选择“gbcbig. shx”选项，在“高度”文本框中输入“3.5”，如图 3-2-12 所示。

此时的设置符合国标要求。需要注意的是，由于在字体文件中已经考虑了字的宽高比例，所以应在“宽度因子”文本框中输入“1”。

完成设置后，单击“文字样式”对话框中的“应用”按钮，确认新文字样式的设置。单击

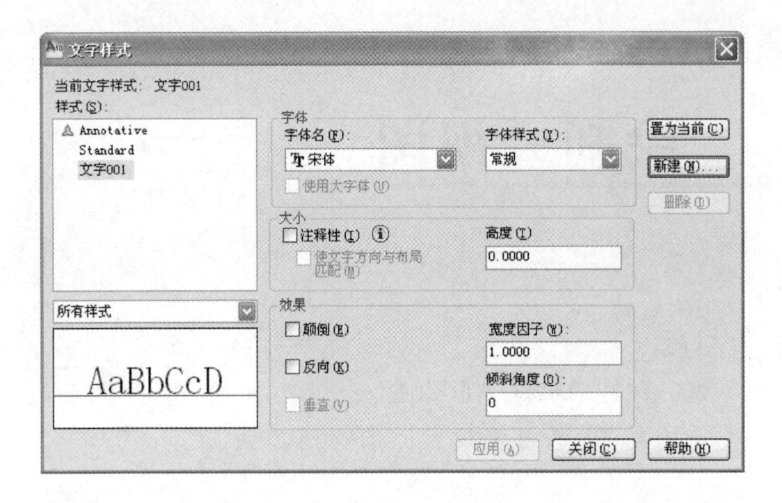

图 3-2-11　新建文字样式完成

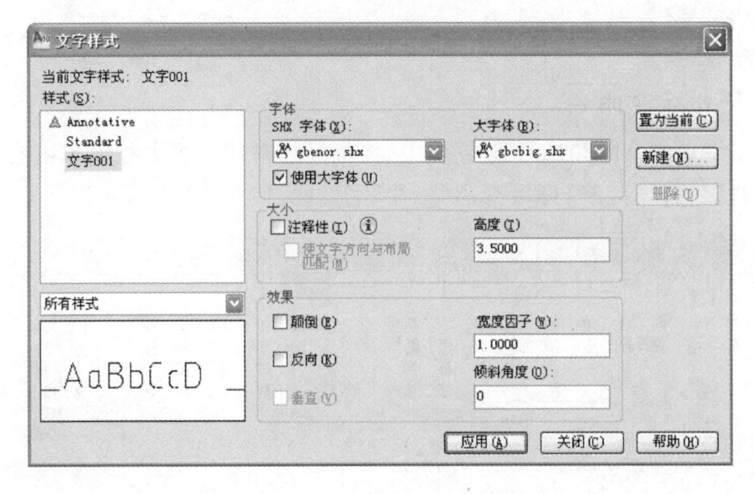

图 3-2-12　选择符合国标要求的字体文件

“置为当前”按钮，将“文字 001”样式置为当前文字样式，然后单击“关闭”按钮退出该对话框。

任务3 绘制三视图

学习目标

学习使用 AutoCAD 2012 绘制三视图，掌握保证“三等”关系的要领；练习常规尺寸的标注方法。

相关知识

一、常用尺寸标注命令

在已启动的 AutoCAD 2012 工作界面中，将鼠标放在任一工具栏上单击右键，就可打开工具栏快捷菜单，选择“标注”，即可弹出“标注”工具栏，如图 3-3-1 所示。

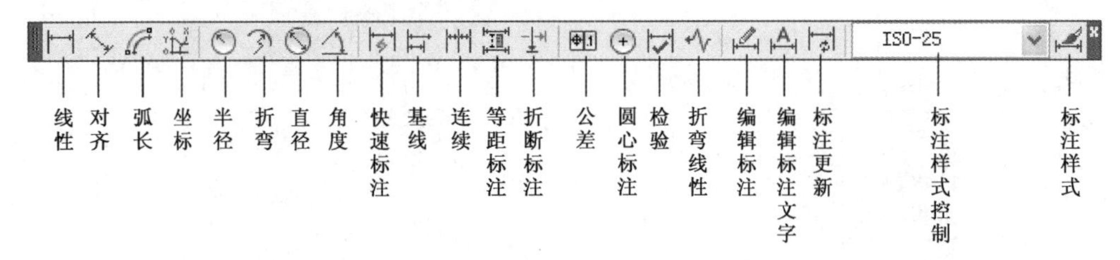

图 3-3-1 “标注”工具栏

二、尺寸标注的初始设置

调出“标注”工具栏后，应该将基本的标注样式设置好，为后续的标注工作奠定一个良好的基础。初始设置的内容如下：

(1)单击“标注样式”图标按钮，打开“标注样式管理器”对话框，如图 3-3-2 所示。

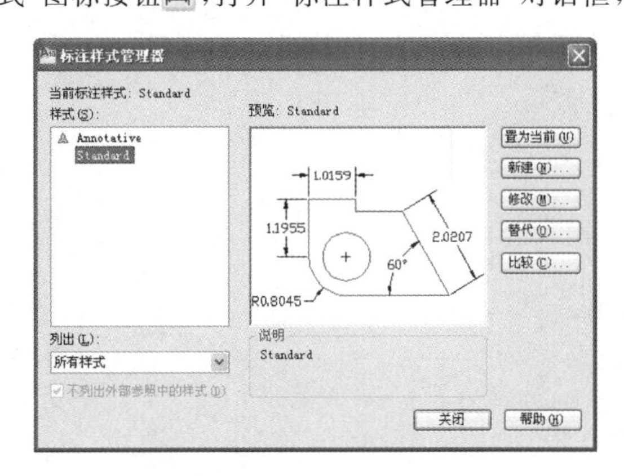

图 3-3-2 “标注样式管理器”对话框

（2）单击“修改”按钮，打开“修改标注样式”对话框，打开“文字”选项卡，设置文字高度与所画图纸匹配，设置文字对齐方式为“ISO 标准”，单击“确定”按钮，返回“标注样式管理器”对话框。

（3）单击“关闭”按钮，完成基本标注样式的设置。

实例1　绘制组合体三视图

绘制图 3-3-3 所示的组合体三视图并标注完整的尺寸。

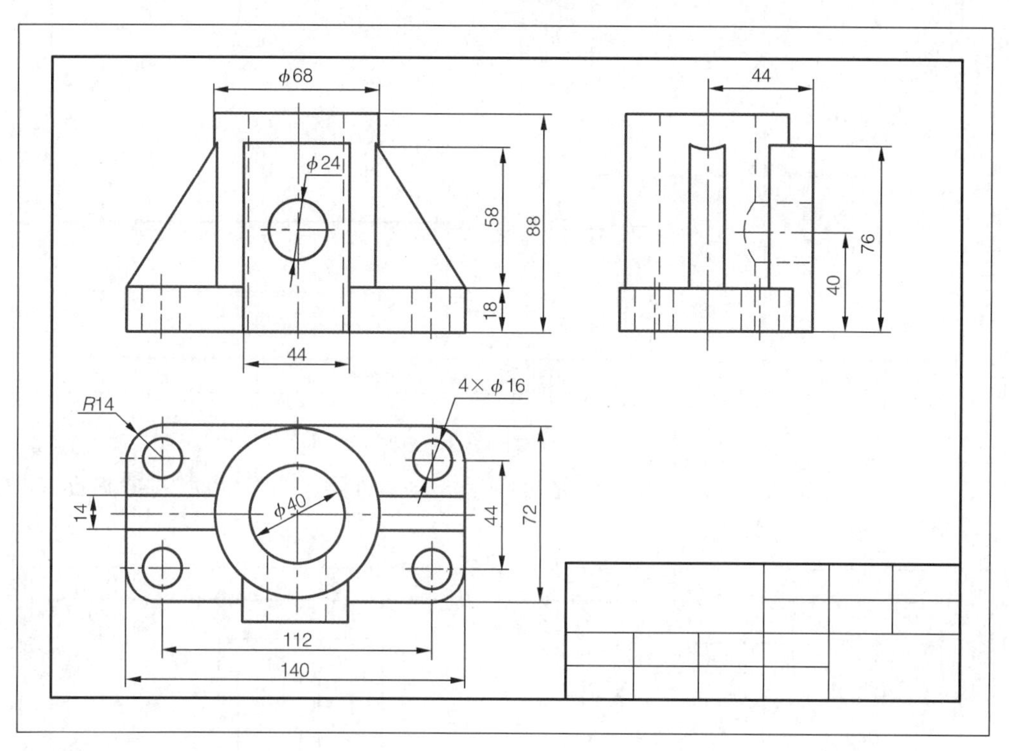

图 3-3-3　组合体三视图

实例分析

图形只能表示物体的形状，其大小要由尺寸来表示。尺寸标注在工程图纸中是不可缺少的一部分，它是表示物体完整属性的重要成分。

任务实施

（1）设置图层；绘制（定制）图框和标题栏。

（2）确认状态栏中的“极轴追踪”、“对象捕捉”和“对象捕捉追踪”这三个图标按钮为开启状态。

（3）转到“中心线”层，绘制组合体中心线，如图 3-3-4 所示。注意利用“对象捕捉追踪”功能，可以很轻松地保证“长对正，高平齐，宽相等”的关系。

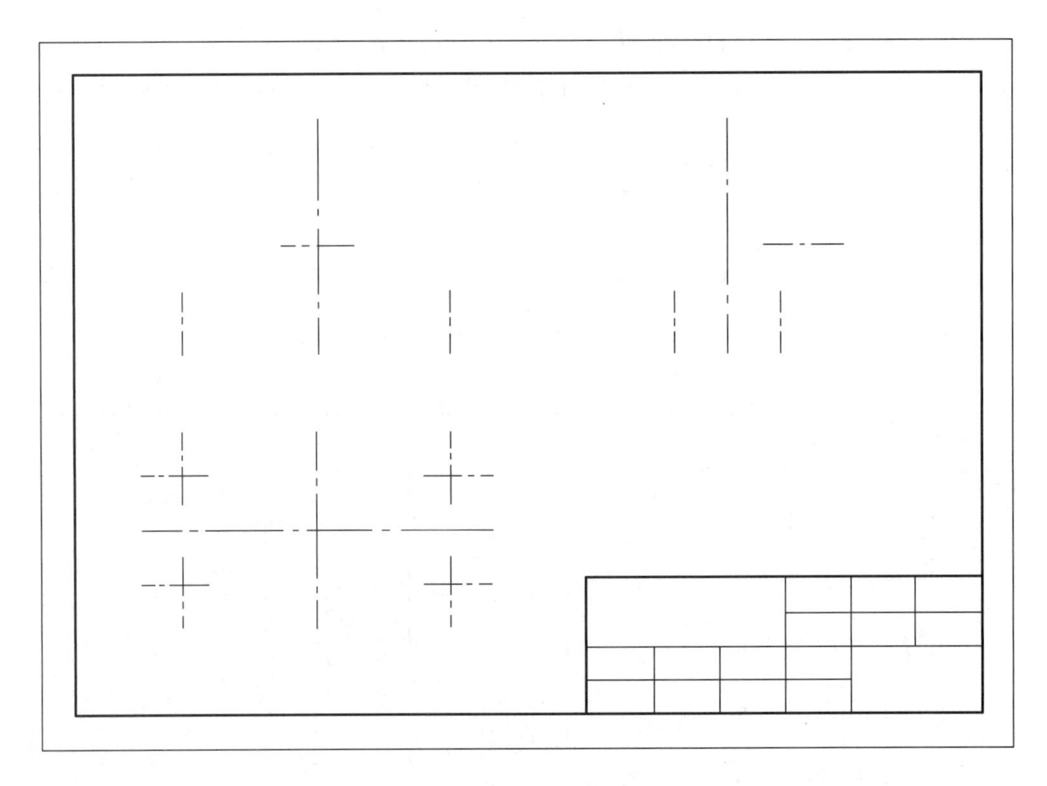

图 3-3-4 绘制组合体中心线

(4)转到“粗实线”层，绘制组合体轮廓线，如图 3-3-5 所示。注意借助“对象捕捉”功能，可以准确地绘制出各轮廓线。

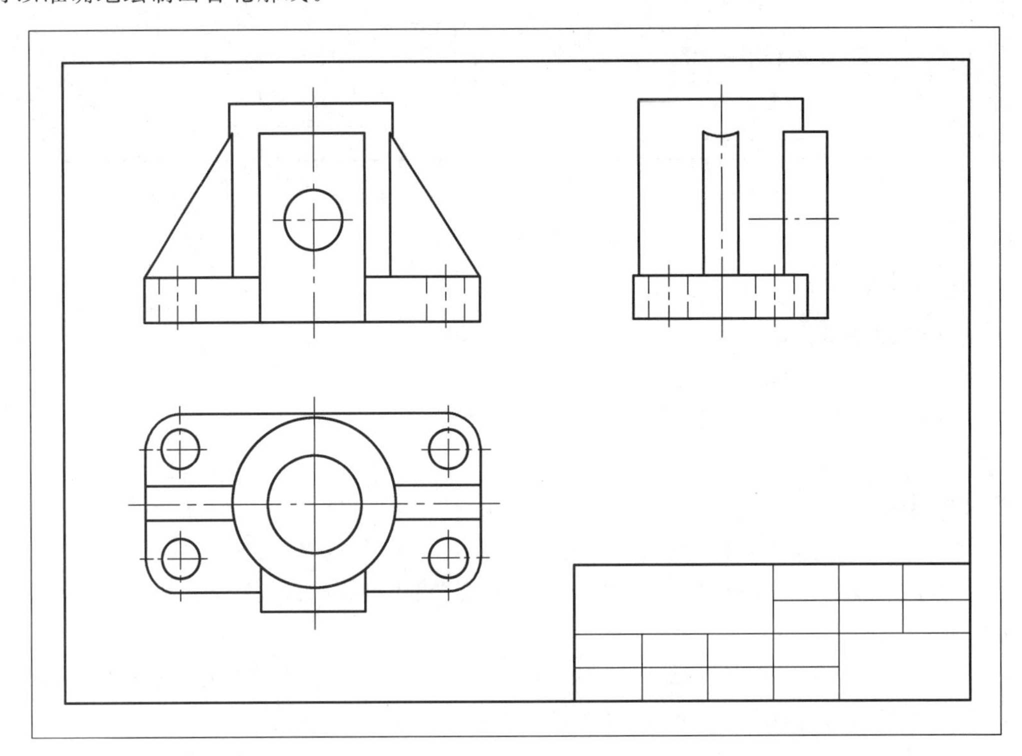

图 3-3-5 绘制组合体轮廓线

(5)转到“虚线”层，绘制组合体中的虚线，如图 3-3-6 所示。

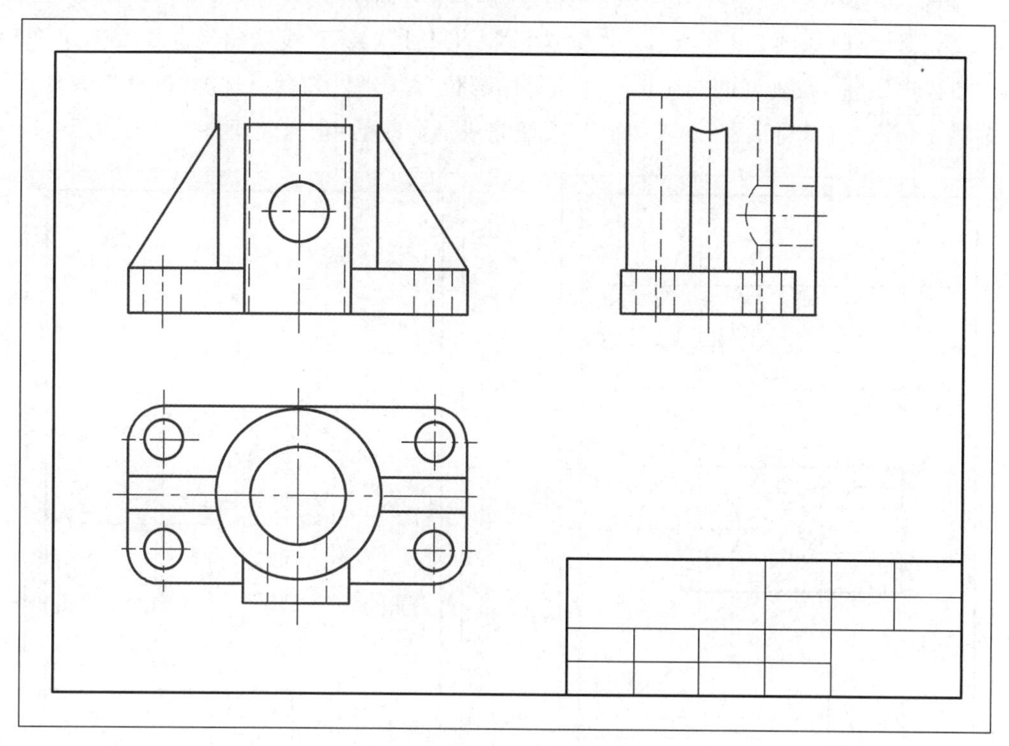

图 3-3-6　绘制组合体中的虚线

(6)调出“标注”工具栏，进行初始设置后标注尺寸，结果如图 3-3-3 所示。

实例 2　绘制全剖视图

绘制图 3-3-7(a)所示的全剖视图。

任务实施

绘制剖视图的要点是填充剖面线。本实例通过绘制全剖视图，重点学习剖面线的填充方法。

实施步骤

(1)设置图层；绘制(定制)图框和标题栏(竖放)，完成常规设置。

(2)转到“中心线”层，绘制中心线，如图 3-3-7(b)所示。

(3)转到“粗实线”层，按尺寸完成粗实线的绘制。

注意：绘制 120°锥角时，应将“极轴追踪”属性中的“增量角”设置成 30°，然后利用极轴会很轻松地找到准确的位置，如图 3-3-7(c)所示。

(4)转到“细实线”层，单击“绘图”工具栏中的“图案填充”图标按钮 ，打开“图案填充和渐变色”对话框，如图 3-3-8 所示。图案选择“ANSI31”(45°斜线)，比例选择“2”，单击“拾取点”图标按钮 ，在画好的图中选择要填充的部位，单击鼠标右键，选择“确认”命令，返回“图案填充和渐变色”对话框，单击“确定”按钮完成剖面线的填充，如图 3-3-7(d)所示。

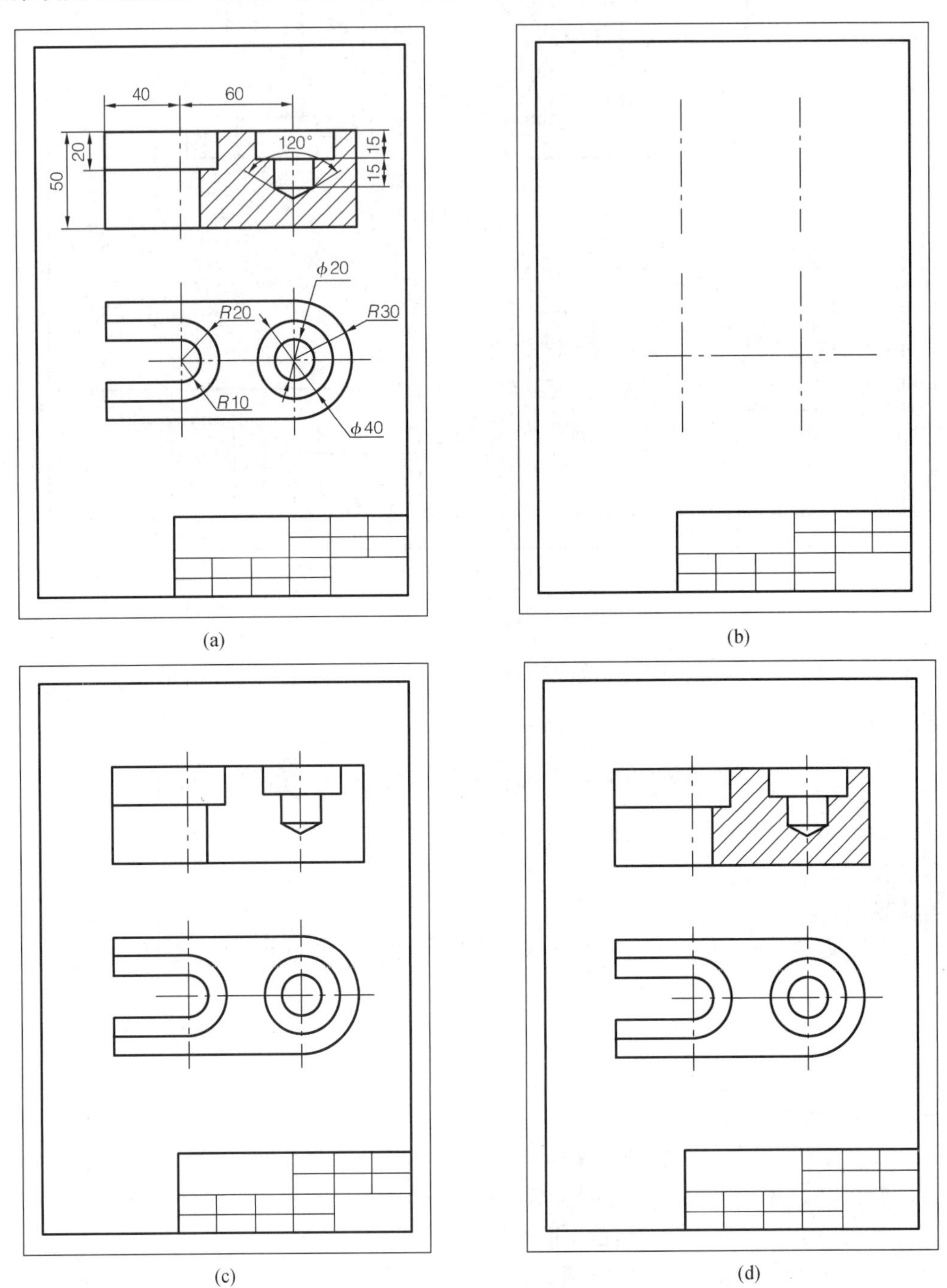

图 3-3-7　绘制全剖视图

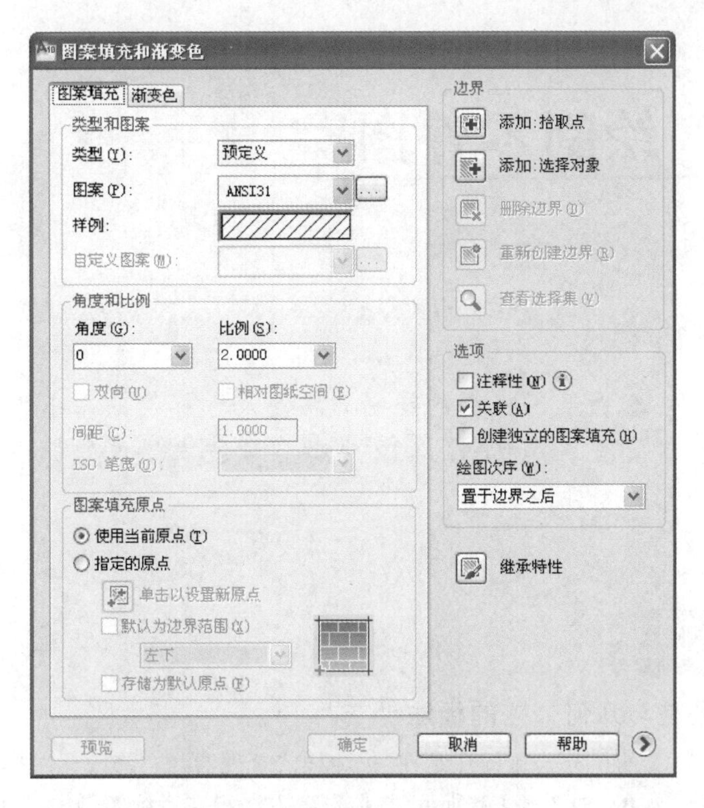

图 3-3-8　“图案填充和渐变色”对话框

(5)按要求标注尺寸,完成绘制工作,结果如图 3-3-7(a)所示。

任务4 绘制零件图

学习目标

在掌握了三视图的绘制和常规尺寸标注的基础上，学习如何使用 AutoCAD 2012 进行各项技术要求的标注，形成完整的零件图。

相关知识

一、尺寸公差与几何公差的标注

AutoCAD 2012 的尺寸公差标注是在“标注样式管理器”的“修改标注样式”对话框中的“公差”选项卡中完成的，如图 3-4-1 所示，具体设置方法将在后续实例中讲述。

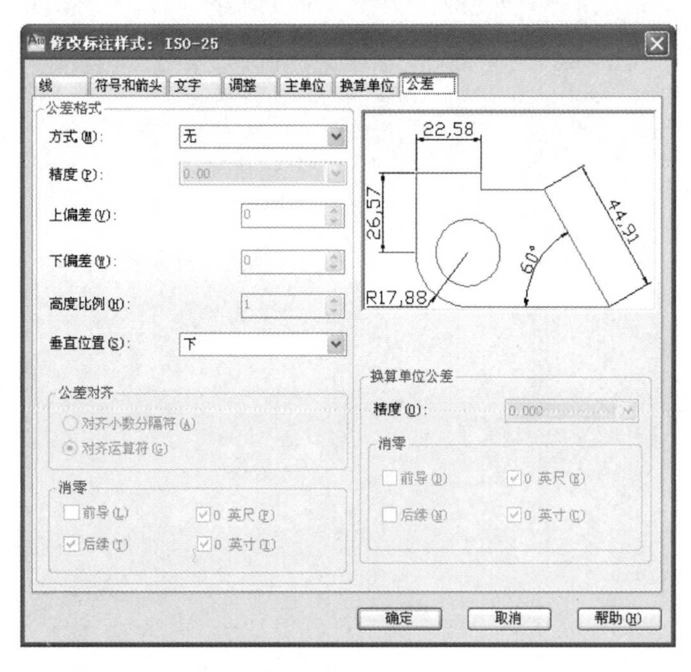

图 3-4-1 “公差”选项卡

几何公差标注是通过选择下拉菜单“标注”→“公差”，在弹出的“形位公差”对话框（图 3-4-2）中完成的。

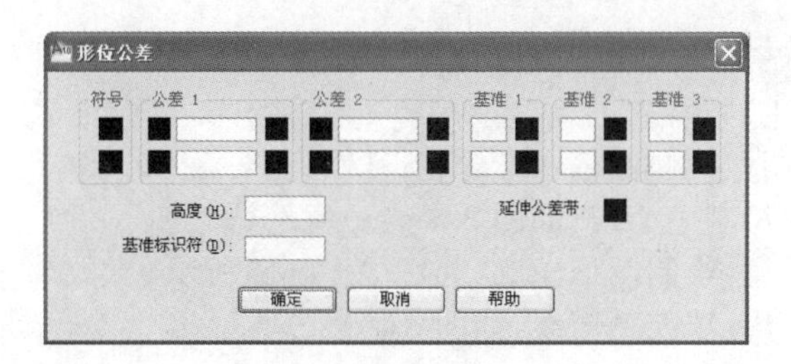

图 3-4-2 “形位公差”对话框

二、“块”操作

AutoCAD 2012 的“块”操作是将某些基本形式相同而个别数字或符号不同的一组图形创建成一个图形符号储存起来，绘图时可以用“插入块”命令方便、快捷地反复使用，只需更改一下属性即可。我们经常利用“块”操作来标注图中的表面粗糙度和基准符号。

“块”操作首先需要绘制出所需的基本图样，然后通过定义属性给出可更改的数字或符号，最后将定义好的图形和符号组合成“块”，为其命名并储存，以便调用。具体的操作方法将在后续实例中讲述。

实例 绘制轴套零件图

实例分析

轴套属于套类零件，常用于隔离轴与轴上零件，以防止磨损，属于易损件。本实例给出的轴套在几个部位均提出了尺寸公差、几何公差和表面粗糙度要求，如图 3-4-3 所示。

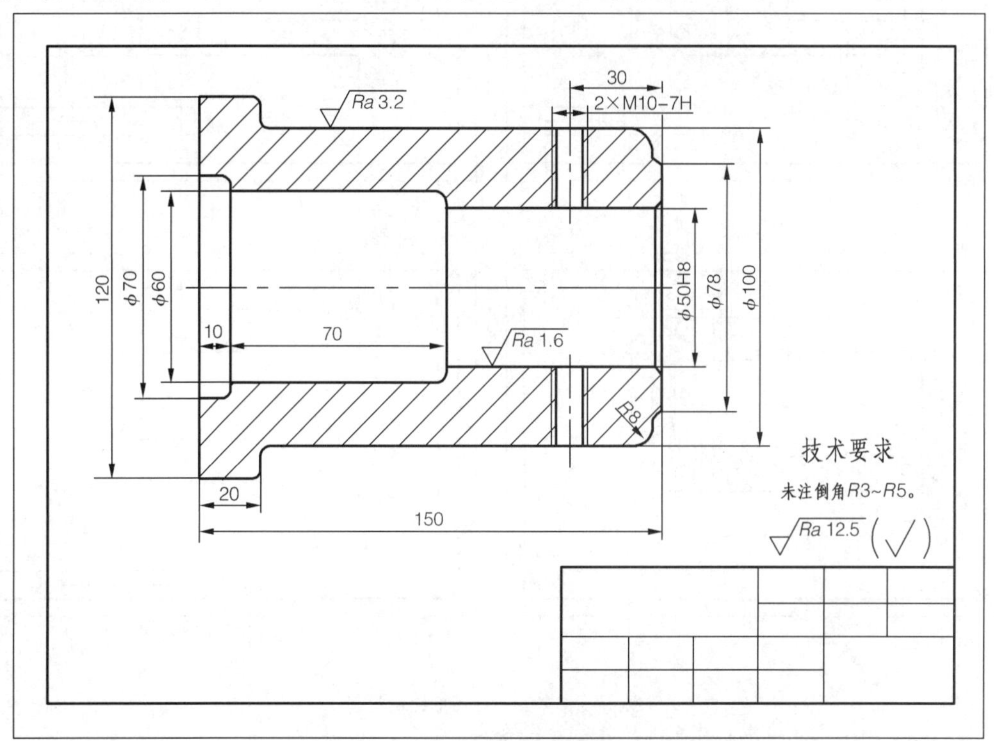

图 3-4-3 轴套零件图

任务实施

(1)设置图层;绘制(定制)图框和标题栏。

(2)在“中心线”层绘制中心线,如图 3-4-4(a)所示。

(3)转到“粗实线”层,绘制图形轮廓,如图 3-4-4(b)所示。

(4)转到“细实线”层,填充剖面线,如图 3-4-4(c)所示。

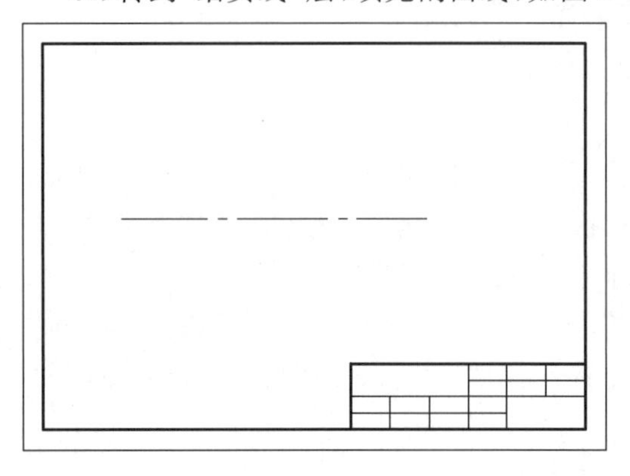

(a)

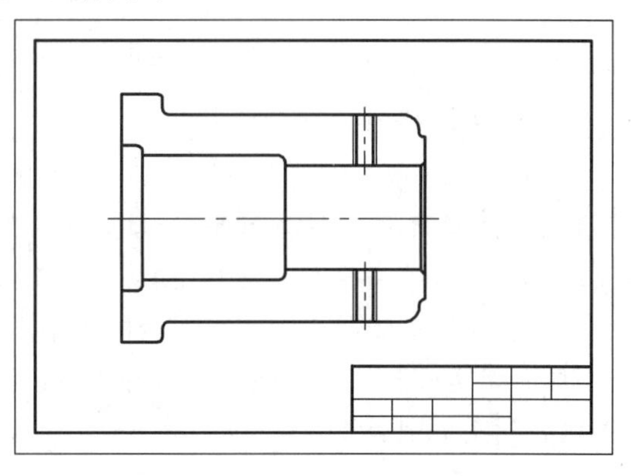

(b)

(c)

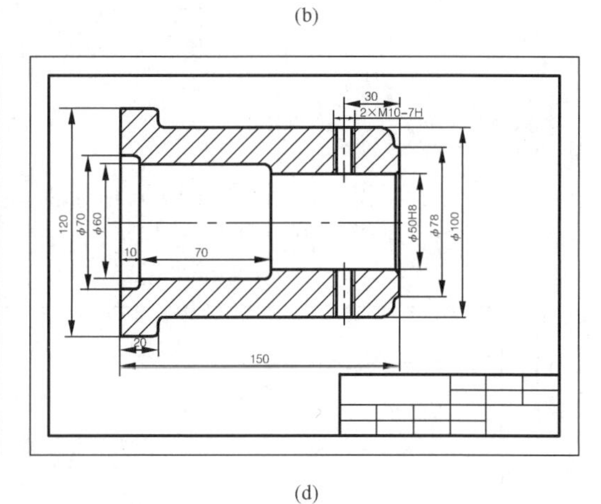

(d)

(e)

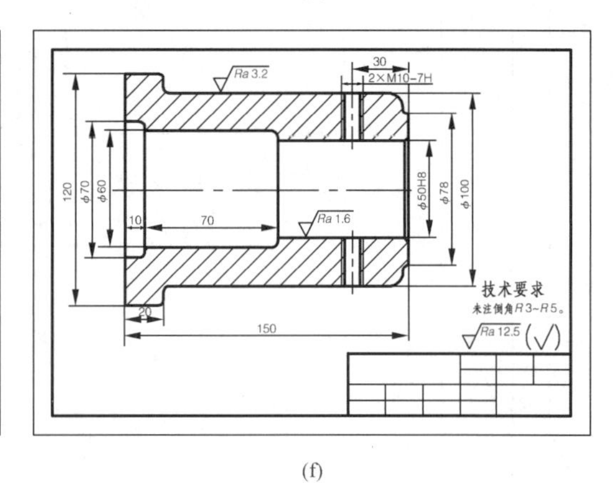

(f)

图 3-4-4　轴套零件图的绘制步骤

(5)在“细实线”层进行常规尺寸的标注,如图 3-4-4(d)所示。

注意：使用线性尺寸标注工具标注圆的直径时，应先选择所要标注的尺寸界线，然后在命令行中输入“t”(“文字”选项)，回车，然后输入“%%c120”，再回车，拖动鼠标至所需位置即可。

(6)使用多行文字工具填写技术要求，如图 3-4-4(e)所示。

注意：应选择适当的文字大小和字体。

(7)使用绘图工具画出表面粗糙度符号√‾‾，选择下拉菜单“绘图”→“块”→创建，系统弹出图 3-4-5 所示的对话框，创建一个表面粗糙度块√‾‾，将参数值作为块属性，得到√Ra 3.2。插入块后可双击，在弹出的“增强属性编辑器”对话框中更改参数值(图 3-4-6)，最后将块移至所需位置即可，结果如图 3-4-4(f)所示。

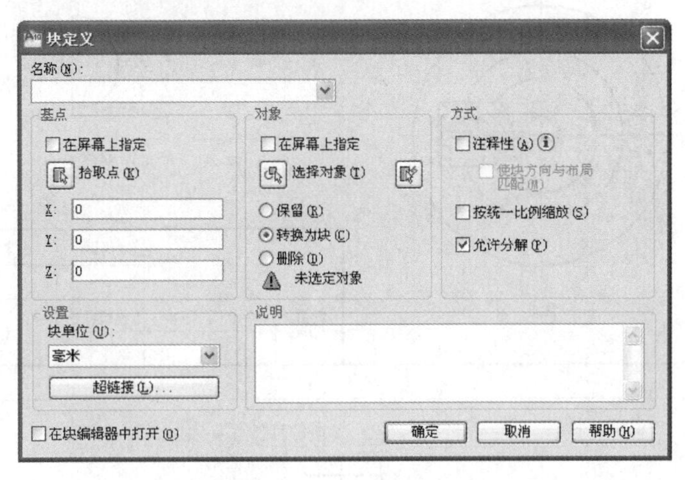

图 3-4-5 “块定义”对话框

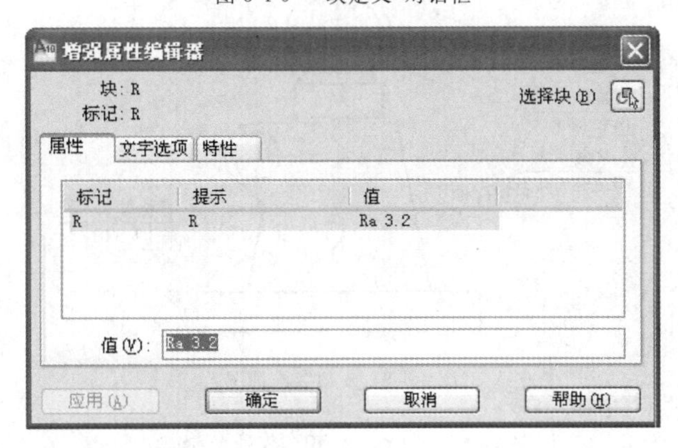

图 3-4-6 “增强属性编辑器”对话框

知识拓展

在 AutoCAD 2012 中绘制装配图时，可以利用已经绘制好的零件图组合而成，仅需做一些必要的调整即可，这样可以减少绘图时间，并可降低错误的发生率。下面我们以支顶为例，学习如何在 AutoCAD 2012 中“组合”装配图。

支顶是生活中经常用到的一种工具，它由顶座、顶杆、顶碗和螺栓这四种零件组成。其中螺栓是标准件，其他三个零件已经给出了零件图(这时的零件图可以先不用标注或把标注隐藏)，如图 3-4-7 所示。

支顶装配简图如图 3-4-8 所示。

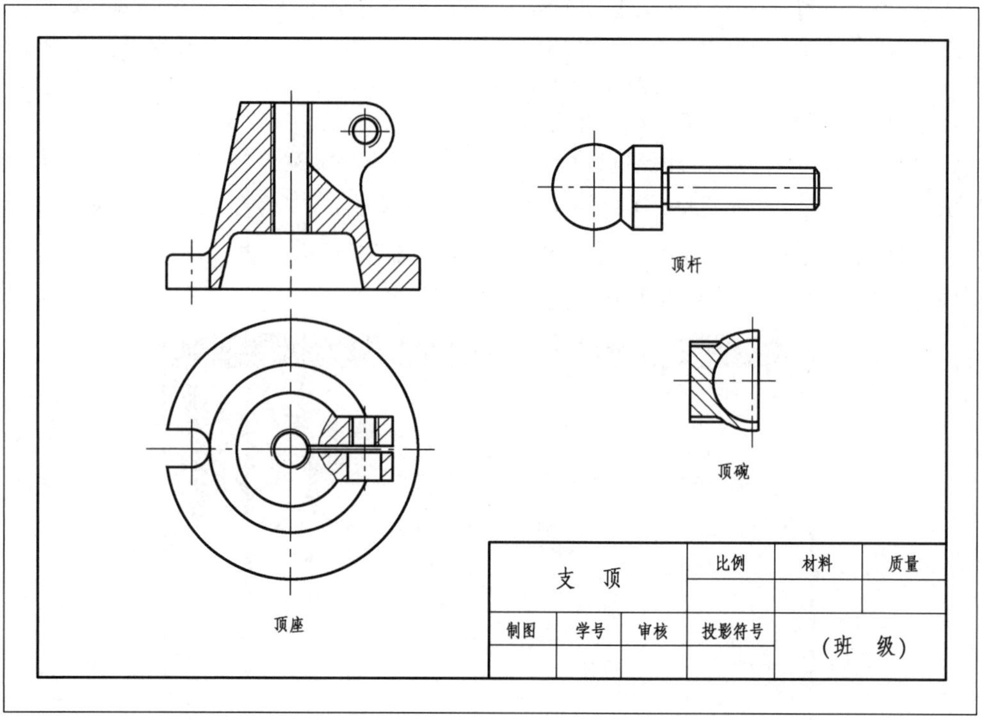

顶杆

顶碗

顶座

支　顶			比例	材料	质量
制图	学号	审核	投影符号	(班　级)	

图 3-4-7　支顶零件图

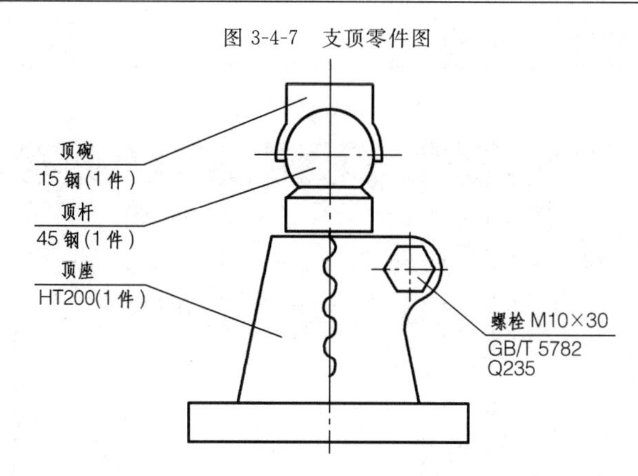

图 3-4-8　支顶装配简图

绘制支顶装配图的步骤如下：

(1)根据图形的大小,需制备一幅 A3 的图纸(横放),画好图框、标题栏和明细栏。

(2)将顶座的主、俯视图一同移动到图中的适当位置(可使用“复制”、“粘贴”命令),如图 3-4-9(a)所示。

(3)将顶杆移出,利用“旋转”命令将其顺时针旋转 90°,然后移动到顶座上方,将顶杆旋入顶座的螺纹孔中,这时需要将螺纹连接部位的内螺纹删除,保留外螺纹,如图 3-4-9(b)所示。

注意:按照装配需要,顶杆端面与顶座上端面应留有一定的空隙。

(4)将顶碗移出,顺时针旋转 90°后安装到顶杆的头部,如图 3-4-9(c)所示。

(5)将俯视图中的局部剖视部分删除,画出螺栓旋入后所剩的部分,如图 3-4-9(d)所示。

(6)在俯视图中画出顶碗顶部的投影,删除被遮挡的部位,如图 3-4-9(e)所示。

(7)标注必要的尺寸,填写技术要求。

(8)画出指引线,编写零件序号,参照装配简图填写明细栏,完成全图,结果如图 3-4-9(f)所示。

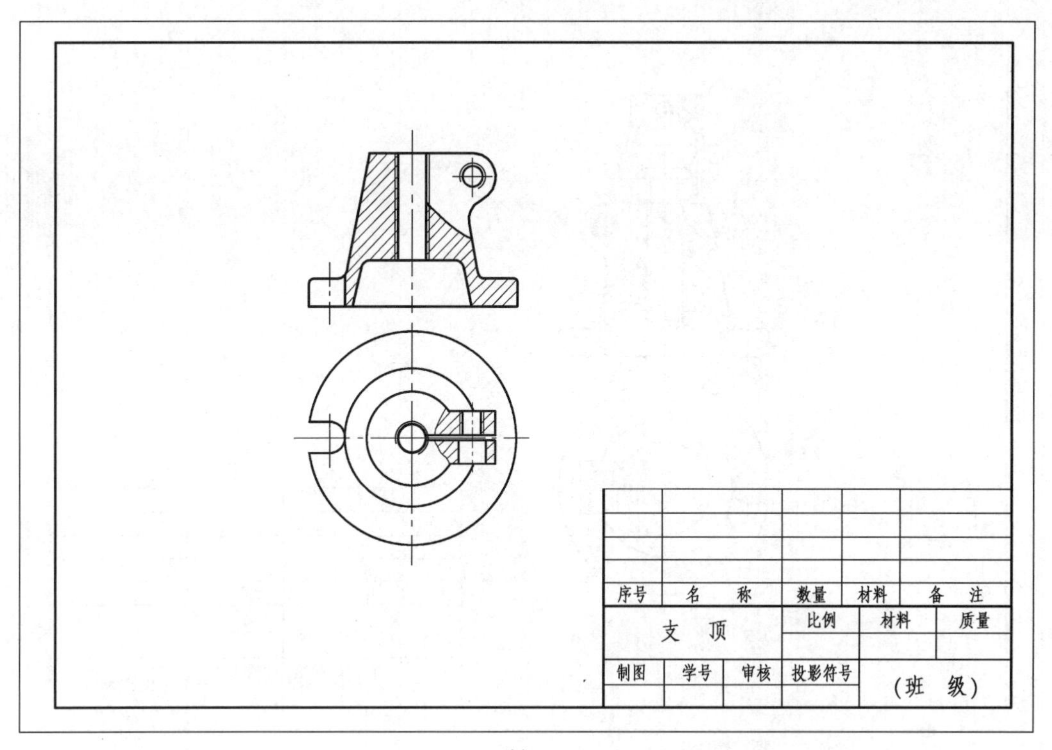

(a)

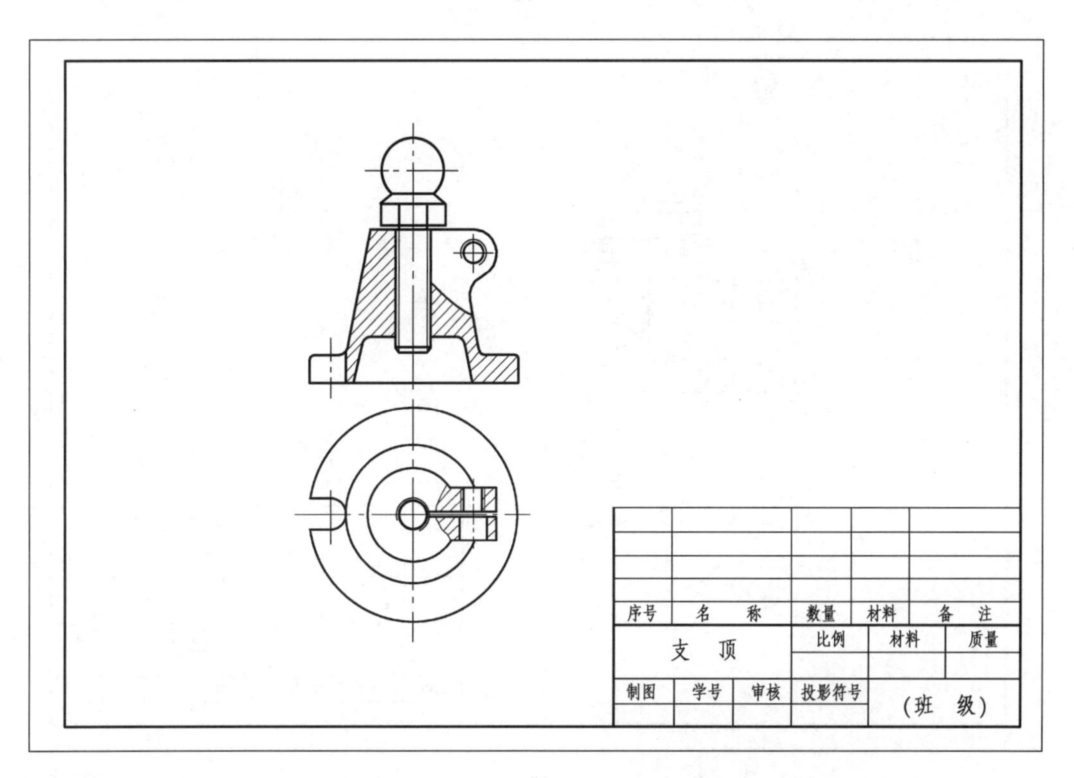

(b)

图 3-4-9 支顶装配图的绘制步骤(a)(b)

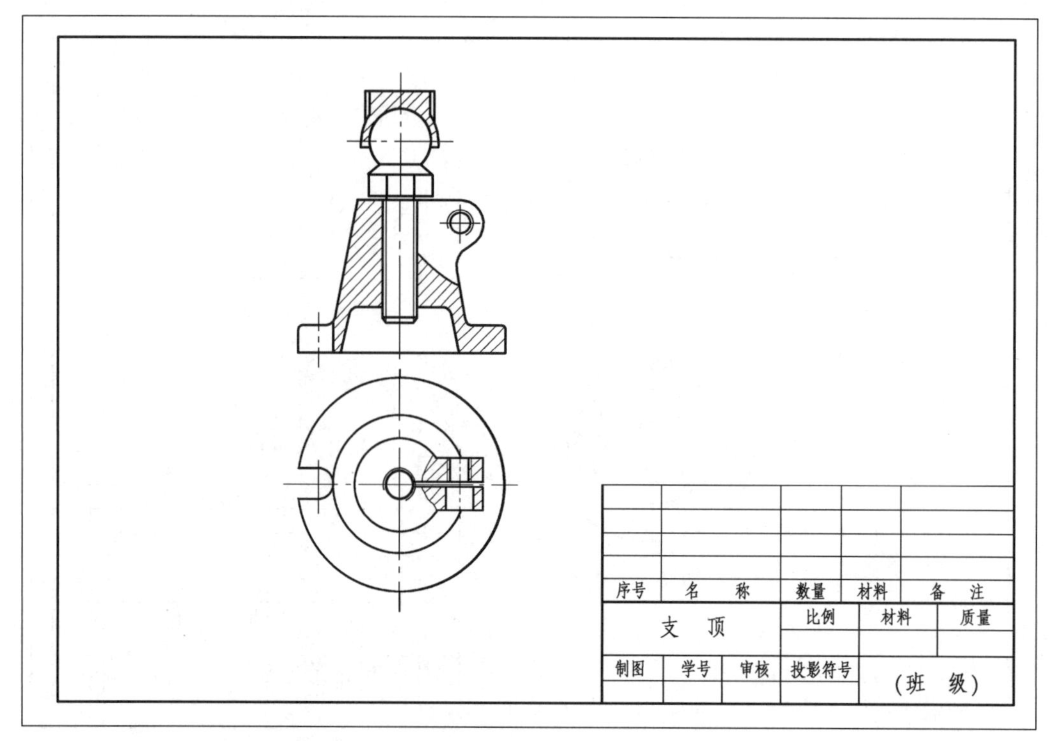

(c)

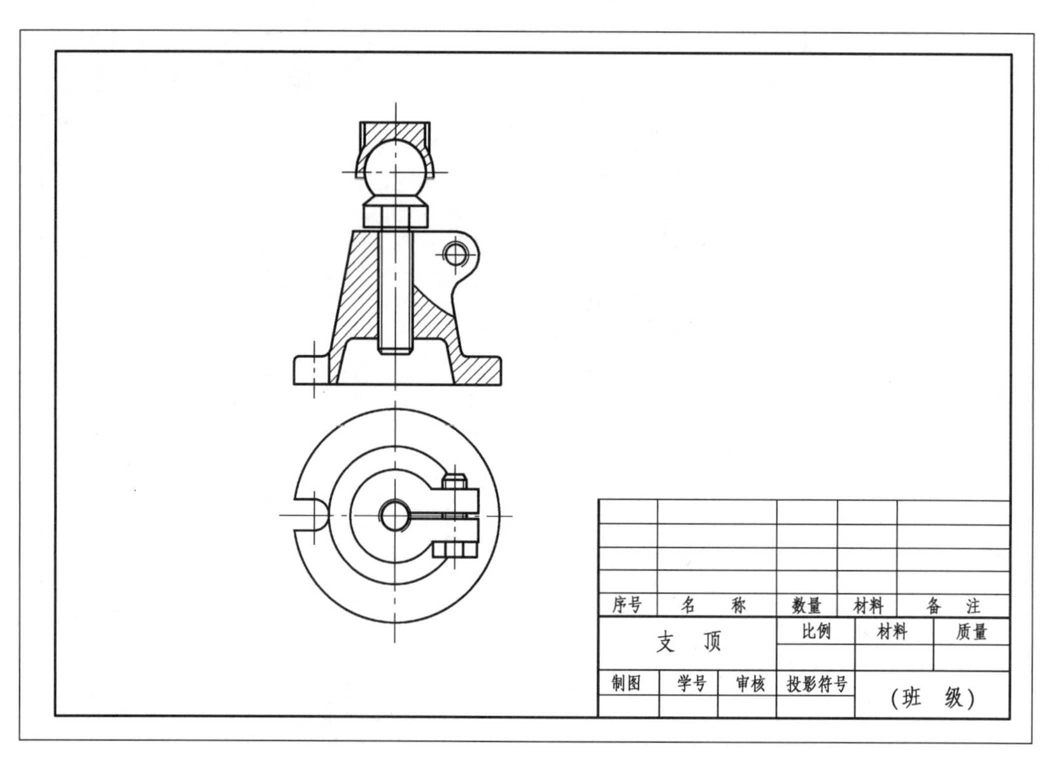

(d)

图 3-4-9　支顶装配图的绘制步骤(c)(d)

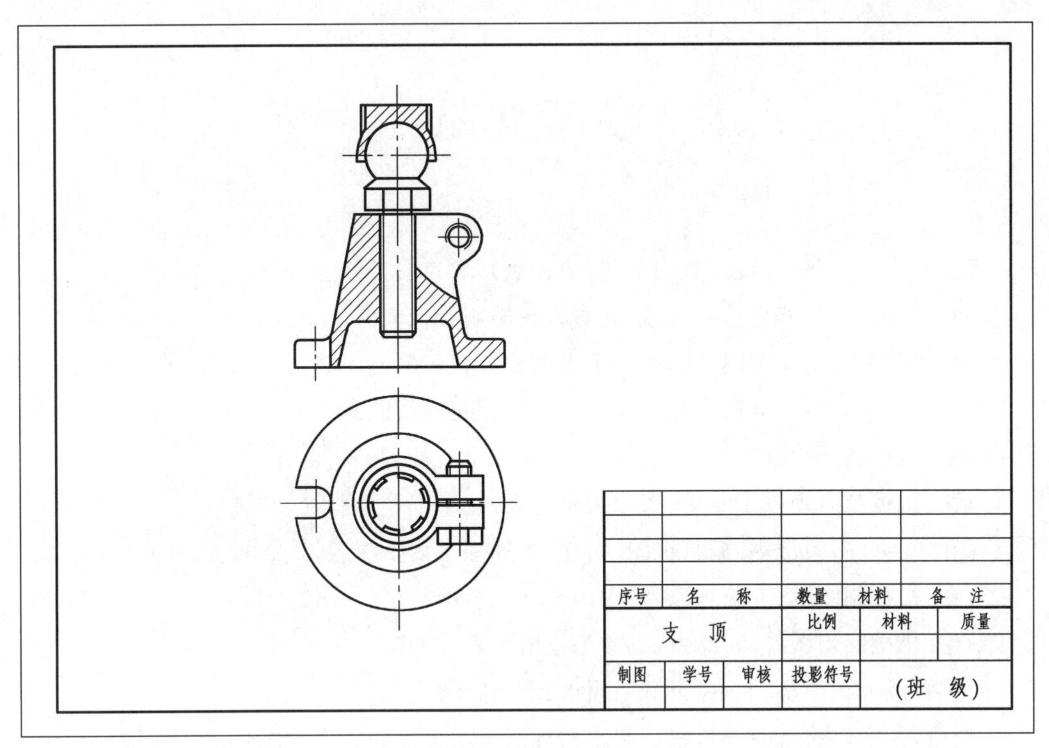

(e)

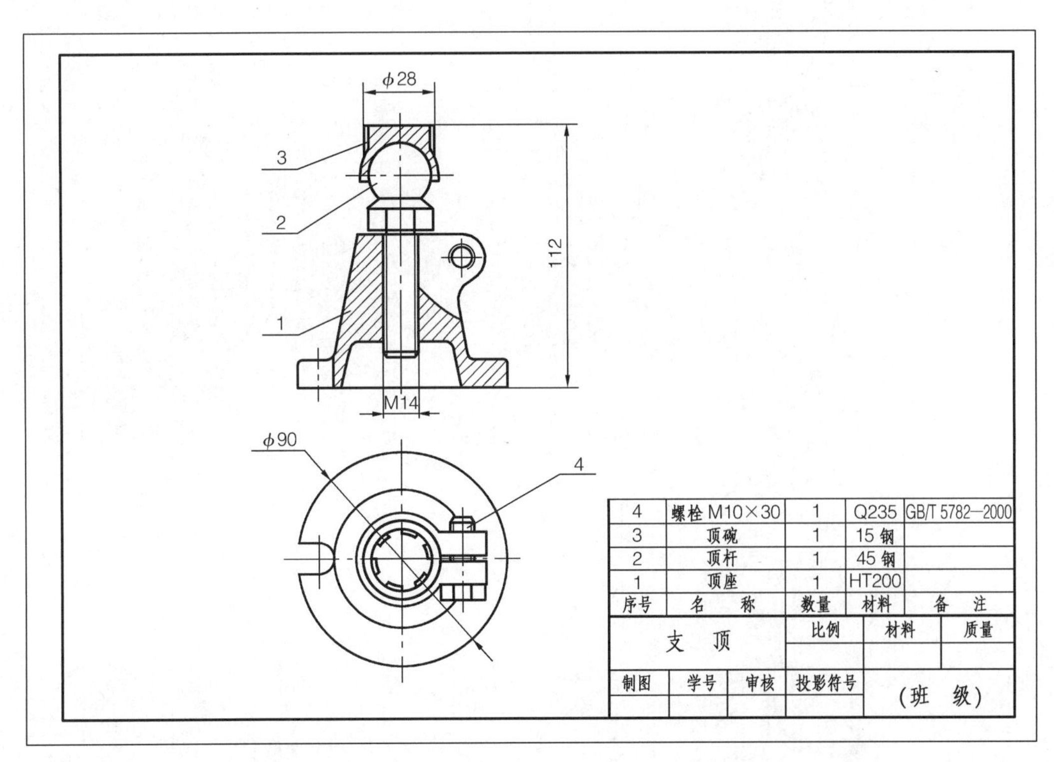

(f)

图 3-4-9　支顶装配图的绘制步骤(e)(f)

参考文献

[1] 叶玉驹,焦永和,张彤.机械制图手册(第四版).北京:机械工业出版社,2008

[2] 王幼龙.机械制图(修订版).北京:高等教育出版社,2008

[3] 姚民雄,华红芳.机械制图.北京:电子工业出版社,2009

[4] 黄劲枝.现代机械制图(第二版).北京:电子工业出版社,2008

[5] 兰俊平.机械图样识读与测绘.北京:化学工业出版社,2009

[6] 孙凤翔.机械工人识图 100 例(第二版).北京:化学工业出版社,2011

[7] 吕保和,郑兴华,戴淑雯.模具识图.大连:大连理工大学出版社,2009

[8] 钱可强.机械制图(第五版).北京:中国劳动社会保障出版社,2007

[9] 宋敏生.机械图识图技巧.北京:机械工业出版社,2007

[10] 金大鹰.速成识图法.北京:机械工业出版社,2004

[11] 王技德,胡宗政.AutoCAD 机械制图教程.大连:大连理工大学出版社,2010